JN303947

第1級・第2級アマチュア無線技士用

新
上級ハムになる本

CQ出版社

はじめに

　多くの方は，初級ハムと呼ばれる第4級や第3級アマチュア無線技士の資格を得てアマチュア無線を始められたことと思います．そして，アマチュア無線の楽しみがわかってきたところにあるのが，上級ハムと呼ばれる第2級や第1級アマチュア無線技士の資格です．

　アマチュア無線を楽しむために必要な無線従事者の資格には，このように第4級から第1級までありますが，その資格は上級になるほどアマチュア無線をより広く楽しめる，いわゆるインセンティブ（意欲を刺激する）な制度になっています．

　平成17年10月から無線従事者国家試験のやり方が変更になり，以前に比べると上級ハムの資格の取得が容易になりました．これを機会に，多くの方が上級ハムの資格を得てアマチュア無線を楽しんでいただければと思います．本書が，上級ハムを目指す方々にとって，日常のアマチュア無線活動と共に資格取得のお役に立てば幸いです．

　本書の前身である『上級ハムになる本』についてはこのあとにある「新・上級ハムになる本　発行にあたって」にくわしく紹介されていますが，無線工学編の執筆にあたっては電気と磁気や電気回路，アンテナ，電波の伝わり方などの基礎的な部分は30年以上の実績を持つ『上級ハムになる本』を極力生かすようにしました．また半導体や無線機（送信機，受信機），測定など新しい技術が生まれたり様変わりしたものについては思い切って整理をし，書き直しや追加をしました．

　最後に，『上級ハムになる本』として本書の基礎を作られたJA5AF 大塚先輩に敬意を表すると共に，法規編の執筆をいただきましたJA1MKS 野口幸雄氏，そして本書を企画し共同作業のお手伝いをいただきましたCQ出版社の関係各位に，心からお礼を申し上げます．

2005年12月　　JA1AYO　丹羽 一夫

新・上級ハムになる本　発行にあたって

　本書の前身である『上級ハムになる本』は，今から40年近くも前の昭和42年(1967年)3月に第1級および第2級アマチュア無線技士の国家試験を受験される方の参考書を目的にJA5AF 大塚政量氏の執筆により，初版が発行されました．

　昭和42年というと，日本のアマチュア無線局の総数は未だ5万局を少し超えたところで，無線従事者の数も第1級アマチュアが2000余人，2級が6000余人，電信級(現在の3級に相当)が8300余人，電話級(現在の4級に相当)が86000余人という状況で，その前の年，昭和41年に日本アマチュア無線連盟の行う「養成課程講習会」がスタートしています．

　『上級ハムになる本』は発行当初は第1編から第3編の三つに大きく分けられ，第1編では「上級ハムの基礎知識」と題して受験案内や上級ハムの操作範囲，免許申請の方法などを紹介し，第2編では「上級ハムの無線工学」として電気物理，電気回路，電子管および半導体，電子管回路，無線送信機，無線受信機，電源，通信方式，空中線および給電線，電波の伝わり方，測定器および測定法，無線数学の12章に分けて解説していました．

　第3編では「上級ハムの電波法規」と題して，国際電気通信条約と無線通信規則，さらに電波法およびこれに基づく命令を紹介していました．

　初版発行以来，多くの読者に第1級，第2級ハムの試験を受験するための参考書として愛用され続け，昭和48年1月までの6年間で19版もの重版を行いました．

　この間，無線技術のめざましい発達，さらに数多くの読者の方々からの質問や要望を受ける形で昭和48年4月に大改訂が行われています．

　この6年間のアマチュア無線の発展は目覚しく，昭和48年には日本のアマチュア無線局の総数は213000余局，無線従事者の数も第1級アマチュアが3500余人，2級が15000余人，電信級が28000余人，電話級が322000余人と急成長を遂げました．

　この昭和48年の改訂で，ページ数も100ページ近く増えています．この改訂後10年，昭和58年1月には改訂第25版が発行されました．

　翌昭和59年(1984年)1月には，さらに内容の見直しを行い，新版として最新

の無線技術や試験問題にマッチするように内容を一新して発行，総ページ数も450ページ余りとなり，これも上級ハムを目指す読者の良きアドバイザーとして平成2年(1990年)まで6年間，12版の発行を数えました．

　この年5月には無線従事者制度の変更により，電話級アマチュア無線技士は第4級アマチュア無線技士に，電信級アマチュア無線技士は第3級アマチュア無線技士に資格が変わっています．

　昭和63年(1988年)10月の国家試験からすべて記述式での解答であった第1級および第2級アマチュア無線技士の国家試験が現在の択一式に変更になり，試験に出題される問題も少しずつ変わってきたことから，平成3年(1991年)7月，国家試験の問題傾向に合わせて改訂を行い1996年までの5年間，計9版を発行しています．

　そして平成9年(1997年)5月，新問題にも対応させるべく，無線工学専門の参考書として再出発をしました．

　同年11月には第2版を発行しましたが，その後，事情により重版ができない状態になってしまいました．

＊

　2005年10月，電波法令の改訂により，アマチュア無線技士国家試験の電気通信術の実技試験がやさしくなり，第3級アマチュア無線技士の国家試験では通信術の実技試験がなくなり，法規の試験の中でモールスの理解度を確認するための問題となりました．さらに第1級および第2級アマチュア無線技士の試験は，従来は1級が1分間60字，2級が45字のスピードによる受信テストであったものが，1級，2級とも「1分間25字の速度の欧文普通語による約2分間の音響受信」に改められました．

　これにより，1級や2級の試験を受けたくても，今まで電気通信術の試験が難しくてあきらめていた方にとって，上級ハムになるチャンスが大きく広がりました．上級ハムを目指す読者の方から，上級ハムになるための参考書が欲しいという要望が多く弊社に寄せられておりました．

　本書『新・上級ハムになる本』では，無線工学編についてはJA1AYO　丹羽一夫氏に，法規編についてはJA1MKS　野口幸雄氏に執筆をご担当いただきました．

《編集部》

目　次

はじめに ………………………………………………………… 3
新・上級ハムになる本　発行にあたって ……………………… 4

第1編　受験案内

上級ハムへのステップアップ …………………………………… 16
上級ハムの試験案内 ……………………………………………… 16
　試験地と試験の時期 …………………………………………… 16
　申請書の記入と注意 …………………………………………… 18
　受験前 …………………………………………………………… 19
　試験当日 ………………………………………………………… 19
　試験の科目と出題範囲および合格点 ………………………… 20

第2編　無線工学編

第1章　電気と磁気
1-1　静電気 ……………………………………………………… 27
　1-1-1　電気の本質と帯電現象 ………………………………… 27
　1-1-2　摩擦電気 ………………………………………………… 28
　1-1-3　静電誘導と静電遮へい ………………………………… 28
　1-1-4　静電気におけるクーロンの法則 ……………………… 29
　1-1-5　電界と電気力線 ………………………………………… 31
　1-1-6　電束と電束密度 ………………………………………… 32
　1-1-7　コンデンサ ……………………………………………… 32
1-2　磁　気 …………………………………………………… 36
　1-2-1　磁　石 …………………………………………………… 36
　1-2-2　磁界中におけるクーロンの法則 ……………………… 36
　1-2-3　磁界と磁力線 …………………………………………… 37
　1-2-4　磁束と磁束密度 ………………………………………… 38
　1-2-5　磁気誘導 ………………………………………………… 39
　1-2-6　磁気遮へい ……………………………………………… 39
　1-2-7　漏れ磁束 ………………………………………………… 39

目次

- 1-3 電気と磁気の関係 ・・40
  - 1-3-1 電流による磁界 ・・・・・・・・・・・・・・・・・・・・・・・・・・・・・・・・・・・・・40
  - 1-3-2 フレミングの左手の法則 ・・・・・・・・・・・・・・・・・・・・・・・・・・・・・・42
  - 1-3-3 フレミングの右手の法則 ・・・・・・・・・・・・・・・・・・・・・・・・・・・・・・43
  - 1-3-4 レンツの法則 ・・・・・・・・・・・・・・・・・・・・・・・・・・・・・・・・・・・・・・43
  - 1-3-5 鉄心におけるヒステリシス現象 ・・・・・・・・・・・・・・・・・・・・・・・・45
  - 1-3-6 磁気ひずみ現象 ・・・・・・・・・・・・・・・・・・・・・・・・・・・・・・・・・・・・46
  - 1-3-7 うず電流 ・・・46
  - 1-3-8 自己誘導作用 ・・・・・・・・・・・・・・・・・・・・・・・・・・・・・・・・・・・・・・47
  - 1-3-9 相互誘導作用 ・・・・・・・・・・・・・・・・・・・・・・・・・・・・・・・・・・・・・・48
- 1-4 いろいろな電気現象 ・・・・・・・・・・・・・・・・・・・・・・・・・・・・・・・・・・・・・49
  - 1-4-1 圧電効果 ・・・49
  - 1-4-2 ゼーベック効果 ・・・・・・・・・・・・・・・・・・・・・・・・・・・・・・・・・・・・50
  - 1-4-3 表皮効果 ・・・51
  - 1-4-4 接触電位 ・・・51
- 1-5 基本的な電子部品 ・・・・・・・・・・・・・・・・・・・・・・・・・・・・・・・・・・・・・・・52
  - 1-5-1 導体と絶縁体 ・・・・・・・・・・・・・・・・・・・・・・・・・・・・・・・・・・・・・・52
  - 1-5-2 抵抗器 ・・・53
  - 1-5-3 コンデンサ ・・・・・・・・・・・・・・・・・・・・・・・・・・・・・・・・・・・・・・・54
  - 1-5-4 コイル，インダクタ ・・・・・・・・・・・・・・・・・・・・・・・・・・・・・・・・・56

第2章　電気回路

- 2-1 直流回路 ・・・57
  - 2-1-1 電圧と電流 ・・・・・・・・・・・・・・・・・・・・・・・・・・・・・・・・・・・・・・・57
  - 2-1-2 オームの法則 ・・・・・・・・・・・・・・・・・・・・・・・・・・・・・・・・・・・・・・58
  - 2-1-3 抵抗の直列接続と並列接続 ・・・・・・・・・・・・・・・・・・・・・・・・・・・・58
  - 2-1-4 キルヒホッフの法則 ・・・・・・・・・・・・・・・・・・・・・・・・・・・・・・・・・60
  - 2-1-5 ホイートストンブリッジ ・・・・・・・・・・・・・・・・・・・・・・・・・・・・・62
- 2-2 交流の概要 ・・64
  - 2-2-1 交流とは ・・・64
  - 2-2-2 交流の変化の表しかた ・・・・・・・・・・・・・・・・・・・・・・・・・・・・・・・64
  - 2-2-3 正弦波交流の大きさの表しかた ・・・・・・・・・・・・・・・・・・・・・・・・65
  - 2-2-4 ひずみ波交流の大きさの表しかた ・・・・・・・・・・・・・・・・・・・・・・67
- 2-3 交流回路－複素数とベクトル ・・・・・・・・・・・・・・・・・・・・・・・・・・・・・・68
  - 2-3-1 虚数と複素数 ・・・・・・・・・・・・・・・・・・・・・・・・・・・・・・・・・・・・・・68
  - 2-3-2 複素数の表示法 ・・・・・・・・・・・・・・・・・・・・・・・・・・・・・・・・・・・・69
  - 2-3-3 複素数による正弦波交流の表示法 ・・・・・・・・・・・・・・・・・・・・・・70

目　次

2-3-4	位相の違いと複素数表示	71

2-4　交流回路—RやLやCだけの回路 ………………………………72
2-4-1　抵抗だけの回路 …………………………………………………72
2-4-2　インダクタンスだけの回路 ……………………………………73
2-4-3　静電容量だけの回路 ……………………………………………74

2-5　交流回路—R, L, Cの直列回路 ……………………………………75
2-5-1　抵抗とインダクタンスの直列回路 ……………………………75
2-5-2　抵抗と静電容量の直列回路 ……………………………………76
2-5-3　L, C, Rの直列回路 ………………………………………………78
2-5-4　直列共振 …………………………………………………………80

2-6　交流回路—R, L, Cの並列回路 ……………………………………81
2-6-1　抵抗とインダクタンスの並列回路 ……………………………81
2-6-2　抵抗と静電容量の並列回路 ……………………………………83
2-6-3　L, C, Rの並列回路 ………………………………………………84
2-6-4　並列共振 …………………………………………………………86

2-7　交流回路—交流回路の電力 …………………………………………88
2-7-1　抵抗だけの場合 …………………………………………………88
2-7-2　LやCだけの場合 …………………………………………………89
2-7-3　LやCに抵抗Rが加わった場合 …………………………………89
2-7-4　無効電力と有効電力 ……………………………………………89

2-8　交流回路—その他の交流回路 ………………………………………90
2-8-1　変圧器と変成器 …………………………………………………90
2-8-2　フィルタ回路 ……………………………………………………91
2-8-3　微分回路と積分回路 ……………………………………………94

第3章　電子管および半導体素子

3-1　電子管 ……………………………………………………………………97
3-1-1　電子の放射 ………………………………………………………97
3-1-2　二極管 ……………………………………………………………98
3-1-3　三極管，四極管，五極管 ………………………………………99
3-1-4　ブラウン管 ………………………………………………………101

3-2　半導体素子—半導体の概要 …………………………………………102
3-2-1　半導体とは ………………………………………………………102
3-2-2　真性半導体とその性質 …………………………………………102
3-2-3　不純物半導体 ……………………………………………………104
3-2-4　PN接合の性質 …………………………………………………105

3-3 半導体素子－ダイオード ･･････････106
- 3-3-1 ダイオード ･･････････106
- 3-3-2 その他のダイオード ･･････････107

3-4 半導体素子－トランジスタ ･･････････112
- 3-4-1 トランジスタの基本 ･･････････112
- 3-4-2 トランジスタの動作 ･･････････113
- 3-4-3 最大定格と電気的特性 ･･････････115

3-5 半導体素子－電界効果トランジスタ(FET) ･･････････117
- 3-5-1 接合型FET ･･････････117
- 3-5-2 MOS型FET ･･････････119
- 3-5-3 FETの特性 ･･････････121

3-6 集積回路(IC) ･･････････122
- 3-6-1 集積回路の概要 ･･････････122
- 3-6-2 集積回路の種類 ･･････････123

第4章 電子回路
4-1 増幅回路 ･･････････125
- 4-1-1 真空管による増幅回路 ･･････････125
- 4-1-2 三つの基本回路 ･･････････127
- 4-1-3 動作点の選び方と与え方 ･･････････129
- 4-1-4 増幅方式 ･･････････131
- 4-1-5 増幅回路で発生するひずみ ･･････････132
- 4-1-6 増幅回路の増幅度と利得 ･･････････133
- 4-1-7 トランジスタ増幅回路 ･･････････135
- 4-1-8 FET増幅回路 ･･････････138
- 4-1-9 各種の増幅回路 ･･････････140
- 4-1-10 増幅回路の雑音指数 ･･････････147

4-2 発振回路 ･･････････148
- 4-2-1 発振回路の基本 ･･････････148
- 4-2-2 *LC*発振回路 ･･････････149
- 4-2-3 水晶発振回路 ･･････････151
- 4-2-4 各種発振回路の安定化 ･･････････155
- 4-2-5 PLL方式の周波数シンセサイザ ･･････････156

4-3 変調回路 ･･････････157
- 4-3-1 変調の基本 ･･････････157
- 4-3-2 振幅変調－DSB変調回路 ･･････････160

目 次

- 4-3-3 振幅変調－SSB波用の平衡変調回路・・・・・・・・・・・・・・・・・・・・・162
- 4-3-4 周波数変調回路と位相変調回路・・・・・・・・・・・・・・・・・・・・・・・・164
- 4-3-5 ディジタル変調－FSK，PSK，GMSK・・・・・・・・・・・・・・・・・・166
- 4-4 検波，復調，混合回路・・・・・・・・・・・・・・・・・・・・・・・・・・・・・・・・・・・・・167
  - 4-4-1 検波，復調の基本・・・・・・・・・・・・・・・・・・・・・・・・・・・・・・・・・・・167
  - 4-4-2 AM波の検波回路・・・・・・・・・・・・・・・・・・・・・・・・・・・・・・・・・・・167
  - 4-4-3 SSB波の復調回路・・・・・・・・・・・・・・・・・・・・・・・・・・・・・・・・・・171
  - 4-4-4 FM波の検波回路・・・・・・・・・・・・・・・・・・・・・・・・・・・・・・・・・・・172
  - 4-4-5 ヘテロダイン検波回路（周波数混合回路）・・・・・・・・・・・・・・・174
- 4-5 論理回路・・・175
  - 4-5-1 基本的な論理回路・・・・・・・・・・・・・・・・・・・・・・・・・・・・・・・・・・・175
  - 4-5-2 組み合わせ回路・・・・・・・・・・・・・・・・・・・・・・・・・・・・・・・・・・・・・179

第5章　通信方式

- 5-1 電信（モールス電信，CW）・・・・・・・・・・・・・・・・・・・・・・・・・・・・・・・181
  - 5-1-1 電信の特徴・・・181
  - 5-1-2 電信の種類・・・182
- 5-2 音声通信・・・183
  - 5-2-1 DSB（AM）・・184
  - 5-2-2 SSB・・・185
  - 5-2-3 FM・・・186
  - 5-2-4 D-STARのDVモード（ディジタル音声通信）・・・・・・・・・・187
- 5-3 文字通信・・・188
  - 5-3-1 RTTY・・188
  - 5-3-2 パケット通信・・・・・・・・・・・・・・・・・・・・・・・・・・・・・・・・・・・・・・・191
  - 5-3-3 PSK31・・・192
- 5-4 映像/画像通信・・・194
  - 5-4-1 ATV（FSTV）・・・・・・・・・・・・・・・・・・・・・・・・・・・・・・・・・・・・194
  - 5-4-2 SSTV・・195
  - 5-4-3 ファクシミリ（FAX）・・・・・・・・・・・・・・・・・・・・・・・・・・・・・・196
  - 5-4-4 D-STARのDDモード（ディジタルデータ通信）・・・・・・・・198
- 5-5 その他の通信方式・・・198
  - 5-5-1 衛星通信・・・198
  - 5-5-2 リピータ・・・201
  - 5-5-3 EME・・・202

目 次

第6章　無線機

6-1　送信機 ·· 203
- 6-1-1　送信機に要求される性能 ··· 203
- 6-1-2　送信機で使われる増幅器など ··· 205
- 6-1-3　送信機の基本的な構成 ·· 206
- 6-1-4　送信機の補助回路 ·· 209
- 6-1-5　送信機の実際 ·· 211

6-2　受信機 ·· 216
- 6-2-1　受信機に要求される性能 ··· 216
- 6-2-2　受信機の基本的な構成 ·· 218
- 6-2-3　受信機の補助回路 ·· 223
- 6-2-4　発生する異常現象 ·· 226
- 6-2-5　受信機の実際 ·· 228

6-3　トランシーバ（送受信機） ·· 233
- 6-3-1　トランシーバの利点 ·· 233
- 6-3-2　トランシーバで使われる補助回路 ·· 234
- 6-3-3　SSBトランシーバの実際 ·· 235

6-4　電波障害の原因と対策 ·· 236
- 6-4-1　送信側の原因と対策 ·· 236
- 6-4-2　受信側の原因と対策 ·· 238

第7章　電　源

7-1　整流電源 ··· 239
- 7-1-1　整流電源の構成 ·· 239
- 7-1-2　電源変圧器 ·· 240
- 7-1-3　整流回路 ··· 241
- 7-1-4　平滑回路とリプル含有率，電圧変動率 ···································· 244
- 7-1-5　定電圧回路 ·· 246
- 7-1-6　整流電源の実際 ·· 252

7-2　DC-ACインバータとDC-DCコンバータ ································· 254
- 7-2-1　DC-ACインバータ ··· 254
- 7-2-2　DC-DCコンバータ ··· 256

7-3　電池電源 ··· 256
- 7-3-1　一次電池（乾電池） ··· 257
- 7-3-2　二次電池（蓄電池） ··· 258
- 7-3-3　電池の内部抵抗と接続法 ··· 261

7-3-4　その他の電池 – 太陽電池‥‥‥‥‥‥‥‥‥‥‥‥‥‥‥‥‥‥‥262

第8章　アンテナおよび給電線

8-1　アンテナの理論‥‥‥‥‥‥‥‥‥‥‥‥‥‥‥‥‥‥‥‥‥‥‥‥‥263
　8-1-1　電波の発生とアンテナの誕生‥‥‥‥‥‥‥‥‥‥‥‥‥‥‥‥263
　8-1-2　アンテナの基本‥‥‥‥‥‥‥‥‥‥‥‥‥‥‥‥‥‥‥‥‥‥265
　8-1-3　アンテナの電気的特性‥‥‥‥‥‥‥‥‥‥‥‥‥‥‥‥‥‥‥269
　8-1-4　ローディングコイルと容量環，他‥‥‥‥‥‥‥‥‥‥‥‥‥‥273
　8-1-5　アンテナにおける接地‥‥‥‥‥‥‥‥‥‥‥‥‥‥‥‥‥‥‥277
　8-1-6　放射電界強度と誘起電圧‥‥‥‥‥‥‥‥‥‥‥‥‥‥‥‥‥‥277
8-2　給電線と整合回路‥‥‥‥‥‥‥‥‥‥‥‥‥‥‥‥‥‥‥‥‥‥‥‥279
　8-2-1　進行波と定在波‥‥‥‥‥‥‥‥‥‥‥‥‥‥‥‥‥‥‥‥‥‥279
　8-2-2　給電線の分類‥‥‥‥‥‥‥‥‥‥‥‥‥‥‥‥‥‥‥‥‥‥‥281
　8-2-3　特性インピーダンスと定在波比‥‥‥‥‥‥‥‥‥‥‥‥‥‥‥282
　8-2-4　給電線とアンテナの結合‥‥‥‥‥‥‥‥‥‥‥‥‥‥‥‥‥‥284
8-3　アンテナと給電線の実際‥‥‥‥‥‥‥‥‥‥‥‥‥‥‥‥‥‥‥‥‥287
　8-3-1　ダイポール系のアンテナ‥‥‥‥‥‥‥‥‥‥‥‥‥‥‥‥‥‥288
　8-3-2　垂直接地系のアンテナ‥‥‥‥‥‥‥‥‥‥‥‥‥‥‥‥‥‥‥290
　8-3-3　指向性アンテナ‥‥‥‥‥‥‥‥‥‥‥‥‥‥‥‥‥‥‥‥‥‥293
　8-3-4　その他のアンテナ‥‥‥‥‥‥‥‥‥‥‥‥‥‥‥‥‥‥‥‥‥297

第9章　電波の伝わり方

9-1　電　波‥‥‥‥‥‥‥‥‥‥‥‥‥‥‥‥‥‥‥‥‥‥‥‥‥‥‥‥‥299
　9-1-1　電波の基本的な伝わり方‥‥‥‥‥‥‥‥‥‥‥‥‥‥‥‥‥‥299
　9-1-2　地表波と地上波‥‥‥‥‥‥‥‥‥‥‥‥‥‥‥‥‥‥‥‥‥‥300
　9-1-3　電離層波‥‥‥‥‥‥‥‥‥‥‥‥‥‥‥‥‥‥‥‥‥‥‥‥‥301
　9-1-4　対流圏波‥‥‥‥‥‥‥‥‥‥‥‥‥‥‥‥‥‥‥‥‥‥‥‥‥302
9-2　電離層と電離層波による伝搬‥‥‥‥‥‥‥‥‥‥‥‥‥‥‥‥‥‥‥302
　9-2-1　電離層の基本‥‥‥‥‥‥‥‥‥‥‥‥‥‥‥‥‥‥‥‥‥‥‥303
　9-2-2　電離層の特性‥‥‥‥‥‥‥‥‥‥‥‥‥‥‥‥‥‥‥‥‥‥‥306
　9-2-3　電離層伝搬で起こる諸現象‥‥‥‥‥‥‥‥‥‥‥‥‥‥‥‥‥310
9-3　電波の種類から見た電波伝搬‥‥‥‥‥‥‥‥‥‥‥‥‥‥‥‥‥‥‥314
　9-3-1　中波（MF）帯の伝搬‥‥‥‥‥‥‥‥‥‥‥‥‥‥‥‥‥‥‥‥314
　9-3-2　短波（HF）帯の伝搬‥‥‥‥‥‥‥‥‥‥‥‥‥‥‥‥‥‥‥‥314
　9-3-3　V/UHF帯の伝搬‥‥‥‥‥‥‥‥‥‥‥‥‥‥‥‥‥‥‥‥‥‥315

第10章 測定

- 10-1 指示計器 ··· 321
  - 10-1-1 アナログ指示計器 ······································· 322
  - 10-1-2 ディジタル指示計器 ····································· 326
  - 10-1-3 可動コイル型メータの測定範囲の拡大 ········· 328
  - 10-1-4 DPMの測定範囲の拡大 ································· 331
- 10-2 基本的な測定 ··· 335
  - 10-2-1 電圧,電流の測定 ··· 335
  - 10-2-2 回路素子(R,L,C)の測定 ······················· 337
- 10-3 測定器の実際 ··· 339
  - 10-3-1 テスタ ··· 339
  - 10-3-2 P型電子電圧計 ·· 344
  - 10-3-3 高周波電力計とSWRメータ ························ 344
  - 10-3-4 周波数の測定器 ··· 347
  - 10-3-5 オシロスコープ ··· 350
  - 10-3-6 標準信号発生器 ··· 352
  - 10-3-7 ディップメータ ··· 353

第3編　法規編

- 法規の要点 ·· 356
- 法令用語の解説 ··· 357
- 第1章 総則 ··· 360
- 第2章 無線局の免許 ··· 361
- 第3章 無線設備 ·· 368
- 第4章 無線従事者 ·· 378
- 第5章 運用 ··· 380
- 第6章 業務書類 ·· 393
- 第7章 監督 ··· 395
- 第8章 電波利用料 ·· 399
- 第9章 罰則 ··· 401
- 第10章 通信憲章・無線通信規則 ······························· 402
  - 国際電気通信連合通信憲章 ····································· 402
  - 無線通信規則 ··· 402

- 索引 ·· 407

❶ 受験案内

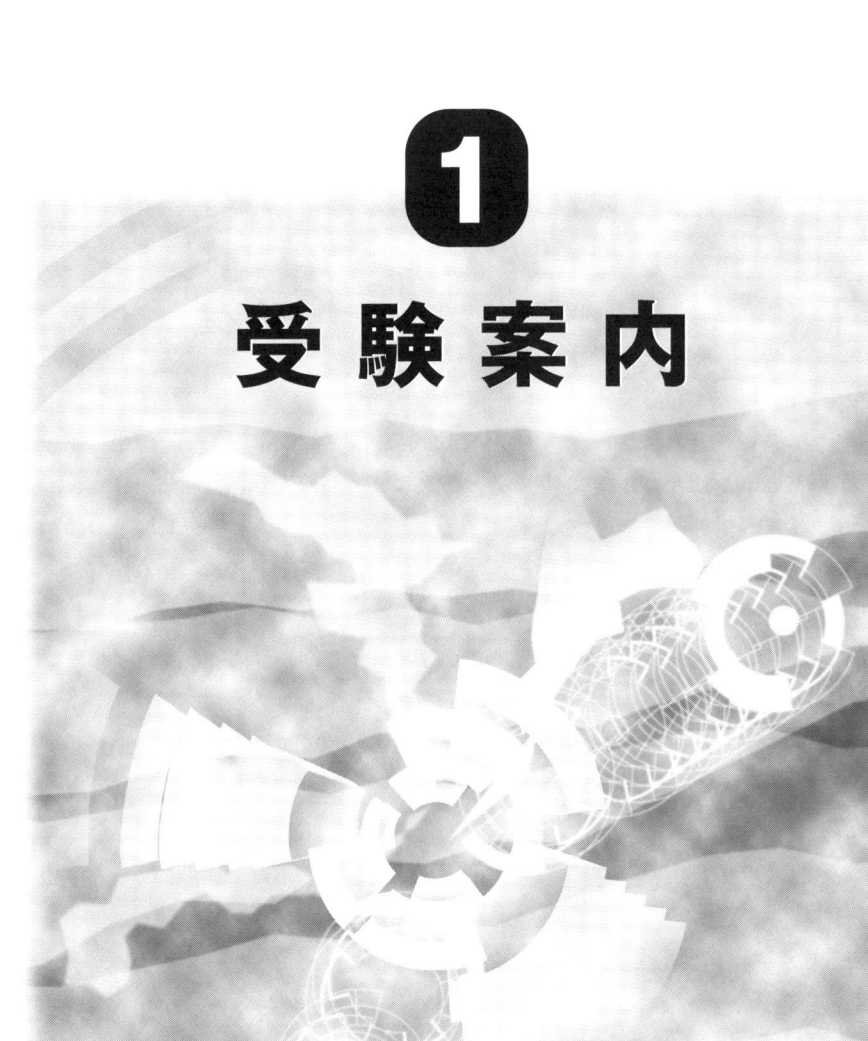

上級ハムへのステップアップ

　日本におけるアマチュア無線の資格は，第1級アマチュア無線技士，第2級アマチュア無線技士，第3級アマチュア無線技士，そして第4級アマチュア無線技士の四つのクラスがあります．

　平成16年度のアマチュア無線技士の資格別従事者免許数は，第1級が23,050，第2級が73,281，第3級が149,404，第4級は実に2,924,065の合計3,169,800となっています．一般に上級ハムといわれる第2級と第1級アマチュア無線技士の従事者数は合計しても10万以下，すなわちアマチュア無線従事者数の3％程度にしか過ぎません．

　上級ハムの資格を持っている方が少ない原因は，資格取得のための国家試験が4級や3級ハムの試験に比べて難しいのと，電気通信術（モールスの受信）のテストが大きな壁になっていたと思います．第2級が1分間45字，第1級は60字の速度のモールス符号を受信するという試験は，受験者にとって一番の難題でした．

　ところが2005年10月，アマチュア無線技士の国家試験の制度が変わり，第1級，第2級アマチュア無線技士の電気通信術の試験が1分間25字の速度による2分間の受信テストに変更され，格段にやさしくなりました．

　現在，第3級や第4級の資格でアマチュア無線を楽しんでいる方も，これを機会に上級ハムへステップアップしてみませんか．

上級ハムの試験案内

試験地と試験の時期

　第4級，第3級ハムの試験については，日本無線協会が各地方支部によっても違いますが，年4回〜年12回行われていますが，第1級，第2級の資格の試験は4月，8月，12月の年3回，日本無線協会の各支部のある11箇所で行われています．

上級ハムの試験案内

表1　日本無線協会の住所，試験地

試験地	事務所の名称	事務所の所在地		TEL 上段：事務用 TEL 下段：テレホンサービス
東京	㈶日本無線協会 本部	〒104-0053	東京都中央区晴海3-3-3 江間忠ビル	03-3533-6022 03-3533-6821
札幌	㈶日本無線協会 北海道支部	〒060-0002	札幌市中央区北2条西2-26 道特会館4F	011-271-6060
仙台	㈶日本無線協会 東北支部	〒980-0014	仙台市青葉区本町3-2-26 コンヤスビル	022-221-4146 022-221-4147
長野	㈶日本無線協会 信越支部	〒380-0836	長野市南県町693-4 共栄火災ビル	026-234-1377 026-234-0355
金沢	㈶日本無線協会 北陸支部	〒920-0919	金沢市南町4-55 住友生命金沢ビル8F	076-222-7121
名古屋	㈶日本無線協会 東海支部	〒460-8559	名古屋市中区丸の内3-5-10 住友商事丸の内ビル	052-951-2589
大阪	㈶日本無線協会 近畿支部	〒540-0012	大阪市中央区谷町1-3-5 アンフィニィ天満橋ビル	06-6942-0420
広島	㈶日本無線協会 中国支部	〒730-0004	広島市中区東白島町20-8 川端ビル	082-227-5253 082-227-2191
松山	㈶日本無線協会 四国支部	〒790-0814	松山市味酒町1-10-2 ゴールドビル味酒	089-946-4431
熊本	㈶日本無線協会 九州支部	〒860-8524	熊本市中央区辛島町5-1 日本生命熊本ビル	096-356-7902
那覇	㈶日本無線協会 沖縄支部	〒900-0027	那覇市山下町18-26 山下市街地住宅	098-840-1816

　日本無線協会の本部，各支部の所在地，電話番号を**表1**に示しますので，参考にしてください．

　この試験を受験するためには，試験の2ヶ月前に試験申請書を提出します．すなわち，4月の試験なら2月に，8月なら6月に，12月の試験なら10月が試験申請書の受付期間となります．実際の申請書の受付期間の詳細については，受験を希望する日本無線協会の各支部に問い合わせるか，インターネットを利用できる方は日本無線協会のWebページ
http://www.nichimu.or.jp/
の無線従事者国家試験の「第一級及び第二級アマチュア無線技士」にある試験の日時及び試験科目と申請書の受付期間をご覧ください．

　試験は，東京都，長野市，名古屋市，金沢市，大阪市，広島市，松山市，熊本市，仙台市，札幌市と那覇市で行われますから，自分が受験するのに適した場所を選び，その支部へ試験申請書を受付期間内に提出します（消印有効）．

　試験申請書（**写真1**）は，近くにハムショップや大型書店があれば，取り扱っ

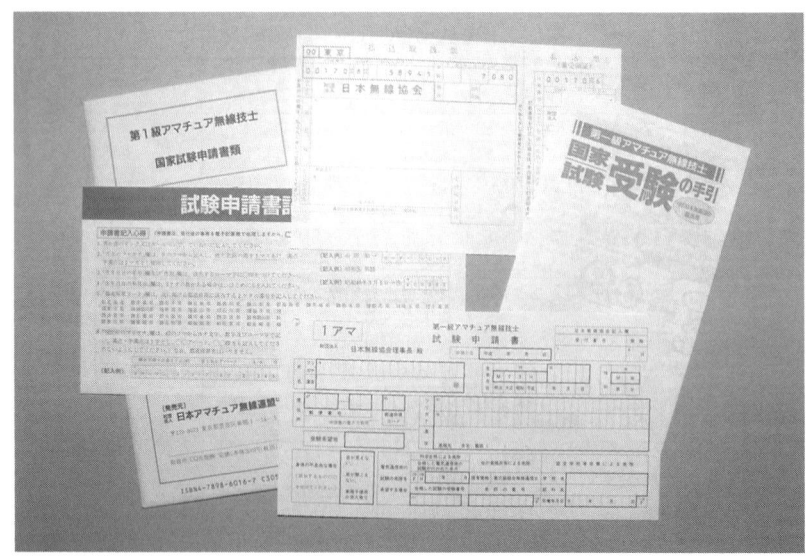

写真1　試験申請用紙

ているかを問い合わせて購入します．近くの書店やハムショップでは入手できない場合は，CQ出版社で取り扱っていますから，「第1級アマチュア無線技士国家試験申請書」もしくは「第2級アマチュア無線技士国家試験申請書」のどちらかわかるように書き，定価210円，送料が90円の合計300円を郵便振替，もしくは定額小為替で注文します．

申請書の記入と注意

　申請書が入手できたら，その申請書に必要事項を書き込みます（**写真2**）．さらに申請書と一緒に入っている郵便振替の用紙を使用して，試験手数料等を郵便局で支払います．郵便局で支払いを済ませると，郵便振替の用紙に付いている支払いを済ませたことを証明する部分に郵便局の受付印を押して返してくれます．

　この「郵便振替払込受付証明書」の部分を試験申請書の所定の欄にのり付けし，受験しようとする場所の日本無線協会の支部（東京で受験する場合は本部）へ郵送します．

　もちろん，日本無線協会の本・支部が近くにある方は，直接窓口へ申請書を持って行き，試験手数料等を現金で支払うこともできます．受付窓口は月曜日

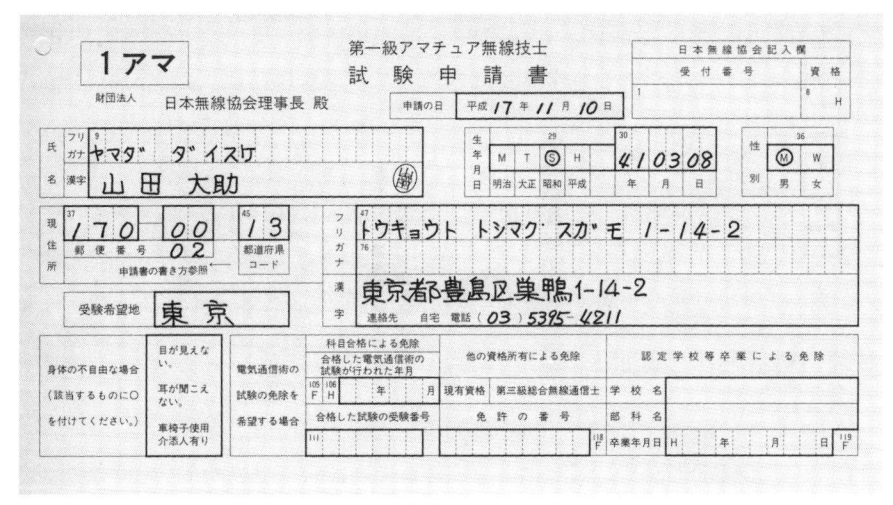

写真2　試験申請用紙の記入例

から金曜日まで（祝日を除く）の午前9時から午後5時までです．

受験前

　受験申請の手続きが終わると，試験の行われる月の前月の中旬頃（4月の試験だと3月中旬頃）に，日本無線協会から「受験票・受験整理票」が送られてきます．この「受験票・受験整理票」に受験番号，試験の日，試験場（試験場所や所在地）が記入されていますから，日時，場所などを確認しておきます．

　さらに「受験票・受験整理票」には写真を貼る欄がありますから，試験当日までに必ず貼っておきます．写真はカラーでもモノクロでもかまいません．申請前6ヶ月以内に撮影した無帽，正面，上三分身，無背景，白枠のない縦30mm，横24mmのものを用意します．

　自動車運転免許証に必要な写真と大きさなどが同じですから，街角にある証明写真撮影コーナーなどで新たに写真を撮る場合は運転免許証用の写真を撮影すればよいわけです．万一「受験票・受験整理票」から剥がれてしまっても，誰の写真かがわかるように，写真の裏面に氏名と生年月日を記入しておきます．

試験当日

　試験開始は法規が9時半から行われるので，遅刻などをしないように，十分

余裕をもって試験場に向かいます．特に，東京の試験会場の中央区晴海は，時間帯によっては交通渋滞に巻き込まれることが多くあります．試験会場には30分くらい前には到着するように，少なくとも試験開始10分前には席に着くようにします．

　写真を貼った「受験票・受験整理票」，筆記用具（芯はBなどのやわらかい少し濃い目の鉛筆がよい）数本と，プラスチック消しゴムを用意します．

　なお，試験場には駐車場はありませんから，公共の交通機関を利用します．

試験の科目と出題範囲および合格点

　第1級および第2級アマチュア無線技士の試験は無線工学，法規，さらに電気通信術の三つの科目について行われます．まず，法規の試験が午前9時30分から11時半までの2時間，11時40分から電気通信術の試験，昼休みを挟み13時から無線工学の試験が2時間半（第2級の場合は試験時間が2時間なので15時まで）行われます．

　各試験の問題形式，問題数，合格点，試験時間を表2に示します．

(1) 無線工学および法規の試験

　表2を見ていただくとわかるように，無線工学，法規の試験はA形式の問題

表2　試験科目，試験時間など

資　格	試験科目	問題数	1問あたりの配点	問題形式	1問あたりの設問数	満点	合格点	試験時間
第1級アマチュア無線技士	無線工学	30	5	A形式	1	150	105	2時間30分
				B形式	5			
	法規	25	5	A形式	1	125	87	2時間
				B形式	5			
第2級アマチュア無線技士	無線工学	25	5	A形式	1	125	87	2時間
				B形式	5			
	法規	25	5	A形式	1	125	87	2時間
				B形式	5			

資　格	試験科目	問題の形式	問題の字数（注）	満点	合格点	試験時間
第1級アマチュア無線技士	モールス受信	受信	欧文普通語（欧文文書形式）	50	100	90	2分
第2級アマチュア無線技士						

（注）モールスの試験問題の文字数はモールス符号1個を1字として計算する．

とB形式の問題に分かれています．

A形式の問題は四つもしくは五つの選択肢の中から正解を一つ選ぶ問題と，問題文章の中に3～4箇所の□□□で示されている部分の字句の組み合わせを四つもしくは五つの番号の中から一つ選ぶ択一の問題です．

B形式の問題はアからオまでの五つの選択肢の中から正しいものを1，誤っているものを2として答える正誤式の問題と，問題文の中にア～オまでの五つの□□□に当てはまる字句をそれぞれ一つずつ選ぶ補完式の問題が出題されます．

1級，2級とも一問が5点の配点として計算されます．A形式の問題は答えが一つだけなので，正解なら5点，間違っていれば0点です．B形式の問題は1問につき五つの答えを要求していますから，一つの答えが1点ですから，1問につき1点から5点の得点となり，五つすべて正解なら5点です．

● **無線工学と法規の出題範囲と問題数**

無線工学と法規の出題範囲と問題数は**表3**（次ページ）に示すようになっています．

表を見るとわかるように，無線工学は1アマがA形式，B形式の問題をあわせて30問，2アマは25問です．法規については1アマ，2アマともA形式，B形式の問題をあわせて25問出題されます．

(2) 電気通信術の試験

はじめに述べましたが，2005年10月から電気通信術の試験方法が変更になり，第1級および第2級アマチュア無線技士の試験は2005年12月期の試験から新しい制度での試験が実施されています．

第1級，第2級とも「1分間25字の速度の欧文普通語による約2分間の音響受信」となりました．これは，従来の第3級アマチュア無線技士のモールスの試験と同じレベルですから，受験する方にとっては朗報です．

これにより，第2級もしくは第3級アマチュア無線技士の免許を受けている人，又は改正省令の施行時点（2005年10月1日）において，第2級もしくは第3級アマチュア無線技士の国家試験に合格（第3級の場合は養成課程を修了した人を含む）してその後それぞれの免許を受けた人については，電気通信術の試験は免除されます．

実際の試験は，1分間25字の速度の欧文モールス符号を約2分間録音された問

表3 出題範囲と問題数

A形式の問題

無線工学		
出題範囲	問題数	
	1アマ	2アマ
1. 電気物理	3	2
2. 電気回路	2	2
3. 半導体・電子管	2	2
4. 電子回路	3	2
5. 送信機	3	2
6. 受信機	3	2
7. 電源	2	2
8. 空中線・給電線	3	2
9. 電波伝搬	2	2
10. 測定	2	2
合　計	25	20

法　規		
出題範囲	問題数	
	1アマ	2アマ
1. 総則・無線局の免許	4	4
2. 無線設備	4	4
3. 運用	4	4
4. 監督, 罰則	3	3
5. 通信憲章, 無線通信規則	4	4
6. 無線従事者, 業務書類, 電波利用料	1	1
合　計	20	20

B形式の問題

無線工学		
出題範囲	問題数	
	1アマ	2アマ
1. 電気物理	1	1
2. 半導体・電子管, 電気回路, 電子回路	1	1
3. 送信機, 受信機	1	1
4. 空中線・給電線	1	1
5. 電波伝搬, 電源, 測定	1	1
合　計	5	5

法　規		
出題範囲	問題数	
	1アマ	2アマ
1. 総則・無線局の免許	1	1
2. 無線設備	1	1
3. 運用	1	1
4. 監督, 業務書類, 無線従事者, 電波利用料	1	1
5. 通信規則	1	1
合　計	5	5

題が試験会場で再生されて流されます．はじめにA～Zまでのアルファベットが耳慣らしのために再生された後，試験が始まります．モールスの受信テスト時に配られる受信用紙の見本を**写真3**に示します．

　試験はHR　HR　$\overline{BT}$という通報送信符号と本文符号が流された後に問題の本文になりますから，最初のHR　HR　$\overline{BT}$と最後の送信終了符号である$\overline{AR}$は受信用紙に記入する必要はありません．

　送信終了符号の$\overline{AR}$が再生されると試験は終了で，答案はすぐに回収されますから，試験終了後に受信用紙を手直しする時間はありません．

　モールスの試験は100点満点からの減点法によって行われます．その採点基準を**表4**に示します．この表を見るとわかるように，誤字と冗字は1字ごとに3点の減点となってしまいます．合格点は90点ですから3文字以上間違えてしま

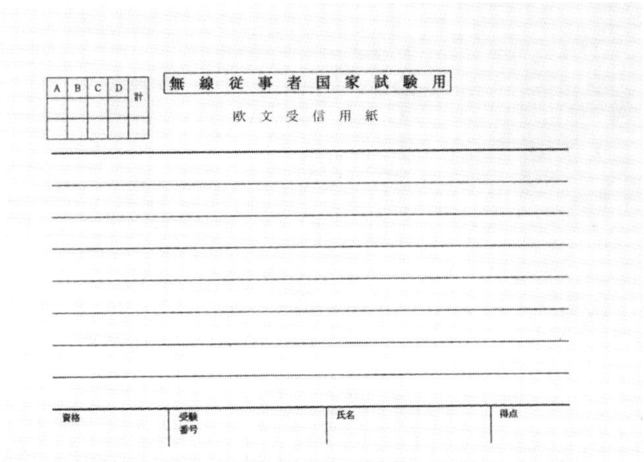

A	B	C	D	計

無線従事者国家試験用

欧文受信用紙

資格 | 受験番号 | 氏名 | 得点

写真3　受信用紙

表4　電気通信術の採点基準

減点事由	解　　説	減点の方法
誤字	誤った字で受信した場合	1字ごとに3点
冗字	余分な字を受信した場合	
脱字	送信された字を抜かして受信した場合	1字ごとに1点
不明瞭	受信した字がよくわからない場合	
抹消・修正	誤って受信した字を訂正している場合	3字までごとに1点
品位	字が読みにくかったり，語と語の間隔がはっきりしないなどの場合	15点以内

うと，合格の望みはほぼなくなってしまいますから，受信したときにわからなかった文字や，あやしいと思った文字は受信用紙に記入せず，空欄として次の文字の受信に神経を集中させましょう．

モールス符号を覚えるためにCQ出版社から「欧文入門編」と「モールス受験編」のCDが発売されています．「欧文入門編」は欧文モールス符号を暗記するためのCD,「モールス受験編」は1分間25字のスピードと30字のスピードによるモールス符号が収録されているCDです．これらのCDを活用して，ぜひモールス符号を覚えてください．

❷ 無線工学編

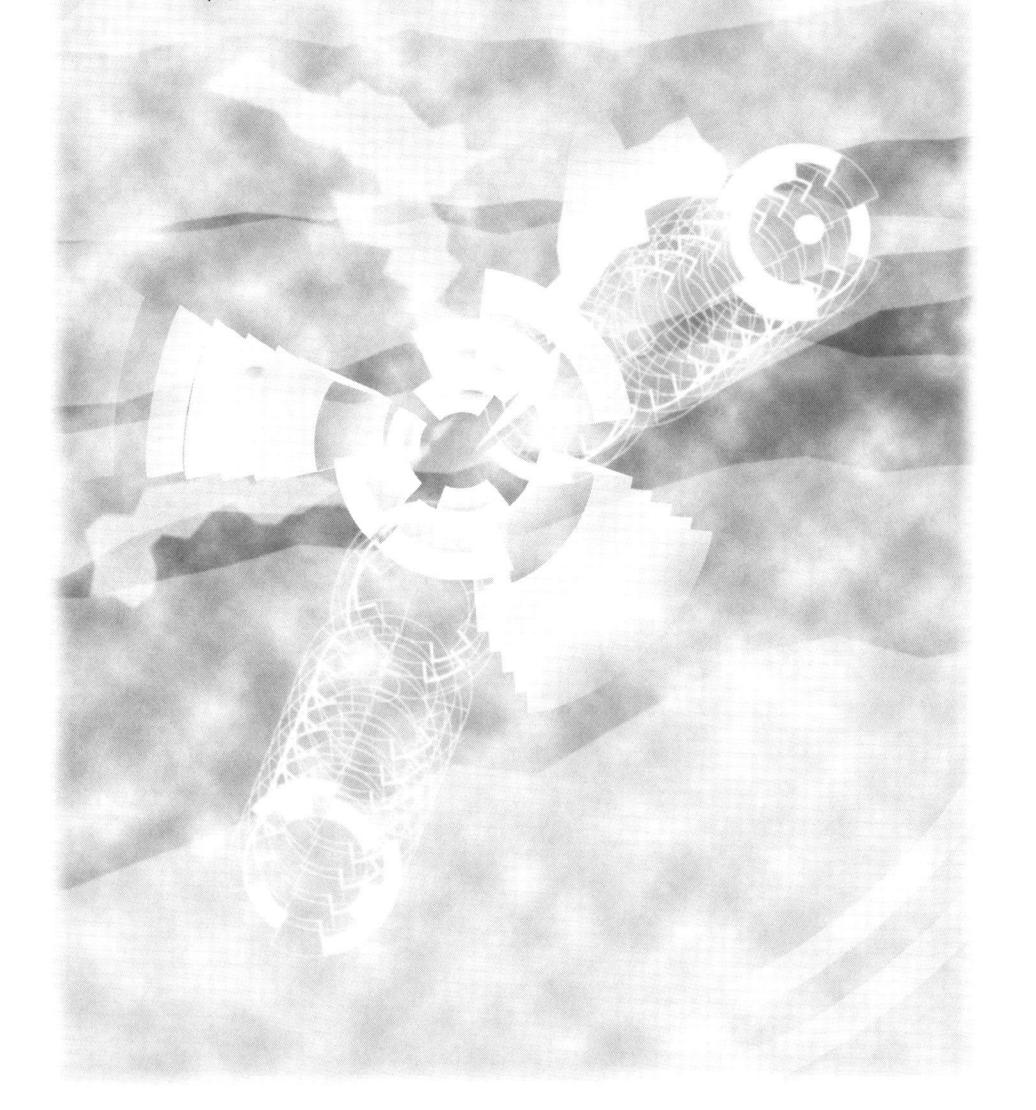

第1章

電気と磁気

1-1 静電気

1-1-1 電気の本質と帯電現象

　電気というのはいろいろな仕事をしてくれるものですが，目に見えないので，一見つかみどころのないものです．その電気の本質は，原子の中で見つけることができます．

　図1-1(a)は，もっとも簡単な構造を持った水素の原子モデルです．これでわかるように，原子はプラスの電気を持った陽子と，その周りを回るマイナスの電気を持った電子からできています．陽子は原子核の中にあり，原子核の中では動くことはできません．また，陽子の持っているプラスの電気と電子の持っているマイナスの電気は絶対値が等しく，原子全体では両者が打ち消し合っていて外部には影響を及ぼしません．

　さて，原子核の中にある陽子は動けませんが，電子は原子核の周りを回っていて，場合によっては**図1-1**(b)のように原子の外に飛び出して自由電子になります．この自由電子が，電気のことだと思ってもよいでしょう．

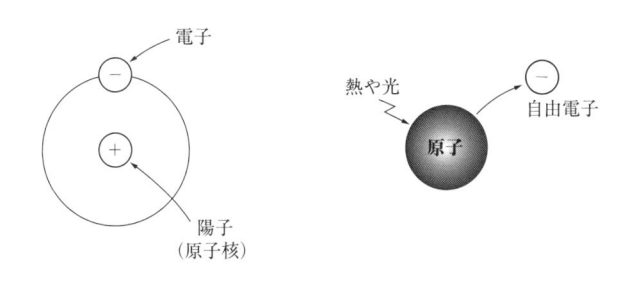

(a) 水素の原子モデル　　(b) 実際に動くのは自由電子

図1-1　電気の素は原子の中にある

第1章 電気と磁気

　私たちが日常生活に用いる電気製品や電子機器は，すべて電子が導体中を動いて電流となる，いわゆる動電気を利用したものです．ところが，物体を摩擦（例えばガラス棒を絹布でこする．これらは絶縁体）したとき発生する電気は，物体に着いて静止している電気です．このように静止した電気を静電気といい，このような現象を静電現象とか帯電現象といいます．電気回路や電子回路の勉強をするときには，まず，その根本となる静電気から始める必要があります．

1-1-2　摩擦電気

　摩擦によって物体がプラスに帯電するかマイナスに帯電するかは，表1-1に示した物体の摩擦電気系列によって決まります．表1-1に示した任意の二つの物質を摩擦すると，上位のものがプラスに，また下位のものがマイナスに帯電します．そして，二つの物質の序列の差が大きいほど，帯電の度合が大きくなります．

　これは，摩擦によって上位のものから下位のものへと電子の一部が移動するため，電子が不足した上位のものはプラスに，また，電子が過剰になった下位のものがマイナスに帯電するためです．ちなみに，ガラス棒を絹布でこすると，ガラス棒はプラス，絹布はマイナスに帯電します．

　帯電現象によって物体が電気を帯びた場合，その物体の持つ電気の量を電荷といい，大きさを表す単位はクーロン〔C〕です．また，摩擦によって生じたプラスとマイナスの電荷は二つの物質の間を移動しただけなので，その絶対値は同じです．

1-1-3　静電誘導と静電遮へい

　図1-2のように，プラスに帯電している物体Aに帯電していない物体Bを近づけると，BのAに近い端にはマイナス，そしてBのAに遠い端にはプラスの

表1-1　摩擦電気系列

① 毛布	⑧ 絹
② 水晶	⑨ 木材
③ 雲母	⑩ 金属
④ ガラス	⑪ カーボン
⑤ フランネル	⑫ ゴム
⑥ もめん	⑬ エボナイト
⑦ 紙	

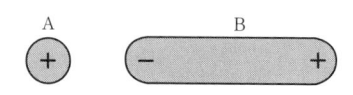

図1-2　静電誘導

1-1 静 電 気

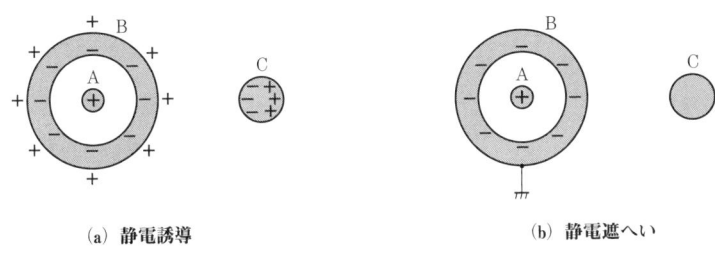

(a) 静電誘導 (b) 静電遮へい

図1-3　静電誘導と静電遮へい

電荷が現れます．このような現象を静電誘導といいます．このような場合，物体Bの両側に生じたプラスとマイナスの電荷の量は，互いに等量です．

つぎに，**図1-3(a)**のようにプラスに帯電している球Aを中空導体Bでつつむと，Bの内面にはマイナス，外面にはプラスの電荷が現れます．そこで帯電していない物体Cを近づけると，Cは静電誘導を受けてBに近い端にマイナス，遠い端にプラスの電荷が現れます．これは，物体Cは物体Aの影響を受けたことになります．

そこで，**図1-3(b)**のようにBをアースするとBの外面のプラスの電荷は大地に逃げ去り，外面の電荷は無くなります．その結果，帯電していない物体Cを物体Bに近づけてもCは静電誘導を受けません．

このように，AとCの2個の物体の間に接地した導体Bを置き，静電誘導を受けないようにすることを，静電遮へいといいます．

1-1-4　静電気におけるクーロンの法則

フランスの電気および土木工学者であるクーロンは，1785年に実験によって二つの電荷の間に働く力の関係を示す法則を発見しました．

『二つの帯電体の間に働く力Fは，その大きさは各々の持っている電荷Q_1，Q_2の積に比例し，帯電体間の距離rの2乗に反比例し，その方向は両電荷を結ぶ直線上にある』

これがクーロンの法則です．これは，二つの電荷の間に働く力をF〔N〕(ニュートン)，電荷の強さをQ_1〔C〕(クーロン)，Q_2〔C〕，距離をr〔m〕とすると，

$$F = K \frac{Q_1 Q_2}{r^2} \text{〔N〕} \qquad \cdots\cdots\cdots\cdots 1\text{-}1$$

のようになります．ここで，Kは電荷の置かれている物質（誘電体）によって異なる比例定数です．

図1-4は二つの電荷Q_1とQ_2にどのような力が働くかを示したもので，Q_1とQ_2がどちらもプラスまたはマイナス，すなわち同種の電荷であれば**式1-1**のFの値はプラス

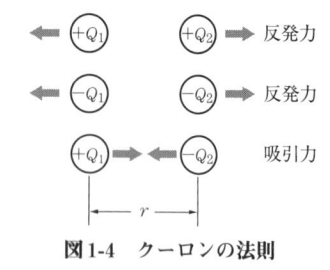

図1-4　クーロンの法則

となり反発力となります．また，Q_1がプラスでQ_2がマイナス，またはその逆，すなわち異種の電荷であれば**式1-1**のFの値はマイナスとなり，吸引力となります．そして，Q_1とQ_2の間に働く力は，Q_1とQ_2の間の距離rの2乗に反比例します．

●真空中の場合

式1-1の比例定数Kは，真空中では，

$$K = \frac{1}{4\pi\varepsilon_0} = \frac{1}{4\pi \times 8.855 \times 10^{-12}} \fallingdotseq 9 \times 10^9 \qquad \cdots\cdots 1\text{-}2$$

となります．ここでε_0は静電気の作用を伝える真空の性質を表すもので，これを真空中の誘電率といいます．**式1-2**でわかるように，ε_0の値は，

$$\varepsilon_0 = 8.855 \times 10^{-12}$$

です．そこで，真空中でQ_1とQ_2に働く力Fは，

$$F = \frac{1}{4\pi\varepsilon_0} \times \frac{Q_1 Q_2}{r^2} \fallingdotseq 9 \times 10^9 \frac{Q_1 Q_2}{r^2} \quad [\text{N}] \qquad \cdots\cdots 1\text{-}3$$

のようになります．

●任意の誘電体の場合

任意の物質の誘電率をεとすると，εと真空中の誘電率ε_0の比を比誘電率といい，これをε_Sで表します．εとε_0，ε_Sの間には，

$$\frac{\varepsilon}{\varepsilon_0} = \varepsilon_S \qquad \therefore \varepsilon = \varepsilon_0 \varepsilon_S \qquad \cdots\cdots 1\text{-}4$$

のような関係があります．

すると，任意の誘電体においてQ_1とQ_2に働く力Fは，

1-1 静電気

エボナイト	3	ゴム	3	パラフィン	2
磁器	6	石英ガラス	4	水	80
マイカ	6	酸化チタン	100	紙	2
ベークライト	5〜10				

表1-2 主な物質の比誘電率(ε_S)

$$F = \frac{1}{4\pi\varepsilon} \times \frac{Q_1 Q_2}{r^2} = \frac{1}{4\pi\varepsilon_0} \times \frac{Q_1 Q_2}{\varepsilon_S r^2} \fallingdotseq 9 \times 10^9 \frac{Q_1 Q_2}{\varepsilon_S r^2} \text{ [N]} \quad \cdots\cdots 1\text{-}5$$

のようになります．**表1-2**に，主な物質の比誘電率 ε_S を示します．ちなみに，空気の比誘電率 ε_S はほぼ1です．

1-1-5　電界と電気力線

空間に電荷があってクーロンの法則による力が働いているような場合，その空間を電界といい，どのような力が働いているかは電気力線で表されます．電気力線はプラスの正電荷から出発してマイナスの負電荷に到達する力線を仮想的に表したもので，**図1-5**のようになります．

電気力線の性質を整理してみると，
(1) 電気力線は正電荷の表面から出て負電荷の表面に終わる．
(2) 電気力線はゴムひものように常に縮まろうとし，電気力線どうしは反発し合っている．
(3) 電気力線に接線を引くと，接線はその点の電界の方向を示す．
(4) 電気力線どうしが交わることはない．
(5) 電気力線は等電位面と垂直に交わる．
(6) 電気力線は導体の面に直角に出入りする．
(7) 電気力線の密度は，その点の電界の強さを表す．
のようになります．なお，等電位面というのは電界内で電位の等しい点が集まって作る面のことです．

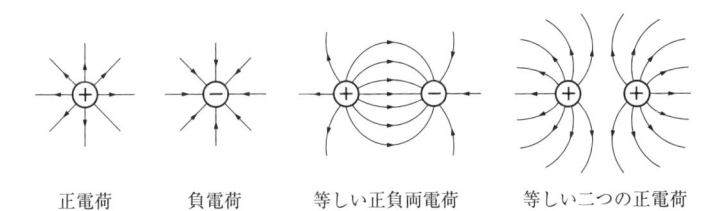

正電荷　　負電荷　　等しい正負両電荷　　等しい二つの正電荷

図1-5　電気力線の性質

電界の強さは，電界中のある点に1Cの正電荷を置いたときにそれに働く力の大きさで表します．電界の強さを表す記号はE，単位は〔V/m〕です．

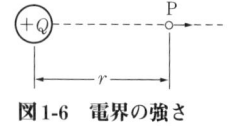

図1-6 電界の強さ

図1-6のように真空中に$+Q$〔C〕の電荷からr〔m〕離れた点Pに1Cの正電荷を置いた場合の電界の強さEは，**式1-3**で$Q_1=Q$，$Q_2=1$ですから，

$$E=\frac{1}{4\pi\varepsilon_0}\times\frac{Q}{r^2} \text{〔V/m〕} \quad\cdots\cdots 1\text{-}6$$

のようになります．

1-1-6 電束と電束密度

誘電率εの誘電体中にあるQ〔C〕の電荷からは$\frac{Q}{\varepsilon}$〔本〕の電気力線が出ますが，これは誘電率εによりその本数が変わります．そこで，電気力線の代わりに誘電率εに関係なく1Cの電荷からは1本の電束が出ると考えます．これを1Cの電束といいます．すなわち，電荷Q〔C〕から出る電束はQ〔C〕です．また，電束と直角な単位面積$1\mathrm{m}^2$あたりに通過する電束を電束密度といい，電束密度の記号はD，単位は〔C/m^2〕です．電束密度Dと電界の強さEの間には，

$$D=\varepsilon E \text{〔C/m}^2\text{〕} \quad\cdots\cdots 1\text{-}7$$

のような関係があります．εは，誘電体の誘電率です．

また，電束に直角な面S〔m^2〕を電束Q〔C〕が通過しているとき，その点の電束密度は，

$$D=\frac{Q}{S} \text{〔C/m}^2\text{〕} \quad\cdots\cdots 1\text{-}8$$

のようになりますから，**式1-7**と**式1-8**より平行導体板に働く電界の強さEは，

$$E=\frac{Q}{\varepsilon S} \text{〔V/m〕} \quad\cdots\cdots 1\text{-}9$$

となります．

1-1-7 コンデンサ

コンデンサは，静電気を蓄える電子部品です．二つの導体の間に電圧を加えると電荷を蓄えることができますが，この電荷をどれくらい蓄えられるかを表

1-1　静　電　気

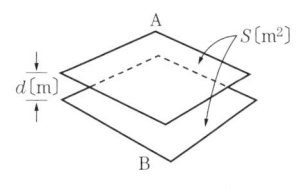

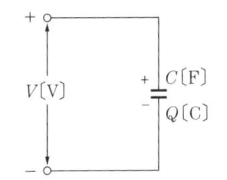

図1-7　平行板コンデンサ　　　　　図1-8　コンデンサに蓄えられる電荷

すのが静電容量です．静電容量は，導体の種類や形，また間に挟まれる誘電体によって異なります．

　図1-7は，2枚の金属板を向かい合わせて電極とした平行板コンデンサです．図1-7において金属板AとBの面積をS〔m²〕，両板の間隔がd〔m〕，両板の間の物質の比誘電率をε_S，真空中の誘電率をε_0（8.855×10⁻¹²）とすると，静電容量C〔F〕は，

$$C = \frac{\varepsilon_0 \varepsilon_S S}{d} \,\text{〔F〕} \qquad \cdots\cdots 1\text{-}10$$

となります．この式より，静電容量は金属板の面積と両板の間の物質の比誘電率に比例し，両板の間隔に反比例することがわかります．

●コンデンサに蓄えられる電荷

　図1-8のように静電容量C〔F〕のコンデンサにV〔V〕の電圧を加えたとき，コンデンサに蓄えられる電荷Q〔C〕は，

$$Q = CV \,\text{〔C〕} \qquad \cdots\cdots 1\text{-}11$$

のようになります．これより，1Vの電圧によって1Cの電荷を蓄えることができる静電容量が1Fだということがわかります．

●コンデンサに蓄えられるエネルギー

　コンデンサに蓄えられるエネルギーW〔J〕（ジュール）は，静電容量をC〔F〕，電圧をV〔V〕，電荷をQ〔C〕とすると，

$$W = \frac{1}{2}QV = \frac{1}{2}CV^2 \,\text{〔J〕} \qquad \cdots\cdots 1\text{-}12$$

と表されます．

第1章　電気と磁気

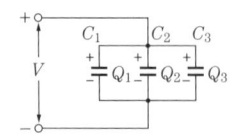

図1-9　コンデンサの並列接続

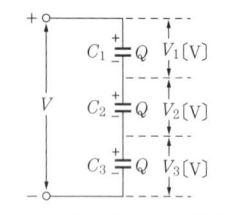

図1-10　コンデンサの直列接続

●コンデンサの並列接続

図1-9のようにコンデンサC_1, C_2, C_3を並列に接続し，その端子に電圧V〔V〕を加えると，それぞれのコンデンサに蓄えられる電荷Q_1, Q_2, Q_3は式1-11より，

$$Q_1 = C_1 V, \quad Q_2 = C_2 V, \quad Q_3 = C_3 V$$

のようになります．また，端子から見た全電荷Qは

$$Q = Q_1 + Q_2 + Q_3$$

ですから，

$$Q = C_1 V + C_2 V + C_3 V = (C_1 + C_2 + C_3) V$$

となり，そこで合成静電容量C_P〔F〕は，

$$C_P = \frac{Q}{V} = C_1 + C_2 + C_3 \ \text{〔F〕} \qquad \cdots\cdots\cdots 1\text{-}13$$

となります．これより，コンデンサを並列接続した場合には，それぞれのコンデンサの静電容量の和が合成静電容量になることがわかります．

●コンデンサの直列接続

図1-10のようにコンデンサC_1, C_2, C_3を直列に接続して電圧V〔V〕を加えた場合，C_1, C_2, C_3に加わる電圧をそれぞれV_1, V_2, V_3とすると，

$$V = V_1 + V_2 + V_3$$

となります．また，蓄えられる電荷をQ〔C〕とすれば，それぞれのコンデンサにかかる電圧は

$$V_1 = \frac{Q}{C_1}, \ V_2 = \frac{Q}{C_2}, \ V_3 = \frac{Q}{C_3}$$

となり，そこで合成静電容量C_S〔F〕は，

$$C_S = \frac{Q}{V} = \frac{1}{\dfrac{1}{C_1} + \dfrac{1}{C_2} + \dfrac{1}{C_3}} \ \text{〔F〕} \qquad \cdots\cdots\cdots 1\text{-}14$$

1-1　静　電　気

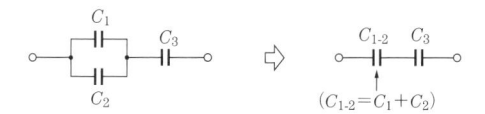

図1-11　コンデンサの直並列接続

となります．これは

$$\frac{1}{C_S} = \frac{1}{C_1} + \frac{1}{C_2} + \frac{1}{C_3} \qquad \cdots\cdots\cdots\cdots 1\text{-}15$$

のように書くこともでき，これよりコンデンサを直列接続した場合にはそれぞれのコンデンサの静電容量の逆数の和が合成静電容量C_Sの逆数になることがわかります．

●コンデンサの直並列接続

　直列や並列に接続されたコンデンサが複雑に絡み合っているような場合，合成静電容量を求めるのはやっかいです．そのような場合には，簡単に静電容量の求まる並列接続から計算をすませ，そのあとで直列接続の計算をするのがうまい手です．

　図1-11はその一例を示したもので，まずC_1とC_2の合成静電容量$C_{1\text{-}2}$を求めます．$C_{1\text{-}2}$はC_1とC_2の和ですから，$C_{1\text{-}2} = C_1 + C_2$と簡単に求まります．そのうえで，$C_{1\text{-}2}$と$C_3$の直列接続の合成静電容量を計算します．すなわち，

$$C = \frac{1}{\frac{1}{C_{1\text{-}2}} + \frac{1}{C_3}} = \frac{1}{\frac{C_3 + C_{1\text{-}2}}{C_{1\text{-}2} \times C_3}} = \frac{C_{1\text{-}2} \times C_3}{C_3 + C_{1\text{-}2}}$$

となります．

●静電容量の単位

　コンデンサの記号はC，静電容量の単位はF（ファラッド）ですが，このFは実用上は大きすぎるので，実際にはμF（マイクロファラッド）やpF（ピコファラッド）が使われます．μFのμは10^{-6}の補助単位で，pFのpは10^{-12}の補助単位です．

　例えば，5μFといえば5×10^{-6}〔F〕，20pFといえば20×10^{-12}〔F〕ということになります．

1-2 磁 気

1-2-1 磁 石

　天然に産出する鉄鉱石の一種の磁鉄鉱は，鉄を引き付ける性質を持っています．このような性質を持ったものが磁石で，その性質の元になっているものを磁気といいます．磁石は，磁気を帯びているとか帯磁しているといいます．

　自由に動ける棒磁石は，地球の南北を指します．この場合，北を指したほうをN極，南を指したほうをS極といいます．

1-2-2 磁界におけるクーロンの法則

　二つの磁石のN極とN極，またはS極とS極を近づけると，互いに反発力が作用します．また，二つの磁石のN極とS極とを近づけると，互いに吸引力が作用します．すなわち，同種の磁極は互いに反発し，異種の磁極は互いに吸引し合います．

　クーロンは静電気におけるクーロンの法則を発見しましたが，同じように磁界における法則も発見しました．

　『二つの磁極間に働く力は，二つの磁極の強さの積に比例し，それらの間の距離の2乗に反比例する』

　この法則は，二つの磁極間に働く力をF〔N〕（ニュートン），磁極の強さをそれぞれm_1〔Wb〕（ウェーバ），m_2〔Wb〕，距離をr〔m〕とすると，

$$F = K \frac{m_1 m_2}{r^2} \ \text{〔N〕} \quad \cdots\cdots\cdots\cdots 1\text{-}16$$

のようになります．ここで，Kは比例定数です．

●真空中の場合

　式1-16の比例定数Kは，真空中では，

$$K = \frac{1}{4\pi\mu_0} = \frac{1}{4\pi \times 1.257 \times 10^{-6}} \fallingdotseq 6.33 \times 10^4 \quad \cdots\cdots\cdots\cdots 1\text{-}17$$

となります．この式のμ_0を真空中の透磁率といい，式1-17でわかるように，

$$\mu_0 = 1.257 \times 10^{-6}$$

です．そこで，真空中でm_1とm_2に働く力Fは，

$$F = \frac{1}{4\pi\mu_0} \times \frac{m_1 m_2}{r^2} \fallingdotseq 6.33 \times 10^4 \times \frac{m_1 m_2}{r^2} \ [\text{N}] \quad \cdots\cdots 1\text{-}18$$

となります．

●任意の媒体の場合

任意の媒体の透磁率をμとすると，μと真空中の透磁率μ_0の比を比透磁率といい，これをμ_Sで表します．μとμ_0，μ_Sの間には，

$$\frac{\mu}{\mu_0} = \mu_S \quad \therefore \mu = \mu_0 \mu_S \quad \cdots\cdots 1\text{-}19$$

のような関係があります．

すると，任意の媒体においてm_1とm_2に働く力Fは，

$$\begin{aligned} F &= \frac{1}{4\pi\mu} \times \frac{m_1 m_2}{r^2} = \frac{1}{4\pi\mu_0 \mu_S} \times \frac{m_1 m_2}{r^2} \\ &= \frac{1}{4\pi\mu_0} \times \frac{m_1 m_2}{\mu_S r^2} \fallingdotseq 6.33 \times 10^4 \frac{m_1 m_2}{\mu_S r^2} \ [\text{N}] \end{aligned} \quad \cdots\cdots 1\text{-}20$$

のようになります．

この**式1-20**が磁界におけるクーロンの法則を示す一般式です．なお，真空中では$\mu_S = 1$，空気中でも$\mu_S \fallingdotseq 1$として実用上差し支えありません．

1-2-3 磁界と磁力線

磁石の近くへ磁針を持っていくと，磁針が動きます．このように磁極の作用の及ぶ範囲を，磁界または磁場といいます．そして，磁界の中に1〔Wb〕の正磁極（単位正磁極という）を置いたとき，これに作用する力の大きさと方向によって，その点における"磁界の強さ"と"磁界の方向"を決めます．

また，MKS単位では，磁界内に1Wbの磁極を置いたときにこれに作用する力が1Nであるとき，その点の磁界の強さを1A/m（アンペア毎メートル）としています．

図1-12のように磁界内で小さい磁針を動かすと，磁針を置く点によって磁針の指す方向はいろいろ変わります．そして，多くの点に磁針を動かしてみてその点における磁針の示す方向に短い直線を引き，それらをなめらかに結ぶと曲線になります．

図1-12　磁力線

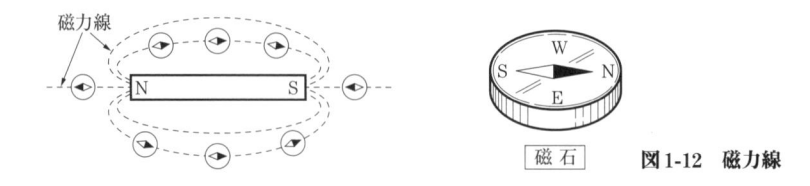

　すなわち，磁界内の各点において磁界の方向を示す短い直線を引き，これらをつなげば一つの曲線が得られます．これを，磁力線といいます．
　ファラデーとマクスウェルは，磁力線について次のように考えることを提案し，これが現在，磁力線の性質と考えられています．
(1) 磁力線はN極から出発してS極に終わる．
(2) 磁力線は途中でわかれたり，交わることはない．
(3) 磁力線はその長さの方向に（ゴムひものように）締まろうとし，また，長さと直角な方向に対して相互に反発する．
(4) 磁界中の任意の点を通る磁力線の接線は，その点の磁界の方向を示す．
(5) 磁界中の任意の点における磁力線の密度（単位面積内の磁力線の数）はその点の磁界の強さを表す．すなわち，磁界の強さがH〔A/m〕のところは，その点で磁界の方向に直角な1m²の面積あたりにH〔本〕の磁力線が通っていると考える．

＊

　磁界の強さは磁界中のある点に1Wbの正磁極（N極）を置いたときに，それに働く力の大きさで表し，磁界の強さを表す記号はH，単位は〔A/m〕です．
　真空中において，m〔Wb〕の正磁極からr〔m〕離れた点Pに1Wbの正磁極を置いてみましょう．するとクーロンの法則において$m_1 = m$，$m_2 = 1$ですから，磁界の強さHは，

$$H = \frac{m}{4\pi\mu_0 r^2} \text{〔A/m〕} \quad \cdots\cdots\cdots 1\text{-}21$$

のようになります．

1-2-4　磁束と磁束密度

　磁気によって生じる作用を定量的に扱うために，1Wbの磁極からは1本の磁束が出ているとし，これを1Wbの磁束といいます．また，磁束と直角な面積

1m²に何〔Wb〕の磁束があるかを磁束密度というもので表します．磁束密度の記号はB，単位は〔Wb/m²〕となりますが，〔Wb/m²〕を〔T〕(テスラ)と呼んでいます．

磁束密度B〔T〕と磁界の強さH〔A/m〕および透磁率μの間には，

$$B = \mu H = \mu_0 \mu_S H \quad \text{〔T〕} \qquad \cdots\cdots 1\text{-}22$$

の関係があります．また，**式1-21**と**式1-22**から，

$$B = \mu_0 \mu_S \times \frac{m}{4\pi\mu_0 r^2} = \mu_S \times \frac{m}{4\pi r^2} \qquad \cdots\cdots 1\text{-}23$$

が得られます．なお，比透磁率μ_Sは空気中ではほぼ1です．

1-2-5　磁気誘導

磁石の近くに鉄片を持ってくると磁化され，磁石のN極に近いほうはS極になり，反対の端はN極になります．そして，磁石は鉄片を吸引します．これを，磁気誘導といいます．

一般に，磁気誘導を生じる物質を磁性体といい，磁気誘導作用の特に強い物質，例えば鉄やニッケル，コバルトなどを強磁性体といいます．また，逆にアルミニウムのようにほとんど磁気誘導作用の生じないものを，非磁性体といいます．

一方，鉄のように磁石のN極に近いほうにS極を生じるように磁化されるものを常磁性体，その反対に銅やアンチモンなどのように，わずかですが磁石のN極に近いほうにN極を生じるように磁化されるものを反磁性体といいます．

1-2-6　磁気遮へい

鉄のような強磁性体で箱を作ってその中に電子部品を入れておくと，外部からの磁束はほとんど箱の中に入らず，また箱の内部でできる磁束は外部へ出ません．このように，箱の内部と外部を磁気的に絶縁することを，磁気遮へいといいます．磁気遮へいに用いる箱は，厚い材料を1枚使用するよりも薄い材料を2～3枚使用したほうがその効果をあげることができます．

1-2-7　漏れ磁束

磁気回路では電気回路と異なり，空気をはじめあらゆる物質が磁束に対しては導体と同じですから，磁束は予定の通路を通らずに空気中に漏れやすくなっ

ています.このように予定の通路を通らない磁束を,漏れ磁束(漏洩磁束ともいう)といいます.漏れ磁束は変圧器などでは損失になり,漏れ磁束があると相互誘導回路では結合係数が小さくなります.

1-3 電気と磁気の関係

1-3-1 電流による磁界

電流の流れている導線に磁針を近づけると磁針が振れますが,これらの間の関係を表したのが有名なアンペアの法則とビオ・サバールの法則です.

●アンペアの法則

アンペアの法則には,アンペアの右ねじの法則と,アンペアの周回路の法則の二つがあります.

まず,アンペアの右ねじの法則は,

『一つの右ねじをとって,ねじの進む方向に電流を流すと,ねじの回転する方向に磁力線ができる.』

というもので,**図1-13(a)**のようになります.なお,電流の向きは**図1-14**のように表し,その場合には図のような磁力線ができます.

つぎに,**図1-13(b)**のように長くてまっすぐな導線に電流I〔A〕を流したとき,導線から垂直にr〔m〕離れた点Pの磁界の強さH〔A/m〕は

$$H = \frac{I}{2\pi r} \text{〔A/m〕} \quad \cdots\cdots\cdots\cdots 1\text{-}24$$

(a) 右ネジの法則　　(b) 周回路の法則

図1-13　アンペアの法則

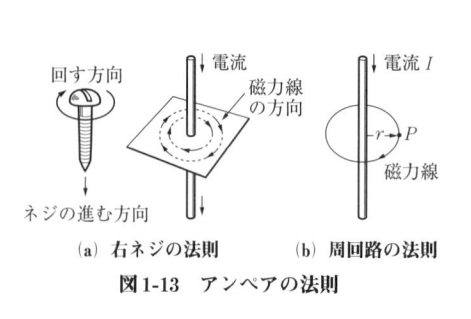

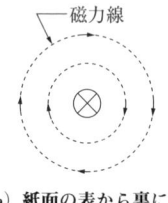

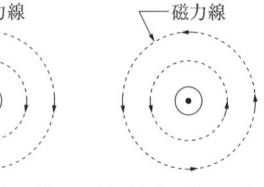

(a) 紙面の表から裏に向かって電流が流れた場合
(b) 紙面の裏から表に向かって電流が流れた場合

図1-14　電流の方向を表す方法

1-3 電気と磁気の関係

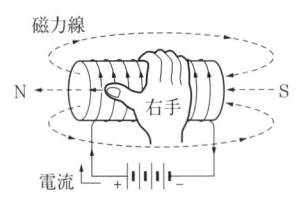

図1-15 コイルに電流を流した場合

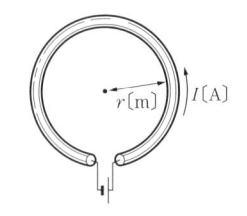

図1-16 1回巻きのコイル

のようになり，これがアンペアの周回路の法則です．

*

コイルに**図1-15**のように電流を流した場合，右手の人差し指から小指を電流の方向に合わせると，親指がN極の方向を示します．

また，**図1-16**のように半径r〔m〕で1回巻きのコイルを作り，それにI〔A〕の電流を流すと，コイルの中心における磁界の大きさH〔A/m〕は

$$H = \frac{I}{2r} \ \text{〔A/m〕} \quad \cdots\cdots 1\text{-}25$$

となります．

●ビオ・サバールの法則

電流によって作られる磁界の強さを求める基本になる法則に，ビオ・サバールの法則があります．ビオとその弟子のサバールの二人はいろいろな実験から，

『短い導線$\Delta\ell$〔m〕を流れる電流I〔A〕によって，導線からr〔m〕の距離にあるP点にできる磁界の大きさΔH〔A/m〕はつぎの式で求められ，磁界の方向は点Pと導線とを含む面に垂直で，向きは右ねじの法則にしたがう．』
のような法則をみつけました．

まず，**図1-17**(a)のようにP点が導線に直角な場合，磁界の大きさは

$$\Delta H = \frac{I\Delta\ell}{4\pi r^2} \ \text{〔A/m〕} \quad \cdots\cdots 1\text{-}26(a)$$

また，(b)のような場合には，

$$\Delta H = \frac{I\Delta\ell}{4\pi r^2}\sin\theta \ \text{〔A/m〕} \quad \cdots\cdots 1\text{-}26(b)$$

のようになります．

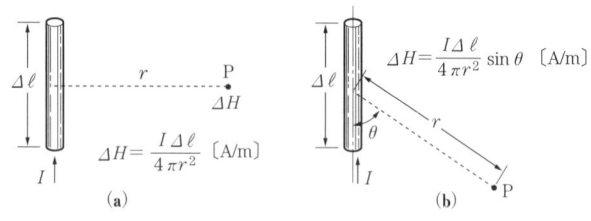

図1-17 ビオ・サバールの法則

1-3-2　フレミングの左手の法則

図1-18(a)のように磁石を固定しておき，その磁界の中に電流の流れている導線を入れると，導線にはある方向の力が働きます．その関係を示すのがフレミングの左手の法則で，図1-18(a)のように導線に働く力の方向は磁界の方向と電流の方向の両者に対して直角となります．

フレミングの左手の法則は図1-18(b)から，

『左手の親指，人差し指，中指を互いに直角になるように曲げ，人差し指で磁界の方向を示し，中指で電流の向きを示すと，親指の向きに力が働く．』

のようになります．

図1-19は磁界中にある導線に実際に電流を流した場合に発生する力を示した

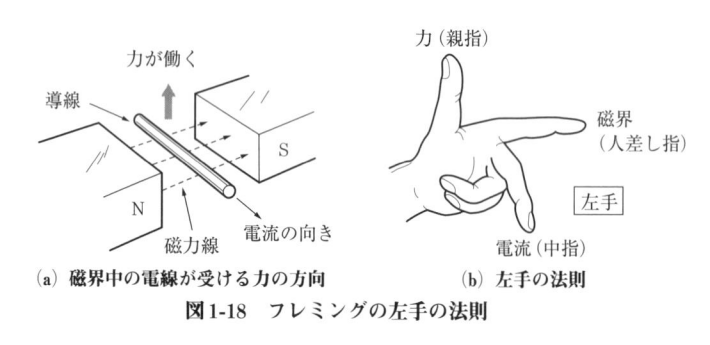

(a) 磁界中の電線が受ける力の方向　　(b) 左手の法則

図1-18　フレミングの左手の法則

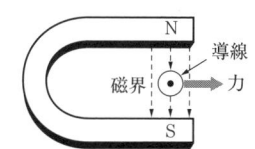

(a) 紙面の表から裏に向かって電流が流れた場合　　(b) 紙面の裏から表に向かって電流が流れた場合

図1-19　フレミングの左手の法則の応用

(a) 磁界中を動く導線が起こす起電力　　(b) 右手の法則

図1-20　フレミングの右手の法則

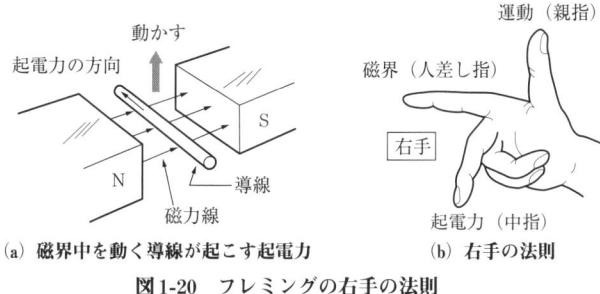

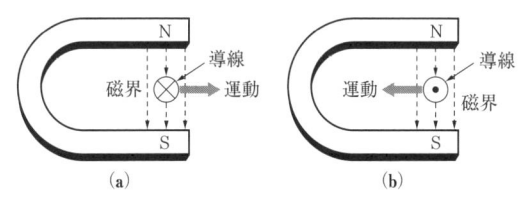

図1-21　フレミングの右手の法則の応用

もので，フレミングの左手の法則を応用したものには電動機（モータ）や可動コイル型電流計，可動コイル型スピーカなどがあります．

1-3-3　フレミングの右手の法則

図1-20(a)のように磁界の中で導線を動かすと，導線に起電力が発生します．その関係を示すのがフレミングの右手の法則で，磁界の方向，導線を動かす方向，それに起電力の方向はそれぞれ互いに直角となります．

フレミングの右手の法則は**図1-20**(b)から，

『右手の親指，人差し指，中指を互いに直角になるように曲げ，人差し指で磁界の方向を示し，親指で導線の動く方向を示すと，中指の示す向きに起電力が発生する．』

のようになります．

図1-21は磁界中で導線を実際に動かしたときに導線に発生する起電力の様子を示したもので，発電機や可動コイル型マイクロホンに応用されています．

1-3-4　レンツの法則

図1-22(a)のようにコイルの両端に検流計Gをつないでおき，棒磁石を上ま

第1章　電気と磁気

(a) 棒磁石を動かす　　(b) 磁束の増加　　(c) 磁束の減少

図1-22　レンツの法則

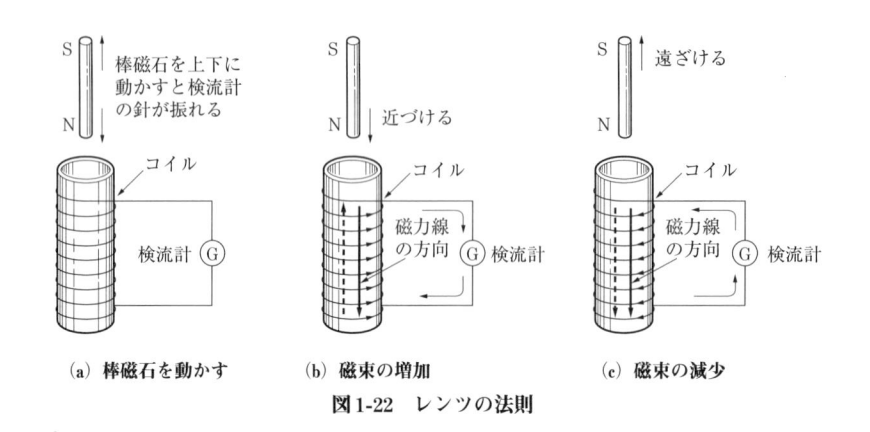

たは下に動かすと，棒磁石より出る磁束をコイルの導線が切ります．するとコイルの中に起電力が発生し，検流計Gの針が振れます．このような現象を，一般に電磁誘導といいます．そして，コイルの中に生じた起電力を誘導起電力といいます．

図1-22の実験をしてみると，つぎのようなことがわかります．

(1) 棒磁石をコイルに近づけるときと遠ざけるときでは，Gの振れる向きが反対になる．すなわち，コイルに棒磁石を近づけるときと遠ざけるときでは起電力の向きが互いに反対になる．

(2) 棒磁石を動かす速度が早いほど，Gはよく振れる．すなわち，起電力は大きくなる．

レンツは，以上のうち(1)の現象を，

『電磁誘導によって生ずる起電力は，磁束の変化を妨げる電流を生ずるような向きに発生する．』

のように表現しました．これが，レンツの法則です．

図1-22(b)のように棒磁石がコイルに近づくとき，棒磁石の磁束はコイル内で実線の向きに増加しようとします．すると，その増加を妨げようとしてコイルの中には点線で示す向きの磁束ができるような向きに起電力が発生します．

また，**図1-22(c)**のように棒磁石をコイルから遠ざけるとき，実線で示す棒磁石の磁束は減少しようとします．すると，その減少を妨げようとしてコイルの中に点線で示す向きの磁束ができるような向きに起電力が発生します．

1-3-5　鉄心におけるヒステリシス現象

　鉄心におけるヒステリシスというのは，鉄心を磁化する場合に磁界の強さを増加していくときの磁束密度の変化を示す曲線と，磁界を減少していくときの磁束密度の変化を示す曲線が一致しないことで，このような現象をヒステリシス現象，またヒステリシス現象を表すループをヒステリシス曲線といいます．

　図1-23(a)のようにコイルの中に鉄心を入れ，コイルに電流を流したときのヒステリシス曲線を示したのが**図1-23**(b)です．**図**(b)の横軸はコイルの電流による磁界の強さHで，縦軸は単位面積$1m^2$内における磁力線の数，すなわち磁束密度Bです．

　まったく磁化されたことのない鉄をコイル内に入れて磁化するとき，磁化は原点0より始まります．そして，コイルを流れる電流を増加すると磁界の強さも強くなり，0→a→bとなってbで飽和します．

　つぎに，電流を減少させて磁界の強さを弱くしていくと元の曲線をたどらずにb→cのようになります．ここで，cでは電流がゼロになり，コイルの発生する磁界もゼロなのに鉄心には磁気が残ります．このときの縦軸の0からcまでの値を，残留磁気といいます．

　では，コイルに流す電流の向きを逆にして電流を増加させてみましょう．すると曲線はc→dをたどりますが，残留磁気を打ち消して磁束密度をゼロにするには，電流を流して磁界を発生させなければなりません．このときの横軸の0からdまでの値を，保磁力といいます．

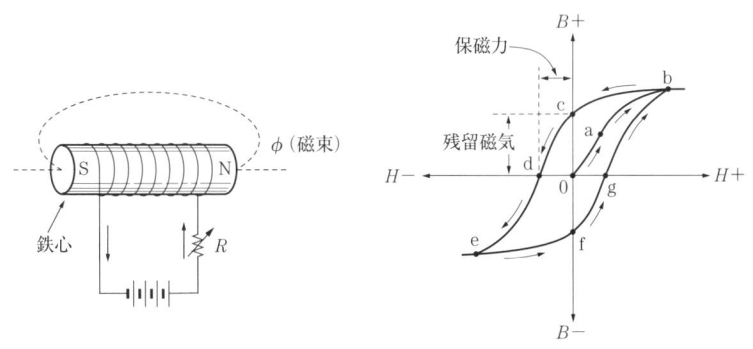

(a) 鉄心に巻いたコイルに電流を流し鉄心を磁化する　　(b) ヒステリシス曲線

図1-23　ヒステリシス現象

このあと，電流を増加していくと磁束密度はeで飽和し，電流を減少させてゼロにするとe→fをたどります．ここで電流の方向を元に戻して電流を増加させるとg→bと進み，ヒステリシス曲線は元に戻ります．

ヒステリシス曲線をみると，鉄心の性質がわかります．**図1-23**(b)のループの面積が狭いものは変圧器の鉄心として使用すると都合がよく，ループの面積の広いものは永久磁石の材料に向いています．

1-3-6　磁気ひずみ現象

一般に，磁性体にひずみ力（物理的な大きさを変えるような圧力または張力）を加えると，その磁化の状態が変化します．これを，ビラリ現象といいます．また逆に，磁性体の磁化の強さを変化させると，ひずみ（伸びまたは縮み）が現れます．これを，磁気ジュール現象といいます．これらのビラリ現象と磁気ジュール現象をあわせて，磁気ひずみ現象といっています．

磁性体に，その物体の物理的な固有振動数に一致するような周期の交流の磁界を加えると，物体が弾性と慣性とによって共振を起こします．これを利用したものの一つが，メカニカルフィルタです．

1-3-7　うず電流

図1-24のように磁束が金属板を貫いている場合，金属板の中には磁束が変化するとその磁束の変化を妨げるような向きに電流が流れます．これを，うず電流といいます．

うず電流の向きは，**図1-24**(a)や**図**(b)に示したように磁束が増加するときと減少するときでは互いに逆向きになっています．

金属板の中をうず電流が流れると電力損失が起こり，ジュール熱を発生して

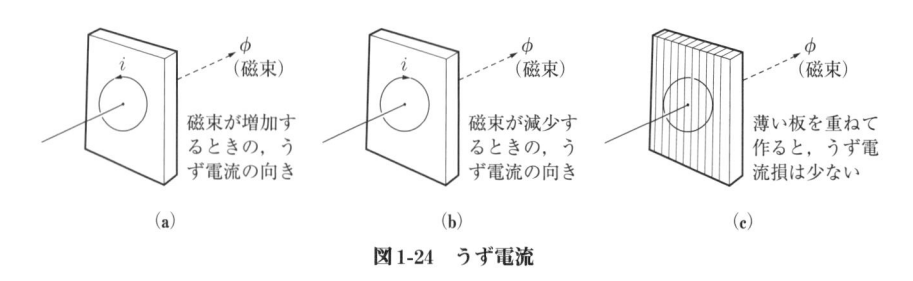

図1-24　うず電流

金属板の温度を上昇させます．この電力損失を，うず電流損といいます．

変圧器の鉄心は，**図1-24(c)** のように薄い鉄板を何枚も積み重ねていわゆる積層鉄心とし，うず電流損を少なくしています．また，高周波ではさらにうず電流損の少ない圧粉鉄心（ダストコア）を用います．

1-3-8 自己誘導作用

コイルに電流が流れているとき，コイルには磁束が発生しており，その磁束はコイル自身を切っています．

このとき，コイルを流れる電流が変化すると，レンツの法則によって電流の変化を妨げる向きにコイルに起電力を生じます．この現象を，自己誘導作用といいます．

いま，Δt〔秒〕間にΔI〔A〕の電流が変化すると，コイル内に生ずる起電力e〔V〕は，

$$e = -L\frac{\Delta I}{\Delta t} \quad 〔\mathrm{V}〕 \qquad \cdots\cdots 1\text{-}27$$

となります．

ここでLは比例定数で，これを自己インダクタンスといいます．Lの単位はH（ヘンリー）を使用します．また，1秒間に1Aの電流が変化したときに，1Vの起電力を生じるようなコイルのインダクタンスが1Hです．

図1-25 のような円筒形のコイルのインダクタンスは，コイルの直径を$2r$，コイルの長さをℓ，巻き数をnとすると，

$$L = K\frac{\mu \pi r^2 n^2}{\ell} \qquad \cdots\cdots 1\text{-}28$$

のようになります．ここで，Kは長岡係数と呼ばれるものです．

式1-28 から，コイルのインダクタンスはコイルの巻かれている物質の透磁率μと断面積（πr^2），それに巻き数nの2乗に比例し，コイルの長さに反比例することがわかります．

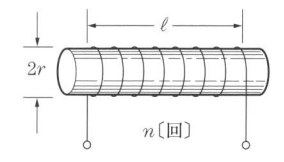

図1-25
コイルのインダクタンス

1-3-9 相互誘導作用

図1-26のように二つのコイルL_1とL_2を互いに近づけて置き，L_1に流れる電流を変化させると，L_2に起電力を生じて検流計Gの針が振れます．このように，一方のコイルの電流が変化すると，そのコイルから出ている磁束が切っている他のコイルに起電力を生ずるような作用を，相互誘導作用といいます．

図1-26において，一方のコイルL_1を流れる電流が1秒間に1Aの割合で変化したときに，もう一方のコイルL_2に1Vの起電力が生じるとき，L_1とL_2の間の相互インダクタンスは1Hとなります．

ここで注意することは，**図1-26**においてスイッチを開閉してL_1に流れる電流が変化した瞬間（磁束ϕが変化した瞬間）だけ，L_2に起電力を生じるということです．スイッチを入れたままにするとL_1に磁束は生じますが，それが変化しないため，もうL_2には起電力は生じません．

さて，L_1に流れる電流がΔt〔秒〕間にΔI〔A〕だけ変化した場合，L_2に生ずる起電力e〔V〕は，

$$e = -M\frac{\Delta I}{\Delta t} \quad \text{〔V〕} \qquad \cdots\cdots\cdots 1\text{-}29$$

ようになります．このMは比例定数で，これを相互インダクタンスといい，単位はH（ヘンリー）です．

一般に，Mは$M < \sqrt{L_1 L_2}$の関係があり，

$$M = k\sqrt{L_1 L_2} \qquad \cdots\cdots\cdots 1\text{-}30$$

とおいたとき，比例定数kを結合係数といいます．

図1-27のように二つのコイルL_1〔H〕とL_2〔H〕を直列に接続し，その間の相互インダクタンスがM〔H〕だとすると，端子AB間の合成インダクタンスL〔H〕は，L_1とL_2に生ずる磁束の向きが同一のときは

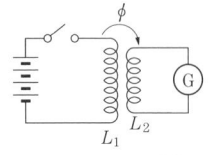

$$L = L_1 + L_2 + 2M \qquad \cdots\cdots\cdots 1\text{-}31$$

図1-26　相互誘導

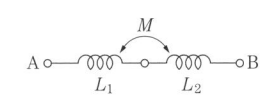

図1-27　コイルの直列接続

で，L_1とL_2に生ずる磁束の向きが逆のときは

$$L = L_1 + L_2 - 2M \qquad \cdots\cdots\cdots\cdots 1\text{-}32$$

のようになります．

1-4　いろいろな電気現象

1-4-1　圧電効果

　電気石やロッシェル塩，水晶などの結晶体から切り出した板に**図1-28**(a)のように圧力を加えると，誘電分極が生じて圧力に比例した電荷が現れます．その結果，板の一方の面がプラス，他の面がマイナスに帯電します．また，**図1-28**(b)のように板に引っ張りの力を加えると，**図**(a)とは逆方向にプラスとマイナスに帯電します．このような現象を，圧電直接効果といいます．

　これと反対に，それらの板の両面に電圧を加えると**図1-29**のように伸びたり縮んだりします．この現象を圧電逆効果といい，**図**(a)のように電圧を加えた場合に板が伸びたとすると，**図**(b)のように電圧の極性を逆にすると板は縮みます．

　このような圧電直接効果と圧電逆効果を合わせて，圧電効果や圧電現象，あるいはピエゾ電気効果と呼んでいます．

　圧電効果のある物質は，電気石やロッシェル塩，水晶などです．このうちロッシェル塩は圧電効果が最も大きい物質ですが，湿気に弱く，物理的にもろいものです．また，電気石は良好な結晶が得られないという欠点があります．

　水晶は三者のうちでもっとも圧電効果が小さい物質ですが，物理的に強く，また良好な結晶体が容易に得られるため，水晶振動子として広く利用されてい

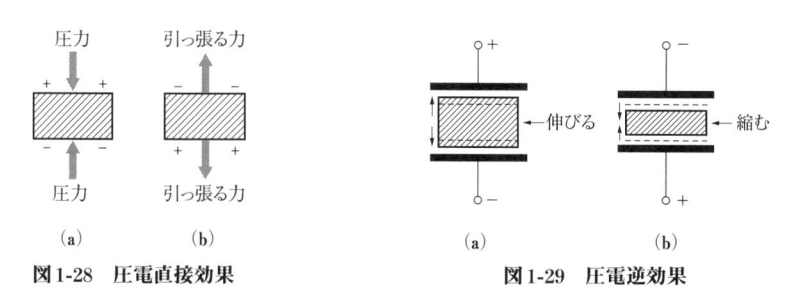

図1-28　圧電直接効果

図1-29　圧電逆効果

ます.

　水晶振動子では水晶片の両面に交流(または高周波)電圧を加えると圧電逆効果のため伸縮振動をします．すると，それによって同時に圧電直接効果のために水晶片の表面に電荷が現れ，外部から加えた電圧に対して逆起電力の働きをします．

　その結果，外部から加えた交流の周波数と水晶片の固有周波数が一致すると圧電効果は大きくなり，共振したことになります．この原理を応用したものが，水晶発振器です．

　また，セラミックなどの誘電体に電界をかけると，その誘電体は伸び縮みをします．この現象を電気ひずみ現象や電気ひずみ効果といい，セラミック共振子に応用されています．

1-4-2　ゼーベック効果

　銅線と鉄線など異なった金属で図1-30のように閉回路を作り，その二つの接続点XとYを異なった温度にすると，その回路に電流が流れます．この場合，回路を流れる電流を熱電流といい，熱電流を生じる起電力を熱起電力といいます．そして，このような現象をゼーベック効果(熱電流現象または熱電効果ともいう)と呼んでいます．

　また，熱電流を生ずる2種の金属の組み合わせを熱電対といい，その組み合わせには次のようなものがあります．

　　　　銅…コンスタンタン　　クロメル…アルメル　　白金…白金ロジウム

　ゼーベック効果を応用したものには，高周波電流計として使用する熱電電流計があります．これは，図1-30の一方の接点Xを高周波電流により加熱し，図1-31のようにして熱電対に流れる熱電流を可動コイル型の直流電流計で測定して空中線電流の大きさを知るようになっています．

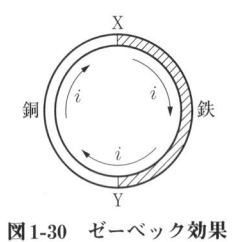

図1-30　ゼーベック効果　　　　　　図1-31　熱電電流計

1-4　いろいろな電気現象

　図1-30の接点Yの温度を一定に保っておき，接点Xを測定しようとする温度のところへもっていくと，熱電流の大きさによってその温度を知ることができます．このように，熱電効果を応用して温度の測定をすることもできます．
　ゼーベック効果と類似のものに，次のようなものがあります．

●ペルチェ効果

　一定の温度に保たれた異種の2金属の接点に電流を流すと，その電流の向きによって，熱を発生したり吸収（冷却）したりします．これを，ペルチェ効果といいます．

●トムソン効果

　1種類の金属でも2点の温度が異なると，その金属に電流を流すと熱を吸収または発生します．これを，トムソン効果といいます．

1-4-3　表皮効果

　1本の導線に交流（高周波）電流を流すと，周波数が高くなるにつれて**図1-32**(a)のように導体の中央部分には電流が流れにくくなり，導体表面にのみ電流が流れるようになります．これを，表皮効果といいます．
　表皮効果のために電流が導線の表面のみに流れると，実質的に導線の断面積が**図1-32**(b)のように小さくなったのと同じで，導線の抵抗が増加します．すなわち，導線内における電力損失が増加します．この損失を軽減するため，大電力の送信機で使われるコイルは中空の銅管を使用し，さらにその表面に銀メッキを施して使用しています．
　表皮効果は周波数が高くなるにしたがって大きくなりますから，VHFやUHF帯の送信機ではコイルを作るときに注意しなければなりません．

1-4-4　接触電位

　二つの物質，例えば亜鉛と銅を接触させると，亜鉛にプラス，銅にマイナスの電気が現れます．このような作用によっ

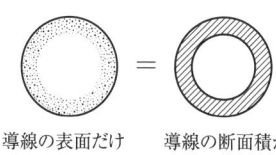

　　　　　　　　　　　　　　導線の表面だけ　　導線の断面積が
　　　　　　　　　　　　　　電流が流れる　　　小さくなったのと
　　　　　　　　　　　　　　　　　　　　　　　同様である
　　　　　　　　　　　　　　　　(a)　　　　　　　(b)

　　　　　　　　　　　　　　　図1-32　表皮効果

| ⊕ | 亜鉛 | 鉛 | 錫 | 鉄 | 銅 | 銀 | 金 | 白金 | 炭素 | 燐 | ⊖ |

図1-33　ボルタの列

て現れる電位を，接触電位差といいます．

　接触電位差は非常に小さいものなので，それで豆電球を点燈するなどということはできませんが，高感度の受信機や増幅度の大きい低周波増幅器などでは雑音の原因となり，S/N（信号対雑音比）を低下させます．

　接触電位差の原因は，つぎのように考えられています．すなわち，金属などの導体内には自由に動くことができる自由電子を単位体積内に一定数含んでいますが，それは導体の種類によって異なっています．そこで2種の異なった導体を接触させると自由電子が接触面を通して拡散しますが，結局一方の導体に多くの自由電子が進入し，自由電子を多く得たほうの導体がマイナスに帯電し電子を失ったほうがプラスに帯電して接触電位差を生ずると考えられます．

　接触電位差は接触面積に無関係で，金属の物理的性質や温度などに関係するものです．これを表したものに，**図1-33**のようなボルタの列というものがあります．例えば，亜鉛と鉄を接触させると亜鉛がプラスで鉄がマイナスになり，鉄と炭素を接触させると鉄がプラスで炭素がマイナスになります．また，その電位差はボルタの列で離れているほど大きくなります．

1-5　基本的な電子部品

1-5-1　導体と絶縁体

　電気を通す導体と電気を通さない絶縁体は，配線コードやプリント基板などの電子部品の基本となるものです．

　電気をよく通す導体とほとんど通さない絶縁体との間にははっきりした区別があるわけではありませんが，普通は抵抗率が10^{-4}〔Ω・m〕くらいより小さいものを導体といい，また抵抗率が10^8〔Ω・m〕より大きいものを絶縁体といいます．なお，抵抗率についてはこの後の『1-5-2　抵抗器』の項を参照してください．

　金属は電気をよく通す導体で，銀や金は電気をよく通すので特殊な用途に使

われますが，一般的には銅やアルミニウムが使われます．

　一方，絶縁材料として使われる絶縁体には，マイカやセラミック，各種のプラスチックなどがあり，空気も良好な絶縁体です．絶縁材料は絶縁抵抗が大きく，絶縁耐力が高いこと，また電気的損失が少ないことが必要です．

　導体と絶縁体の間には半導体と呼ばれるものがありますが，これについては第3章で説明します．

1-5-2　抵抗器

　抵抗というのは電流の流れにくさを表すもので，抵抗器というのはあらかじめ決められた値の抵抗を持つように作られた電子部品です．抵抗器の例を**写真1-1**に示します．

　抵抗のことは電気抵抗ともいいますが，導線の長さをℓ〔m〕，断面積をS〔m²〕とすると抵抗R〔Ω〕は，

$$R = \rho \frac{\ell}{S} \ 〔Ω〕 \qquad\cdots\cdots\cdots\text{1-33}$$

のようになります．ρは材質と温度によって決まる物質固有の比例定数で，これを抵抗率（または固有抵抗）といいます．**式1-33**から，抵抗は導線の長さℓに比例し，断面積Sに反比例することがわかります．

　抵抗器を大別すると，抵抗値が決まっていて変えられない固定抵抗器（**写真1-1**）と，抵抗値を変えられる可変抵抗器（**写真1-2**）があります．普通，抵抗器といえば固定抵抗器のことを指します．

　固定抵抗器として一般に広く用いられているのは，炭素皮膜抵抗器や金属皮

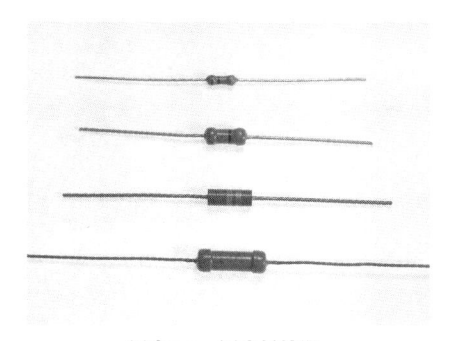

写真1-1　固定抵抗器　　　　　**写真1-2　可変抵抗器の例**

第1章　電気と磁気

$R〔Ω〕$　　　　　　　$VR〔Ω〕$

(a) 固定抵抗器の回路図記号　(b) 可変抵抗器の回路図記号

図 1-34　抵抗の回路図記号

膜抵抗器です．また，電力用のものには磁器の筒に抵抗線を巻いて作った巻線抵抗器もあります．

抵抗器の回路記号は，図 1-34 のようになります．図 (a) は抵抗値が決まっていて変えられない固定抵抗器の場合で，記号は R，単位は $Ω$ です．図 (b) は抵抗値を変えられるように作られた可変抵抗器で，記号は VR です．

抵抗の基本単位は $Ω$（オーム）ですが，これより大きい値を扱う場合には $kΩ$（キロオーム）や $MΩ$（メグオーム）が使われます．なお，k は 10^3 の補助単位，また M は 10^6 の補助単位です．

抵抗器には抵抗値のほかに定格電力が決まっており，定格電力を超えて使うと抵抗器を焼損します．抵抗器に電流が流れると電力を消費しますが，どれくらいの電力に耐えられるかを表すのが定格電力です．定格電力の単位は W（ワット）で，小形のもので $\frac{1}{4}$W や $\frac{1}{2}$W，電力用になると数 W から数十 W 以上のものまであります．

1-5-3　コンデンサ

コンデンサは，あらかじめ決められた静電容量を持つように作られた電子部品です．**写真 1-3** にコンデンサの例を示します．

コンデンサは金属板の間に誘電体を挟んだ構造になっており，誘電体の種類により空気コンデンサ，セラミックコンデンサ，各種のフィルムコンデンサ，電解コンデンサなどに大別できます．

空気コンデンサは誘電体に空気を用いたもので，同調用の可変コンデンサはその例です．

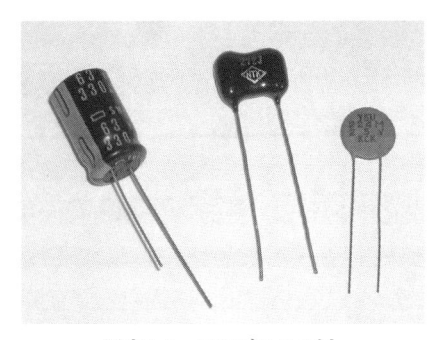

写真 1-3　コンデンサの例

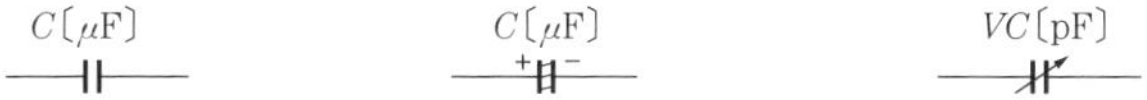

1-5 基本的な電子部品

(a) コンデンサ　$C[\mu F]$

(b) 電解コンデンサ　$C[\mu F]$

(c) 可変コンデンサ　$VC[pF]$

図 1-35　コンデンサの回路図記号

　セラミックコンデンサはセラミックを誘電体としたもので，大きな静電容量が得られる高誘電率系と温度補償用の二種類があります．共に高周波特性が良いので無線機などで使われますが，高誘電率系のものは温度係数が大きいので使用にあたっては注意が必要です．

　フィルムコンデンサはスチロール，ポリカーボネートなどのフィルムを誘電体としたもので，電極と誘電体を重ねて巻いた巻き型と，電極と誘電体を積み重ねた積層型があります．巻き型は高周波特性が良くないので低周波用ですが，積層型は高周波でも使われます．

　電解コンデンサは化学作用で作られた酸化皮膜を誘電体としたもので，そのためにプラス・マイナスの極性があります．静電容量の大きなものが作れるのが特徴で，もっぱら電源回路や低周波で使われます．

　コンデンサの回路記号は，図 1-35 のようになります．図 (a) と図 (b) は静電容量が決まっていて変えられない固定コンデンサの場合で，図 (a) は一般のコンデンサ，図 (b) は電解コンデンサの場合です．電解コンデンサの場合には，プラス・マイナスの極性をつけます．図 (c) は，静電容量を変えられるように作られた可変コンデンサです．

　コンデンサの記号は，固定コンデンサは C，可変コンデンサの場合は VC が使われます．また，静電容量の基本単位はF（ファラッド）ですが，実際には大きすぎるので μF（マイクロファラッド）や pF（ピコファラッド）が使われます．なお，μ は 10^{-6}，p は 10^{-12} の補助単位です．

　コンデンサの静電容量は一般に μF で表されますが，図 1-35 に示した同調用の可変コンデンサは静電容量が小さいので pF で表示されています．

　コンデンサでは静電容量のほかに定格電圧が決まっており，定格電圧を超えて電圧を加えると絶縁物（誘電体）が破損します．定格電圧はコンデンサにもよりますが，普通は数 V から数百 V といったところです．

図1-36 コイルの回路図記号
(a) 空心コイル (b) 鉄心入りコイル (c) コア入りコイル

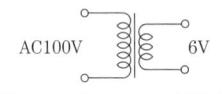

図1-37 トランスの回路図記号

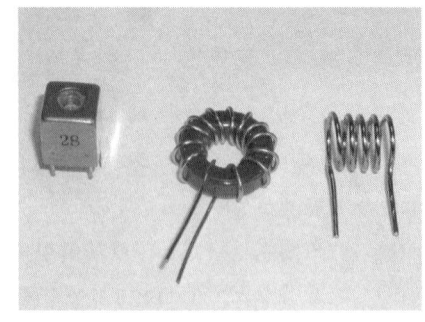

写真1-4 高周波回路で使われるコイルの例

1-5-4 コイル，インダクタ

　コイルはインダクタンスを持つように作られた電子部品で，大きく分けると同調コイル，チョークコイル，それにコイルの応用として各種のトランスがあります．**写真1-4**に主なコイル，インダクタを示します．

　同調コイルはコンデンサと組み合わせて共振回路を作りますし，チョークコイルはコイルの持つリアクタンスを利用してノイズ対策などに使われます．各種のトランス(変圧器)には，電源トランスやパルストランス，高周波トランスなどがあります．

　図1-36はコイルの回路図記号を示したもので，**図**(a)は空心コイル，**図**(b)はコア(鉄心)入り，**図**(c)はダストコア入りの場合です．インダクタンスは，コイルの中にコアを入れると増えます．空心とダストコア入りは，もっぱら高周波用です．

　コイルの記号はL，インダクタンスの単位はH(ヘンリー)ですが，基本単位のHでは大きすぎるので，実際にはmH(ミリヘンリー)やμH(マイクロヘンリー)が使われます．

　図1-37は，トランスの回路図記号を示したものです．トランスにはさまざまなものがあり，用途に応じて書き方が違ってきます．**図1-37**は，AC100Vから6Vを得る電源トランスの場合の例です．

第2章

電気回路

2-1 直流回路

2-1-1 電圧と電流

　第1章で扱ったのは静電気，すなわち動かない電気でしたが，電気回路では動く電気が対象になります．普通，単に電気といえばこの動電気のことを表します．

　図2-1は直流回路の一例を示したもので，直流電源に負荷をつなぐと回路には電流が流れます．電流は直流電源のプラス（＋）端子からマイナス（－）端子に向かって流れると定義されていますが，電気の本質である電子はマイナスの電気を持っており，導線の中では電子はマイナス（－）端子からプラス（＋）端子に向かって移動します．

　電池のような直流電源は電位差を作り出す起電力を持っており，二つの端子の間には図2-2のように電位差があります．そして，この電位差は電気的な一種の圧力とも考えられます．この圧力を電圧といい，単位として〔V〕で表します．実際の直流回路の働きは，電圧と電流，それに抵抗で考えます．

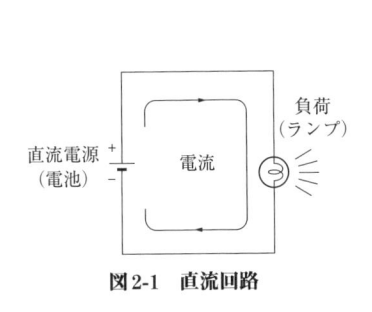

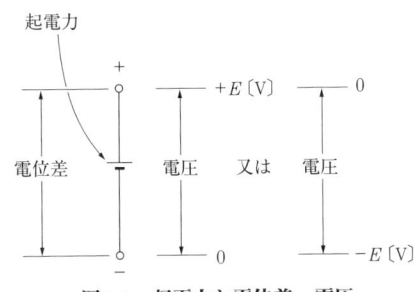

図2-1　直流回路

図2-2　起電力と電位差，電圧

2-1-2　オームの法則

図2-3は基本的な直流回路を示したもので，電圧E〔V〕，電流I〔A〕，抵抗R〔Ω〕の間の関係を表したのがオームの法則です．

オームの法則はドイツのオームによって発見されたもので，

『導体に流れる電流は，その導体の両端に加えられた電圧に比例する』

というもので，

$$I=\frac{E}{R} \qquad \cdots\cdots\cdots\cdots 2\text{-}1$$

のように表されます．そして，この式は，

$$E=RI,\ R=\frac{E}{I}$$

のように書き直せます．

電圧の単位はV（ボルト）です．また，電流の単位はA（アンペア）ですが，10^{-3}の補助単位を使ったmA（1A = 1000mA）がよく使われます．抵抗の単位はΩ（オーム）ですが，10^3の補助単位を使ったkΩ（1000Ω = 1kΩ）がよく使われます．オームの法則を適用する場合には，補助単位を基本単位に直します．

抵抗に電流が流れると，**図2-4**に示したように抵抗に電力P〔W〕が発生します．この電力は，

$$P=EI=I^2R=\frac{E^2}{R} \qquad \cdots\cdots\cdots\cdots 2\text{-}2$$

で計算できます．

2-1-3　抵抗の直列接続と並列接続

抵抗を**図2-5**のように直列に接続すると，端子AB間の合成抵抗R_Sは，

図2-3　基本的な直流回路

図2-4　抵抗に発生する電力

2-1　直流回路

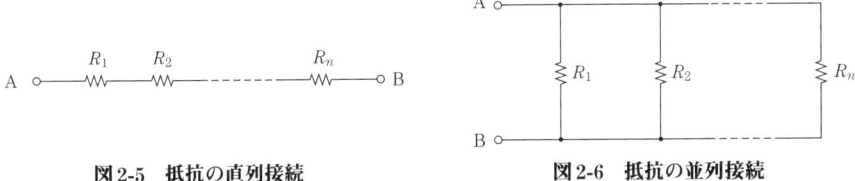

図2-5　抵抗の直列接続

図2-6　抵抗の並列接続

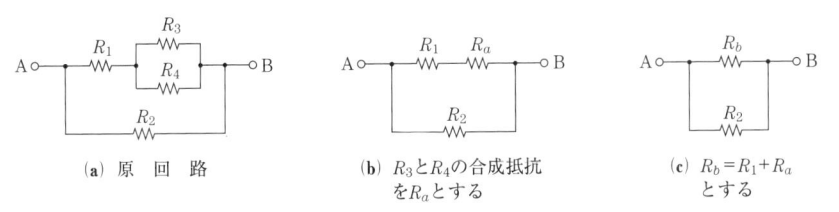

(a) 原　回　路

(b) R_3とR_4の合成抵抗をR_aとする

(c) $R_b = R_1 + R_a$とする

図2-7　抵抗の直並列接続

$$R_S = R_1 + R_2 + \cdots\cdots + R_n \qquad \cdots\cdots 2\text{-}3$$

で計算できます．抵抗の直列接続の計算はこのようにそれぞれの抵抗値を足していけばよいのですが，抵抗値を表すのに補助単位が使われている場合には単位を揃えて（補助単位に揃えてもよい）計算しなくてはなりません．

抵抗の直列接続に比べると，抵抗の並列接続の合成抵抗を求めるのはちょっとやっかいです．抵抗を**図2-6**のように並列に接続すると，端子AB間の合成抵抗R_Pは，

$$\frac{1}{R_P} = \frac{1}{R_1} + \frac{1}{R_2} + \cdots\cdots + \frac{1}{R_n} \qquad \cdots\cdots 2\text{-}4$$

で計算できます．なお，この式は

$$R_P = \frac{1}{\dfrac{1}{R_1} + \dfrac{1}{R_2} + \cdots\cdots + \dfrac{1}{R_n}}$$

のように表すこともできます．

実際にR_1，R_2と2本の抵抗が並列に接続されている場合の合成抵抗Rは

$$R = \frac{1}{\dfrac{1}{R_1} + \dfrac{1}{R_2}} = \frac{R_1 \times R_2}{R_1 + R_2}$$

となります．

なお，抵抗の並列接続の計算をする場合にも，抵抗値を表すのに補助単位が使われている場合には単位を揃えて（補助単位に揃えてもよい）計算しなくては

なりません．

抵抗を直列や並列に接続した直並列接続の場合にも，**式2-3**と**式2-4**を使って順次計算すると合成抵抗を求めることができます．

図2-7はその一例を示したもので，**図(a)**の端子AB間の合成抵抗Rを求めるには，まずR_3とR_4の並列接続の合成抵抗R_aを**式2-4**で求めて**図(b)**のように直します．続いて，**図(b)**においてR_1とR_aの直列接続の合成抵抗R_bを**式2-3**で求めると，**図(c)**のようになります．最後に，**図(c)**のR_2とR_bの並列接続の合成抵抗を**式2-4**で計算すれば，Rの値が得られます．

2-1-4 キルヒホッフの法則

比較的簡単な直流回路の計算はオームの法則で可能ですが，電源が二つ以上あるような，やや複雑な回路の計算には，キルヒホッフの法則を使用すると便利です．キルヒホッフの法則は，電流に関する第1法則と，電圧降下に関する第2法則の二つから成り立っています．

●**第1法則**

キルヒホッフの第1法則は，

『回路網の任意の接続点に流入する電流の代数和は零である．』

というものです．

図2-8(a)において，Pに流入する電流の代数和はゼロだというのですから，式で表すと，

$$I_1 + I_2 + I_3 = 0 \qquad \cdots\cdots 2\text{-}5$$

ということです．

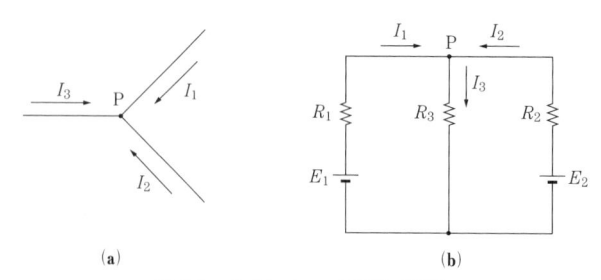

図2-8 キルヒホッフの第1法則

図2-8(b)は電源を二つ持った回路で，I_1とI_2はPに流れ込む電流，I_3はPから流れ出す電流です．代数和では，流れ込む電流をプラス，流れ出す電流をマイナスとして考えるので，

$$I_1 + I_2 + (-I_3) = 0$$

となります．例えば，$I_1 = 5$〔A〕，$I_2 = 3$〔A〕だったら，$I_3 = -8$〔A〕で，

$$5 + 3 + (-8) = 0$$

と第1法則が成り立ちます．

このことから，『回路網の任意の一点に流れ込む電流の和は，流れ出す電流の和に等しい．』と言い換えることもできます．

●第2法則

キルヒホッフの第2法則は，

『回路網中の任意の閉回路において，各部分の電圧降下の代数和は，その閉回路に含まれる起電力の代数和に等しい．』

というものです．ここで，電圧降下というのは抵抗に電流が流れたときに抵抗の両端に発生する電圧で，電流が流れ込むほうがプラス，電流が流れ出すほうがマイナスです．

では，**図2-9**のような回路で第2法則を考えてみることにしましょう．この回路は閉回路を一つ持っており，電圧降下はR_1I，R_2I，R_3Iの三つ，また起電力はE_1とE_2の二つです．

とここまではよいのですが，第2法則を適用する場合には，回路をたどる方向を決めてやらなければなりません．そして，起電力や電圧降下の方向が回路をたどる方向と一致する場合をプラス，反対の場合をマイナスとします．

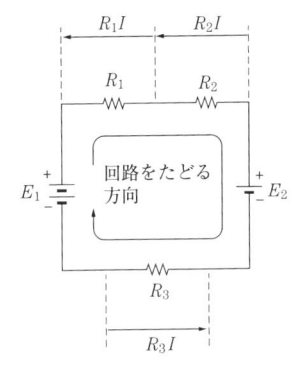

図2-9 キルヒホッフの第2法則

さて，**図2-9**のように時計方向に回路をたどることにすると，E_1の方向はプラス，E_2の方向はマイナスですから，第2法則は

$$R_1I + R_2I + R_3I = E_1 + (-E_2) \qquad \cdots\cdots\cdots\cdots 2\text{-}6$$

のようになります.

図2-10のような複雑な直流回路を解くような場合には，キルヒホッフの第1法則と第2法則を組み合わせて使います．

この回路では$E_1 > E_2 > E_3$ですから，電流の流れる方向はI_1, I_2, I_3のように推定できます．そこで，b点に対して第1法則を適用してみると，

$$I_1 = I_2 + I_3$$

が得られます．

つぎに，この回路では①a-b-e-f-a，②b-c-d-e-b，③a-c-d-f-aの三つの閉回路が存在しており，それぞれに第2法則を適用します．いずれの場合も時計方向に回路をたどるとすると，

① a-b-e-f-aの回路では， $R_1 I_1 + R_2 I_2 = E_1 - E_2$

② b-c-d-e-bの回路では， $-R_2 I_2 + R_3 I_3 = E_2 - E_3$

③ a-c-d-f-aの回路では， $R_1 I_1 + R_3 I_3 = E_1 - E_3$

となります．

以上の結果，キルヒホッフの第1および第2法則から，合計四つの関係が得られました．これらの関係を使って，直流回路を解きます．

2-1-5　ホイートストンブリッジ

ホイートストンブリッジというのは**図2-11**のようなもので，ブリッジが平衡すると検流計Gが振れなくなることを利用して，未知の抵抗R_Xの値を求めるのに使われます.

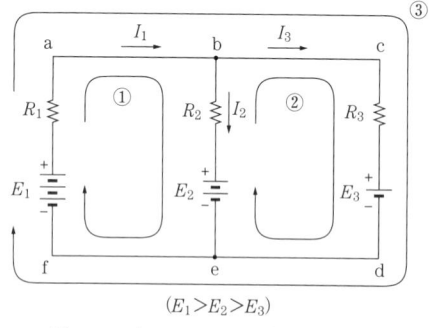

図2-10 キルヒホッフの法則の応用

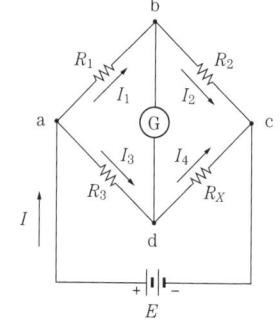

図2-11 ホイートストンブリッジ

2-1 直流回路

このブリッジが平衡する条件は，

$$R_1 : R_2 = R_3 : R_X$$

で，これを変形して得られる

$$R_2 R_3 = R_1 R_X \qquad \cdots\cdots\cdots\cdots 2\text{-}7$$

がホイートストンブリッジの平衡条件といわれています．**式2-7**から

$$R_X = \frac{R_2 R_3}{R_1}$$

となり，これよりR_1，R_2，R_3が既知ならば，R_Xの値がわかります．

ホイートストンブリッジが平衡していてGに電流が流れない状態では，
① bd間の電圧はゼロである．
② $I_1 = I_2$，$I_3 = I_4$である．
③ 検流計Gを外しても，全電流Iは変化しない．
となります．

ついでに，**図2-12**のようなブリッジ回路の合成抵抗や各部の電流がどのようになるかを考えてみましょう．

図2-12(a)のブリッジ回路が平衡していない場合の合成抵抗や電流を計算するのはやっかいで，これを解くにはキルヒホッフの法則を使わなくてはなりません．しかし，このブリッジ回路が平衡している，すなわち，

$$R_1 R_4 = R_2 R_3$$

の関係がある場合にはbd間には電流は流れませんから，R_5は無いのと同じで，**図**(b)のように考えることができます．このままではちょっとわかりにくいですが，**図**(c)のように書き直してみると簡単に計算できることがわかります．

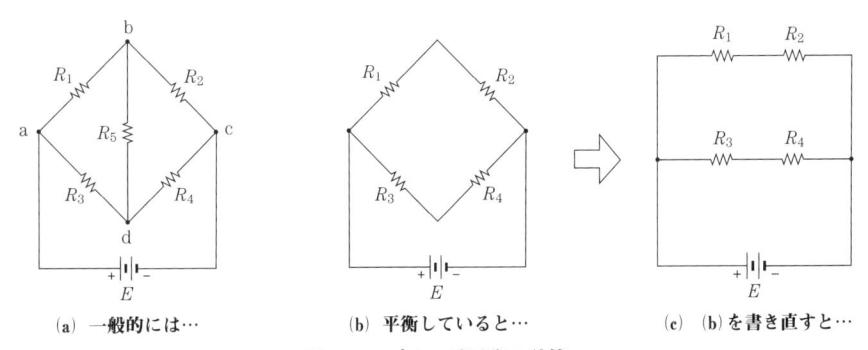

(a) 一般的には…　　(b) 平衡していると…　　(c) (b)を書き直すと…

図2-12 ブリッジ回路の計算

2-2 交流の概要

2-2-1 交流とは

　交流とは，電圧または電流の向きと大きさが周期的に変化するものです．図2-13はいろいろな交流波形を示したもので，**図**(a)は正弦波，**図**(b)は方形波，**図**(c)は三角波，**図**(d)はひずみ波と呼びますが，一般には**図**(a)の正弦波以外のものはすべてひずみ波交流と呼びます．なお，**図**(b)の方形波は矩形波とも呼ばれます．

　交流にはこのようにいろいろな波形がありますが，計算が容易なのは正弦波なので，交流に関する計算はもっぱら正弦波に対して行うと思ってもかまいません．

2-2-2 交流の変化の表しかた

　図2-13のような交流の場合，1秒間に同じ変化を繰り返す回数をfで表し，こ

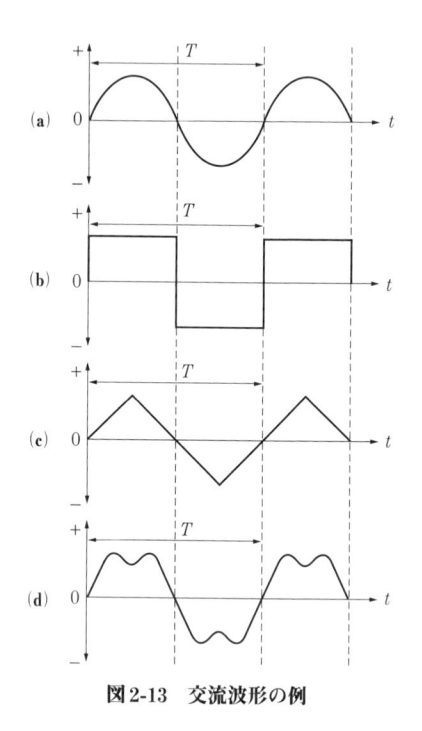

図2-13　交流波形の例

れを周波数といいます．周波数の単位はHz（ヘルツ）で，高い周波数の場合にはkHz（キロヘルツ）またはMHz（メガヘルツ）などを使用します．

　ここで，

$$1 \text{〔kHz〕} = 10^3 \text{〔Hz〕}$$
$$1 \text{〔MHz〕} = 10^3 \text{〔kHz〕} = 10^6 \text{〔Hz〕}$$

です．

　また交流では，1回の変化に必要な時間をTで表し，単位はs〔秒〕を使用します．このTを周期といい，周期と周波数の間には，

$$f = \frac{1}{T} \text{ [Hz]}, \qquad T = \frac{1}{f} \text{ [s]} \qquad \cdots\cdots 2\text{-}8$$

のような関係があります．

2-2-3　正弦波交流の大きさの表しかた

　交流の場合，電圧や電流の流れる方向と大きさが時々刻々に変化しているので，直流のように簡単に何ボルトとか何アンペアなどと表すことはできません．そこで一般に，瞬時値や最大値，平均値，実効値などでその大きさを表しています．

●瞬時値と最大値

　図2-14のような正弦波交流において，交流電圧または電流のある瞬間における大きさを瞬時値と呼び，eで表します．また，瞬時値でもっとも大きくなったときの値を最大値と呼び，E_mで表します．

　最大値がE_mである正弦波交流の瞬時値eは，

$$e = E_m \sin \omega t \qquad \cdots\cdots 2\text{-}9$$

のように表されます．ここで，ω（オメガ）は角速度といい，

$$\omega = 2\pi f$$

です．なお，πは円周率でおよそ3.14，fは周波数で単位は〔Hz〕です．

　なお，図2-14の横軸は図2-13のように時間t〔秒〕で表してもよいのですが，図2-14のように角度で表し，角度の単位にはrad（ラジアン）を使います．ここで，図2-14のように交流の1周期となる360度が2πラジアンですから，180度はπラジアン，90度は$\frac{\pi}{2}$ラジアン，45度は$\frac{\pi}{4}$ラジアンとなります．

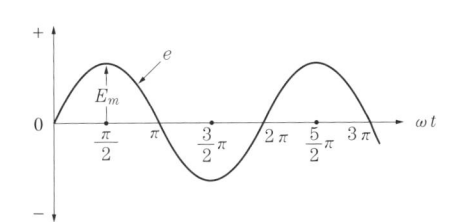

図2-14　正弦波交流

●平均値

　交流の値を表すとき,瞬時値をとるとその大きさが時間的に変化しますし,最大値だけでは波形のようすが考慮されていないので不便です.そこで,交流の大きさを表す方法として,各瞬時値の平均で大きさを表す平均値が使われます.

　この場合,一周期の平均をとると正と負の各半サイクルの値が打ち消しあってゼロになってしまいます.そこで,半サイクルの平均をとって,これを平均値としています.

　正弦波交流の平均値E_aは,

$$E_a = \frac{2E_m}{\pi} \fallingdotseq 0.637\,E_m \qquad \cdots\cdots 2\text{-}10$$

となります.なお,平均値E_aは**図 2-15**のように正弦波交流の山をくずして同じ面積の方形となるように埋めたときの高さになります.

●実効値

　前述の平均値は正弦波交流の1サイクルの平均はゼロになるといった考え方でしたが,抵抗に電流を流した場合には電流の方向が変わっても発生する電力は変化せず,正の半サイクルと負の半サイクルでは同じ値となります.

　そこで,より実際的な値として,直流によって発生する電力と正弦波交流によって発生する電力を比較して,その交流と同じ電力を発生する直流電圧の大きさで表す実効値が使われます.

　正弦波交流の実効値Eは,

$$E = \frac{E_m}{\sqrt{2}} \fallingdotseq 0.707\,E_m \qquad \cdots\cdots 2\text{-}11$$

で表されます.

　家庭に来ている商用電源の100〔V〕は実効値のことで,最大値は$\sqrt{2}$倍の約

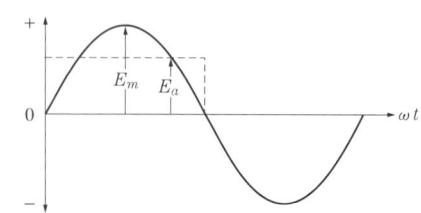

図 2-15
正弦波交流の平均値

141〔V〕になります.

実効値は交流の大きさを表すのにもっとも広く使用されており,特にことわりのない限り実効値で表しています.また,普通の交流電圧計や交流電流計は実効値を示すように作られています.

2-2-4 ひずみ波交流の大きさの表しかた

図2-13(d)のようなひずみ波交流は,その基本周波数に最大値の違う多くの整数倍の周波数の正弦波が集まったものとして,

$$e = E_0 + E_1 \sin\omega t + E_2 \sin 2\omega t + E_3 \sin 3\omega t + \cdots\cdots \qquad \cdots\cdots\cdots 2\text{-}12$$

のような級数で表されます.このような級数をフーリエ級数といいます.

この式の第1項のE_0は周期性がないため,直流分を示します.また,第2項は最大値がE_1で周波数が$f\left(=\dfrac{\omega}{2\pi}\right)$の正弦波交流で,これを基本波といいます.つづいて第3項は最大値がE_2で周波数が$2f\left(=\dfrac{2\omega}{2\pi}\right)$の正弦波交流で,これは第2高調波です.以下,第4項以降を順次に第3高調波,第4高調波…といいます.

ひずみ波交流のうち,**図2-16(a)**のような方形波をフーリエ級数に展開すると,

$$e(t) = \dfrac{4E}{\pi}\left(\sin\omega t + \dfrac{1}{3}\sin 3\omega t + \dfrac{1}{5}\sin 5\omega t + \cdots\cdots\right) \qquad \cdots\cdots\cdots 2\text{-}13$$

のようになります.これより方形波は,**図(b)**のように第1項の基本波とそれに続く奇数倍の高調波から成り立っていることがわかります.

● **波形率と波高率**

ひずみ波の交流電圧および電流の波形が正弦波の波形に比べてどの程度とがって鋭いかを表すのに波高率,あるいは滑らかであるか(平滑度)を表すのに波

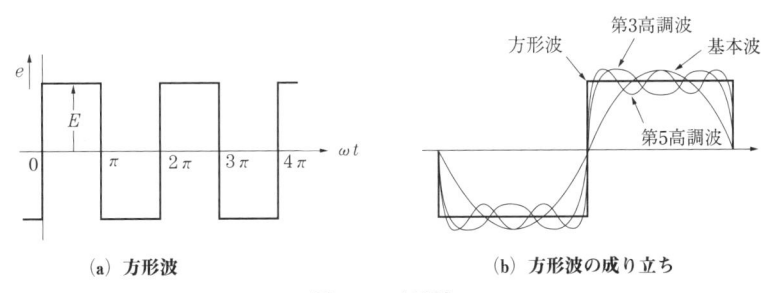

(a) 方形波　　　　　　　　　(b) 方形波の成り立ち

図2-16　方形波

形率が使用されます．

波形率および波高率は，

$$\text{波形率} = \frac{\text{実効値}}{\text{平均値}} \qquad \text{波高率} = \frac{\text{最大値}}{\text{実効値}} \qquad \cdots\cdots\cdots\cdots \text{2-14}$$

のようになり，正弦波交流の場合を計算してみると

波形率 = 1.11 　　　　波高率 = 1.414

となります．また，方形波は波形率と波高率ともに 1 となり，三角波は波形率が 1.155，波高率は 1.732 になります．

2-3　交流回路－複素数とベクトル

私たちが取り扱う量のうち，温度や体積などはその大きさのみを考えればよいものです．このようなものをスカラー (scaler) 量といいます．ところが力などを考えるときには，その大きさのみでなく方向を考えなければなりません．この場合，力のように大きさと方向の両方をもって表す量を，ベクトル (vector) 量といいます．

スカラー量の計算は単に大きさのみ考えればよいので和，差，積，商など簡単に計算できます．ところが，ベクトル量の計算はそのように簡単にはできません．そのために複素数というものを用いて計算します．

2-3-1　虚数と複素数

私たちは今まで，例えば $2^2 = 4$，また $(-2)^2 = 4$ というように学んできました．そのため 4 の平方根つまり $\sqrt{4}$ は +2 または -2 であることを知っていますが，$\sqrt{-4}$ のような負の数の平方根を求めることはできません．そこで，このような 2 乗すれば負になる数，例えば $\sqrt{-3}$ や $\sqrt{-4}$ のようなものを虚数と呼びます．

虚数の計算は，つぎのように行います．例えば $\sqrt{-4}$ は $\sqrt{4\times(-1)}$ と考えて，$2\times\sqrt{-1}$ とします．同様にして $\sqrt{-3}$ は $\sqrt{3\times(-1)} \fallingdotseq 1.732\times\sqrt{-1}$ とします．そこで $\sqrt{-1}$ を虚数単位と呼び，数学の世界では i で表しますが，電気の計算では i では電流と間違いやすいので $\sqrt{-1}$ を j で表します．

jの2乗や3乗などは，

$$\left.\begin{array}{l}j^2=(\sqrt{-1})^2=-1\\ j^3=(\sqrt{-1})^3=j(\sqrt{-1})^2=-j\\ j^4=(\sqrt{-1})^4=(\sqrt{-1})^2\times(\sqrt{-1})^2=(-1)\times(-1)=1\\ j^5=(\sqrt{-1})^5=j(\sqrt{-1})^4=j\end{array}\right\} \cdots\cdots 2\text{-}15$$

のようになります．また，jや$-j$の逆数は

$$\left.\begin{array}{l}\dfrac{1}{j}=\dfrac{j}{j\times j}=\dfrac{j}{-1}=-j\\ \dfrac{1}{-j}=\dfrac{j}{-j\times j}=\dfrac{j}{+1}=j\end{array}\right\} \cdots\cdots 2\text{-}16$$

のようになります．ここで，$a+jb$とか$c-jd$のように実数と虚数の部分で成り立っている数を複素数といいます．また，複素数の実数部と虚数部が共に等しくて虚数部の符号が反対である二つの複素数は，互いに共役にあるといいます．例えば$a+jb$と$a-jb$が，あるいは$5+j7$と$5-j7$が互いに共役になります．

2-3-2　複素数の表示法

例えば複素数$a+jb$は，実数部aを横軸上に，虚数部bを縦軸上にとることにより，**図2-17**のように直交座標で表すことができます．

図において，OPは横軸とθという角度をもっている一つのベクトルと考えることができ，OP$=a+jb$と表示します．また，OPの大きさ（＝絶対値）rは$r=\sqrt{a^2+b^2}$の関係にあることがわかりますし，角（これを偏角という）θは$\theta=\tan^{-1}\dfrac{b}{a}$と表すことができます．

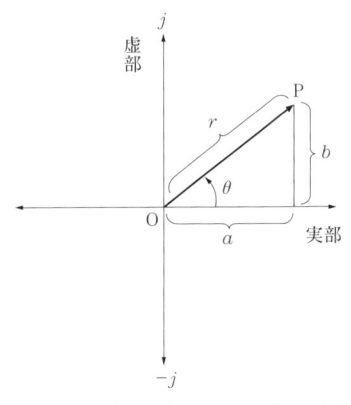

図2-17　直交座標による複素数の表示

もしrとθがわかっている場合には，$a=r\cos\theta$，$b=r\sin\theta$の関係がありますから，ベクトルOPは，

$$\text{OP}=a+jb=r\cos\theta+jr\sin\theta=r(\cos\theta+j\sin\theta) \cdots\cdots 2\text{-}17$$

と表すこともできます．これを，三角関数による表示といいます．

2-3-3 複素数による正弦波交流の表示法

複素数を使って正弦波を表すと,正弦波の大きさだけではなく,二つの正弦波の間の時間的なずれや角度的なずれを表すことができます.

2-2-3で説明したように,電圧の最大値がE_mで,角速度がωの正弦波の瞬時値eは**式2-9**に示したように,$e = E_m \sin \omega t$ですが,これと時間的に少しずれた交流が考えられます.

図2-18に示すように,二つの正弦波の違いは時刻がゼロのときの角度だけで,この角度の差は時間的に変わらず,ずっと一定の値を保ちます.これを表す式は,

$$e = E_m \sin(\omega t + \theta) \qquad \cdots\cdots 2\text{-}18$$

です.この式で,θを初期位相と呼んでいます.θがゼロのときが,先に示した**式2-9**の$e = E_m \sin \omega t$に相当します.

この二つの正弦波の角度差すなわち,瞬時位相の差は初期位相と常に等しいので,**図2-17**の複素数の表示で,Pが半径E_m,角度がωtで動くと考えると,点Pは時刻ゼロでX軸上から,左回りに周波数$f = \frac{\omega}{2\pi}$(1回転は角度で360°= 2πラジアンですから1秒間にf回)点Pは点Oを中心とした半径E_mの円周上を**図2-18(b)**のように動きます.

いっぽう,初期位相がθの点をQとすると,Qは時刻ゼロでX軸からθの角度をもち,やはり半径E_mの円周上を周波数$f = \frac{\omega}{2\pi}$で左回りに回転します.このとき,OPとOQの間の角度はθで,常に一定です.

点Pと点Qを複素数で表すと,おのおの,

$$E_m \cos(\omega t) + j \cdot E_m \sin(\omega t), \quad E_m \cos(\omega t + \theta) + j \cdot E_m \sin(\omega t + \theta)$$

と表すことができます.

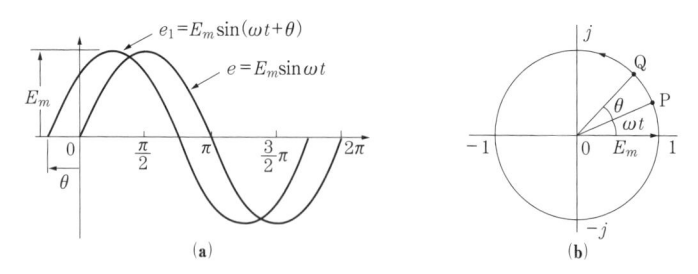

図2-18 二つの正弦波交流を複素数で表示する

複素数を半径と角度で表すことを複素数の極座標表示と呼んでいますが，極座標表示で表すと，半径と角度で表すので，$(E_m, \omega t)$，$(E_m, \omega t + \theta)$となり，三角関数を含まないので，表記は極めて簡単になります．複素数の直交座標表示と極座標表示の関係を正弦波の交流電圧に当てはめると，電圧の最大値がE_mで周波数が$f = \frac{\omega}{2\pi}$，初期位相がθの交流電圧の瞬時値は，

$$E_m \cos(\omega t + \theta) + j \cdot E_m \sin(\omega t + \theta)$$

である複素数の虚数部を取り出せばよいことがわかるでしょう．

2-3-4 位相の違いと複素数表示

なぜ，わざわざ複素数を使い，その虚数部を取り出すといっためんどうなことをするかは，位相の変化を簡単な虚数単位であるjを掛けたり，割ったりするだけで済むからなのです．

$E_m \cos(\omega t + \theta) + j \cdot E_m \sin(\omega t + \theta)$に虚数単位$j$を掛けると，

$$\{E_m \cos(\omega t + \theta) + j \cdot E_m \sin(\omega t + \theta)\} \times j$$
$$= \{j \cdot E_m \cos(\omega t + \theta) - E_m \sin(\omega t + \theta)\}$$
$$= -E_m \sin(\omega t + \theta) + j \cdot E_m \cos(\omega t + \theta)$$
$$= E_m \cos(\omega t + \theta + \frac{\pi}{2}) + j \cdot E_m \sin(\omega t + \theta + \frac{\pi}{2})$$

となります．

これは，元の波形よりも$\frac{\pi}{2}$（ラジアン）すなわち，90°位相が進んだ波形です．

こんどは，$E_m \cos(\omega t + \theta) + j \cdot E_m \sin(\omega t + \theta)$を虚数単位$j$で割ってみましょう．

$$\{E_m \cos(\omega t + \theta) + j \cdot E_m \sin(\omega t + \theta)\} \div j$$
$$= \{-j \cdot E_m \cos(\omega t + \theta) + E_m \sin(\omega t + \theta)\}$$
$$= E_m \sin(\omega t + \theta) - j \cdot E_m \cos(\omega t + \theta)$$
$$= E_m \cos(\omega t + \theta - \frac{\pi}{2}) + j \cdot E_m \sin(\omega t + \theta - \frac{\pi}{2})$$

となり，元の波形よりも$\frac{\pi}{2}$（ラジアン）すなわち，90°位相が遅れた波形となります．

このように，複素数である$E_m \cos(\omega t + \theta) + j \cdot E_m \sin(\omega t + \theta)$を使って電圧を表すと，虚数単位$j$を掛けたり割ったりすることで，振幅を変えずに位相だけが90°進んだり，90°遅れたりした波形を表すことができます．また，これらの複素数からその虚数部分を取り出せば，実際の正弦波を求めることができます．

2-4 交流回路—RやLやCだけの回路

ここでは,抵抗だけの回路,インダクタンスだけの回路,そして静電容量だけの回路に正弦波交流を加えた場合について説明します.

2-4-1 抵抗だけの回路

抵抗だけの回路に正弦波交流を加えた場合,直流の場合と同じようにオームの法則が成立します.抵抗Rの両端に正弦波交流を加えた場合にどのようになるかを調べてみましょう.

図2-19のように抵抗R〔Ω〕の両端に実効値がE〔V〕の交流電圧を加えると,電流の実効値I〔A〕との間には,

$$E=IR, \quad I=\frac{E}{R}, \quad R=\frac{E}{I} \qquad \cdots\cdots 2\text{-}19$$

のような関係が成立します.また,電力P〔W〕は,

$$P=EI=I^2R=\frac{E^2}{R} \qquad \cdots\cdots 2\text{-}20$$

となります.

図2-19において電圧の最大値は$\sqrt{2}\,E$,電流の最大値は$\sqrt{2}\,I$ですから,電圧と電流の瞬時値eとiはそれぞれ,

$$e=\sqrt{2}\,E\sin\omega t, \quad i=\sqrt{2}\,I\sin\omega t$$

となります.

図2-20(a)は抵抗だけの回路で電圧と電流がどのように変化するかを示したも

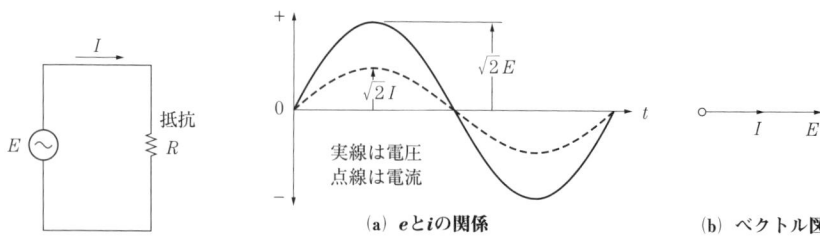

図2-19 抵抗だけの回路

図2-20 抵抗だけの回路の電圧と電流
(a) eとiの関係
(b) ベクトル図

2-4 交流回路－RやLやCだけの回路

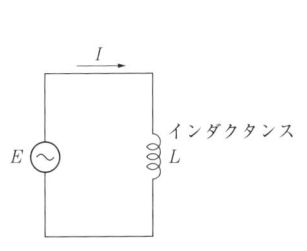

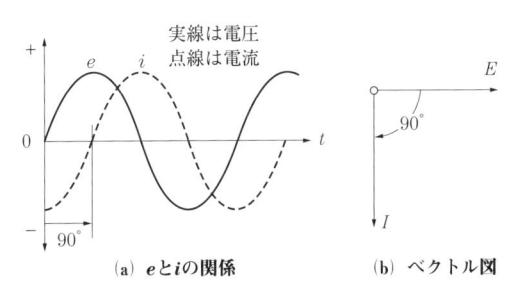

図2-21 インダクタンスだけの回路　　**図2-22** インダクタンスだけの回路の電圧と電流

(a) eとiの関係　　(b) ベクトル図

ので，電圧と電流は同時に変化します．電圧と電流の関係をベクトルで表すと**図(b)**のようになり，抵抗だけの回路では電圧と電流は同相です．

2-4-2 インダクタンスだけの回路

図2-21のようにインダクタンスL〔H〕のコイルの両端に実効値がE〔V〕の正弦波交流電圧を加えると，流れる電流の実効値I〔A〕は，

$$I = \frac{E}{\omega L} = \frac{E}{2\pi f L}, \qquad E = \omega L I = 2\pi f L I \qquad \cdots\cdots 2\text{-}21$$

となります．

ここで，$2\pi f L$はインダクタンスLが交流に対して示す抵抗のことで，これを誘導性リアクタンス（X_L）といいます．誘導性リアクタンスX_Lは，

$$X_L = \omega L = 2\pi f L \qquad \cdots\cdots 2\text{-}22$$

のようになり，単位はΩです．**式2-22**からわかるように，誘導性リアクタンスは周波数fとコイルのインダクタンスLに比例します．

図2-22(a)はインダクタンスだけの回路で電圧と電流がどのように変化するかを示したもので，電流は電圧よりも90度（$\frac{\pi}{2}$ラジアン）だけ位相が遅れます．

これを複素数表示で考えると，

$$e = \{E_m \cos(\omega t + \theta) + j \cdot E_m \sin(\omega t + \theta)\} \text{ とすると,}$$
$$i = [\{E_m \cos(\omega t + \theta) + j \cdot E_m \sin(\omega t + \theta)\}/j\omega L]$$
$$= \frac{E_m}{\omega L}\cos\left(\omega t + \theta - \frac{\pi}{2}\right) + j \cdot \frac{E_m}{\omega L}\sin\left(\omega t + \theta - \frac{\pi}{2}\right)$$

と表記できます．

したがって，誘導性リアクタンスを複素数表記で，$j\omega L$とすれば，電流の大

きさだけではなく位相の違いも含めて表すことができます．

このように，波形の大きさと位相を含めた交流に対する抵抗分を複素インピーダンスと呼びます．

複素数表示で考えると，電圧は大きさがE_mで，初期位相がゼロ，左回りに1秒間にf回だけ回転する点の動きであり，電流は大きさが$\frac{E_m}{\omega L}$で，初期位相が$-90°$で，左回りに1秒間にf回だけ回転する点の動きで表されます．

ここで，電圧と電流は角度差$90°$の一定の差を保ちながら回転し，電圧から電流を見ると$90°$の一定の角度だけ遅れていますから，ベクトルで表すと，**図(b)**のように表記できます．

しかし，実際にはどちらも1秒間にf回の速さで左向きに回転しているのです．

2-4-3　静電容量だけの回路

図2-23のように静電容量C〔F〕のコンデンサの両端に実効値がE〔V〕の正弦波交流電圧を加えると，流れる電流の実効値I〔A〕は，

$$I=\frac{E}{\frac{1}{\omega C}}=\omega CE=2\pi fCE, \qquad E=\frac{I}{\omega C}=\frac{I}{2\pi fC} \qquad \cdots\cdots 2\text{-}23$$

となります．

ここで，$\frac{1}{2\pi fC}$は静電容量Cが交流に対して示す抵抗のことで，これを容量性リアクタンス(X_C)といいます．容量性リアクタンスX_Cは，

$$X_C=\frac{1}{\omega C}=\frac{1}{2\pi fC} \qquad \cdots\cdots 2\text{-}24$$

のようになり，単位はΩです．**式2-24**からわかるように，容量性リアクタンス

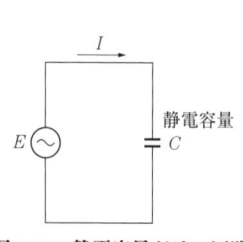

図2-23　静電容量だけの回路

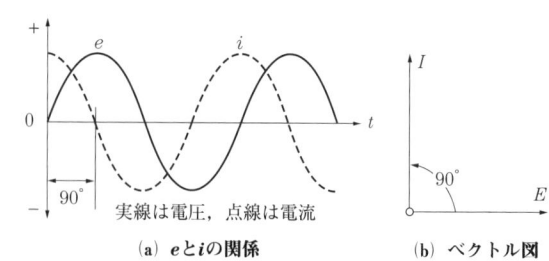

図2-24　静電容量だけの回路の電圧と電流
(a) eとiの関係
(b) ベクトル図
実線は電圧，点線は電流

は周波数 f とコンデンサの静電容量 C に反比例します．

図 2-24(a) は静電容量だけの回路で電圧と電流がどのように変化するかを示したもので，電流は電圧よりも 90 度 ($\frac{\pi}{2}$ ラジアン) だけ進みます．

これを複素数表示で考えると，

$$e = \{E_m \cos(\omega t + \theta) + j \cdot E_m \sin(\omega t + \theta)\} \text{ とすると，}$$

$$i = [\{E_m \cos(\omega t + \theta) + j \cdot E_m \sin(\omega t + \theta)\} \cdot j\omega C]$$

$$= E_m \cdot \omega C \cos(\omega t + \theta + \frac{\pi}{2}) + jE_m \cdot \omega C \sin(\omega t + \theta + \frac{\pi}{2})$$

と表記できます．

したがって，容量性リアクタンスを複素数表記で，$\frac{1}{j\omega C} = -j\frac{1}{\omega C}$ とすれば，電流の大きさだけではなく位相の違いも含めて表すことができます．

複素数表示で考えると，電圧は大きさが E_m で初期位相がゼロ，左回りに 1 秒間に f 回だけ回転する点の動きであり，電流は大きさが $E_m \times \omega C$ で，初期位相が +90°で左回りに 1 秒間に f 回だけ回転する点の動きで表されます．

ここで，電圧と電流は角度差 90°の一定の差を保ちながら回転し，電圧から電流を見ると 90°の一定の角度だけ進んでいますから，ベクトルで表すと，**図(b)** のように表記できます．

しかし，実際にはどちらも 1 秒間に f 回の速さで左向きに回転しているのです．

2-5　交流回路 － R, L, C の直列回路

ここでは，抵抗とインダクタンス，抵抗と静電容量，それに抵抗とインダクタンス，静電容量の直列回路に正弦波交流を加えた場合について説明します．

2-5-1　抵抗とインダクタンスの直列回路

図 2-25(a) のように，抵抗 R とインダクタンス L を直列に接続して実効値 E〔V〕の正弦波交流電圧を加えた場合，流れる電流と加わる電圧の間の関係を考えてみましょう．

抵抗 R とインダクタンス L が直列ですから，両者に共通である通過電流 I を基準にして電圧を考えることにしなければなりません．

(a) 回路　　　　　　(b) ベクトル図

図2-25　抵抗とインダクタンスの直列回路

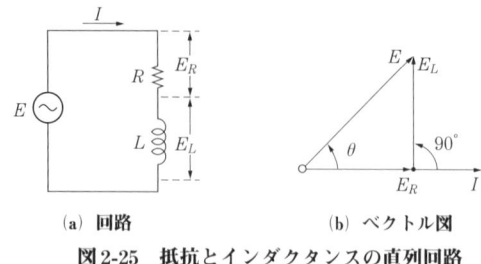

すると抵抗では，$E_R = R \times I$ であり，インダクタンスでは，$E_L = j\omega L \times I$ ですから，全体では，$E = E_R + E_L = (R + j\omega L) \times I$ となります．

これを大きさと角度の極座標表記で考えると，三平方の定理から，

$$E = \sqrt{E_R^2 + E_L^2} = I\sqrt{R^2 + (\omega L)^2}$$

となり，また

$$E_R = RI, \quad E_L = \omega L I$$

ですから電圧 E は，

$$E = \sqrt{(RI)^2 + (\omega L I)^2} = I\sqrt{R^2 + (\omega L)^2} \qquad \cdots\cdots 2\text{-}25$$

のようになります．

そこで**式2-24**から，

$$Z = \frac{E}{I} = \sqrt{R^2 + (\omega L)^2} \qquad \cdots\cdots 2\text{-}26$$

とおき，この Z をインピーダンスと呼び，交流に対する抵抗を表します．

また，**図2-25**(b)において電圧 E と電流 I の位相差 θ は，

$$\tan\theta = \frac{E_L}{E_R} = \frac{\omega L I}{RI} = \frac{\omega L}{R} \quad \therefore \theta = \tan^{-1}\frac{\omega L}{R} \qquad \cdots\cdots 2\text{-}27$$

となります．

一方，**図2-25**に示した抵抗とインダクタンスの直列回路を複素数で表してみると電圧 E は，

$$\dot{E} = E_R + jE_L = RI + j\omega L I = (R + j\omega L)I \qquad \cdots\cdots 2\text{-}28$$

のように表すことができます．

2-5-2　抵抗と静電容量の直列回路

図2-26(a)のように，抵抗 R と静電容量 C を直列に接続して実効値 E〔V〕の正

2-5 交流回路 – R, L, C の直列回路

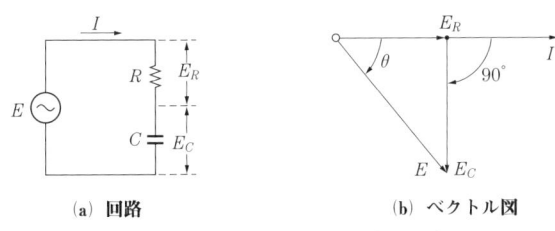

(a) 回路 (b) ベクトル図

図 2-26 抵抗と静電容量の直列回路

弦波交流電圧を加えた場合，流れる電流と加わる電圧の間の関係を考えてみましょう．

抵抗 R とコンデンサ C が直列ですから，両者に共通である電流 I を基準にして電圧を考えます．

すると，抵抗では $E_R = R \times I$ であり，コンデンサでは $E_C = -j\dfrac{I}{\omega C}$ ですから，全体では $E = E_R + E_C = (R - j\dfrac{1}{\omega C}) \times I$ となります．

これを大きさと角度の極座標表記で考えると，三平方の定理から，

$$E = \sqrt{E_R{}^2 + E_C{}^2} = I\sqrt{R^2 + \left(\dfrac{1}{\omega C}\right)^2}$$

となり，また

$$E_R = RI, \qquad E_C = \dfrac{I}{\omega C}$$

ですから電圧 E は，

$$E = \sqrt{(RI)^2 + \left(\dfrac{I}{\omega C}\right)^2} = I\sqrt{R^2 + \left(\dfrac{1}{\omega C}\right)^2} \qquad \cdots\cdots 2\text{-}29$$

のようになります．

そこでインピーダンス Z は **式 2-29** から，

$$Z = \dfrac{E}{I} = \sqrt{R^2 + \left(\dfrac{1}{\omega C}\right)^2} \qquad \cdots\cdots 2\text{-}30$$

となります．

また，**図 2-26**(b) において電圧 E と電流 I の位相差 θ は，

$$\tan\theta = \dfrac{E_C}{E_R} = \dfrac{\dfrac{I}{\omega C}}{RI} = \dfrac{1}{\omega CR} \quad \therefore\ \theta = \tan^{-1}\dfrac{1}{\omega CR} \qquad \cdots\cdots 2\text{-}31$$

となります．

2-5-3　L, C, Rの直列回路

図2-27(a)のように，インダクタンスLと静電容量C，それに抵抗Rを直列に接続して実効値E〔V〕の正弦波交流電圧を加えた場合，流れる電流I〔A〕がどうなるか考えてみましょう．

直列回路なので，ここでも両者に共通である電流Iを基準にしてベクトルを考えてみると図2-27(b)のようになり，この場合，抵抗Rの両端の電圧E_Rは電流Iと同相です．また，インダクタンスLの両端の電圧E_Lは電流Iより90度進んでおり，静電容量Cの両端の電圧E_Cは電流Iより90度遅れています．

ではまず，図2-27(a)でE_LがE_Cより大きい($E_L > E_C$)場合について考えてみることにしましょう．この場合のベクトル図は図2-28(a)のようになり，三平方の定理から，

$$E = \sqrt{E_R^2 + (E_L - E_C)^2}$$

となり，また，

$$E_R = RI, \qquad E_L = \omega L I, \qquad E_C = \frac{I}{\omega C}$$

ですから電圧Eは

$$E = \sqrt{(RI)^2 + \left(\omega L I - \frac{I}{\omega C}\right)^2} = I\sqrt{R^2 + \left(\omega L - \frac{1}{\omega C}\right)^2} \qquad \cdots\cdots 2\text{-}32$$

のようになります．

そこで，インピーダンスZは式2-32から，

$$Z = \frac{E}{I} = \sqrt{R^2 + \left(\omega L - \frac{1}{\omega C}\right)^2} \qquad \cdots\cdots 2\text{-}33$$

となります．

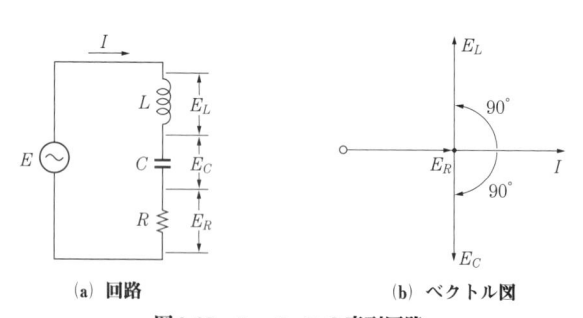

(a) 回路　　　　　　　　　(b) ベクトル図

図2-27　L, C, Rの直列回路

2-5 交流回路 – R, L, C の直列回路

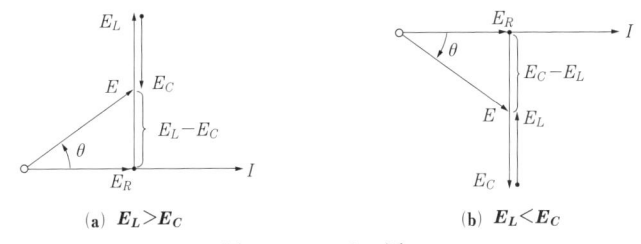

(a) $E_L > E_C$

(b) $E_L < E_C$

図2-28　ベクトル図

また，**図2-28**(a)において電圧Eと電流Iの位相差θは，

$$\tan\theta = \frac{E_L - E_C}{E_R} = \frac{\omega L I - \dfrac{I}{\omega C}}{RI} = \frac{\omega L - \dfrac{1}{\omega C}}{R} \quad \cdots\cdots 2\text{-}34$$

$$\therefore\ \theta = \tan^{-1}\frac{\omega L - \dfrac{1}{\omega C}}{R}$$

となり，電圧Eは電流Iよりθだけ位相が進んでいます．このようなとき，回路は誘導性であるといいます．

一方，**図2-27**の電圧の関係を複素数で表してみると電圧Eは，

$$\dot{E} = E_R + j(E_L - E_C) \quad \cdots\cdots 2\text{-}35$$

のように表すことができます．また，複素数で表したインピーダンスは，

$$\dot{Z} = R + j\left(\omega L - \frac{1}{\omega C}\right) \quad \cdots\cdots 2\text{-}36$$

となります．

ではつぎに，反対にE_LがE_Cより小さい（$E_L < E_C$）場合について考えてみることにしましょう．この場合のベクトル図は，**図2-28**(b)のようになります．

まず電圧EとインピーダンスZは，$E_L > E_C$の場合に使った**式2-32**と**式2-33**においてカッコでくくられたωLと$\dfrac{1}{\omega C}$の項は2乗されていますから，$E_L < E_C$の場合にもこれがそのまま使えます．

また，**図2-28**(b)において電圧Eと電流Iの位相差θは，

$$\tan\theta = \frac{\omega L - \dfrac{1}{\omega C}}{R} \qquad \therefore\ \theta = \tan^{-1}\frac{\omega L - \dfrac{1}{\omega C}}{R} \quad \cdots\cdots 2\text{-}37$$

となり，上の式は負の値となります．したがって電圧Eは電流Iよりθだけ位相が遅れています．このようなとき，回路は容量性であるといいます．

2-5-4 直列共振

直列共振というのは，**図2-27**のようなL，C，Rの直列回路がある条件のときに示す性質のことです．

図2-29(a)のようなL，C，Rの直列回路で電源周波数fを変化させてみると，**式**2-32の電流Iと**式**2-33のインピーダンスZは**図2-29**(b)のように変化します．また，リアクタンスの周波数特性は**図**(c)のようになります．

図2-29(a)において，$\omega L = \dfrac{1}{\omega C}$ だとすると，**式**2-32は，

$$E = IR \qquad \therefore \quad I = \frac{E}{R}$$

また**式**2-33は，

$$Z = R$$

となり，**図2-29**(b)のように電流は最大，そしてインピーダンスは最小になります．そして，このような現象を直列共振，このときの周波数f_0を共振周波数といいます．

なお，**式**2-34と**式**2-37から，回路は共振周波数f_0より周波数が低いほうでは容量性，周波数が高いほうでは誘導性を示すことがわかります．

さて，共振の条件である$\omega L = \dfrac{1}{\omega C}$を変形してみると

$$\omega^2 = \frac{1}{LC} \qquad \therefore \quad \omega = \frac{1}{\sqrt{LC}}$$

ここで$\omega = 2\pi f$ですからこれを代入して整理すると，

$$f = \frac{1}{2\pi\sqrt{LC}} \qquad\qquad\qquad \cdots\cdots\cdots\cdots 2\text{-}38$$

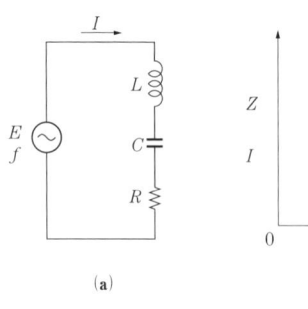

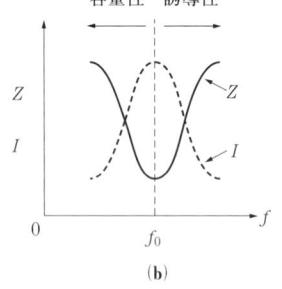

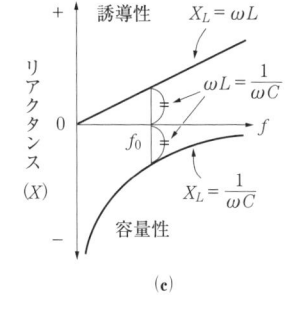

図2-29　直列共振

のようになります．このときの f が，共振周波数 f_0 です．

なお，共振時には E_L と E_C は打ち消しあってはいますが，ちゃんと存在します．そこで E と E_L，E_C の間の関係を調べてみると，

$$I = \frac{E}{R}, \quad E_L = \omega L I = \frac{\omega L E}{R}, \quad E_C = \frac{I}{\omega C} = \frac{E}{\omega C R}$$

となり，これより $R < \omega L$ ならば $E < E_L$ となって E_L は E の $\frac{\omega L}{R}$ 倍，また $R < \frac{1}{\omega C}$ ならば $E < E_C$ となって E_C は E の $\frac{1}{\omega C R}$ 倍となります．
これでわかるように，直列共振回路は一種の電圧増幅作用を持っています．

これらは Q と定義され，Q は，

$$Q = \frac{\omega L}{R} = \frac{1}{\omega C R} \qquad \cdots\cdots\cdots\cdots 2\text{-}39$$

のようになります．Q は共振回路の良さ，尖鋭度を表し，E_L と E_C を Q を使って表すと，

$$E_L = \frac{\omega L}{R} E = Q E, \quad E_C = \frac{1}{\omega C R} E = Q E \qquad \cdots\cdots\cdots\cdots 2\text{-}40$$

のように書くことができます．

2-6　交流回路 − R, L, C の並列回路

ここでは，抵抗とインダクタンス，抵抗と静電容量，それに抵抗とインダクタンス，静電容量の並列回路に正弦波交流を加えた場合について説明します．

2-6-1　抵抗とインダクタンスの並列回路

図2-30(a)のように，抵抗 R とインダクタンス L を並列に接続して実効値 E〔V〕の正弦波交流電圧を加えた場合，流れる電流 I〔A〕がどうなるか考えてみましょう．

抵抗 R とインダクタンス L が並列に接続されていますから，並列回路では両者に共通である電圧 E を基準にしてベクトルを考えてみると図2-30(b)のようになり，この場合，抵抗 R に流れる電流 I_R は電圧 E と同相です．また，インダクタンス L に流れる電流 I_L は電圧 E より90度遅れます．

(a) 回路 (b) ベクトル図

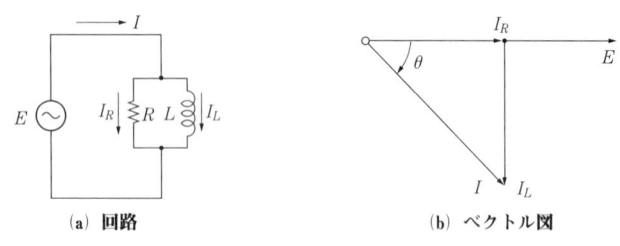

図 2-30 抵抗とインダクタンスの並列回路

そこで，三平方の定理から，

$$I = \sqrt{I_R^2 + I_L^2}$$

となり，また

$$I_R = \frac{E}{R}, \qquad I_L = \frac{E}{\omega L}$$

ですから電流 I は，

$$I = \sqrt{\left(\frac{E}{R}\right)^2 + \left(\frac{E}{\omega L}\right)^2} = E\sqrt{\left(\frac{1}{R}\right)^2 + \left(\frac{1}{\omega L}\right)^2} \qquad \cdots\cdots 2\text{-}41$$

のようになります．

そこで，インピーダンス Z とインピーダンスの逆数のアドミッタンス Y は，

$$Z = \frac{E}{I} = \frac{1}{\sqrt{\left(\frac{1}{R}\right)^2 + \left(\frac{1}{\omega L}\right)^2}}, \quad Y = \frac{1}{Z} = \sqrt{\left(\frac{1}{R}\right)^2 + \left(\frac{1}{\omega L}\right)^2} \qquad \cdots\cdots 2\text{-}42$$

のようになります．並列回路の場合には，このようにアドミッタンスで表したほうが式が簡単になります．

また，**図 2-30 (b)** において電圧 E と電流 I の位相差 θ は，

$$\tan\theta = \frac{I_L}{I_R} = \frac{\frac{E}{\omega L}}{\frac{E}{R}} = \frac{R}{\omega L} \qquad \therefore\ \theta = \tan^{-1}\frac{R}{\omega L} \qquad \cdots\cdots 2\text{-}43$$

となります．

一方，**図 2-30** に示した抵抗とインダクタンスの並列回路を複素数で表してみると，流れる電流 I は，

$$\dot{I} = I_R + jI_L \qquad \cdots\cdots 2\text{-}44$$

のように表すことができます．また，複素数で表したアドミッタンス Y は，

$$\dot{Y} = \frac{1}{R} + j\frac{1}{\omega L} \qquad \cdots\cdots 2\text{-}45$$

のようになります．

2-6-2 抵抗と静電容量の並列回路

図2-31(a) のように，抵抗Rと静電容量Cを並列に接続して実効値E〔V〕の正弦波交流電圧を加えた場合，流れる電流I〔A〕がどうなるか考えてみましょう．

並列回路ですから，ここでも電圧Eを基準にしてベクトルを考えてみると**図2-31(b)** のようになり，この場合，抵抗Rに流れる電流I_Rは電圧Eと同相です．また，静電容量Cに流れる電流I_Cは電圧Eより90度進みます．

そこで，三平方の定理から，
$$I = \sqrt{I_R{}^2 + I_C{}^2}$$

となり，また
$$I_R = \frac{E}{R} \qquad I_C = \frac{E}{\frac{1}{\omega C}} = \omega C E$$

ですから電流Iは，
$$I = \sqrt{\left(\frac{E}{R}\right)^2 + (\omega C E)^2} = E\sqrt{\left(\frac{1}{R}\right)^2 + (\omega C)^2} \qquad \cdots\cdots 2\text{-}46$$

となります．

そこで，インピーダンスZとアドミッタンスYは，
$$Z = \frac{E}{I} = \frac{1}{\sqrt{\left(\frac{1}{R}\right)^2 + (\omega C)^2}}, \quad Y = \frac{1}{Z} = \sqrt{\left(\frac{1}{R}\right)^2 + (\omega C)^2} \qquad \cdots\cdots 2\text{-}47$$

のようになります．並列回路の場合には，このようにアドミッタンスで表した

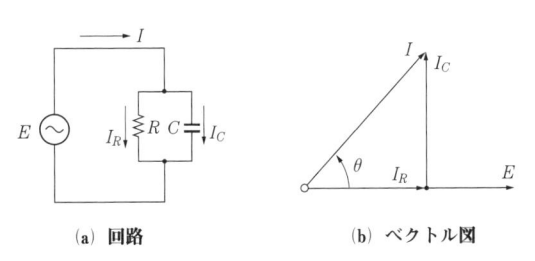

(a) 回路　　　　　　　(b) ベクトル図

図2-31　抵抗と静電容量の並列回路

ほうが式が簡単になります．

また，**図2-31**(b)において電圧Eと電流Iの位相差θは，

$$\tan\theta = \frac{I_C}{I_R} = \frac{\omega CE}{\frac{E}{R}} = R\omega C \qquad \therefore \theta = \tan^{-1}R\omega C \qquad \cdots\cdots 2\text{-}48$$

となります．

一方，**図2-31**に示した抵抗と静電容量の並列回路を複素数で表してみると，流れる電流Iは，

$$\dot{I} = I_R + jI_C \qquad \cdots\cdots 2\text{-}49$$

のように表すことができます．また，複素数で表したアドミッタンスは，

$$\dot{Y} = \frac{1}{R} + j\omega C \qquad \cdots\cdots 2\text{-}50$$

のようになります．

2-6-3　L，C，Rの並列回路

図2-32(a)のように，インダクタンスLと静電容量C，それに抵抗Rを並列に接続して実効値E〔V〕の正弦波交流電圧を加えた場合，流れる電流I〔A〕がどうなるか考えてみましょう．

電圧Eを基準にしてベクトルを考えてみると**図2-32**(b)のようになり，この場合，抵抗Rに流れる電流I_Rは電圧Eと同相です．また，インダクタンスLに流れる電流I_Lは電圧Eより90度遅れており，静電容量Cに流れる電流I_Cは電圧Eより90度進んでいます．

ではまず，**図2-32**(a)でI_LがI_Cより大きい（$I_L > I_C$）場合について考えてみるこ

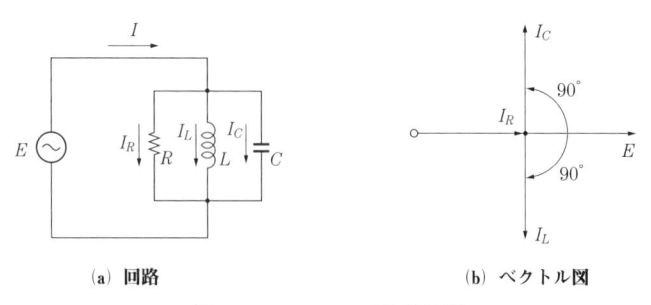

(a) 回路　　　　　　　　　　　(b) ベクトル図

図2-32　L，C，Rの並列回路

2-6 交流回路 – R, L, Cの並列回路

とにしましょう．この場合のベクトル図は**図2-33**(a)のようになり，三平方の定理から，

$$I = \sqrt{I_R^2 + (I_L - I_C)^2}$$

です．また，

$$I_R = \frac{E}{R}, \qquad I_L = \frac{E}{\omega L}, \qquad I_C = \omega C E$$

ですから電流Iは，

$$I = \sqrt{\left(\frac{E}{R}\right)^2 + \left(\frac{E}{\omega L} - \omega C E\right)^2} = E\sqrt{\left(\frac{1}{R}\right)^2 + \left(\frac{1}{\omega L} - \omega C\right)^2} \quad \cdots\cdots 2\text{-}51$$

となります．

そこで，インピーダンスZとアドミッタンスYは，

$$Z = \frac{E}{I} = \frac{1}{\sqrt{\frac{1}{R^2} + \left(\frac{1}{\omega L} - \omega C\right)^2}}, \quad Y = \frac{1}{Z} = \sqrt{\frac{1}{R^2} + \left(\frac{1}{\omega L} - \omega C\right)^2}$$

$$\cdots\cdots 2\text{-}52$$

のようになります．

また，**図2-33**(a)において電流Iと電圧Eの位相差θは，

$$\tan\theta = \frac{I_L - I_C}{I_R} = \frac{\frac{1}{\omega L} - \omega C}{\frac{1}{R}} \quad \therefore \quad \theta = \tan^{-1}\frac{\frac{1}{\omega L} - \omega C}{\frac{1}{R}} \quad \cdots\cdots 2\text{-}53$$

となり，電流Iは電圧Eよりθだけ位相が遅れています．このようなとき，回路は誘導性であるといいます．

一方，**図2-32**の電流の関係を複素数で表してみると，流れる電流Iは，

$$\dot{I} = I_R + j(I_L - I_C) \quad\quad\quad\quad\quad\quad\quad\quad\quad\quad\quad \cdots\cdots 2\text{-}54$$

のように表すことができます．また，複素数で表したアドミッタンスは，

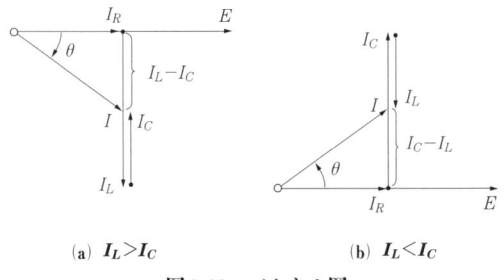

(a) $I_L > I_C$ (b) $I_L < I_C$

図2-33 ベクトル図

$$\dot{Y} = \frac{1}{R} + j\left(\frac{1}{\omega L} - \omega C\right) \quad \cdots\cdots\cdots\cdots 2\text{-}55$$

となります．

　ではつぎに，I_L が I_C より小さい（$I_L < I_C$）場合について考えてみることにしましょう．この場合のベクトル図は，**図2-33**(b) のようになります．

　まず，電流 I とインピーダンス Z，アドミッタンス Y は，$I_L > I_C$ の場合に使った**式2-51**と**式2-52**においてカッコでくくられた ωL と $\frac{1}{\omega C}$ の項は2乗されていますから，$I_L < I_C$ の場合にもこれがそのまま使えます．

　また，**図2-33**(b) において電流 I と電圧 E の位相差 θ は，

$$\tan\theta = \frac{I_C - I_L}{I_R} = \frac{\frac{1}{\omega L} - \omega C}{\frac{1}{R}} \quad \therefore\ \theta = \tan^{-1}\frac{\frac{1}{\omega L} - \omega C}{\frac{1}{R}} \quad \cdots\cdots 2\text{-}56$$

となり，上の式は負の値となります．したがって，電流 I は電圧 E より θ だけ位相が進んでいます．このようなとき，回路は容量性であるといいます．

2-6-4　並列共振

　並列共振というのは，**図2-32**のような L，C，R の並列回路がある条件のときに示す性質のことです．

　では，**図2-34**のように L と C を並列に接続したらどうなるかを調べてみましょう．**図2-34**は**図2-32**(a) の抵抗 R を取り去ったものと考えればよく，この場合の電流 I は**式2-51**から，またインピーダンス Z は**式2-52**から，

$$I = E\left(\frac{1}{\omega L} - \omega C\right), \quad Z = \frac{E}{I} = \frac{1}{\left(\frac{1}{\omega L} - \omega C\right)} \quad \cdots\cdots\cdots 2\text{-}57$$

のようになります．

　そこで，もし $\frac{1}{\omega L} = \omega C$ だとすると**式2-61**から電流はゼロになり，インピーダンスは無限大になります．このような状態が，並列共振です．ちなみに，共振周波数 f_0 は直列共振の場合と同じく

$$f_0 = \frac{1}{2\pi\sqrt{LC}}$$

です．

　さて，以上は理想的な並列共振の場合ですが，現実にはコイルは巻線の持つ

2-6 交流回路 – R, L, Cの並列回路

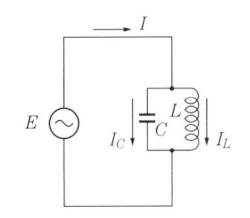

図2-34 LとCを並列につなぐ

直流抵抗や表皮作用による抵抗を持ち，実際には**図2-35**(a)のようになります．そこで，この回路が共振したときのことを調べてみることにしましょう．

この回路が共振したときのAB間のインピーダンスZは$\dfrac{1}{j\omega C}$と$R+j\omega L$の並列合成になり，証明は省略しますが，

$$Z = \frac{L}{CR} \qquad \cdots\cdots\cdots\cdots 2\text{-}58$$

のようになります．このようすを示したのが**図2-35**(b)で，共振周波数f_0ではインピーダンスZは最大，したがって電流Iは最小になります．また，リアクタンスの周波数特性は**図**(c)のようになります．

図2-34や**図2-35**(a)のような回路では，$I_L > I_C$の場合には電流Iは電圧Eより位相が90度遅れますが，このような状態を誘導性と呼びます．また，$I_L < I_C$の場合には電流Iは電圧Eより位相が90度進みますが，このような状態を容量性と呼びます．このようすを，**図2-35**(b)と(c)に示します．

さて，**図2-35**(a)のように電源から回路に流れ込む電流をI，静電容量Cに流れる電流をI_C，LとRの直列回路に流れる電流をI_Lとすれば，それぞれ，

$$\left.\begin{aligned} I &= \frac{E}{Z} = \frac{E}{\dfrac{L}{CR}} = \frac{CRE}{L} \\ I_L &= \frac{E}{\sqrt{R^2 + (\omega L)^2}} \fallingdotseq \frac{E}{\omega L} \quad (\because R \ll \omega L) \\ I_C &= \frac{E}{\dfrac{1}{\omega C}} = \omega CE \end{aligned}\right\} \qquad \cdots\cdots\cdots\cdots 2\text{-}59$$

のようになります．これよりIとI_L，I_Cの比を求めてみると，

第2章 電気回路

(a) 並列共振回路　　(b) インピーダンスの変化　　(c) リアクタンスの変化

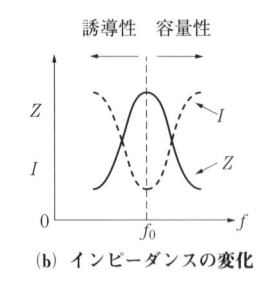

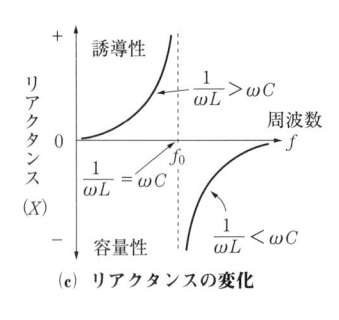

図2-35　並列共振

$$\frac{I_L}{I} = \frac{\frac{E}{\omega L}}{\frac{CRE}{L}} = \frac{E}{\omega L} \times \frac{L}{CRE} = \frac{1}{\omega CR} = Q$$

$$\frac{I_C}{I} = \frac{\omega CE}{\frac{CRE}{L}} = \frac{\omega L}{R} = Q$$

のようになります．ここでこれをQとおくと，

$$I_L = I_C = QI \qquad\qquad\qquad \cdots\cdots\cdots\cdots 2\text{-}60$$

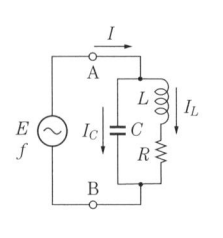

が得られます．

この**式2-64**から，並列共振ではインダクタンスや静電容量に流れる電流は，電源から流れ込む電流のQ倍になることがわかります．

2-7　交流回路－交流回路の電力

2-7-1　抵抗だけの場合

抵抗だけの場合の電力については**2-4-1**で説明しましたが，**図2-36**(a)のように抵抗R〔Ω〕に実効値E〔V〕の正弦波交流電圧を加えると実効値I〔A〕の電流が流れますから電力P〔W〕は

$$P = EI = \frac{E^2}{R} = I^2 R \quad\text{〔W〕} \qquad\qquad \cdots\cdots\cdots\cdots 2\text{-}61$$

のようになり，直流の場合と同じように計算できます．

2-7-2　L や C だけの場合

図2-36(b)のようにインダクタンスLや静電容量Cだけの回路に正弦波交流を加えた場合，図2-22や図2-24に示したように電圧と電流は位相が90度ずれており，電圧が最大のときには電流はゼロになります．そのため，電圧と電流の積はゼロになって電力を消費しません．

2-7-3　L や C に抵抗 R が加わった場合

図2-36(c)のようにLやCに抵抗Rが加わった場合，LやCでは電力は消費されず，電力が消費されるのはRのみです．

今，LやCのリアクタンスをXとすると，それぞれの回路のインピーダンスZは$\sqrt{R^2+X^2}$です．なおリアクタンスXは，インダクタンスLの場合には$X=\omega L$，静電容量Cの場合は$X=\dfrac{1}{\omega C}$です．

そこで，抵抗Rで消費される電力Pは，

$$P = I^2 R = \left(\frac{E}{\sqrt{R^2+X^2}}\right)^2 R \qquad \cdots\cdots\cdots\text{2-62}$$

のようになります．

2-7-4　無効電力と有効電力

リアクタンスを含む回路の電力は電圧と電流に位相差を生じ，$P=EI$で計算した値は実際に消費される電力とは異なります．そこでこれを皮相電力P_sといい，P_sは

$$P_s = EI \ [\text{VA}] \qquad \cdots\cdots\cdots\text{2-63}$$

となります．なお，皮相電力の単位はVA（ボルトアンペア）です．

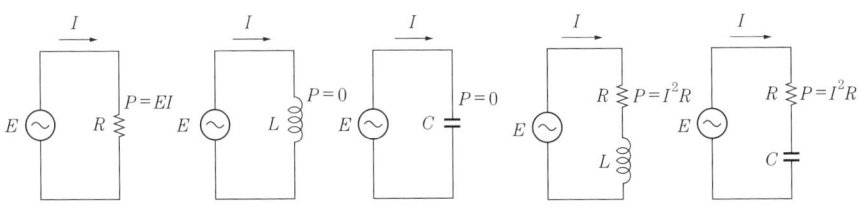

(a) Rだけの場合　　(b) LやCだけの場合　　(c) LやCの他にRがある場合

図2-36　交流回路の電力

つぎに，実際に回路で消費されて他のエネルギーに変化できる電力を，有効電力といいます．有効電力P_wは，

$$P_w = EI\cos\theta \quad [\mathrm{W}] \quad \cdots\cdots 2\text{-}64$$

で表します．

また，無効分は無効電力といい，無効電力P_rは

$$P_r = EI\sin\theta \quad [\mathrm{ver}] \quad \cdots\cdots 2\text{-}65$$

となります．無効電力の単位は，ver（バール）です．

そして，皮相電力P_s，有効電力P_w，無効電力P_rの間には，

$$P_s = \sqrt{P_w^2 + P_r^2} \quad [\mathrm{VA}] \quad \cdots\cdots 2\text{-}66$$

のような関係があります．

2-8　交流回路－その他の交流回路

2-8-1　変圧器と変成器

コイルの間に働く相互インダクタンスを利用して交流電圧を上げたり下げたりするものを変圧器，また増幅器などでインピーダンスの変換に使われるものを変成器といいます．

図2-37(a)は1次側の巻数がn_1，2次側の巻数がn_2の変圧器で，この変圧器の1次側に交流電圧E_1を加えると，

$$\frac{E_2}{E_1} = \frac{n_2}{n_1} = n \quad \cdots\cdots 2\text{-}67$$

のような関係が成立します．ここで，nを巻数比といいます．そこで，**式2-67**

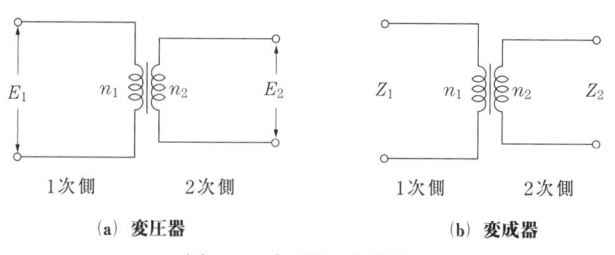

(a) 変圧器　　　(b) 変成器

図2-37　変圧器と変成器

から2次側の電圧E_2は，

$$E_2 = \frac{n_2}{n_1} E_1 = n E_1 \quad \cdots\cdots\cdots\cdots 2\text{-}68$$

のようになります．これでわかるように，変圧器の役目は交流電圧の変換にあります．

図2-37(b)は1次側の巻数がn_1，2次側の巻数がn_2の変成器で，1次側のインピーダンスをZ_1，2次側のインピーダンスをZ_2とすると，

$$\frac{Z_2}{Z_1} = \left(\frac{n_2}{n_1}\right)^2 \quad \therefore \quad Z_2 = \left(\frac{n_2}{n_1}\right)^2 Z_1 \quad \cdots\cdots\cdots\cdots 2\text{-}69$$

のような関係となります．これでわかるように変成器のインピーダンス比は巻数比の2乗になり，インピーダンスの変換に使われます．

2-8-2　フィルタ回路

$f=0$(直流)からV/UHFなどの高い周波数までの多くの周波数を含む電圧，電流から，希望する周波数帯だけを通過またはしゃ断する回路をフィルタといいます．またフィルタの特性で，通過させる周波数帯としゃ断する周波数帯との境目の周波数を，しゃ断周波数といいます．

フィルタはインダクタンスLと静電容量Cで構成されており，**図2-38**に示したようなLやCのリアクタンスX_LやX_Cの周波数特性を利用しています．

フィルタは，その特性によりつぎのように分類されます．

●**低域フィルタ**

低域フィルタは低域通過フィルタ(low pass filter, LPF)とも呼ばれ，しゃ断

図2-38　X_LやX_Cの周波数特性

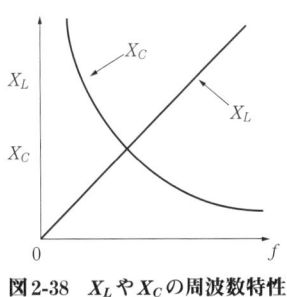

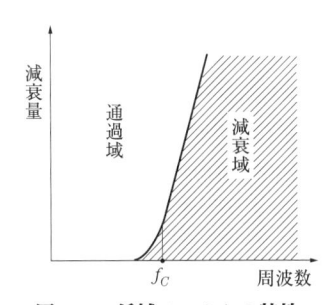

図2-39　低域フィルタの特性

図2-40　低域フィルタの回路

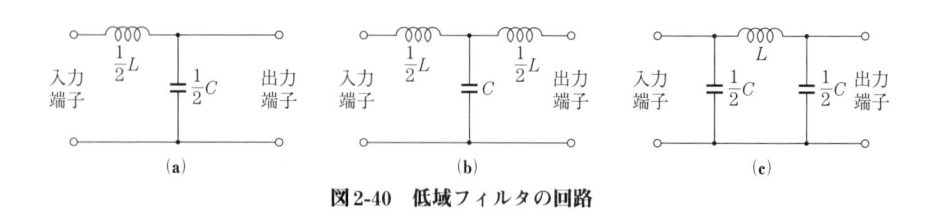

周波数f_Cより低い周波数帯域を通過させるものです．

図2-39は低域フィルタの特性を示したもので，しゃ断周波数f_Cは通過域に比べて減衰量が$\sqrt{2}$倍(出力電圧は$\frac{1}{\sqrt{2}}$)となる周波数となります．

図2-40は，低域フィルタの基本的な回路を示したものです．LやCを**図2-40**のような値に選ぶと，いずれの回路もf_Cは，

$$f_C = \frac{1}{\pi\sqrt{LC}} \quad \cdots\cdots\cdots 2\text{-}70$$

のようになります．

● **高域フィルタ**

高域フィルタは高域通過フィルタ(high pass filter，HPF)とも呼ばれ，しゃ断周波数f_Cより高い周波数帯域を通過させるものです．

図2-41は高域フィルタの特性を示したもので，しゃ断周波数f_Cは通過域に比べて減衰量が$\sqrt{2}$倍(出力電圧は$\frac{1}{\sqrt{2}}$)となる周波数となることは低域フィルタと同じです．

図2-42は，高域フィルタの基本的な回路を示したものです．LやCを**図2-42**のような値に選ぶと，いずれの回路もf_Cは，

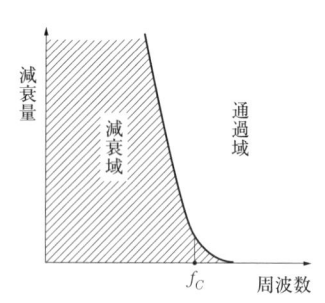

図2-41　高域フィルタの特性

図2-42 高域フィルタの回路

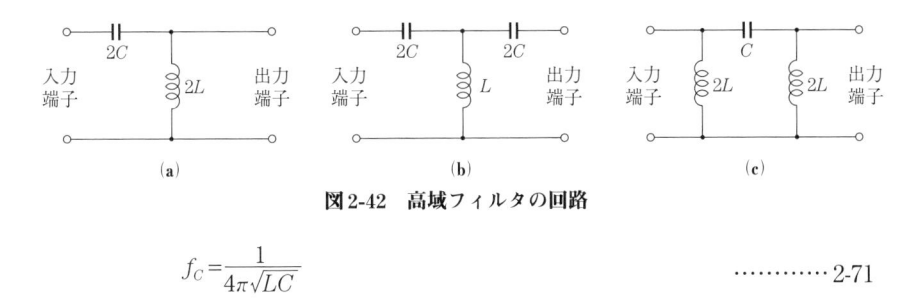

$$f_C = \frac{1}{4\pi\sqrt{LC}} \qquad \cdots\cdots\cdots\cdots 2\text{-}71$$

のようになります．

● 帯域フィルタ

　帯域フィルタは帯域通過フィルタ（band pass filter，BPF）とも呼ばれ，ある周波数帯域の電圧や電流を通過させ，それ以外の低い周波数の帯域と高い周波数の帯域をしゃ断するものです．

　図2-43は，帯域フィルタの特性を示したものです．しゃ断周波数はf_{C1}とf_{C2}の二つがあり，f_{C1}からf_{C2}までの間が通過域となって$f_{C2} - f_{C1}$を帯域幅（band width，BW）といいます．また，通過域以外は減衰域となります．

　図2-44は帯域フィルタの基本的な回路を示したもので，LとCによる直列共

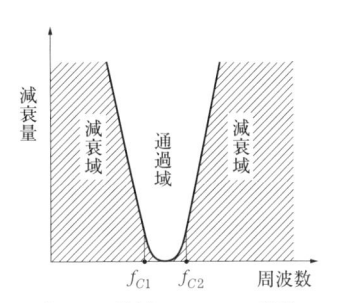

図2-43 帯域フィルタの特性

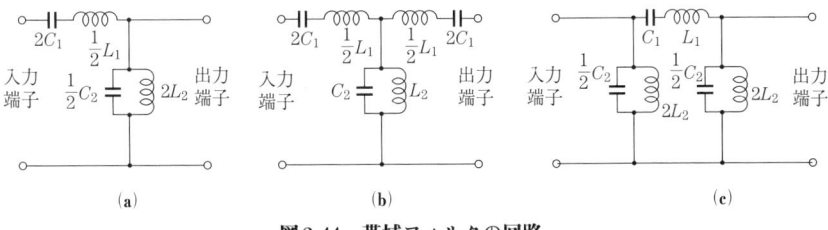

図2-44 帯域フィルタの回路

第2章　電気回路

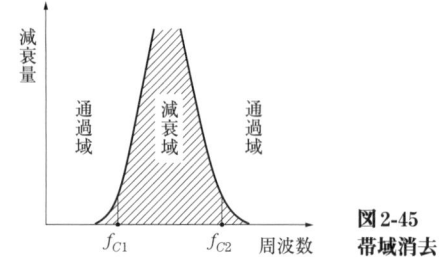

図2-45　帯域消去フィルタの特性

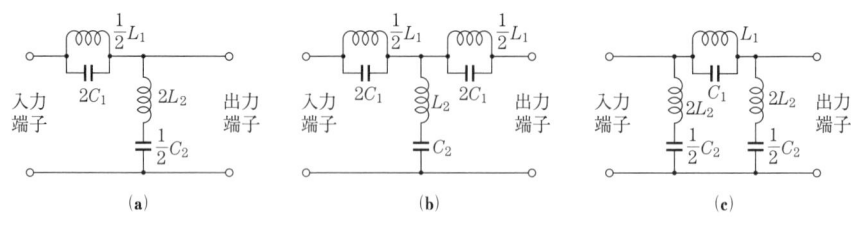

図2-46　帯域消去フィルタの回路

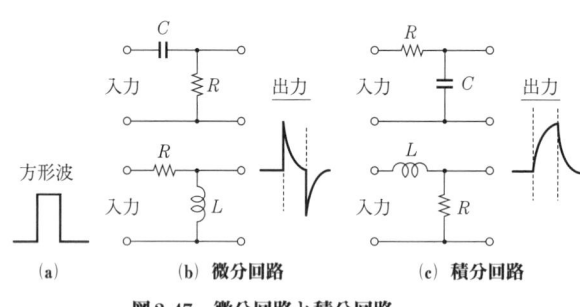

図2-47　微分回路と積分回路

振と並列共振の働きを利用しています．ちなみに，LとCの直列回路が直列共振している場合にはインピーダンスは最小，またLとCの並列回路が並列共振している場合にはインピーダンスは最大になります．

●帯域消去フィルタ

　帯域消去フィルタ（band elimination filter，BEF）はある周波数帯域の電圧や電流を遮断し，それ以外の低い周波数の帯域と高い周波数の帯域を通過させるものです．

　図2-45は，帯域消去フィルタの特性を示したものです．しゃ断周波数はf_{C1}と

f_{C2}の二つがあり，f_{C1}からf_{C2}までの間が減衰域となって$f_{C2}-f_{C1}$を帯域幅（band width）といいます．また，しゃ断域以外は通過域となります．

図 2-46 は帯域消去フィルタの基本的な回路を示したもので，LとCによる並列共振と直列共振の働きを利用しています．

2-8-3　微分回路と積分回路

図 2-47 (b) の微分回路の入力に**図** (a) のような方形波を加えた場合，回路の時定数が方形波のパルス幅に比べて小さい場合，過渡現象によって**図** (b) に示すような出力波形が得られます．また，**図** (c) の積分回路に同様の方形波を加えた場合，回路の時定数が方形波のパルス幅に比べて大きい場合は，出力端子には**図** (c) に示すような出力波形が得られます．これらの回路はパルスの波形整形に使用されます．

第3章
電子管および半導体素子

3-1　電子管

　電子管とは，真空中または希薄ガスの中での電子の運動を利用するものの総称です．電子管は真空管とも呼ばれ，トランジスタが発明されるまでは増幅作用を持った能動素子として活躍しました．今ではほとんど使われなくなりましたが，電子管の功績は大きいものがあります．

3-1-1　電子の放射

　物質中の自由電子が何かのエネルギーを得て外部に放出されることを電子放射といい，エネルギーの与え方によってつぎの種類に分かれます．
(1) 熱電子放射
(2) 光電子放射
(3) 2次電子放射
(4) 電離による電子放射
(5) 冷陰極電子放射

　これらのうちで，主に電子管に関係するものは(1)の熱電子放射と(3)の2次電子放射です．

●熱電子放射

　金属またはその酸化物を真空中で加熱すると，内部の自由電子は熱エネルギーを吸収して運動が活発になり，外部に飛び出します．このようにして飛び出した電子を熱電子といい，このような現象を熱電子放射といいます．
　熱電子放射では，外部へ飛び出す電子の量は温度が高くなると急激に増加します．そして，電子が外部へ飛び出すときに必要なエネルギーを表すのに，仕事関数と呼ばれるものを用います．仕事関数の小さい物質ほど，同一温度にお

(a) 直熱管の場合　　　(b) 傍熱管の場合

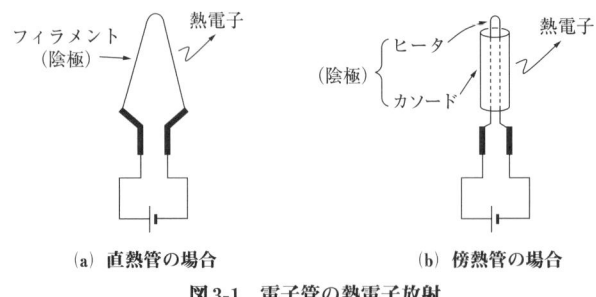

図3-1　電子管の熱電子放射

ける電子放出量が多いことになります.

　熱電子放射現象は，電子管の陰極（直熱管のフィラメント，傍熱管のカソードなど）に利用されています．直熱管の場合には**図3-1**(a)のようにフィラメントを熱して，そこから直接熱電子が放射されますが，傍熱管では(b)のようにヒータでカソードを熱し，カソードから熱電子が放射されます．

● 2次電子放出

　高速度の電子を物質に衝突させると，物質内部の自由電子は衝突した電子（1次電子ともいう）からエネルギーを与えられて外部へ飛び出します．このようにして飛び出したのが2次電子で，このような現象を2次電子放出現象といいます．

　電子管では2次電子放出は真空管の動作を妨げるように働くため，それを緩和する工夫がなされます．

3-1-2　二極管

　二極管は最も簡単な構造を持った電子管で，回路記号は**図3-2**のようになります．**図**(a)は直熱管，**図**(b)は傍熱管の場合を示したもので，陽極（プレート）と陰極（フィラメント又はカソード）の二つの電極からできているので，二極管と呼ばれます．

　では直熱管の場合を例にして，**図3-3**で二極管の働きを説明してみることにしましょう．まず**図**(a)のようにフィラメントにマイナス，プレートにプラスの電圧をかけると，フィラメントから出た電子は第1章の1-1-1で説明したようにマイナスの電気を持っていますから，プレートのプラスに引き付けられます．その結果，プレートからフィラメントに向かって電流が流れます．

3-1 電 子 管

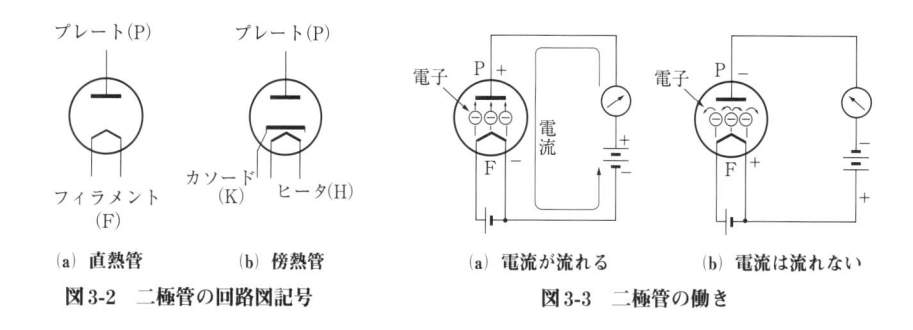

(a) 直熱管 (b) 傍熱管
図3-2 二極管の回路図記号

(a) 電流が流れる (b) 電流は流れない
図3-3 二極管の働き

つぎに，**図3-3**(b)のようにフィラメントにプラス，プレートにマイナスの電圧をかけると，今度はフィラメントから出た電子はプレートのマイナスに追い返えされ，電流は流れません．

これでわかるように，二極管は電流を一方向にしか流さないという整流作用を持っており，交流から直流（実際には脈流）を得る整流回路や，振幅変調波から信号波を取り出す検波（復調）回路に使われていました．

3-1-3　三極管，四極管，五極管

電子管の重要な働きは何といっても増幅作用を持っているということで，増幅作用を持っているのが三極管や四極管，五極管です．これらの電子管は多極管と呼ばれることもあり，陰極は傍熱型になっているのが普通です．

多極管の回路図記号は**図3-4**のようになっており，二極管のプレートとカソードの間に各種のグリッド（格子）が挿入されています．これらのグリットが，増幅作用をもたらしたりその他の働きをします．

図3-5は，五極管の場合の電圧のかけ方を示したものです．では，この図を使ってそれぞれの電子管を説明してみることにします．なお，電子管ではカソードを基準にして電圧を加えます．

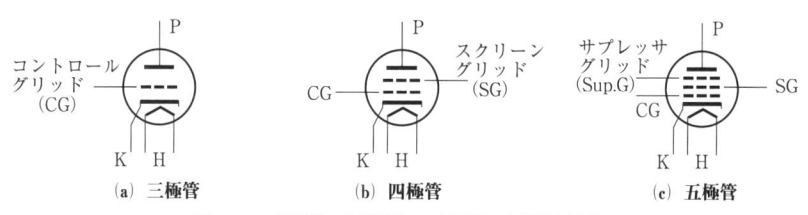

(a) 三極管 (b) 四極管 (c) 五極管
図3-4 三極管，四極管，五極管の回路図記号

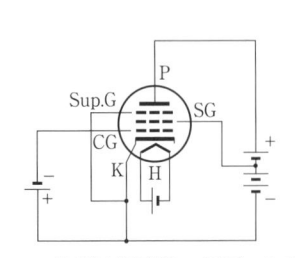

図 3-5　五極管（多極管）の電圧のかけ方　　　写真 3-1　真空管（MT管）

● 三極管

　三極管は**図 3-4 (a)** でわかるように，二極管のプレートとカソードの間にコントロールグリッド（CG）を入れたものです．また，電圧のかけ方は**図 3-5** のスクリーングリッド（SG）とサプレッサグリッド（Sup.G）が無いと思えばOKです．

　まず，**図 3-5** に示したようにプレートにはプラスの電圧を加えますから，**図 3-3** でわかるようにプレートからカソードにプレート電流が流れます．

　一方，コントロールグリッドにはマイナスの電圧がかかっており，この電圧によってプレート電流をコントロールすることができます．三極管では，コントロールグリッドの電圧をわずかに変化させてやるとプレート電流が大きく変化します．これが，電子管による増幅の仕組みです．

● 四極管

　図 3-4 (b) のように，三極管のコントロールグリッドとプレートの間にスクリーングリッド（SG）を入れたのが四極管です．**図 3-5** でわかるようにスクリーングリッドにはプラスの電圧をかけ，コントロールグリッドを通り抜けてきた電子に勢いをつけてプレートに届ける役目をします．

　四極管は三極管より大きな増幅度を得ることができますが，プレートからの2次電子放射を招くために性能を十分に発揮できないという欠点もあります．

● 五極管

　図 3-4 (c) のように，四極管のスクリーングリッドとプレートの間にサプレッサグリッド（Sup.G）を入れたのが五極管です．このサプレッサグリッドは**図 3-5**

のように普通カソードにつなぎ，プレートから放射された2次電子を抑える役目をします．これで，2次電子による悪い影響を取り除くことができます．

なお，サプレッサグリッドの代わりにビーム電極を設けて電子ビームを制御し，サプレッサグリッドと同じ働きをするように作られたビーム四極管というものもあります．ビーム四極管は，大電力を扱う電力増幅用に使われます．

3-1-4　ブラウン管

熱電子を放射する熱陰極を持った電子銃（電子を光線のように一直線に放出する部分）から発射された電子ビームを，信号にしたがってその向きを変え，また電子ビームの電子の数を変化させて蛍光面上に信号の図形を描かせることができる電子管を，ブラウン管といいます．

ブラウン管には，電子ビームを静電集束する静電偏向タイプと電磁集束する電磁偏向のものがあります．前者は主に測定用に使われ，後者はTV用ブラウン管に使われます．

図3-6は静電偏向タイプのブラウン管の構造の一例を示したもので，カソードから出る電子はグリッドでその数をコントロールされ，第1プレートと第2プレートで加速されると同時に，第1プレート電圧と第2プレート電圧の差によって電子流の焦点を蛍光面に結ばせます．これらの部分を，電子銃といいます．

一般にブラウン管では，グリッドのマイナス電圧を加減して蛍光面のスポットの明るさを調整し，第1プレートの電圧を加減してちょうど蛍光面上に焦点をむすぶように調整します．また，垂直偏向板と水平偏向板に加える電圧を変えることによって蛍光面上のスポットの位置が変わります．

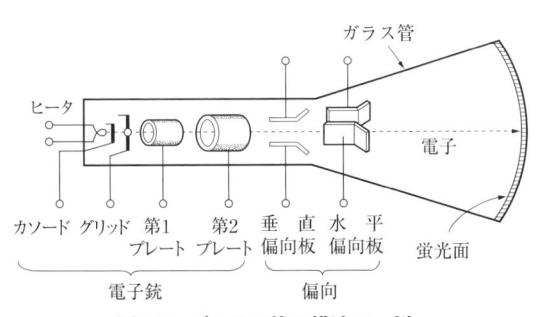

図3-6　ブラウン管の構造の一例

測定用のブラウン管オシロスコープでは，普通，水平偏向板には時間軸走査電圧を加え，垂直偏向板には測定用電圧を加えて測定します．

3-2　半導体素子―半導体の概要

3-2-1　半導体とは

第1章の1-5-1で，導体と絶縁体について説明しました．半導体(Semiconductor)というのは一口でいえば導体と絶縁体の中間の抵抗を持ったもので，抵抗率でいえば10^{-4}〔Ω・m〕から10^8〔Ω・m〕の物質のことですが，つぎのような特有な性質を持っています．
(1) 温度係数が負で，温度が上昇すると抵抗が減少する．
(2) 電圧と電流の関係が直線関係にならないものを作ることができる．
(3) 微量の不純物により抵抗率が大きく変わる．

金属のような導体は温度が上昇すると抵抗率も増加しますし，電圧と電流の関係は直線的です．また，不純物によって抵抗率が大きく変わることはありません．(1)〜(3)は，いずれも半導体に特有の性質です．

3-2-2　真性半導体とその性質

現在，半導体素子に使われる材料といえばゲルマニウム(Ge)やシリコン(Si)ですが，これらは**図3-7**に示すように元素周期表の金属と非金属の境目のところにあります．

トランジスタに代表される半導体素子が作られるようになったのは，テンナインといわれる99.99999999％と9が10個も並ぶほど純粋な半導体材料を作ることができるようになったからなのですが，このような純度の高い半導体を真性半導体といいます．

では，その半導体がどうして特有の性質を示すのかを，ゲルマニウムを例にして説明してみることにしましょう．

まず，ゲルマニウム原子のいちばん外側の電子（これを価電子という）は4個あり，この価電子を**図3-8**のように互いに共有することによって周囲の原子と結

3-2 半導体素子－半導体の概要

金属元素			非金属元素				
表記の見方 原子番号：元素記号 元素名 原子量			5：B ホウ素 10.81	6：C 炭素 12.01	7：N 窒素 14.01	8：O 酸素 16	9：F フッ素 19
			13：Al アルミニウム 26.98	14：Si ケイ素 (シリコン) 28.09	15：P リン 30.97	16：S 硫黄 32.07	17：Cl 塩素 35.45
28：Ni ニッケル 58.69	29：Cu 銅 63.55	30：Zn 亜鉛 65.39	31：Ga ガリウム 69.72	32：Ge ゲルマニウム 72.61	33：As ヒ素 74.92	34：Se セレン 78.96	35：Br 臭素 79.9
46：Pd パラジウム 106.4	47：Ag 銀 107.9	48：Cd カドミウム 112.4	49：In インジウム 114.8	50：Sn 錫：スズ 118.7	51：Sb アンチモン 121.8	52：Te テルル 127.6	53：I ヨウ素 126.9

図3-7 元素周期表に見る半導体

びついて安定な状態になっています．

しかし，共有している価電子と原子核との結合は弱く，常温でも少数の価電子は原子から離れて自由電子となっています．この自由電子が半導体の導電作用をつかさどりますが，温度が上昇すると自由電子（これを過剰電子ともいう）の数が増加するので電流が流れやすくなり，抵抗率が減少します．これが，半導体が負の温度係数を持つ理由です．

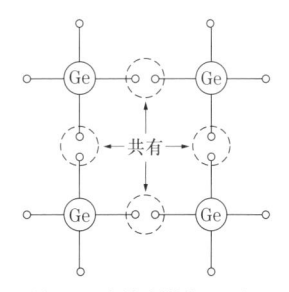

図3-8 真性半導体の一例

一方，価電子が離れてしまったゲルマニウムの原子は電子が不足しますが，そこで不足した分だけ電子を受け入れようとします．この，価電子が離れたためにできた孔を正孔（ホールともいう）と呼びます．

半導体素子を作るための半導体材料には，シリコンやゲルマニウムのような元素半導体のほかに，ガリウムひ素（GaAs）やガリウム燐（GaP）のような化合物半導体や，酸化マンガン（MnO）や酸化亜鉛（ZnO）のような焼結半導体があります．

3-2-3　不純物半導体

真性半導体は自由電子と正孔の数がだいたい同じで，そのため導電率は低くなっています．そこで，実際の半導体素子では不純物半導体が用いられます．

図3-7でわかるようにシリコンやゲルマニウムは4価の元素ですが，これらの真性半導体に不純物として3価や5価の元素を少量加えると，正孔や電子の豊富な不純物半導体ができ上がります．

半導体の中ではこれらの電子や正孔が電気を運ぶのですが，この電子や正孔のことをキャリアといいます．

●N型半導体

価電子を4個持っているゲルマニウムに，価電子を5個持っているアンチモン（Sb）を不純物としてごく少量混合すると，**図3-9**に示したようにアンチモンの価電子が1個余分になります．

この余分になった価電子が自由電子となって導電作用を生じますが，このように電子を豊富に持った半導体をN型半導体といいます．また，N型半導体を作るために加える不純物を，ドナーといいます．

●P型半導体

価電子を4個持っているゲルマニウムに，価電子を3個持っているインジウム（In）を不純物としてごく少量混合すると，**図3-10**に示したようにゲルマニウムの一つの価電子は結合することができなくなり，電子が1個不足することにな

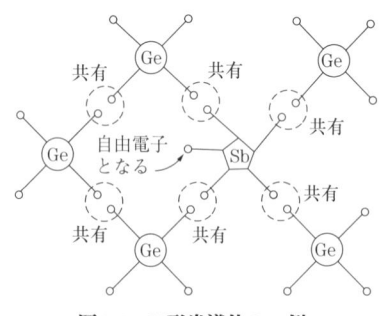

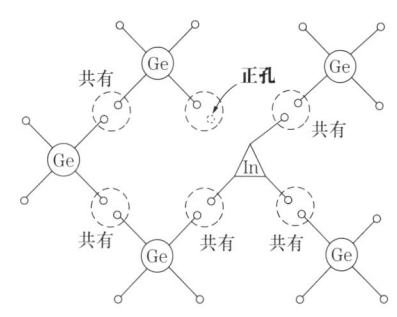

図3-9　N形半導体の一例　　　　図3-10　P形半導体の一例

ります.

この不足したところは正孔と呼ばれ導電作用を生じます．このように正孔を豊富に持った半導体をP型半導体といいます．また，P型半導体を作るために加える不純物を，アクセプタといいます．

3-2-4　PN接合の性質

P型半導体とN型半導体を接合すると**図3-11**のようになります．これをPN接合といいます．この接合面では動ける自由電子はP型のほうへ，またP型のほうでも動ける正孔はN型へそれぞれ少し流れますが，動けない⊕の電荷はN型の接合部近くに，⊖の固定電荷はP型の接合部近くに残ってしまい，その部分に壁ができてしまいます．そのため，電子と正孔は境目に柵がある状態になってそれ以上相手の領域に入れなくなります．

では，**図3-12**(a)のようにP型のほうにプラス，N型のほうにマイナスの電圧を加えてみましょう．すると，P型の中にある正孔は接合面を越えてN型のほうに向かい，またN型の中にある電子は接合面を越えてP型のほうに向かって移動し，回路には電流が流れます．このような電圧の加え方を，順方向電圧といいます．

つぎに，**図3-12**(b)のように電圧のかけ方を反対にして，P型のほうにマイナス，N型のほうにプラスの電圧を加えてみましょう．すると，電子と正孔は接合面を越えることはできず，回路には電流は流れません．このような電圧のかけ方を，逆方向電圧といいます．

これでわかるように，PN接合は電流を一方向にしか流さないという性質を持っています．この性質を使って作られたのが，つぎに説明するダイオード（PN接合ダイオード）です．

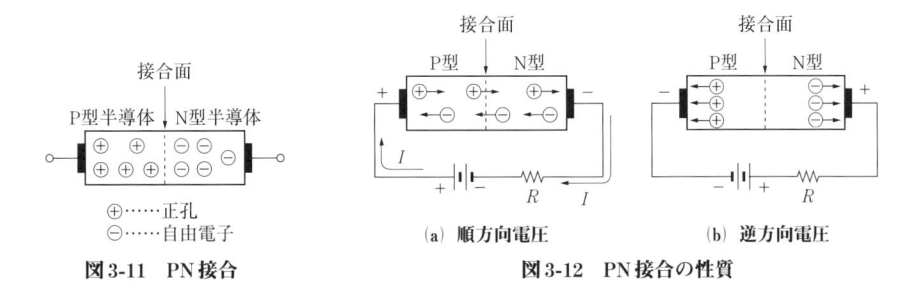

図3-11　PN接合

図3-12　PN接合の性質

(a) 順方向電圧　　(b) 逆方向電圧

3-3 半導体素子—ダイオード

3-3-1 ダイオード

　PN接合にリード線をつけたのがダイオード(Diode)で，半導体素子としては最も単純な構造になっています．PN接合を利用したダイオードには，用途によって整流用や検波用，スイッチング用などがあります．また，ダイオードの大部分はシリコンを材料としたシリコンダイオードですが，ガリウムひ素で作られたものもあります．

　図3-13はダイオードの回路記号を示したもので，記号はDです．ダイオードは二つの端子を持っていますが，端子名は電流の流れ込むほうがアノード(A)，電流の流れ出すほうがカソード(K)です．

　図3-14はダイオードの特性を示したもので，順方向電圧を加えてもすぐに電流が流れ始めるわけではありません．障壁電圧はPN接合の電位障壁によって生ずるもので，使用する半導体材料に固有のものです．シリコンダイオードの場合，障壁電圧は約0.6Vです．

　そして，順方向電圧が障壁電圧を越えると順方向電流が流れ始めますが，半導体の場合には電圧と電流が比例しないのが特徴です．

　それでは，ダイオードに逆方向電圧をかけるとどのようなことになるでしょうか．この場合にはわずかな電流が流れますが，これを逆方向電流といいます．この逆方向電流は，少ないほど良いダイオードといえます．

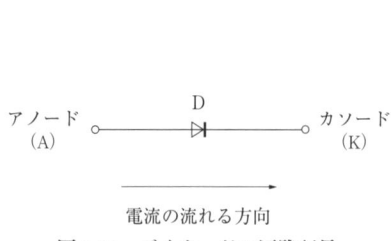

図3-13　ダイオードの回路記号

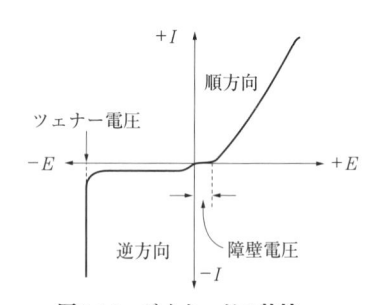

図3-14　ダイオードの特性

3-3 半導体素子 – ダイオード

図3-14で，逆方向電圧を高くしていくと，ある点で逆方向電流が急に大きくなります．この現象をツェナー現象といい，ダイオードとしては定電圧ダイオードに利用されています．

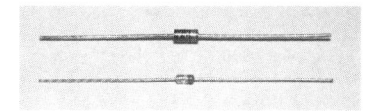

写真3-2 ダイオードの例
上は整流用，下は小信号用

3-3-2 その他のダイオード

ダイオードには整流や検波，スイッチング用以外に，可変容量ダイオード，定電圧や定電流ダイオード，ホトダイオードなど多くの種類があります．

●**可変容量ダイオード（バリキャップ）**

PN接合に図3-12(b)のように逆方向電圧を加えた場合，接合部付近にはキャリアの少なくなった部分ができ，これを空乏層といいます．この空乏層は絶縁物と同じなので静電容量として利用でき，しかも空乏層の厚みは加える逆方向電圧で変わります．

可変容量ダイオードはバリキャップとも呼ばれ，PN接合に逆方向電圧を加えたときに静電容量が電圧によって変わるという性質を利用したものです．この場合，逆方向電圧が低いと空乏層が狭くなるので静電容量は大きくなり，逆方向電圧を高くすると空乏層が広くなって静電容量は小さくなります．

図3-15(a)は可変容量ダイオードの回路を示したもので，ダイオードには逆方向電圧が加えられています．この逆方向電圧を変えると，図(b)のように静電容量が変化します．

一般に可変容量ダイオードは図3-15(c)や図(d)の回路図記号で表します．

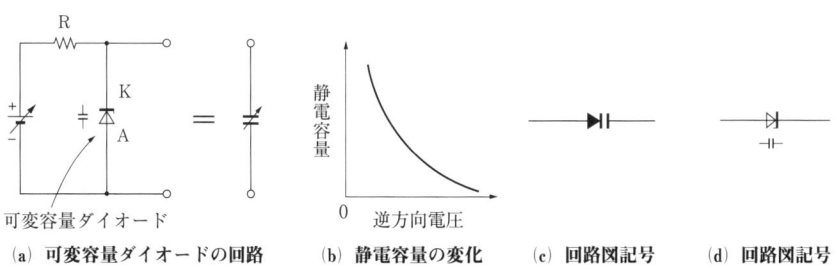

(a) 可変容量ダイオードの回路　　(b) 静電容量の変化　　(c) 回路図記号　　(d) 回路図記号

図3-15　可変容量ダイオード

なお，可変容量ダイオードはVHFやUHF帯で低損失の周波数逓倍ができるため，高周波高電力の周波数逓倍用として使われることもありますが，この用途に使われるものはバラクタダイオードと呼ばれます．

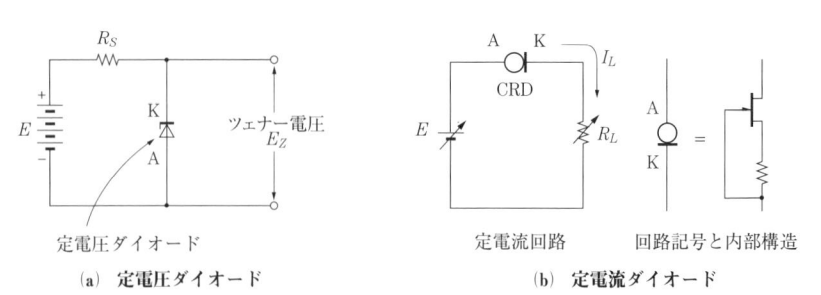

● 定電圧ダイオードと定電流ダイオード

定電圧ダイオードはツェナーダイオードともいい，定電圧電源を作る場合の電圧標準用としてなくてはならないものです．

PN接合に逆方向電圧を加えて電圧を大きくしていくと，**図3-14**に示したようにツェナー電圧で急激に電流が増えて電圧が一定になります．この現象を利用したのがツェナーダイオードです．

図3-16(a)はツェナーダイオードを使った定電圧回路を示したもので，逆方向電圧をかけて使います．ツェナー電圧で急激に増える電流を抑えるための抵抗R_Sは，絶対に必要なものです．この回路で，出力電圧は個々の定電圧ダイオードが持っているツェナー電圧になります．

定電圧ダイオードは電圧を一定に保つ働きを持ったものでしたが，定電流ダイオードは電流を一定に保つ定電流特性を持ったものです．定電流ダイオードはPN接合を持っていませんが，2端子の素子で定電流ダイオードと呼ばれるのでここで説明します．

図3-16(b)の左は定電流ダイオードを使った定電流回路を示したもので，電源電圧Eや負荷抵抗R_Lが変化しても，負荷電流I_Lを一定に保ちます．

定電流ダイオードはCRD(Current Regulative Diode)とも呼ばれ，内部構造は**図3-16**(b)の右側に示したようにFETと抵抗の組み合わさったものです．そ

(a) 定電圧ダイオード　　　　　(b) 定電流ダイオード

図3-16　定電圧ダイオードと定電流ダイオード

のために，回路記号も一般的なダイオードとは違っています．

定電流ダイオードはシリコン接合型FETのチャネル電流が定電流特性を持つことを利用したもので，数mAから数十mAのものが用意されています．

定電流ダイオードには，電流を一定に保つ定電流特性と，それを実現するための働きとして抵抗変化特性があります．その用途は，定電流特性を利用して抵抗と組み合わせて基準電圧を作り出すのに使われたりしますし，抵抗変化特性を利用して**図3-16**(a)の抵抗R_Sとして使われたりします．

●エサキダイオード（トンネルダイオード）

真性半導体に混合する不純物の濃度を高くすると，導電性が普通の金属に近づいてきます．このように不純物を多く混ぜたP型とN型の半導体でPN接合ダイオードを作ると，順方向の電圧と電流の特性が**図3-14**と違って**図3-17**(a)のようになります．

図において，aからbまでの部分はダイオードにかける電圧を高くすると流れる電流も増加するという普通の状態を示します．

ところが，bからcまでの間は電圧を高くするとかえって電流が減少するという，いわゆる負性抵抗と呼ばれる特性を示します．負性抵抗というのは負の電力を消費する，すなわち電力の発生が行われるということで，増幅や発振が可能です．

このような特性を持つダイオードをエサキダイオードとかトンネルダイオードといい，電子の移動速度が非常に速いので高速スイッチングやマイクロ波の

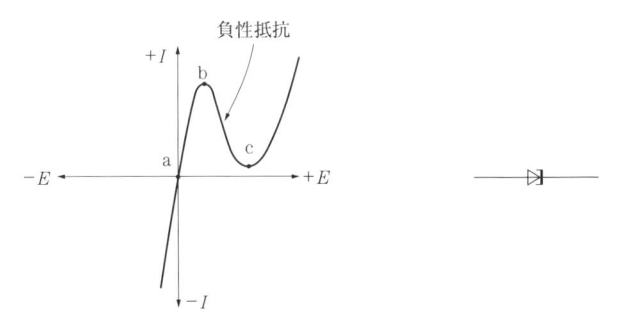

(a) エサキダイオードの電圧—電流特性　　(b) エサキダイオードの回路図記号

図3-17　エサキダイオード

発振回路を作ることができます.

● マイクロ波発振用ダイオード

マイクロ波で使われるダイオードには, ガンダイオードやインパットダイオードがあります. これらは, いずれも負性抵抗を持った特殊なダイオードです.

ガンダイオードはPN接合ではなくガリウムひ素(GaAs)のN型半導体に電極をつけたもので, ガン効果によりマイクロ波を発振することができます.

一方, インパットダイオードはPN接合に逆方向電圧をかけたときに生じるなだれ現象とキャリア走行時間を利用してマイクロ波の発振を行うものです.

● 発光ダイオード(LED)とホトダイオード

発光ダイオードは電気－光変換素子の一つで, **図3-18(a)** のように数十mAの電流を流すと発光します. 発光ダイオードはガリウム燐(GaP)などの化合物半導体のPN接合でできており, 半導体材料によって色が変わります.

ホトダイオードは光－電気変換素子の一つで, **図3-18(b)** のようにPN接合に光を当てると, その光の強さに比例した数の自由電子と正孔の対が生じ, PN接合部の電界により, 正孔はP型半導体の方向へ, 自由電子はN型半導体の方向へ移動することによって電流が流れます.

ホトダイオードが光センサなのに対して, 同じく光－電気変換素子で電池として使えるようにしたものに, 太陽電池があります. 太陽電池も, シリコンやガリウムひ素のPN接合でできています.

● バリスタ, バリスタダイオード

バリスタというのはバリアブルレジスタの略で, 電圧によって抵抗値が大きく変化する性質を持ったものです.

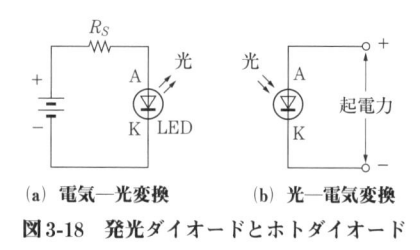

(a) 電気―光変換　　(b) 光―電気変換

図3-18　発光ダイオードとホトダイオード

3-3 半導体素子-ダイオード

　まず，**バリスタ**はサージ電圧の吸収を目的として作られたもので，PN接合は持っておらずダイオードとは異なりますが，半導体材料で作られた2端子のデバイスなのでここで説明します．バリスタは炭化けい素（SiC）のような焼結半導体で作られており，避雷器などに使われます．

　バリスタダイオードはPN接合を持っており，半導体素子を使った電子回路の温度補償用に作られたものです．

●4層ダイオード，サイリスタ（SCR）

　4層ダイオードは**図3-19**に示したようにPNPNの4層構造を持ったもので，順方向電圧をかけたときに負性抵抗領域を持つなど特異な働きをします．4層ダイオードは基本的にはスイッチング用ですが，実際には4層ダイオードにゲートを設けて使いやすくしたサイリスタが使われます．

　サイリスタ（SCR，シリコン制御整流素子）は**図3-20**（a）に示したように4層ダイオードにゲート（G）を追加したものです．**図3-20**（b）で，4層ダイオードでは順方向電圧が降伏（ブレークオーバー）電圧以下だと電流は流れず，スイッチでいえばオフの状態です．また，順方向電圧が降伏電圧を超えるとオン領域に入り，電流が流れます．

　サイリスタでは，ゲートに順方向電圧をかけてゲート電流を流すと**図**（b）のように降伏電圧を下げることができます．そこで，ゲートに加える電圧によって電子スイッチをオン/オフすることができます．

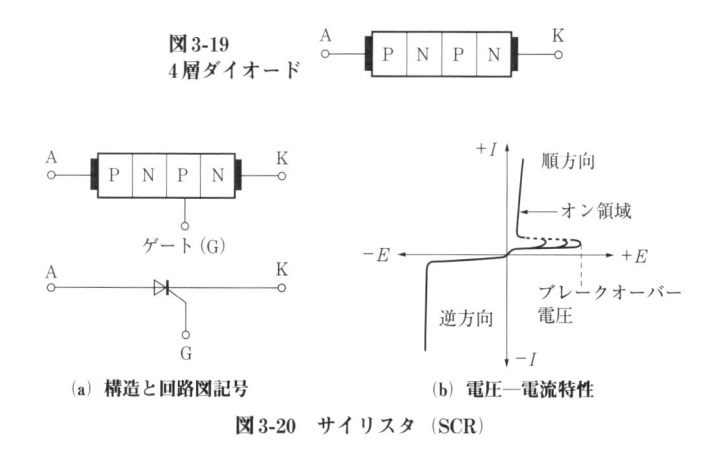

図3-19　4層ダイオード

（a）構造と回路図記号　　**（b）電圧─電流特性**

図3-20　サイリスタ（SCR）

●サーミスタ

　サーミスタは温度の変化に対して抵抗値が大きく変わる性質を持った半導体素子で，PN接合は持っておらずダイオードとは異なりますが，半導体材料で作られた2端子のデバイスなのでここで説明します．

　サーミスタは酸化マンガン（MnO）や酸化亜鉛（ZnO）などの酸化物半導体で作られた抵抗体で，半導体ですから温度係数は負ですが，温度係数が正のものもあります．サーミスタは温度計など温度検出のほか，電子回路の温度補償用などにも使われます．

3-4　半導体素子－トランジスタ

3-4-1　トランジスタの基本

　トランジスタ（Transistor）はダイオードと共に代表的な半導体素子で，増幅作用やスイッチング作用を持った能動素子です．

　図3-21はトランジスタの構造と記号，それに型名を示したものです．PN接合が二つつながっており，そのうちの中央の一つが左右両方に共通となっています．

	PNPトランジスタ	NPNトランジスタ
構造	エミッタ(E)―P|N|P―コレクタ(C)　ベース(B)	エミッタ(E)―N|P|N―コレクタ(C)　ベース(B)
記号	B―(K) Tr　C,E	B―(K) Tr　C,E
型名	2SA＊＊＊（高周波用） 2SB＊＊＊（低周波用）	2SC＊＊＊（高周波用） 2SD＊＊＊（低周波用）

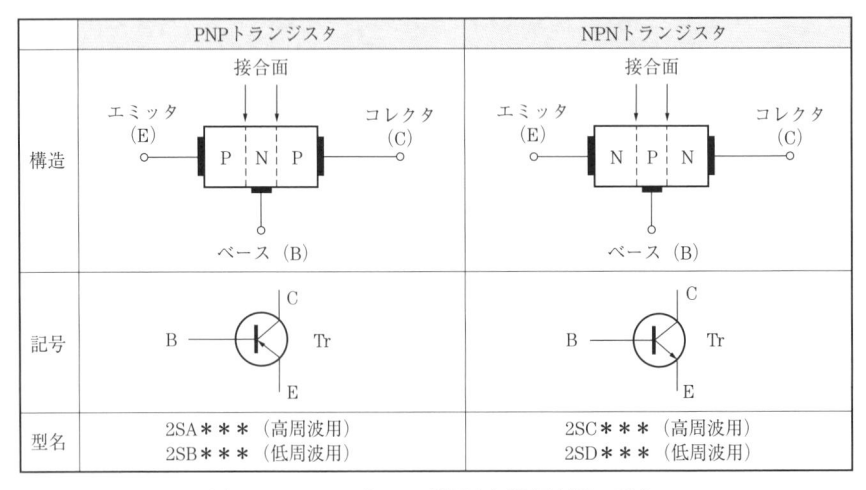

図3-21　トランジスタの構造と回路図記号，型名

3-4 半導体素子－トランジスタ

トランジスタにはPNPトランジスタとNPNトランジスタの二種類があり，PNPトランジスタは主に正孔（ホール）をキャリアとして使い，NPNの場合は主に電子をキャリアとして使います．

トランジスタはエミッタ（E），ベース（B），コレクタ（C）の三つの端子を持っており，

写真3-3 トランジスタの例

エミッタから放射された正孔や電子はコレクタで集められます．そして，ベースはエミッタとコレクタの間にあって電子や正孔の流れをコントロールします．

トランジスタの回路記号は**図3-21**に示したとおりで，PNPとNPNトランジスタではエミッタの矢印の方向が逆になっています．実は，この矢印の方向は電流の流れる方向を示しています．

トランジスタの型名は，PNPトランジスタとNPNトランジスタの違いのほかに，高周波用と低周波用によっても分けられています．ですから，型名を見ると高周波用か低周波用かといった用途もわかります．なお，＊＊＊の部分には11から始まる連番がついており，個々のトランジスタを表すようになっています．

3-4-2 トランジスタの動作

では，NPNトランジスタを例にして，**図3-22**でトランジスタが増幅作用をする仕組みを説明してみましょう．

トランジスタはベース・エミッタ間とベース・コレクタ間にPN接合を持っ

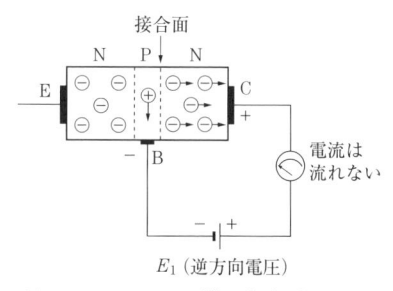

(a) ベース・コレクタ間に逆電圧をかける　　E_1（逆方向電圧）

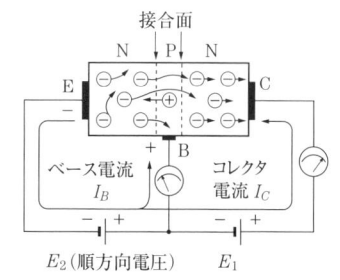

(b) さらにエミッタ・ベース間に順方向電圧をかける　　E_2（順方向電圧）　E_1

ベース電流 I_B　　コレクタ電流 I_C

図3-22 トランジスタの増幅の仕組み

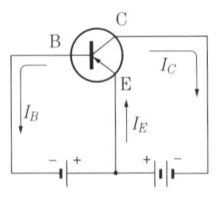

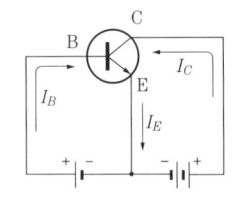

(a) PNPトランジスタ　　　　　(b) NPNトランジスタ
図3-23　電圧のかけ方と電流の流れ方

ており，これは二つのダイオードと考えることができます．そこでまず，**図3-22(a)**のようにベースにマイナス，コレクタにプラスの逆方向電圧(E_1)を加えてみると正孔も電子も接合面を越えることはできず，電流は流れません．

では，**図(b)**のようにエミッタ・ベース間に順方向電圧(E_2)を加えてみるとベースにはベース電流I_Bが流れます．すると，**図(a)**では電流が流れなかったコレクタに電流I_Cが流れ始めるという不思議なことが起こります．

このようなことが起こるのは，実はトランジスタのベースがとても薄くできているからです．**図3-22(b)**のようにエミッタから放射された電子の一部はベースに流れますが，ベースが薄いために大部分はベースを通り抜けてコレクタに達してしまいます．これが，逆方向に電圧がかかっているにもかかわらずコレクタ電流I_Cが流れるようになる理由です．

これでわかるように，トランジスタではベース電流によってコレクタ電流をオン/オフできます．これが，トランジスタのスイッチング作用です．また，ベースにわずかな電流(例えば0.1mA)を流すと，コレクタに大きな電流(例えば10mA)が流れます．これが，トランジスタの増幅の仕組みです．

図3-22(b)でわかるように，トランジスタではベース・エミッタ間に順方向電圧をかけて使います．ですからベースには電流が流れますが，これがトランジスタが電流制御素子といわれる理由です．

図3-23は実際のトランジスタの電圧のかけ方と各部の電流の様子を示したもので，**図(b)**のNPNトランジスタを例にするとベースとコレクタに流れ込んだ電流はエミッタに流れ出しますから，

$$I_E = I_B + I_C \quad \cdots\cdots\cdots\cdots 3\text{-}1$$

のような関係になります．また，ベース電流I_Bとコレクタ電流I_Cの比を直流電流増幅率h_{FE}といいます．すなわちh_{FE}は

$$h_{FE} = \frac{I_C}{I_B} \qquad \cdots\cdots\cdots\cdots \text{3-2}$$

のようになります．

式3-1は直流の場合でしたが，ベース電流をΔI_Bだけ変化するとコレクタ電流とエミッタ電流はそれぞれΔI_C，ΔI_Eだけ変化しますから，これらの間にも，

$$\Delta I_E = \Delta I_B + \Delta I_C \qquad \cdots\cdots\cdots\cdots \text{3-3}$$

の関係が成り立ちます．この場合の電流増幅率を交流電流増幅率h_{fe}といい，

$$h_{fe} = \frac{\Delta I_C}{\Delta I_B} \qquad \cdots\cdots\cdots\cdots \text{3-4}$$

となります．

3-4-3　最大定格と電気的特性

トランジスタの規格は最大定格や電気的特性，そして特性図などで示されますが，その場合の各部の電圧や電流は**図3-24**のように表されます．**図3-24**(a)はエミッタを基準にした場合の例で，V_{CEO}の場合の小さな文字で示した$_{CEO}$の意味は**図**(b)のようになります．なお，第3項は$_O$（オープン）のほかに$_S$（ショート）や$_R$（指定された抵抗を接続）があります．

● **最大定格**

最大定格というのは，それ以上の電流を流したり，それ以上の電圧をかけるとトランジスタが壊れてしまう，という値です．なお，電圧や電流のほかにコレクタ損失P_Cや接合部温度T_jといった項目も示されます．

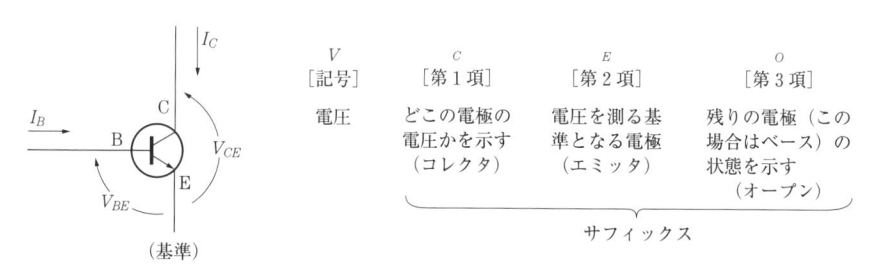

(a) トランジスタの各部の電圧，電流　　　　(b) 小さい文字の意味

図3-24　各部の電圧と電流の表し方（V_{CEO}の例）

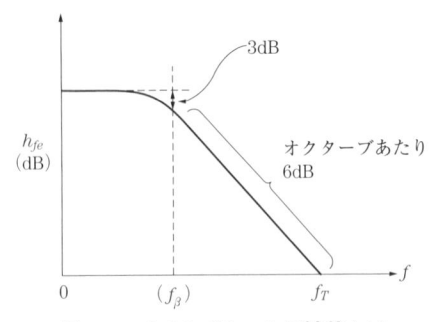

図 3-25　トランジション周波数 (f_T)

●電気的特性

電気的特性には多くの項目がありますが，主なものはコレクタしゃ断電流，直流電流増幅率 h_{FE}，トランジション周波数 f_T といったところです．

コレクタしゃ断電流には，I_{CBO} と I_{CEO} があります．まず，I_{CBO} は**図 3-22**(a) のようにエミッタを開放し，コレクタ・ベース間に逆方向電圧をかけたときに流れる電流です．また I_{CEO} はベースを開放し，コレクタ・エミッタ間に電圧をかけたときに流れる電流です．コレクタしゃ断電流は，いずれも少ないほうが良いトランジスタです．

つぎに直流電流増幅率ですが，これは**式 3-2** で説明したとおりです．一般的なトランジスタでは，直流電流増幅率は数十から数百といったところです．

最後に，トランジション周波数は利得帯域幅積ともいい，トランジスタの周波数特性を示す指標の一つです．

図 3-25 はエミッタを基準としたエミッタ接地の場合の交流電流増幅率 h_{fe} の周波数特性を示したもので，低周波での h_{fe} から 3dB 下がったとき，すなわち $\frac{1}{\sqrt{2}}$ になったときの周波数をエミッタ接地のしゃ断周波数 f_β といいます．そして，f_β を過ぎると h_{fe} はここからオクターブあたり 6dB で低下していきますが，h_{fe} が 0dB，すなわち 1 になったときの周波数がトランジション周波数 f_T です．

このオクターブあたり 6dB の領域では h_{fe} と周波数 f の積が一定となり，

$$f_T = h_{fe} \times f$$

のようになります．これが，利得帯域幅積ともいわれる理由です．トランジスタでは，トランジション周波数が高いほど，高い周波数の増幅ができることになります．

ここでトランジスタのしゃ断周波数を整理しておくと，ベースを基準としたベース接地の場合に小信号におけるコレクタ電流とエミッタ電流の比が低周波のときの$\frac{1}{\sqrt{2}}$になったときの周波数をαしゃ断周波数f_α，エミッタを基準としたエミッタ接地の場合に小信号におけるコレクタ電流とベース電流の比が低周波のときの$\frac{1}{\sqrt{2}}$になったときの周波数をβしゃ断周波数f_βといいます．

3-5　半導体素子－電界効果トランジスタ（FET）

電界効果トランジスタはトランジスタの一種で，普通は略してFET（Field Effect Transistor）と呼ばれます．FETにはその構造によって，接合型FETとMOS型FETの二種類があります．

FETはトランジスタと同様，増幅作用やスイッチング作用を持った能動素子です．また，FETはトランジスタと違って電圧入力で働く電圧制御素子です．したがってFETは入力インピーダンスが高く，トランジスタに比べて入力回路の設計が容易になります．

3-5-1　接合型FET

図3-26は接合型FETの基本構造と回路図記号，それに型名を示したもので，

	Pチャネル接合型FET	Nチャネル接合型FET
基本構造	ソース(S) ゲート(G) ドレイン(D)　N　P　N	ソース(S) ゲート(G) ドレイン(D)　P　N　P
記号	G　D／S	G　D／S
型名	2SJ＊＊＊	2SK＊＊＊

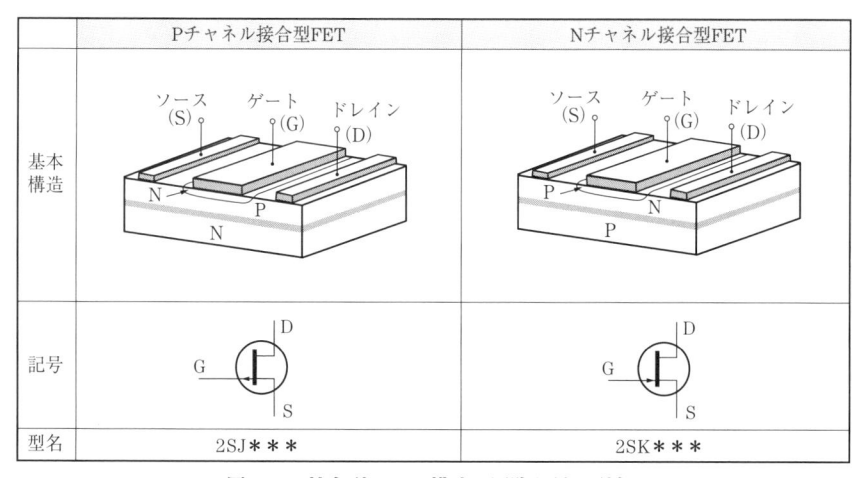

図3-26　接合型FETの構造，回路記号，型名

接合型FETにはPチャネルとNチャネルの二種類があります．

　トランジスタと違って一種類のキャリアが動作に寄与しているのでユニポーラトランジスタとも呼ばれます．

　接合型FETはソース(S), ゲート(G), ドレイン(D)の三つの端子を持っており, ソース・ドレイン間はチャネルと呼ばれて電流の通路になっています．ちなみに, Pチャネル接合型FETの場合のチャネルはP型半導体でキャリアは正孔, Nチャネル接合型FETの場合のチャネルはN型半導体でキャリアは電子です．そして, このチャネルにPN接合する形でゲートが設けられており, このゲートでチャネルを流れるキャリアをコントロールします．

　接合型FETの回路図記号は**図3-26**に示したとおりで, PチャネルとNチャネルではゲートの矢印の方向が逆になっています．

　接合型FETの型名は**図3-26**に示したようになっており, Pチャネルが2SJ, Nチャネルが2SKです．そして, ＊＊＊のところには11から始まる連番がついており, 個々のFETを表すようになっています．

　では, Nチャネル接合型FETを例にして, FETが動作する仕組みを説明してみましょう. **図3-27**(a)にNチャネル接合型FETの構造を示します．まず, 接合型FETではゲート・ソース間はPN接合のダイオードになっていますが, ここには**図**(b)のように逆方向電圧E_Gをかけます．するとPN接合の周辺は電子や正孔が無くなり, チャネルの中に空乏層ができます．そして, 空乏層の大きさはゲート電圧E_Gによって大きくなったり小さくなったりします．

　一方, **図**(b)のようにソース・ドレイン間にドレイン電圧E_Dをかけると, チ

(a) 接合型FETの構造　　　　(b) 接合型FETの動作

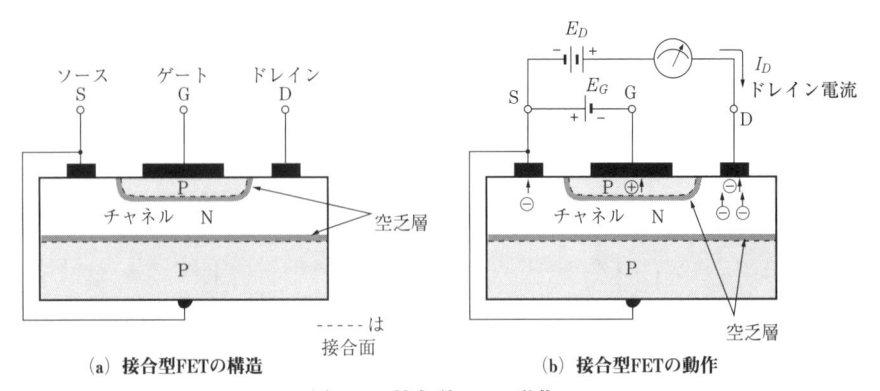

図3-27　接合型FETの動作

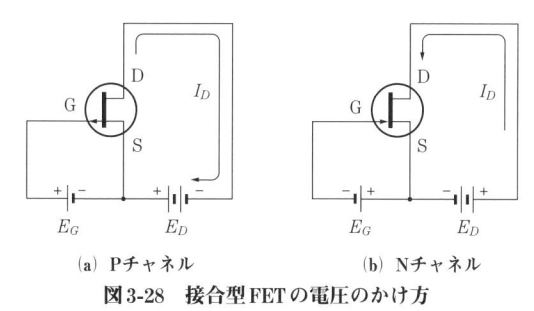

3-5 半導体素子 – 電界効果トランジスタ（FET）

（a）Pチャネル　　　（b）Nチャネル

図3-28　接合型FETの電圧のかけ方

ャネルにはドレイン電流I_Dが流れます．ところが，このドレイン電流は空乏層によって通路を妨げられますから，ゲート電圧E_Gによってドレイン電流をコントロールすることができます．これが，接合型FETの動作です．

図3-28は，接合型FETの電圧のかけ方と流れる電流の様子を示したものです．(a)はPチャネル接合型FETの場合で，ゲート・ソース間のダイオードには逆方向電圧をかけているのでゲートには電流は流れません．そこで，接合型FETは電圧入力で働く電圧制御素子ということになります．

3-5-2　MOS型FET

MOS型FETのMOSはMetal Oxide Semiconductorのことで，Metalは金属，Oxideは酸化皮膜，そしてSemiconductorは半導体です．

図3-29はMOS型FETの構造を示したもので，接合型FETのゲートの部分がMOS構造に代わっており，そのために接合型FETよりもさらに入力抵抗が大きくなっています．その点を除けば，チャネルにPとNがあることやソース，

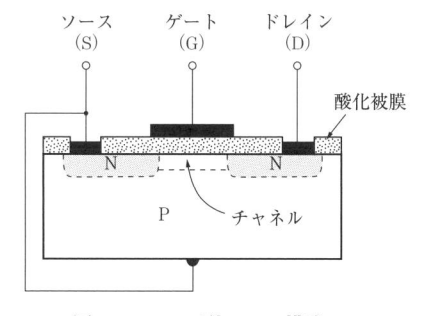

図3-29　MOS型FETの構造

第3章　電子管および半導体素子

記号	PチャネルMOS型FET		NチャネルMOS型FET	
	シングルゲート	デュアルゲート	シングルゲート	デュアルゲート
	(G-D/S記号)	—	(G-D/S記号)	(G₁,G₂-D/S記号)
型名	2SJ＊＊＊	(3SJ＊＊＊)	2SK＊＊＊	3SK＊＊＊

図3-30　MOS型FETの回路記号と型名

(a) デプレッション
　　モード (D)

(b) デプレッション＋エンハンス
　　メントモード (D＋E)

(c) エンハンスメント
　　モード (E)

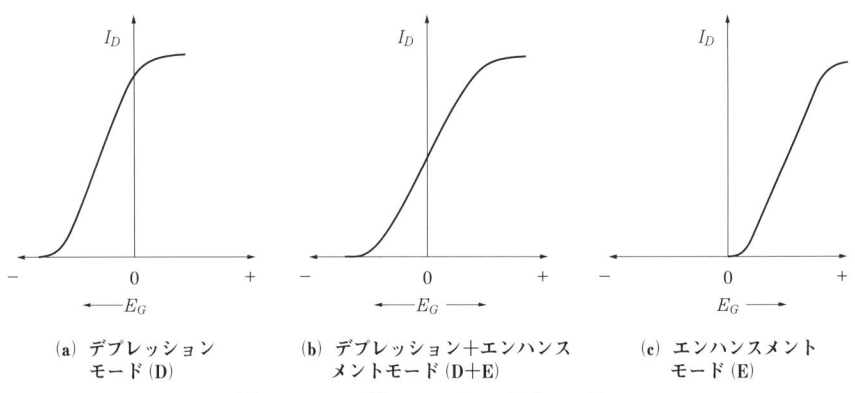

図3-31　MOS型FETの三つの動作モード

ゲート，ドレインの端子があることなど，接合型FETと同じです．

図3-30はMOS型FETの回路記号と型名の表し方を示したもので，接合型FETと違うところはゲートが一つだけのシングルゲートとゲートを二つ持ったデュアルゲートの二種類があることです．なお，PチャネルMOS型FETのデュアルゲートのものはほとんどありません．また，型名についてはデュアルゲートのものが3SJや3SKとなる以外は接合型FETと同じです．

MOS型FETの基本的な動作は**図3-27**に示した接合型FETのPN接合をMOSに変えたと思えばよく，ドレイン電圧については**図3-28**に示した接合型FETの場合と同じです．ところが，MOS型FETではゲート・ソース間はPN接合ではないので，ゲートへの電圧のかけ方が違ってきます．

MOS型FETではゲートにプラスからマイナスにわたって電圧をかけることができ，それによって**図3-31**のようにデプレッションモード (Dモード)，デプ

レッション＋エンハンスメントモード（D＋Eモード），それにエンハンスメントモード（Eモード）の三つの動作モードを持ったものが作れます．

MOS型FETは，大電力を扱う電力用からUHFやSHFのマイクロ波用まで，多くの用途に使われています．そして，使われる半導体材料もシリコンのほかに，マイクロ波用のものは電子移動度の大きいガリウムひ素（GaAs）で作られています．

3-5-3 FETの特性

FETの場合の最大定格や電気的特性の考え方はトランジスタの場合と同じですが，電気的特性のうち，トランジスタの場合のコレクタしゃ断電流に相当するのがゲートしゃ断電流 I_{GSS} やドレイン電流 I_{DSS} です．また，電流増幅率に相当するのが相互コンダクタンス g_m です．

まず，ゲートしゃ断電流 I_{GSS} は入力抵抗の目安となるものです．もちろんゲートしゃ断電流が少ないほど入力抵抗が高いわけで，良いFETといえます．

ドレイン電流 I_{DSS} はゲート電圧 E_G がゼロ（ゲート・ソース間を短絡）したときの値で，ゼロバイアスドレイン電流ともいいます．これは動作モードと関係があり，**図3-31** の $E_G = 0$ のときの値です．

相互コンダクタンス g_m は，ドレイン－ソース間の電圧 V_{DS} を一定として，

$$g_m = \frac{\Delta I_D}{\Delta V_{GS}} \quad \cdots\cdots\cdots\cdots 3\text{-}5$$

で表されます．相互コンダクタンスの単位はジーメンス（S）で，増幅度の目安となり g_m が大きいほど大きく増幅できます．

なお，相互コンダクタンスのほかに，入力電圧と出力電圧の比の電圧増幅率 μ

$$\mu = \frac{\Delta V_{DS}}{\Delta V_{GS}} \quad \cdots\cdots\cdots\cdots 3\text{-}6$$

や，ゲート・ソース間の電圧 V_{GS} を一定としたときのドレインコンダクタンス g_d

$$g_d = \frac{\Delta I_D}{\Delta V_{DS}} \quad \cdots\cdots\cdots\cdots 3\text{-}7$$

といったものもあります．

3-6 集積回路 (IC)

3-6-1 集積回路の概要

　集積回路 (IC, Integrated circuit) は，シリコンなどの結晶の上にダイオードやトランジスタ，FETなどの半導体素子によって電子回路を構成したものです．例えば，ワンチップラジオと呼ばれるICでは，これだけでラジオが作れてしまいます．

　最初に現れたICは，ディジタル回路用の論理回路を収めたものでした．そして，ICの登場によってコンピュータが現実のものになりましたが，ICのもたらしたものにはつぎのようなものがあります．
(1) 電子装置が超小型化できる．
(2) 組み立ての配線工程が簡略化できる．
(3) 配線個所が減るので，信頼性が向上する．
(4) 高度な機能を持った電子装置が安価に作れる．

　まず，(1)についてはパソコンや携帯電話が代表的です．また，(2)と(3)は複雑な電子装置の製造を可能にしました．パソコンの中には数百万個の電子部品が入っていますが，個別部品では作れないのは明白です．(4)は，(1)から(3)の結果から得られたことといえます．

　ICの中にどれくらいの数の電子部品が収められているかを表すのが，ICの集積度です．**表3-1**は集積度の表し方と素子数を示したもので，コンピュータの中央処理装置 (CPU) の集積度はVLSIやULSIに達しています．

表3-1　ICの集積度

名称		素子数
SSI (Small Scale IC)	小規模集積回路	2～100
MSI (Medium Scale IC)	中規模集積回路	100～1000
LSI (Large Scale IC)	大規模集積回路	1000～1万
VLSI (Very LSI)	超大規模集積回路	1万～千万
ULSI (Ultra LSI)	超々大規模集積回路	千万以上

3-6-2　集積回路の種類

今では電子装置の大部分はICによって作られているといってもよく，ダイオードやトランジスタは補助的に使われているといってもよいくらいです．これは，最初にディジタル回路用として開発されたICも，今ではアナログ回路用などすべての分野をカバーできるようになったからだといえます．

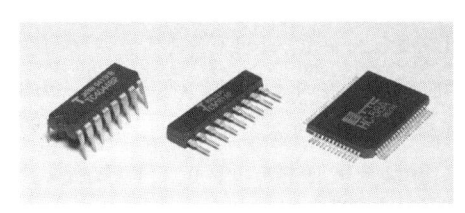

写真3-4　ICの例
左からDIP，SIP，QPFタイプ

●モノリシックICとハイブリッドIC

ICはその作り方によって，モノリシックICとハイブリッドICの二種類があります．これらのうち，私たちが普通にICといっているのはモノリシックICのほうです．

モノリシックICというのは，シリコンのような一つの半導体結晶の上に電子回路を構成したものです．

そのようなわけで，モノリシックICの場合にはICの中に収めることができるのはダイオードやトランジスタのような半導体素子と抵抗器くらいで，大きな値のコンデンサとかコイルといったものは集積できません．そのような集積できない部品は，外付けすることになります．

ハイブリッドICは混成集積回路ともいい，ガラスやセラミックなどの絶縁基板の上にチップ部品のような超小型の部品を使って電子回路を構成したものです．

ハイブリッドICの場合にはモノリシックICよりも設計の自由度や使用できる部品の幅が広がりますので，精密さを要求されるものや電力用など特殊な用途で使われています．

●ディジタルICとリニアIC

ディジタルICはディジタル信号を処理するためのもので，代表的なものはANDとかORといった論理回路を収めたロジックICと，コンピュータ関係のCPUやメモリICです．

ロジックICには，トランジスタで構成されたTTL（Transistor Transistor Logic）と，MOS型FETで構成されたCMOS（Complementary MOS）の二種類があります．TTLに比べると，CMOSは低消費電力で電源電圧の許容範囲が広いのが特徴です．

　リニアICはアナログICとも呼ばれ，アナログ信号を処理するためのものです．アナログ信号の処理は用途によってまちまちなので大部分はオーディオ用とかラジオ用などの専用ICですが，中には標準化された汎用リニアICもあります．例えば，オペアンプや3端子レギュレータなどは，汎用リニアICの代表的なものです．

　オペアンプ（OPアンプ，operational amplifier）は演算増幅器のことで，本来はアナログ計算機用に開発されたものですが，今では万能増幅器として使われています．また，3端子レギュレータは定電圧電源用のICで，多くの電圧，容量のものが用意され使われています．

第4章 電子回路

　トランジスタ，FET，真空管（電子管），それにLCR部品などを組み合わせて作る電気回路を，電子回路と呼んでいます．電子回路は無線通信に用いる機器だけでなく，あらゆる電子装置の中で活躍しています．

　電子回路には，基本的なものとして増幅，発振，変調，復調（検波），それに整流などの回路があります．これらのうち，整流回路については第7章の電源のところで説明します．

　なお最近の電子回路は，ほとんどがトランジスタやFETで作られています．そこで，真空管を使った電子回路については基本的な増幅回路についてのみ簡単に説明することにします．

4-1　増幅回路

　増幅回路は，入力信号をひずみなく，また効率よく増幅して出力に出すためのものです．増幅回路の一種に，逓倍回路があります．逓倍回路は増幅回路とは目的が違うのですが，回路としては増幅回路を使いますので，ここで説明することにします．

4-1-1　真空管による増幅回路

　図4-1は，真空管の三極管と五極管の場合の基本的な増幅回路を示したものです．これらは，カソードバイアス方式のCR結合増幅回路です．

　まず，カソード抵抗R_Kはプレート電流を利用してバイアス電圧を作り出すもので，こうして作られたバイアス電圧はグリッドリーク抵抗R_Gによってコントロールグリッドに加えられます．

　プレートに接続されているR_Lは負荷抵抗で，出力電圧を取り出すためのもの

(a) 三極管の場合　　　　(b) 五極管の場合

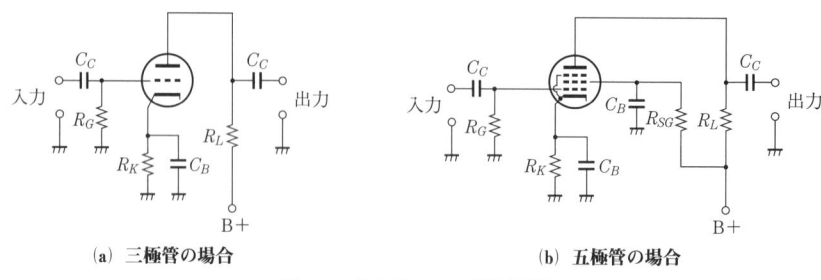

図4-1　真空管による増幅回路

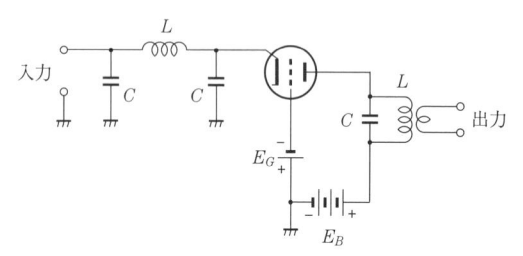

図4-2　グリッド接地増幅回路

です．なお，五極管の場合のスクリーングリッド抵抗R_{SG}は，スクリーングリッドに電圧を加えるためのものです．

つぎに，C_Cというのは結合コンデンサ，C_Bというのはバイパスコンデンサのことで，脈流から直流分と交流分を分離する役目をしています．

これが真空管による増幅回路の実際ですが，入力側にLC共振回路を設けたり，負荷抵抗R_Lの代わりにLC共振回路を置くと，特定の周波数だけを増幅する同調増幅回路になります．

三極管で高周波増幅をする場合，図4-1(a)のような回路ではグリッド・プレート間の内部容量によって出力の一部が入力側に戻るフィードバックが起こり，発振してしまってうまく増幅できません．このようなときに使われるのが，図4-2に示したような三極管を使った電力増幅回路です．

この回路はグリッド接地（GG）増幅回路と呼ばれるもので，入力はカソードに加えます．カソードとプレートの間にあるグリッドは接地されていますから，出力から入力へのフィードバックを減らすことができ，安定な増幅を行うことができます．

4-1 増幅回路

真空管による電子回路の説明はここまでにして，この後はトランジスタとFETによる電子回路について説明します．なお，FET（電界効果トランジスタ）もトランジスタと同じ3端子の素子なので，共通な部分についてはトランジスタを例にして説明することにします．

4-1-2　三つの基本回路

増幅回路は，**図4-3**のように入力，出力，それに接地（共通）の三つの端子を持っています．接地は入力と出力に共通なので，共通と呼ばれることもあります．そこで，**図4-3**にトランジスタの三つの端子をあてはめてみると，**図4-4**のような三つの基本回路ができ上がります．

表4-1に，これら三つの基本回路の特徴をまとめておきます．

● エミッタ接地増幅回路

エミッタ接地増幅回路はエミッタを共通端子として接地する増幅回路で，NPNトランジスタを使用した場合の回路の一例は**図4-5**のようになります．

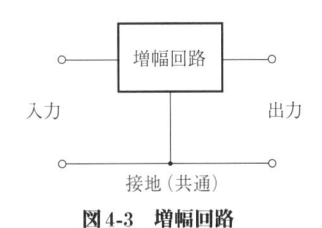

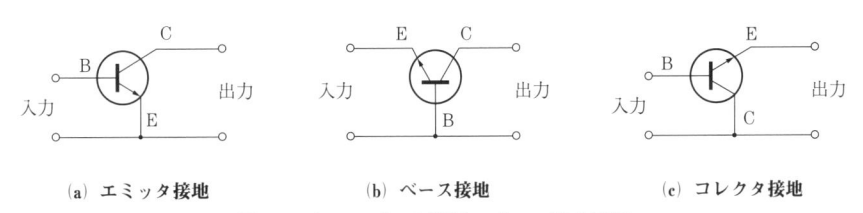

図4-3　増幅回路

(a) エミッタ接地　　　(b) ベース接地　　　(c) コレクタ接地

図4-4　トランジスタ増幅の三つの基本回路

表4-1　トランジスタ増幅の三つの基本回路の特徴

	エミッタ接地	ベース接地	コレクタ接地
入力インピーダンス	中ぐらい　数kΩ	低い　数十Ω	高い　数十～数百kΩ
出力インピーダンス	中ぐらい　数kΩ	高い　数百kΩ	低い　数百Ω
電流利得	中ぐらい　数十倍	なし（≅1）	大きい　数十倍
電圧利得	中ぐらい　数千倍	中ぐらい　数百倍	なし（≅1）
電力利得	大きい　数百倍	中ぐらい　数百倍	小さい　数十倍
位相	反転する	同相	同相
周波数特性	普通	良い	良い

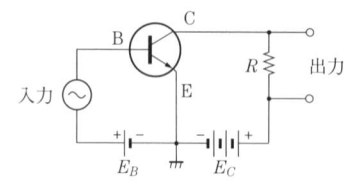

図4-5　エミッタ接地増幅回路　　　　　図4-6　ベース接地増幅回路

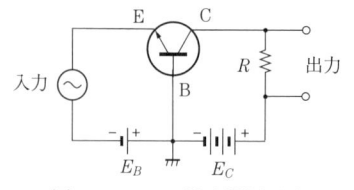

　図4-5において，E_Bはベースバイアス用，E_Cはコレクタ用の電源です．またRは負荷抵抗で，ここから出力を取り出します．
　エミッタ接地増幅回路の特徴は，他の二つの回路に比べて，
① 　入力インピーダンス，出力インピーダンスは中くらい．
② 　電流利得や電圧利得，電力利得はともに大きい．
③ 　入力信号と出力信号の電圧の位相は180度異なる（逆位相である）．
となります．
　エミッタ接地増幅回路は大きな利得がとれるので，最もよく使われている増幅回路です．

●ベース接地増幅回路
　ベース接地増幅回路はベースを共通端子として接地する増幅回路で，NPNトランジスタを使用した場合の回路の一例は図4-6のようになります．
　図4-6において，E_Bはベースバイアス用，E_Cはコレクタ用の電源です．またRは負荷抵抗で，ここから出力を取り出します．
　ベース接地増幅回路の特徴は，他の二つの回路に比べて，
① 　入力インピーダンスはとても低く，出力インピーダンスはとても高い．
② 　電流利得は1より小さいが電圧利得がある．
③ 　入力信号と出力信号の位相は同じ（同位相である）．
④ 　ベースが接地されているため，出力側から入力側への帰還が少ない．
となります．④の特徴は高周波増幅に適していますが，入力インピーダンスが低いために入力回路の設計が難しく，実際にはあまり使われません．

●コレクタ接地増幅回路
　コレクタ接地増幅回路はエミッタホロワ増幅回路とも呼ばれ，コレクタを共

通端子として接地する増幅回路です．NPNトランジスタを使用した場合の回路の一例は，**図4-7**のようになります．

図4-7において，E_Bはベースバイアス用，E_Cはコレクタ用の電源です．またRは負荷抵抗で，ここから出力を取り出します．

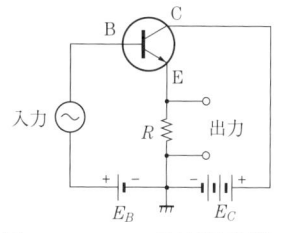

図4-7 コレクタ接地増幅回路

コレクタ接地増幅回路の特徴は，他の二つの回路に比べて，

① 入力インピーダンスが高く，出力インピーダンスが低い．
② 電圧利得は1より小さいが電流利得がある．電力利得はあるが小さい．
③ 入力信号と出力信号の位相は同じ(同位相である)．
④ 動作が安定で，ひずみが少ない．

となります．①の特徴を利用して，インピーダンスの変換などに使われています．

4-1-3 動作点の選び方と与え方

トランジスタ増幅回路を働かせる場合，動作の基準となるのが動作点です．トランジスタに入力信号を加えると，この動作点を中心にして入力電流や出力電流が変化します．

図4-8は，CR結合によるエミッタ接地増幅回路の一例で，この回路で動作点を決めるのはベース電流I_Bです．では，トランジスタの直流電流増幅率h_{FE}を200とした場合について動作点の選び方を説明してみましょう．

図4-9は，トランジスタの静特性図の一つである$V_{CE}-I_C$特性の一例です．この図はベース電流I_Bをパラメータとしたときのコレクタ・エミッタ間電圧V_{CE}と

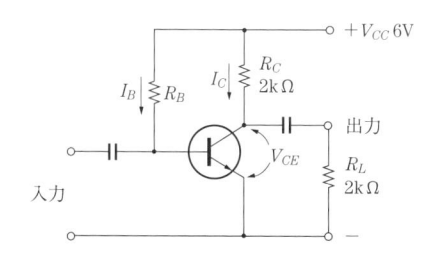

図4-8 増幅回路の動作点

$$\begin{pmatrix} 直流負荷抵抗: R_C = 2\mathrm{k}\Omega \\ 交流負荷抵抗: R_a = \dfrac{R_C R_L}{R_C + R_L} = 1\mathrm{k}\Omega \end{pmatrix}$$

第4章　電子回路

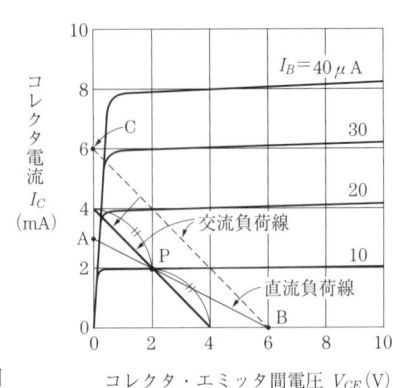

図4-9
$V_{CE}-I_C$特性図

コレクタ電流I_Cの関係を示したもので，この上に負荷線を引きます．

この回路では**図4-8**に示したように，直流に対しては抵抗R_Cが直流負荷（2kΩ）となり，また交流に対しては抵抗R_CとR_Lの並列接続の合成抵抗が交流負荷（1kΩ）となります．そして，直流負荷に対する負荷線を直流負荷線，交流負荷に対する負荷線を交流負荷線といいます．

ではまず，**図4-9**の上に直流負荷線を引いてみましょう．直流負荷抵抗は**図4-8**に示したように$R_C=2$kΩですから，V_{CE}がゼロになるときのI_Cは

$$I_C=\frac{V_{CC}}{R_C}=\frac{6}{2000}=0.003〔\mathrm{A}〕=3〔\mathrm{mA}〕$$

となってA点が決まり，I_CがゼロになるときのV_{CE}は

$$V_{CE}=V_{CC}=6〔\mathrm{V}〕$$

となってB点が決まります．そこで，A点とB点を結ぶと**図4-9**のように直流負荷線が引けます．

つぎに，交流負荷抵抗(R_a)は**図4-8**に示したように1kΩですから，V_{CE}がゼロになるときのI_Cは

$$I_C=\frac{V_{CC}}{R_a}=\frac{6}{1000}=0.006〔\mathrm{A}〕=6〔\mathrm{mA}〕$$

となってC点が決まります．また，I_CがゼロになるときのV_{CE}はB点で変わりませんから，C点とB点を結ぶと点線のように交流負荷線が引けます．

さて，入力に交流信号を加えた場合の出力電圧や出力電流は交流負荷線の上を移動するのですが，トランジスタの中の電流は直流負荷線の上しか移動でき

4-1 増幅回路

ません．そこで，交流負荷線を直流負荷線と交差するまで平行に移動させます．そして，その交点Pが動作点になります．

このとき，入力信号をひずみなく増幅するには，動作点Pが移動した交流負荷線の中央になるように選びます．これで，トランジスタの動作点Pが決まりました．図4-9から，動作点をPにするにはベース電流I_Bを$10\mu A$流せばよいことがわかります．そしてベース電流を流すのは図4-8のR_Bで，このベース電流のことをバイアス電流といいます．

4-1-4　増幅方式

トランジスタ増幅回路では，バイアスの与え方によってA級，B級，C級の三つの増幅方式があります．ちなみに，図4-9に示したのはA級増幅の場合です．増幅方式を説明する場合のバイアスの与え方は，図4-10に示した$V_{BE} - I_C$特性図で説明します．これは，NPNトランジスタの場合です．

● A級増幅

図4-11(a)はA級増幅の場合で，動作点は$V_{BE} - I_C$特性曲線の直線部分の中央に選びます．この増幅方式は入力波形が忠実に出力側に再現できるのでひずみが少なく，一般的な小信号の増幅に使われます．例えば，受信機の高

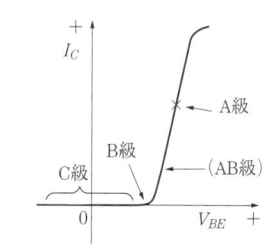

図4-10　$V_{BE} - I_C$特性図と増幅方式

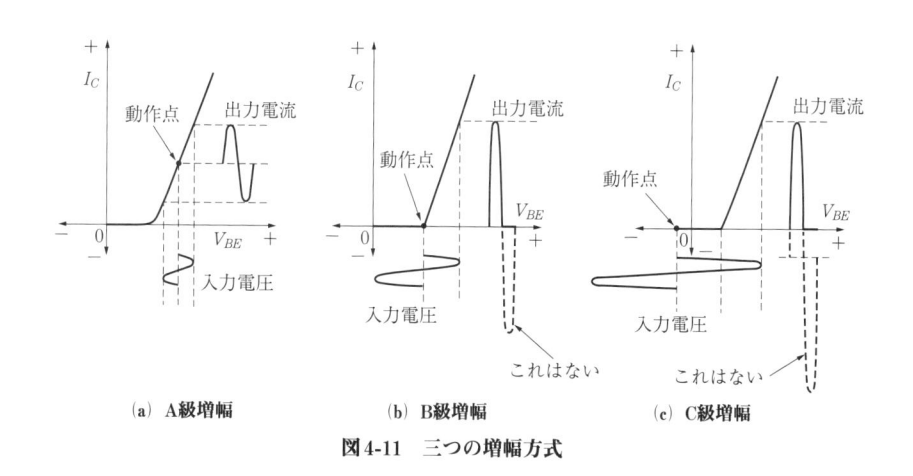

(a) A級増幅　　(b) B級増幅　　(c) C級増幅

図4-11　三つの増幅方式

周波増幅や中間周波増幅，低周波増幅などで用いられています．

しかし，図でもわかるように入力信号の無いときでもコレクタ電流が流れるために他の増幅方式と比べると効率が悪く，大出力を得るような用途には向いていません．

● **B級増幅**（AB級増幅）

図4-11(b)はB級増幅の場合で，動作点は$V_{BE}-I_C$特性曲線のコレクタ電流が流れなくなるところに選びます．その結果，この増幅方式では入力波形の半サイクルでしかコレクタ電流が流れず，出力波形はひずんだものになります．そのために，このままでは通常の増幅には使えません．

B級増幅でひずみの少ない増幅を行うには，プッシュプル増幅回路(4-1-9参照)にするなどの工夫が必要です．しかし，入力信号が無いときにはコレクタ電流が流れず，入力信号に比例してコレクタ電流が流れるので効率の良い増幅ができます．そこで，この増幅方式は電力増幅用として使われます．

なお，**図4-10**に示したようにA級とB級の中間に動作点を選んだAB級増幅もあります．この場合も出力波形はひずみますから，使い方はB級の場合と同じで，効率もA級とB級の中間になります．

● **C級増幅**

図4-11(c)はC級増幅の場合で，動作点は$V_{BE}-I_C$特性曲線のコレクタ電流が流れなくなるところからさらに深い位置に選びます．その結果，この増幅方式では入力波形の半サイクルの一部分しかコレクタ電流が流れず，出力波形はB級増幅よりもさらにひずんだものになります．

C級増幅は入力波形の一部分しかコレクタ電流が流れませんからひずみが多く，低周波増幅には使えません．しかし正弦波交流を増幅する場合，LC共振回路の働きを利用することにより，正弦波出力を得ることができます．

C級増幅はB級増幅よりさらに効率がよいので，高周波電力増幅用や周波数逓倍用として使われます．

4-1-5 増幅回路で発生するひずみ

理想的な増幅回路では入力波形と出力波形は相似の関係にありますが，実際

の増幅回路ではいろいろな原因で入力波形と出力波形が異なってきます．これを"ひずみ"と呼んでいます．

増幅回路で発生するひずみには，振幅ひずみ，周波数ひずみ，位相ひずみの三種類があります．いずれも，ひずみが少ないほど，良い増幅器であるといえます．

振幅ひずみは非直線ひずみともいわれ，入力と出力の振幅が比例しないものをいいます．A級増幅において振幅ひずみが発生する原因は，動作点が不適当（バイアスの与え方が不適当）だったり，入力信号が過大であったり，といったことがあげられます．

周波数ひずみは，増幅回路の周波数特性が平坦でないために生じるものです．例えば，入力信号の周波数が異なると負荷インピーダンスが変動して増幅度が変わり，ひずみ発生の原因になります．

位相ひずみは，増幅回路にリアクタンス分を含んでいるとき，出力信号が入力信号に対して位相のずれを生じて起こるものです．一般的には，人間の耳は位相のずれがわからないため，普通の低周波増幅では問題になりません．

*

増幅回路で増幅ひずみが発生すると，入力波形が正弦波であっても出力波形はひずんだ波形になります．このようなひずんだ波形は，入力信号の周波数（これを基本波という）fのほかに，その2倍の周波数（第2高調波）$2f$，3倍の周波数（第3高調波）$3f$……などを含んでいると考えます．

いま，ひずんだ波形の基本波の実効値をE_1〔V〕，第2高調波の実効値をE_2〔V〕，第3高調波の実効値をE_3〔V〕……とすると，ひずみ率kは，

$$k = \frac{\sqrt{E_2{}^2 + E_3{}^2 + \cdots\cdots}}{E_1} \times 100 \ 〔\%〕 \quad \cdots\cdots\cdots\cdots 4\text{-}1$$

で計算することができます．

4-1-6　増幅回路の増幅度と利得

増幅回路において，入力信号と出力信号の大きさの比を表す言葉に，増幅度と利得があります．そして，増幅度のほうは何倍というように倍数で表すのが普通ですが，デシベルで表すときにも使われることがあります．また，利得（ゲイン）のほうは入力信号と出力信号の大きさの比をデシベルで表すときに使

図 4-12
増幅度と利得

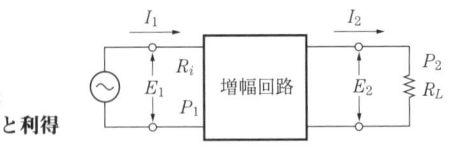

われるのが普通です．

　増幅度には，入力電圧と出力電圧の比を表す電圧増幅度，入力電流と出力電流の比を表す電流増幅度，そして入力電力と出力電力の比を表す電力増幅度があり，単位は〔倍〕です．

　利得で使われるデシベルの基本単位はベルで，デシベルはベルの10分の1の値です．デシベルは広い範囲の値を扱うのに向いており，10を底とする常用対数で表します．利得の場合にも増幅度と同じく，電圧利得，電流利得，そして電力利得があります．

　では，増幅度と利得の関係を説明してみましょう．**図4-12**のような増幅器において，電圧増幅度A_v，電流増幅度A_i，そして電力増幅度A_pはそれぞれ，

$$A_v = \frac{E_2}{E_1}, \quad A_i = \frac{I_2}{I_1}, \quad A_p = \frac{P_2}{P_1} \qquad \cdots\cdots 4\text{-}2$$

のようになります．また，電圧利得G_v，電流利得G_i，電力利得G_pはそれぞれ

$$\left.\begin{aligned} G_v &= 20\log\frac{E_2}{E_1} \; \text{〔dB〕} \\ G_i &= 20\log\frac{I_2}{I_1} \; \text{〔dB〕} \\ G_p &= 10\log\frac{P_2}{P_1} \; \text{〔dB〕} \end{aligned}\right\} \qquad \cdots\cdots 4\text{-}3$$

のようになります．

　以上は**図4-12**において入力抵抗R_iと負荷抵抗R_Lが等しい（$R_i = R_L$）場合だったのですが，R_iとR_Lが異なる場合には入力電力P_1と出力電力P_2は

$$P_1 = \frac{E_1^2}{R_i}, \quad P_2 = \frac{E_2^2}{R_L}$$

ですから電力増幅度A_pは，

$$A_p = \frac{P_2}{P_1} = \frac{\dfrac{E_2^2}{R_L}}{\dfrac{E_1^2}{R_i}} = \left(\frac{E_2}{E_1}\right)^2 \frac{R_i}{R_L} \qquad \cdots\cdots 4\text{-}4$$

4-1 増幅回路

		A_1	A_2			

図 4-13
増幅回路を従続接続
した場合

電圧増幅度　2　×　10　＝　20〔倍〕
電圧利得　　6　＋　20　＝　26〔dB〕

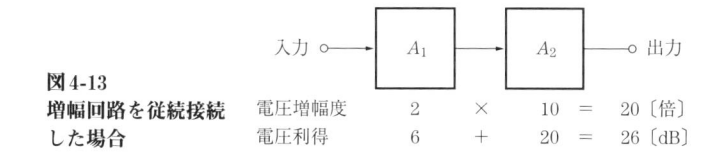

のようになります．これより，電力利得 G_p は，

$$G_p = 10\log\frac{P_2}{P_1} = 10\log\left(\frac{E_2}{E_1}\right)^2\frac{R_i}{R_L} \qquad \cdots\cdots 4\text{-}5$$

となります．

なお，10を底とする対数 $\log_{10} x$ を常用対数といい，一般に底を略して $\log x$ と書きます．そして，x のいろいろな値に対する $\log x$ の値をくわしく調べた常用対数表が用意されており，これを用いるのが便利です．

代表的な常用対数の値を表にまとめてみると，

log 2	0.301	log 10	1.000	log 24	1.380
log 3	0.477	log 12	1.079	log 27	1.431
log 5	0.699	log 15	1.176	log 30	1.477
log 6	0.778	log 18	1.255	log 40	1.602
log 7	0.845	log 20	1.301	log 50	1.699
log 9	0.954	log 22	1.342	log 100	2.000

のようになります．ここで，電圧利得の計算は**式4-3**から $20\log x$ ですから，電圧で2倍なら $20\log 2 = 6$ となり6dB，電力利得の場合は $10\log x$ なので，同様に電力で2倍なら $10\log 2 = 3$ となり3dBということになります．

図4-13は，増幅回路を従続接続した場合を示したものです．この場合，もし増幅回路 A_1 の電圧増幅度を2倍（電圧利得は6dB），増幅回路 A_2 の電圧増幅度を10倍（電圧利得は20dB）とすると，電圧増幅度と電圧利得の関係は**図4-13**の下に示した式のようになります．

このように，増幅度で表した場合には全体の増幅度はそれぞれの増幅度の積になるのに対して，デシベルで表した利得の場合には全体の利得はそれぞれの利得の和になります．

4-1-7　トランジスタ増幅回路

●バイアス回路の計算

トランジスタの動作点を決めるのはバイアス電流ですが，バイアス電流を流

すためのバイアス回路には固定バイアス回路と電流帰還バイアス回路の二つがあります．

図4-14は固定バイアス回路を示したもので，ベース電流I_Bを流しているのはR_Bです．そこで，R_Bをバイアス抵抗といいます．このR_Bは，

$$R_B = \frac{V_{CC} - 0.6}{I_B} \ [\Omega] \qquad \cdots\cdots\cdots\cdots 4\text{-}6$$

で計算することができます．

では，図4-9で動作点を求めた図4-8の増幅回路のバイアス回路を設計してみることにしましょう．この回路のV_{CC}は6V，ベース電流I_Bは10μAですから，ベース抵抗R_Bは

$$R_B = \frac{6 - 0.6}{10 \times 10^{-6}} = 540 \times 10^3 = 540 \ [k\Omega]$$

となります．

固定バイアス回路は部品の数も少なく簡単なのですが，トランジスタのh_{FE}のばらつきの影響を受けやすく，また温度安定度もよくないのであまり使われません．実際によく使われているのは，つぎに説明する電流帰還バイアス回路です．

図4-15は電流帰還バイアス回路を示したもので，すべての抵抗がバイアスに関与しますが，最終的に値を決めなくてはならないのはR_Bです．

まず，図4-9で動作点を決めたときにわかっているのは，ベース電流I_Bのほかにコレクタ電流I_Cとコレクタ・エミッタ間電圧V_{CE}です．

一方，実際に電流帰還バイアス回路を設計する場合には，あらかじめ値を決めておかなくてはならないものがあります．それは，R_EとR_{BR}です．

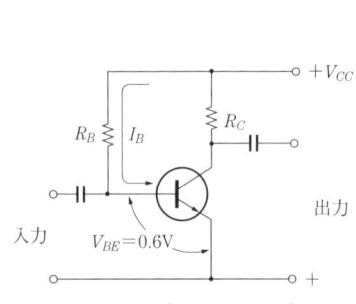

図4-14　固定バイアス回路 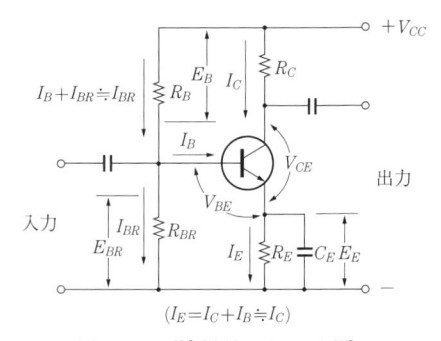　　　　図4-15　電流帰還バイアス回路

4-1 増幅回路

まず，R_E は大きいほど回路の安定度がよくなりますが，R_E を大きくすると E_E も大きくなり，動作に必要な V_{CE} が確保できなくなります．そこで，R_E は $1\mathrm{k}\Omega$ 前後に選ばれます．つぎに R_{BR} は回路を安定に動作させるための電流（ブリーダ電流）I_{BR} を流すためのもので，I_{BR} をたくさん流すほど，すなわち R_{BR} を小さくするほど回路の安定度がよくなります．実際には，I_{BR} が I_B の数十～100倍くらいになるようにするのが普通で，R_{BR} は $10\mathrm{k}\Omega$ 前後に選びます．

では，電流帰還バイアス回路の設計をしてみましょう．まず，わかっているところを整理してみると

$$E_E = I_E R_E \fallingdotseq I_C R_E \quad (\because I_E \fallingdotseq I_C) \quad \cdots\cdots 4\text{-}7$$

$$E_{BR} = E_E + V_{BE} = E_E + 0.6 \quad (\because V_{BE} = 0.6\mathrm{V}) \quad \cdots\cdots 4\text{-}8$$

$$I_{BR} = \frac{E_{BR}}{R_{BR}} \quad (\because I_{BR} \gg I_B) \quad \cdots\cdots 4\text{-}9$$

となり，I_C と V_{CE}，それに R_E と R_{BR} は既知の値ですから，E_E，E_{BR}，I_{BR} の値が決まります．

そこで，$I_{BR} \gg I_B$ とすると R_B は，

$$R_B = \frac{V_{CC} - E_{BR}}{I_B + I_{BR}} \fallingdotseq \frac{V_{CC} - E_{BR}}{I_{BR}} \; [\Omega] \quad \cdots\cdots 4\text{-}10$$

で求まります．

R_E に並列につながっている C_E は交流信号を抵抗を通さずに流すためのもので，バイパスコンデンサと呼ばれます．

電流帰還バイアス回路は電源電圧の変動に対して安定ですし，温度安定度もよいのでよく使われています．

● h 定数によるトランジスタ回路の計算

今までに紹介したトランジスタによるエミッタ接地増幅回路は主に直流に対してのものでしたが，交流に対してどのように働くかを調べるには h 定数（h パラメータ）を使います．では，**図4-16** のエミッタ接地増幅回路で h 定数を調べてみることにしましょう．

まず，**図4-16** は**図4-17**のような等価回路で

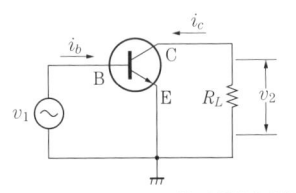

図4-16 エミッタ接地増幅回路

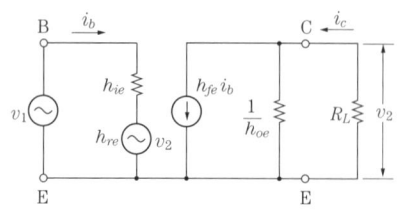

図 4-17 h 定数による等価回路 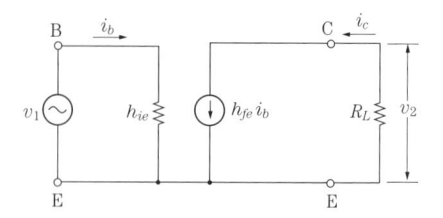　　**図 4-18** 簡易化した等価回路

示すことができ，交流成分の関係は，

$$v_1 = h_{ie} i_b + h_{re} v_2 \quad \cdots\cdots 4\text{-}11$$

$$i_c = h_{fe} i_b + h_{oe} v_2 \quad \cdots\cdots 4\text{-}12$$

のようになります．これらのうち，**式 4-11** は入力側（ベース側），**式 4-12** は出力側（コレクタ側）を示しています．

小信号用のトランジスタでは $h_{ie} i_b \gg h_{re} v_2$，$h_{fe} i_b \gg h_{oe} v_2$ の関係がありますから，**図 4-17** に示した等価回路は**図 4-18** のように簡易化することができます．この簡易化した等価回路から，**図 4-16** に示したエミッタ接地増幅回路の電圧増幅度 A_v，電流増幅度 A_i，および電力増幅度 A_p は，

$$A_v = -\frac{v_2}{v_1} = -\frac{i_c R_L}{i_b h_{ie}} = -\frac{h_{fe} i_b R_L}{i_b h_{ie}} = -\frac{h_{fe} R_L}{h_{ie}} \quad \cdots\cdots 4\text{-}13$$

$$A_i = \frac{i_c}{i_b} = h_{fe} \quad \cdots\cdots 4\text{-}14$$

$$A_p = A_v A_i = \frac{h_{fe}^2 R_L}{h_{ie}} \quad \cdots\cdots 4\text{-}15$$

のようになります．なお，電圧増幅度がマイナスになっているのは，エミッタ接地増幅器では入力電圧と出力電圧は逆位相になるからです．

4-1-8　FET 増幅回路

FET 増幅回路の場合にもトランジスタと同様，ソース接地増幅回路，ゲート接地増幅回路，それにドレイン接地増幅回路がありますが，普通に使われるのはソース接地増幅回路です．以下，ソース接地増幅回路について説明します．

4-1　増幅回路

図4-19　自己バイアス回路

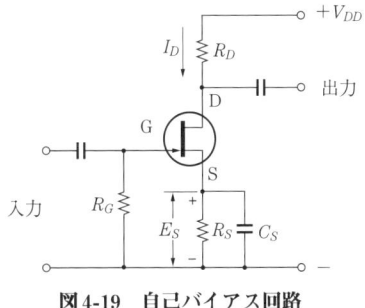

● **バイアス回路の設計**

図4-19に示したのはごく一般的なNチャネル接合型FETをソース接地増幅で使った場合のバイアス回路を示したもので，自己バイアス回路と呼ばれるものです．この回路は，ドレイン電流の一部を使ってバイアス電圧を得ています．

接合型FETの場合，図4-19においてドレイン電流I_Dはそのままソースに流れ出します．また，バイアス電圧はゲート・ソース間のダイオードに逆方向電圧になるようにかけますから，Nチャネルの場合だとソースに対してゲートがマイナスになるようにします．

図4-19において，抵抗R_Sにドレイン電流I_Dが流れると抵抗R_Sには

$$E_S = R_S I_D \qquad \cdots\cdots 4\text{-}16$$

という電圧降下を生じます．このE_Sがバイアス電圧で，抵抗R_Gを通してゲートに加えられます．E_Sの極性はソースに対してゲートがマイナスになるようになっており，目的を達することができます．

FET増幅回路を設計してバイアス電圧が決まったら，バイアス抵抗R_Sを

$$R_S = \frac{E_S}{I_D} \; [\Omega] \qquad \cdots\cdots 4\text{-}17$$

で計算します．なお，抵抗R_Sに並列につながっているコンデンサC_Sは増幅した交流信号を抵抗を通さずに流すためのバイパスコンデンサです．交流信号は抵抗R_Sを通らずに，コンデンサC_Sを通してアースに直接接続しているのと同様になります．

● **FET増幅回路の計算**

図4-20のようなFET増幅回路は，図4-21のような等価回路で示すことがで

図 4-20
FET 増幅回路

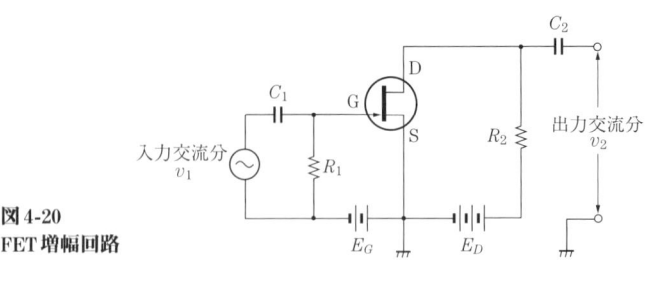

図 4-21
FET の等価回路

きます．**図 4-21** で，$g_m v_1$ はドレインを流れる電流の交流分で，この電流は r_d と R_2 に分流します．したがって，R_2 を流れる電流の交流分 i_2 は，

$$i_2 = g_m v_1 \frac{r_d}{r_d + R_2} \qquad \cdots\cdots 4\text{-}18$$

となります．そこで，交流分の出力電圧 v_2 は i_2 と R_2 の積として

$$v_2 = i_2 R_2 = \frac{g_m v_1 r_d R_2}{r_d + R_2} \qquad \cdots\cdots 4\text{-}19$$

となり，電圧増幅度 A_v は，

$$A_v = -\frac{v_2}{v_1} = -\frac{g_m r_d R_2}{r_d + R_2} \qquad \cdots\cdots 4\text{-}20$$

のようになります．なお，電圧増幅度がマイナスになっているのは，ソース接地増幅器では入力電圧と出力電圧は逆位相になるからです．

4-1-9 各種の増幅回路

　実際に使われているトランジスタ増幅回路には，CR 結合増幅回路やトランス結合増幅回路，プッシュプル増幅回路，それに逓倍回路などいろいろなものがあります．

4-1 増幅回路

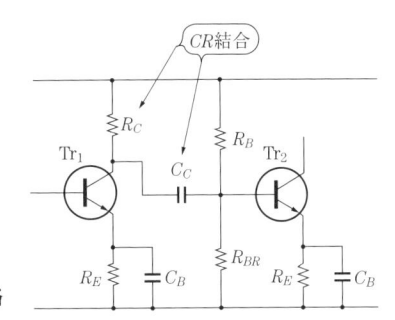

図4-22
*CR*結合増幅回路

● *CR* 結合増幅回路

図4-22は，トランジスタ2段の*CR*結合増幅回路の結合部分を示したものです．Tr_1とTr_2の間はR_CとC_Cで結ばれており，*CR*結合増幅回路ではこのように抵抗R_CとコンデンサC_Cでつないでいきます．*CR*結合増幅器ではTr_1とTr_2はC_Cによって直流的に分離されていますから，バイアス回路はそれぞれ独立して設計することができます．

図4-22において，R_B，R_{BR}，R_Eは電流帰還バイアス用の抵抗，C_Bはバイパスコンデンサです．*CR*結合増幅回路は，もっぱら小信号の増幅に使われます．

● トランス結合増幅回路

図4-23は，トランジスタ2段のトランス結合増幅回路の結合部分を示したものです．トランス結合の場合には，Tr_1とTr_2のインピーダンスのマッチングをトランスによってとることができます．

図4-24はトランスの部分を抜き出したもので，Tr_1の負荷インピーダンスをZ_1，Tr_2の入力インピーダンスをZ_2とすると，1次側の巻数n_1と2次側の巻数n_2の間には，

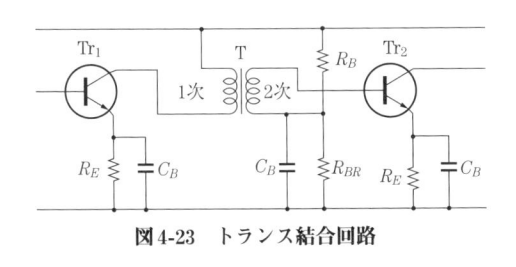

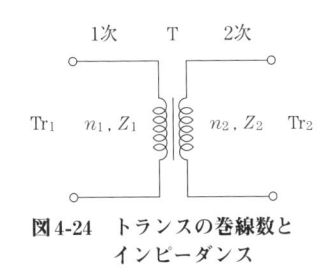

図4-23 トランス結合回路

図4-24 トランスの巻線数とインピーダンス

$$\frac{n_2}{n_1} = \sqrt{\frac{Z_2}{Z_1}}, \quad \left(\frac{n_2}{n_1}\right)^2 = \frac{Z_2}{Z_1} \qquad \cdots\cdots\cdots 4\text{-}21$$

のような関係があります．この**式4-21**を

$$Z_2 = \left(\frac{n_2}{n_1}\right)^2 Z_1 \qquad \cdots\cdots\cdots 4\text{-}22$$

のように書き直してみると，トランスの巻数比を選ぶことによってインピーダンスのマッチングがとれることがわかります．

トランス結合増幅回路の場合にも，R_B, R_{BR}, R_E は電流帰還バイアス用の抵抗，C_B はバイパスコンデンサです．トランス結合増幅回路では，周波数特性は CR 結合増幅回路に劣りますが，比較的大信号の増幅ができますから，電力増幅用などに使われます．

● **トランス結合プッシュプル増幅回路**

図4-22に示したような CR 結合増幅回路や**図4-23**に示したようなトランス結合増幅回路は A 級増幅でなければなりませんでしたが，AB 級や B 級増幅をする場合に使われるのがプッシュプル増幅回路です．

図4-25はトランス結合プッシュプル増幅回路を示したもので，入力トランス T_1 と出力トランス T_2 はどちらも中点タップ付きになっています．プッシュプル増幅回路では入力トランスによって交流の1サイクルに対して Tr_1 と Tr_2 が交互に働きます．そして，半サイクルずつの出力は出力トランスで合成され，元の波形が再現されます．

では，**図4-26**でトランスに中点タップを設けた場合の巻数とインピーダンスの関係がどうなるかを調べてみることにしましょう．まず，1次側の巻数を n_1,

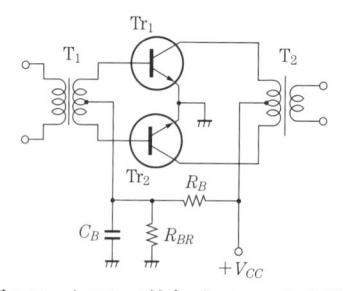

図4-25 トランス結合プッシュプル回路

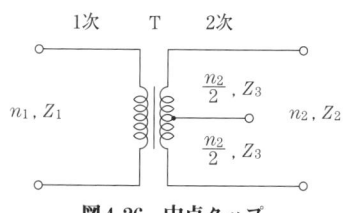

図4-26 中点タップ

インピーダンスをZ_1，2次側の巻数をn_2とした場合のZ_2は**図 4-24**の場合と同じなので**式 4-22**のようになります．

では，2次側の中点タップに対してどうなるかを調べてみましょう．中点タップを挟んだそれぞれの巻線の巻数は$\frac{n_2}{2}$ですから，このときのインピーダンスをZ_3とすると，片方の巻線に対しては，

$$\frac{\left(\frac{n_2}{2}\right)^2}{n_1{}^2} = \frac{Z_3}{Z_1}$$

ですから，この式を整理すると

$$\left.\begin{array}{l} n_1{}^2 Z_3 = \left(\frac{n_2}{2}\right)^2 Z_1 \\ \therefore Z_3 = \frac{n_2{}^2}{4 n_1{}^2} Z_1 = \frac{1}{4}\left(\frac{n_2}{n_1}\right)^2 Z_1 \end{array}\right\} \quad \cdots\cdots 4\text{-}23$$

ここで**式 4-23**と**式 4-22**を比べてみると，巻数は$\frac{1}{2}$だったのにインピーダンスは$\frac{1}{4}$になっていることがわかります．これは，例えばZ_2が10kΩだとすると，Z_3は$\frac{1}{4}$の2.5kΩになるということです．トランス結合プッシュプル増幅回路を設計する場合には，この点に注意しなければなりません．

なお，**図 4-26**は入力トランスT_1に相当しますが，出力トランスT_2については1次側と2次側を逆にして考えます．

● SEPP 増幅回路

SEPPというのはシングルエンデッドプッシュプルのことで，一般的に使われているのはPNPトランジスタとNPNトランジスタをコンプリメンタリ（相補対称）に組み合わせることによって，プッシュプル動作を行わせるようにした増幅回路です．

図 4-27(a)はSEPP増幅回路の働きを示したもので，直流的にはNPNとPNPトランジスタが直列につながっているのに対して，交流的には並列になって動作します．この回路はプッシュプル動作をしますから，トランジスタはAB級で動作させることができ，効率の良い増幅ができます．また，回路の性質上低い負荷に電力を供給できるので，電力増幅回路に使われます．

図 4-27(b)は，実際のSEPP回路の一例です．抵抗R_BやR_{BR}は，バイアス回路用のものです．

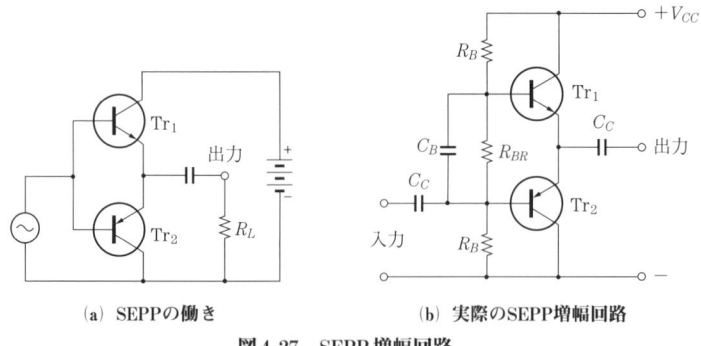

(a) SEPPの働き　　　　　　　(b) 実際のSEPP増幅回路

図4-27　SEPP増幅回路

●負帰還増幅回路

図4-28は負帰還増幅回路を示したもので，増幅回路と，出力の一部を入力側に戻す帰還回路からできています．負帰還増幅器では増幅回路の出力の一部を帰還回路を通じて逆位相になるように戻しますが，これが負帰還です．負帰還をかけると，増幅回路の中で発生するひずみが減少するほか，周波数特性も改善されます．

今，入力電圧をv_1とし，出力電圧v_2のβ倍，すなわちβv_2だけ帰還回路で帰還したとすると増幅回路の実際の入力電圧v_3は$(=v_1-\beta v_2)$となります．そこで，負帰還をかけないときの増幅度をAとすれば負帰還後の出力電圧v_2は，

$$v_2 = Av_3 = A(v_1 - \beta v_2) \qquad \cdots\cdots 4\text{-}24$$

となります．その結果，負帰還をかけたときの増幅度A_fを求めてみると，

$$A_f = \frac{v_2}{v_1} = \frac{A}{1+A\beta} \qquad \cdots\cdots 4\text{-}25$$

のようになります．ここで，βを帰還率，$1+A\beta$を帰還量といいます．以上が，負帰還増幅回路の基本です．

さて，負帰還増幅回路では，出力からの負帰還用の電圧（又は電流）の取り出し方と，入力への戻し方（直列又は並列）によって，いくつかの方法があります．図4-29はその一例で，図(a)は直列帰還直列注入方式，図(b)は並列

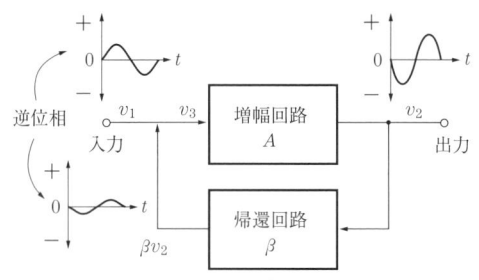

図4-28　負帰還増幅回路の原理

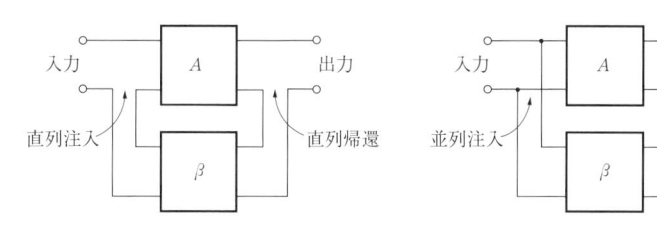

4-1　増幅回路

(a) 直列帰還直列注入方式　　　**(b) 並列帰還並列注入方式**

図4-29　帰還信号の取り出し方と注入方法の例

帰還並列注入方式の場合です．これ以外に，直列帰還並列注入方式と並列帰還直列注入方式もあります．

図4-30は，負帰還のかかったトランジスタ増幅回路の一例です．では，それぞれの負帰還増幅回路を説明してみることにしましょう．

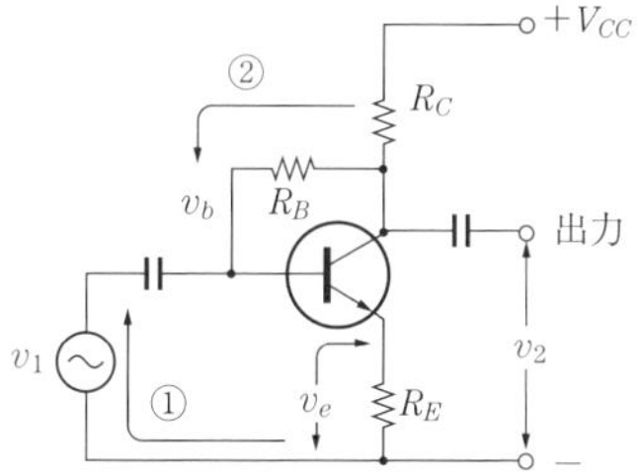

① 直列帰還直列注入方式

これは，出力から出力電流に比例した電圧

図4-30　負帰還増幅回路の一例

を取り出し，それを入力回路に直列に加える方式です．**図4-30**の①はその一例で，電圧v_eはv_1と逆位相なので負帰還がかかります．この方式では，入力インピーダンスも出力インピーダンスも元の値の帰還量倍と高くなります．

② 並列帰還並列注入方式

これは，出力から出力電圧に比例した電圧を取り出し，それを入力回路に並列に加える方式です．**図4-30**の②はその一例で，エミッタ接地増幅回路では電圧v_bはv_1と逆位相なので負帰還がかかります．この方式では，入力インピーダンスも出力インピーダンスも元の値を帰還量で割った値に低下します．

③ 並列帰還直列注入方式

これは，出力から出力電圧に比例した電圧を取り出し，それを入力回路に直列に加える方式です．この方式では，入力インピーダンスは元の値の帰還量倍と高くなり，出力インピーダンスは元の値を帰還量で割った値に低下します．

④ 直列帰還並列注入方式

これは，出力から出力電流に比例した電圧を取り出し，それを入力回路に直列に加える方式です．この方式では，入力インピーダンスは元の値を帰還量で割った値に低下し，出力インピーダンスは元の値の帰還量倍と高くなります．

第4章　電子回路

●演算増幅器

演算増幅器 (operational amplifier, オペアンプ) は本来はアナログ計算機のために開発されたものですが，今では万能アンプとしてさまざまなところで使われています．演算増幅器は負帰還増幅回路を応用したもので，外部抵抗によって増幅度を自由に設定できます．また，入力インピーダンスが非常に高く，出力インピーダンスは非常に低いのが特徴です．

演算増幅器は**図4-31**のように反転入力（−）と非反転入力（＋）の二つの入力端子を持っており，反転増幅器と非反転増幅器があります．反転増幅器は入力信号と出力信号が逆位相になるのに対して，非反転増幅器では入力信号と出力信号は同位相です．

図4-32は演算増幅器を反転増幅器と非反転増幅器に使った場合で，共に出力端子から反転入力端子に対して，R_2を通して負帰還がかけられています．

図4-32(a)は演算増幅器を反転増幅器として使った場合を示したもので，この場合の増幅度Aは，

$$A = -\frac{R_2}{R_1} \qquad \cdots\cdots\cdots\cdots 4\text{-}26$$

のようになります．マイナスの符号がついているのは，入力信号と出力信号の位相が反転しているからです．

図4-32(b)は演算増幅器を非反転増幅器として使った場合を示したもので，この場合の増幅度Aは，

$$A = 1 + \frac{R_2}{R_1} \qquad \cdots\cdots\cdots\cdots 4\text{-}27$$

のようになります．

図4-31　演算増幅器

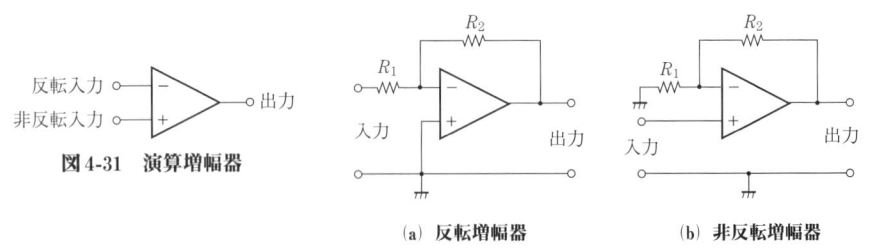

(a) 反転増幅器　　(b) 非反転増幅器

図4-32　反転増幅器と非反転増幅器

4-1 増幅回路

図 4-33
同調増幅回路

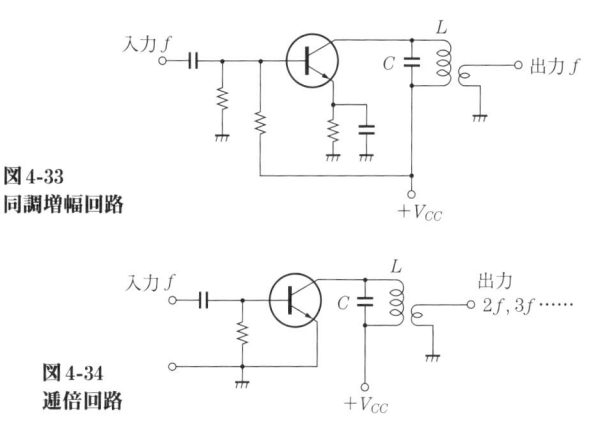

図 4-34
逓倍回路

● 同調増幅回路と逓倍回路

　同調増幅回路は，選択されたある周波数だけを増幅するように作られたものです．図 4-33 は同調増幅回路を示したもので，LC 同調回路は入力周波数 f に共振させます．同調増幅回路は，受信機や送信機の高周波回路で使われています．

　逓倍回路は周波数逓倍回路とも呼ばれ，入力に加えた周波数の 2 倍とか 3 倍といった整数倍の高調波を取り出すことを目的とした回路です．2 倍の周波数を取り出すものを 2 逓倍（ダブラ），3 倍の周波数を取り出すものを 3 逓倍（トリプラ）といいます．

　図 4-34 は逓倍回路を示したもので，トランジスタは C 級増幅で動作させます．このような逓倍回路の入力に周波数 f の信号を加えると出力波形が大きくひずみ，出力には $2f$，$3f$，……といった高調波が発生します．そこで，LC 同調回路をこれらの高調波に共振させることにより，目的の高調波を取り出します．

4-1-10　増幅回路の雑音指数

　増幅回路で使われるトランジスタや FET は必ず雑音を発生し，そのために増幅回路を通過する信号の信号対雑音比（SN 比，S/N と表記する）を悪化させます．そこで，増幅回路の中でどれくらい雑音が発生するかを表すのが，雑音指数です．

　図 4-35 において，増幅回路の雑音指数（Noise Figure，NF）は入力側の S/N に対して出力側の S/N がどれだけ劣化するかを示すもので，

図 4-35　増幅回路の雑音指数

$$NF = \frac{\frac{S_I}{N_I}}{\frac{S_O}{N_O}} = \frac{S_I}{S_O} \times \frac{N_O}{N_I} \qquad \cdots\cdots 4\text{-}28$$

のようになります．

4-2 発振回路

4-2-1 発振回路の基本

　増幅回路というのは加えられた入力信号を増幅して出力信号を得るものでしたが，発振回路は外部から信号を加えることなく連続した出力信号を作り出すものです．発振回路には帰還型発振回路と負性抵抗発振回路がありますが，実際に使われているのは帰還型発振回路です．

　図4-36は帰還型発振回路の原理を示したもので，増幅回路と，出力の一部を入力側に戻す帰還回路からできています．発振回路では増幅回路の出力の一部を帰還回路を通じて同位相になるように入力側に戻しますが，このような帰還の方法を正帰還といいます．

　発振回路では，帰還回路に周波数選択性を持たせることにより，その周波数で発振します．例えば，選択された周波数をf_0とすると，発振周波数はf_0になります．また，周波数選択性の持たせ方によってLC発振回路や水晶発振回路，CR発振回路などがありますが，高周波で使われるのはLC発振回路と水晶発振回路です．

　図4-36では電源をONにしたときに増幅回路が発生する雑音などが入力にな

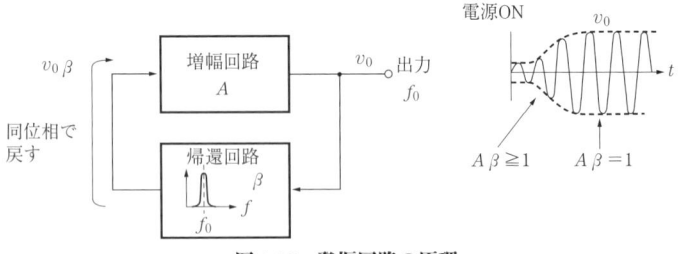

図4-36　発振回路の原理

4-2 発振回路

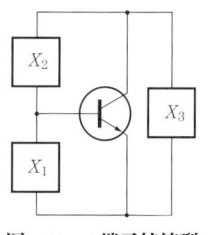

図4-37　3端子接続型

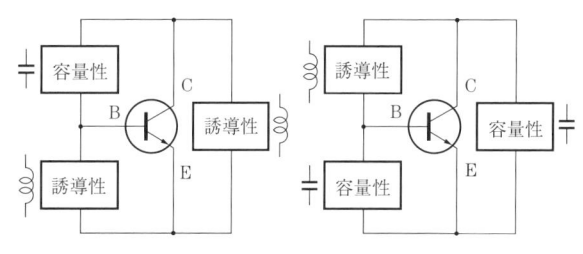

図4-38　3端子接続型発振回路の発振条件
(a) X_1とX_3が誘導性のとき
(b) X_1とX_3が容量性のとき

って発振が起動しますが，増幅回路の増幅度をA，帰還率をβとすると発振が起動する条件は，

$$A\beta \geq 1 \qquad \cdots\cdots\cdots\cdots 4\text{-}29$$

です．そして，発振が起動して出力が次第に大きくなりますが，$A\beta = 1$で安定します．

実際の発振回路では，トランジスタを使った**図4-37**のような3端子接続型が使われます．3端子接続型の発振条件は，**図4-37**においてX_1, X_2, X_3のリアクタンスが，

① X_1とX_3が誘導性で，X_2が容量性
② X_1とX_3が容量性で，X_2が誘導性

のときで，X_1とX_3が同じ性質のリアクタンスでなくては発振しません．これを整理してみると，**図4-38**のようになります．

4-2-2　*LC*発振回路

帰還回路にLC共振回路を使ったのが，LC発振回路です．LC発振回路はLやCの値を変えることによって発振周波数を自由に変えられるのが特徴ですが，周波数安定度はあまり良くありません．

LC発振回路には，ハートレー発振回路，コルピッツ発振回路，それにコレクタ同調発振回路があります．このLC発振回路は，水晶発振回路に対して自励発振回路ともいわれます．

●ハートレー発振回路

図4-39(a)はハートレー発振回路を示したもので，これは**図**(b)のように書き

第4章 電子回路

(a) 発振回路の原理図　　(b) 発振条件との対応

図4-39　ハートレー発振回路

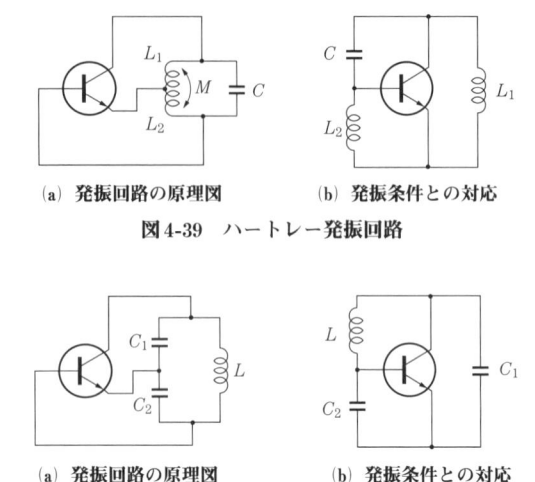

(a) 発振回路の原理図　　(b) 発振条件との対応

図4-40　コルピッツ発振回路

直せます．図(b)のように書き直してみると，図4-38(a)に相当することがわかります．

ハートレー発振回路ではコイル L にタップを設けてトランジスタのエミッタに接続しますが，タップを挟んだ L_1 と L_2 の間には相互インダクタンス M があり，これらの間には $L = L_1 + L_2 + 2M$ の関係があります．そこで，この発振回路の発振周波数 f は，

$$f = \frac{1}{2\pi\sqrt{LC}} \quad (\because L = L_1 + L_2 + 2M) \quad \cdots\cdots 4\text{-}30$$

のようになります．

●コルピッツ発振回路

図4-40(a)はコルピッツ発振回路を示したもので，これは(b)のように書き直せます．(b)のように書き直してみると，図4-38(b)に相当することがわかります．

コルピッツ発振回路では LC 共振回路の C が C_1 と C_2 の直列接続になっており，合成静電容量 C は，

$$C = \frac{C_1 C_2}{C_1 + C_2}$$

ですから，この発振回路の発振周波数 f は，

$$f = \frac{1}{2\pi\sqrt{LC}} \qquad \left(\because C = \frac{C_1 C_2}{C_1 + C_2}\right) \qquad \cdots\cdots 4\text{-}31$$

のようになります．

● コレクタ同調発振回路

　コレクタ同調反結合発振回路ともいい，**図 4-41**のようなものです．L_1とCがLC共振回路で，L_2が帰還用コイル（反結合用コイル）です．コレクタ同調発振回路では，L_2の極性を正帰還がかかるように接続します．

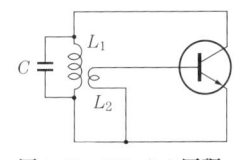

　コレクタ同調発振回路の発振周波数fは，**図 4-41**においてコレクタ側のLC共振回路により決まり，

図 4-41　コレクタ同調発振回路

$$f = \frac{1}{2\pi\sqrt{L_1 C}} \qquad \cdots\cdots 4\text{-}32$$

のようになります．

4-2-3　水晶発振回路

　圧電現象を持った圧電素子で発振子として使われるものには水晶発振子やセラミック発振子がありますが，ここでは水晶発振子を使った水晶発振回路について説明します．なお，水晶発振子は水晶振動子と呼ばれることもあります．

　水晶発振回路の周波数安定度はLC発振回路に比べるととても良好ですが，発振周波数は水晶発振子の固有周波数で決まるので，自由に発振周波数を変えることはできません．

　図 4-42(a)は水晶発振子の構造で，水晶の結晶体から切り出した水晶片の両面

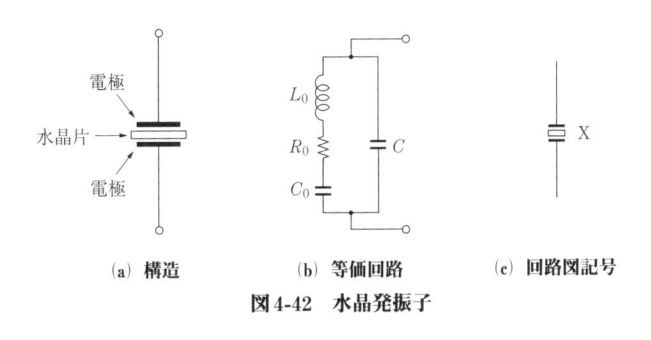

(a)　構造　　(b)　等価回路　　(c)　回路図記号

図 4-42　水晶発振子

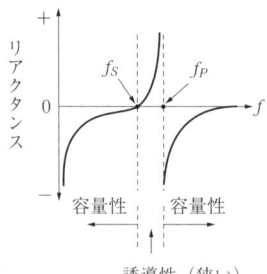

図 4-43
水晶発振子のリアクタンス特性

に電極を付けて端子を出してあります.

図 4-42 (b) は水晶発振子の電気的な等価回路で, L_0, R_0, C_0 は水晶発振子が共振状態にある場合の電気的特性を L, C, R で表したものです. また, C は電極間の静電容量を表したものです.

さて, 図 4-42 (b) の等価回路より, 水晶発振子は直列共振周波数 f_S と並列共振周波数 f_P の二つの共振周波数を持ちます.

まず, L_0, C_0, R_0 の直列回路の直列共振周波数 f_S は,

$$f_S = \frac{1}{2\pi\sqrt{L_0 C_0}} \qquad \cdots\cdots 4\text{-}33$$

のようになります. また, C を考慮すると並列共振となりますから, そのときの並列共振周波数 f_P は,

$$f_P = \frac{1}{2\pi\sqrt{L_0\left(\dfrac{C_0 C}{C_0 + C}\right)}} \qquad \cdots\cdots 4\text{-}34$$

のようになります.

そこで水晶発振子の周波数に対するリアクタンス特性をまとめてみると, 図 4-43 に示すようになります. これをみると f_P は f_S よりわずかに高く, そして f_S と f_P の間だけが誘導性になってその間隔は極めて狭くなっています. そこで, 水晶発振子が誘導性を示すところ, すなわちコイルとして使用すると, 発振周波数の安定した発振回路が作れます.

一般に水晶発振子の回路記号は, 図 4-42 (c) のように表します.

●**無調整回路**

無調整回路は水晶発振回路の中では最も簡単なもので, 図 4-44 に示すような

4-2 発振回路

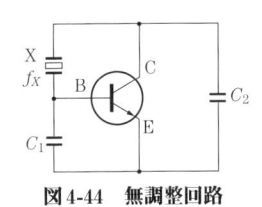

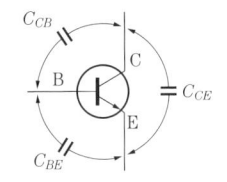

図4-44　無調整回路

図4-45　トランジスタの内部容量

ものです．この発振回路は，**図4-38(b)**に相当します．

ところで，**図4-44**の無調整回路ではBE間とCE間を容量性にするためにC_1とC_2が用意されていますが，実際の発振回路ではこれらを省略する場合もあります．その理由は，トランジスタは**図4-45**のように各端子間で静電容量を持っており，それらがC_1やC_2の役目をしてくれるからです．例えば，C_1はC_{BE}に，またC_2はC_{CE}に相当します．

このあと紹介する発振回路でも，**図4-38**の容量性の部分は同じように考えることができます．なお，トランジスタの内部容量だけでは静電容量が不足する場合には，C_1やC_2を用意します．

無調整回路は回路が簡単で発振周波数も他の回路に比べると安定ですが，発振出力はあまり多くはありません．

● ピアースBE回路

図4-46はピアースBE回路と呼ばれる水晶発振回路で，水晶発振子XはトランジスタのBE間につながれています．そして，この回路は**図4-38(a)**に相当します．

ピアースBE回路が発振するには，LC共振回路を誘導性にしなければなりません．**図4-47**はLCの並列共振回路の性質を示したもので，共振周波数f_0よりも

図4-46　ピアースBE回路

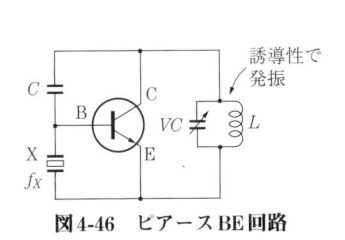

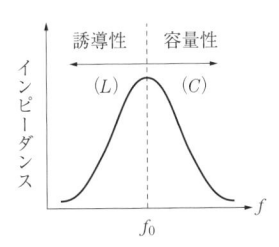

図4-47　並列共振回路の性質

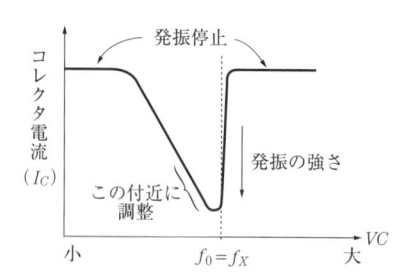

図4-48
ピアースBE回路の調整

周波数の低いほうでは誘導性(L)，高いほうでは容量性(C)の性質を示します．

図4-48はピアースBE回路のLC共振回路の調整方法を示したもので，LC共振回路を誘導性にするには共振周波数f_0を水晶発振子の周波数f_Xよりも高くすればよいことがわかります．f_0を高くするには，VCの静電容量を減らします．

発振の強さはf_0がf_Xに近いほど強くなりますが，$f_0 ≒ f_X$付近では発振が不安定になります．そこで，図に示したようにVCの容量を少し減少させたあたりに調整します．

● **ピアースCB回路**

図4-49はピアースCB回路と呼ばれる水晶発振回路で，水晶発振子Xはトランジスタの CB 間につながれています．そして，この回路は**図4-38(b)**に相当します．

ピアースCB回路が発振するには，LC共振回路を容量性にしなければなりません．**図4-50**はピアースCB回路のLC共振回路の調整方法を示したもので，LC共振回路を容量性にするには共振周波数f_0を水晶発振子の周波数f_Xよりも低くすればよいことがわかります．f_0を低くするには，VCの静電容量を増やします．

図4-49 ピアースCB回路

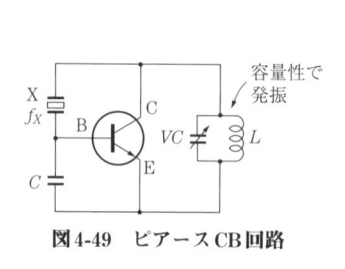

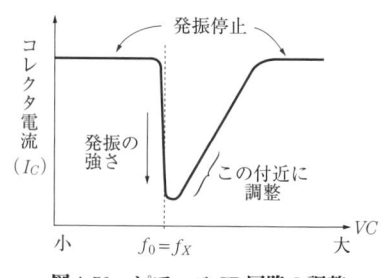

図4-50 ピアースCB回路の調整

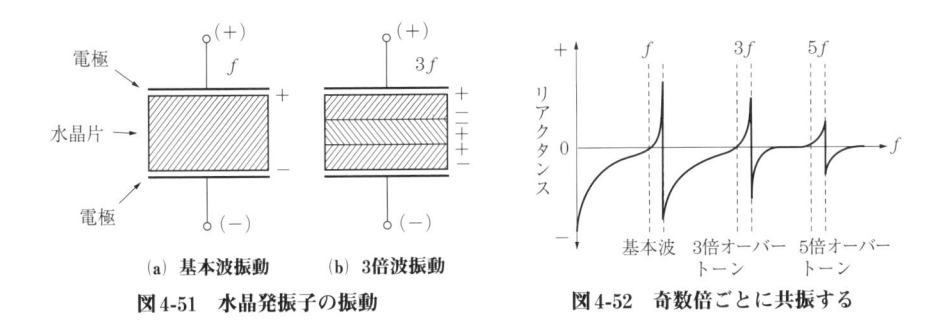

図4-51 水晶発振子の振動

図4-52 奇数倍ごとに共振する

　発振の強さはf_0がf_xに近いほど強くなりますが，$f_0 \fallingdotseq f_x$付近では発振が不安定になりますから，図に示したようにV_Cの容量を少し増やしたあたりに調整します．

● オーバートーン発振回路

　水晶発振子は**図4-51(a)**の基本波振動以外に，**図(b)**に示したように3倍の周波数でも共振します．そして，**図4-52**に示したように実際には奇数倍の$3f$とか$5f$，$7f$，……というような周波数でも共振します．

　オーバートーン発振回路は，周波数fの水晶発振子を使って$3f$とか$5f$，……といった周波数で発振させるものです．発振回路としてはピアースBE回路やピアースCB回路が使われますが，LとV_Cの共振回路の共振周波数を$3f$や$5f$に合わせます．なお，倍数が増えるにしたがって発振は弱くなりますから，実際に使われるのは3倍までと思ってもよいでしょう．

　水晶発振子の基本波は最高でも50〜70MHzくらいですが，水晶発振回路でこれより高い周波数を得たい場合には，オーバートーン発振回路が使われます．

4-2-4　各種発振回路の安定化

　LC発振回路や水晶発振回路では，発振周波数や発振出力が安定に取り出せなければなりません．これらが不安定になる原因として考えられるのは，

① 温度の変化による回路定数の変動
② 湿度の変化による回路定数の変動
③ 機械的な振動による回路定数の変動
④ 電源電圧の変動
⑤ 負荷の変動

といったことになります．これらの影響を軽減するには，上記の各項に対してつぎのような点に注意します．

① 回路のLCが温度によって変動しないように熱遮へいを行う．
② 部品の防湿に注意する．
③ 機械的に丈夫に作る．
④ 定電圧電源を使用する．
⑤ 発振回路と負荷の結合を疎にしたり，間にバッファを設ける．

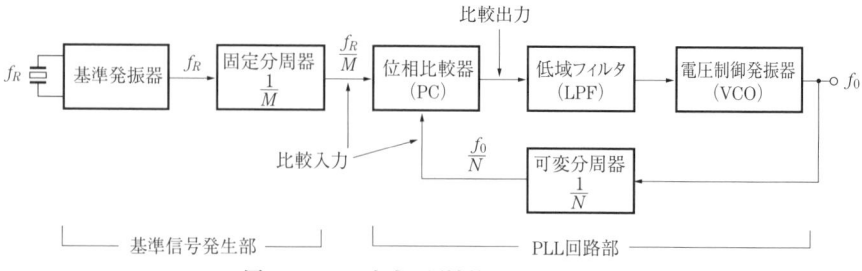

4-2-5　PLL方式の周波数シンセサイザ

周波数シンセサイザは正確な基準発振器を元にいろいろな周波数を作り出すもので，そこにPLL（Phase Locked Loop，位相同期ループ）を応用したのがPLL方式の周波数シンセサイザです．基準発振器を水晶発振とすることによって安定な周波数が確保され，PLL方式とすることで任意の周波数を得ることができます．

図4-53はPLL方式の周波数シンセサイザの構成を示したもので，基準信号発生部とPLL回路部からできています．

まず，基準信号発生部では水晶発振回路による基準発振器で基準となる周波数f_Rを作り出します．このf_Rは固定分周器に加えられ，図4-53では$\frac{1}{M}$に分周されて$\frac{f_R}{M}$になります．

PLL回路部で中心となるのは位相比較器（PC，Phase Comparator）ですが，最終的に出力となるf_0を作り出しているのは電圧制御発振器（VCO，Voltage Controled Oscillater）です．このVCOはLC発振器のCを可変容量ダイオードにして発振周波数を電圧制御するようになっていますが，そのままでは周波数安

図4-53　PLL方式の周波数シンセサイザ

定度が悪くて実用になりません.

そこで，VCOで発振したf_0を可変分周器で$\frac{1}{N}$に分周して$\frac{f_0}{N}$とし，基準信号発生部から得られた$\frac{f_R}{M}$と共に位相比較器に加えます．すると位相比較器では$\frac{f_R}{M}$と$\frac{f_0}{N}$の二つの位相を比較して出力を出します．この出力は低域フィルタを通してVCOの可変容量ダイオードに加えられますが，PLL回路のループは位相比較器に加えられた二つの位相が等しくなったところでロックされます．

さて，$\frac{f_R}{M}$と$\frac{f_0}{N}$が等しいのですから，

$$\frac{f_R}{M} = \frac{f_0}{N} \quad \therefore f_0 = \frac{N}{M} f_R \qquad \cdots\cdots\cdots\cdots 4\text{-}35$$

のようになります．ここで式4-35を

$$f_0 = \frac{f_R}{M} N$$

のように書き直してみると，$\frac{f_R}{M}$は基準周波数ですから，出力周波数f_0は基準周波数$\frac{f_R}{M}$のN倍になることがわかります．そこで，Nの値を変えられるようにしておけば，出力周波数を可変することができます．PLL回路の$\frac{1}{N}$分周器が可変分周器となっているのは，そのためです．

4-3　変調回路

4-3-1　変調の基本

私たちの音声のようなアナログ信号，このようなアナログ信号をディジタル化したディジタル信号，あるいはコンピュータから得られる文字情報などのディジタル信号は，そのままでは電波として遠くに飛ばすことはできません．

そこで，電波として飛んでいく高周波信号を搬送波とし，これにアナログ信号やディジタル信号の信号波を乗せて送り出します．このとき，搬送波に信号波を乗せる操作を，変調といいます．

図4-54はその様子を示したもので，搬送波を信号波で変調して得られたものを変調波(被変調波ということもある)といいます．

第4章 電子回路

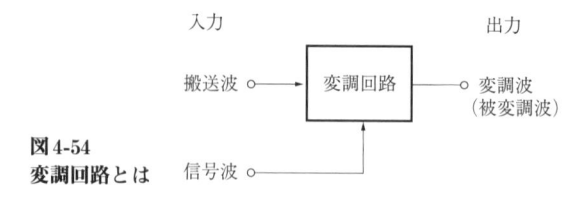

図4-54
変調回路とは

入力: 搬送波 → 変調回路 → 出力: 変調波(被変調波)
信号波 →

●搬送波の性質と変調の種類

搬送波として使われるのは正弦波交流で,

$$\left.\begin{array}{l} e = E_m \sin(\omega t + \phi) \\ i = I_m \sin(\omega t + \phi) \end{array}\right\} \qquad \cdots\cdots\cdots\cdots 4\text{-}36$$

のように表されます.上の式は高周波電圧で表した式で,下は高周波電流で表した式です.

このような正弦波交流には振幅$E_m(I_m)$,周波数ωt,位相ϕという三つのパラメータがあり,そのいずれかを信号波で変化させれば変調の目的を達成することができます.

ちなみに,振幅$E_m(I_m)$を変化させるのが振幅変調(AM, Amplitude Modulation),周波数ωtを変化させるのが周波数変調(FM, Frequency Modulation),そして位相ϕを変化させるのが位相変調(PM, Phase Modulation)です.なお,**式4-36**を見るとわかるように,周波数ωtと位相ϕは一つのカッコの中に入っています.そこで,これらを合わせて角度変調ということもあります.

●アナログ変調とディジタル変調

図4-54において,信号波がアナログ信号の場合がアナログ変調,また信号波がディジタル信号の場合がディジタル変調です.

振幅変調ではアナログ変調が主体で,ディジタル変調に使われるとすれば振幅シフトキーイング(ASK, Audio Shift Keying)ということになりますが,使われることはほとんどありません.

これに対して,周波数変調はディジタル変調でも使われ,それが周波数シフトキーイング(FSK, Frequency Shift Keying)です.FSKは,RTTYなどで実際に使われています.

4-3 変調回路

位相変調は，アナログ変調では角度変調として周波数変調の代わりに使われることもありますが，ディジタル変調のほうは位相シフトキーイング（PSK, Phase Shift Keying）ということになります．また，PSKにはBPSK（Binary Phase Shift Keying）やQPSK（Quadrature Phase Shift Keying）などがあります．

ディジタル変調にはそのほかに，狭帯域化を図るために考案されたGMSK（Gaussian Filtered Minimum Shift Keying）や，搬送波を分散して伝送するスペクトラム拡散方式（SS, Spread Spectrum）や直交周波数分割多重方式（OFDM, Orthogonal Frequency Division Multiplexing）などがあります．

● **音声のディジタル化**（パルス符号変調）

音声のようなアナログ信号でディジタル変調を行うには，音声のディジタル化が必要です．そこで使われるのがアナログ－ディジタル変換（AD変換）の一種であるパルス符号変調（PCM, Pulse Code Modulation）です．

PCMでAD変換する場合の手順は，「標本化」，「量子化」そして「符号化」の順番になります．

まず，アナログ信号を一定の時間で区切ってサンプリングし，飛び飛びの値を作ります．これが，標本化です．サンプリングするときには，アナログ信号に含まれる最高周波数の2倍以上で行うと，元の波形に復元できます．

サンプリングが済んだら，分割されたデータの一つ一つをいくつかの段階に量子化します．サンプルをいくつの段階に量子化するかを表すのが，量子化レベルです．量子化が済んだら，0と1の2進数に符号化します．

● **一次変調と二次変調**

今まで説明してきたディジタル変調は搬送波を直接変調するものでしたが，**図4-55**のように搬送波よりも周波数の低い副搬送波（サブキャリア）を用意してあらかじめ変調を行い，その出力で最終的な搬送波（主搬送波）を変調するやり方を多段変調といいます．

この場合，副搬送波に対する最初の変

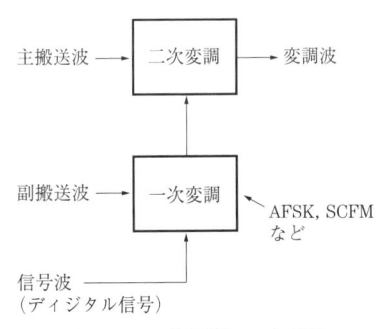

図4-55　一次変調と二次変調

調を一次変調，主搬送波に対する後の変調を二次変調といいます．

このような例にはコンピュータによるRTTYやPSK，さらにアナログ変調ではありますがSSTVなどがあり，一次変調にはAFSK (Audio Frequency Shift Keying) やSCFM (Sab Carrier Frequency Modulation) が使われています．

アマチュア無線では一次変調した信号を音声入力の代わりに入れて伝送しますから，副搬送波の周波数は300〜3000Hzの音声帯域内に選ばれます．

4-3-2　振幅変調－DSB変調回路

実際に使われている振幅変調には両側波帯全搬送波 (DSB波) と単側波帯抑圧搬送波 (SSB波) がありますが，ここでは両側波帯全搬送波の場合について説明します．

DSB波は普通AM波と呼ばれており，DSB変調回路は**図4-56**のようになります．DSB変調は今ではほとんど使われなくなりましたが，振幅変調の基本となるものです．

今，**式4-36**の位相ϕを無視すると，搬送波の高周波電圧e_Cは，

$$e_C = E_C \sin \omega t \qquad \cdots\cdots 4\text{-}37$$

となります．ここで$\omega = 2\pi f_C$で，f_Cは搬送波の周波数です．

また，信号波の電圧e_Sは，

$$e_S = E_S \cos pt \qquad \cdots\cdots 4\text{-}38$$

となります．ここで$p = 2\pi f_S$で，f_Sは信号波の周波数です．

そこで搬送波を信号波で振幅変調すると，変調波e_0は，

$$\begin{aligned} e_0 &= (E_C + E_S \cos pt) \sin \omega t \\ &= E_C (1 + \frac{E_S}{E_C} \cos pt) \sin \omega t \end{aligned} \qquad \cdots\cdots 4\text{-}39$$

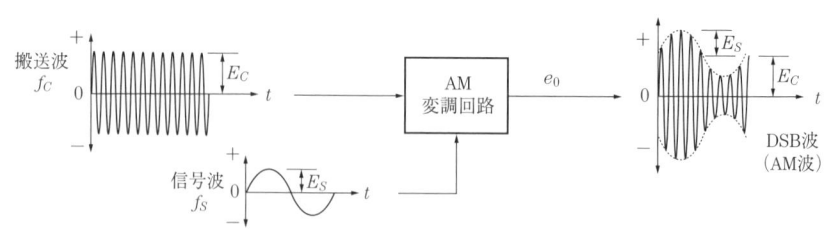

図4-56　AM変調

4-3 変調回路

のようになります．ここで $\frac{E_S}{E_C}$ を変調度 M といい，百分率で表したものを変調率といいます．すなわち，

$$M = \frac{E_S}{E_C} \quad \left(変調率 = \frac{E_S}{E_C} \times 100 \ [\%]\right) \qquad \cdots\cdots 4\text{-}40$$

となります．$M > 1$ の場合，すなわち変調率が100％を超えた場合を過変調といい，ひずみが発生し占有周波数帯幅が広がります．

さて，**式4-39**の $\frac{E_S}{E_C}$ を M と置いて整理すると**式4-39**は，

$$e_0 = E_C \sin\omega t + \frac{E_C M}{2}\sin(\omega+p)t + \frac{E_C M}{2}\sin(\omega-p)t \qquad \cdots\cdots 4\text{-}41$$

のようになります．そこでこれに $\omega = 2\pi f_C$，$p = 2\pi f_S$ を入れると

$$e_0 = \underbrace{E_C \sin 2\pi f_C t}_{第1項} + \underbrace{\frac{E_C M}{2}\sin 2\pi(f_C+f_S)t}_{第2項} + \underbrace{\frac{E_C M}{2}\sin 2\pi(f_C-f_S)t}_{第3項} \quad \cdots 4\text{-}42$$

ができ上がります．

式4-42は**図4-56**のDSB波の周波数成分を示しており，図に表してみると**図4-57**のようになります．**図4-57**(a)は信号波が単一周波数の場合で，**式4-42**の第1項が搬送波 f_C，第2項が上側波（$f_C + f_S$），第3項が下側波（$f_C - f_S$）を表しています．

実際のAM変調では信号波は音声信号なので広がりを持っており，そのために下側波と上側波は**図4-57**(b)のように下側波帯と上側波帯になります．そして，AM波の占有周波数帯幅は信号波の最高周波数の2倍になります．

図4-57(a)において，変調波は振幅 E_C の搬送波，振幅がそれぞれ $\frac{E_C M}{2}$ の上側波と下側波の三つの成分からできており，その平均電力はつぎのように計算し

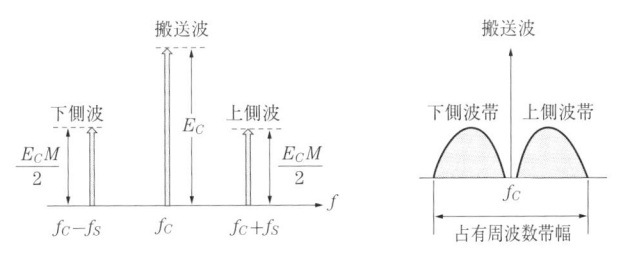

(a) f_C を f_S で変調した場合　　(b) 側波帯と占有周波数帯幅

図4-57　AM波の周波数分布

図 4-58
コレクタ変調回路

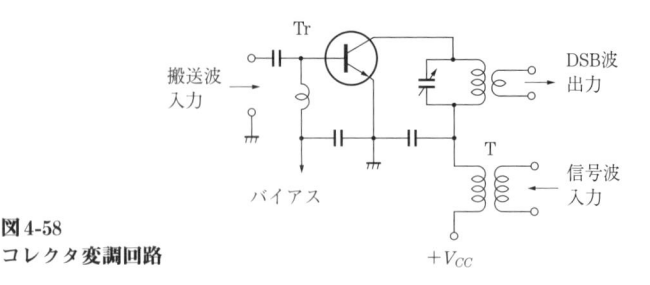

ます．

まず，搬送波 E_C の実効値を E，変調波電流が流れる抵抗を R とすると

搬送波電力　　$P_C = \dfrac{E^2}{R}$

上側波および下側波電力　　$\dfrac{\left(\dfrac{EM}{2}\right)^2}{R} = \dfrac{E^2 M^2}{4R}$

となり，変調波の平均電力 P_m〔W〕は

$$P_m = \dfrac{E^2}{R} + 2\dfrac{E^2 M^2}{4R} = P_C\left(1 + \dfrac{M^2}{2}\right) \quad \cdots\cdots 4\text{-}43$$

のようになります．

また，変調波の実効値を E_m とすると $P_m = \dfrac{E_m^2}{R}$，搬送波の実効値を E とすると $P_C = \dfrac{E^2}{R}$，これを**式 4-43**に代入すると

$$\dfrac{E_m^2}{R} = \dfrac{E^2}{R}\left(1 + \dfrac{M^2}{2}\right) \quad \therefore E_m = E\sqrt{1 + \dfrac{M^2}{2}} \quad \cdots\cdots 4\text{-}44$$

のようになります．

図 4-58はアナログ変調を行う AM 変調回路の一例で，コレクタ変調と呼ばれるものです．コレクタ変調は，変調のための信号波に大きな電力を必要としますが，トランジスタを C 級増幅で使うことができるので効率がよく，またひずみの少ない深い変調ができます．

4-3-3　振幅変調－SSB 波用の平衡変調回路

図 4-57の AM 波から片方の側波帯と搬送波を取り除いてしまったのが，単側波帯抑圧搬送波（SSB, Single Side Band）です．SSB 波は高周波なので電波として飛んでいきますし，信号波の情報を持っていますから，これで情報を送ることができます．しかも，SSB は信号波がないときは出力は出ないので，効率の

4-3 変調回路

図4-59
平衡変調回路

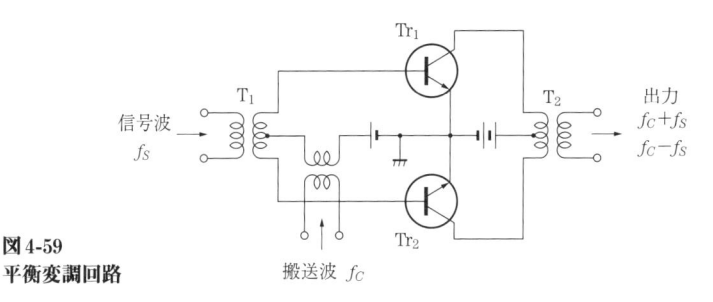

良い送信ができます．

SSB波を得るには，その前の段階として，両側波帯だけで搬送波を抑圧した両側波帯抑圧搬送波を作ります．その両側波帯抑圧搬送波を作り出すのが，SSB波の変調回路となる平衡変調回路です．

図4-59は平衡変調回路を示したもので，トランジスタTr_1，Tr_2には入力トランスT_1を通して搬送波f_Cは同位相，信号波f_Sは逆位相で加えられています．その結果，同位相で加えられた搬送波は出力トランスT_2の一次側で打ち消し合い，出力には出てきません．これで，搬送波が抑圧されたことになります．

一方，搬送波と信号波はトランジスタの$V_{BE}-I_C$特性曲線の湾曲部の非直線性を利用して変調され，結果として出力には上側波(f_C+f_S)と下側波(f_C-f_S)だけが得られます．

そこで，上側波帯(USB, Upper Side Band)と下側波帯(LSB, Lower Side Band)のうちの片方の側波帯だけをフィルタを使って取り出すと，SSB波が得られます．**図4-60**はその様子を示したもので，この場合にはUSBを取り出している例を示したものです．

平衡変調回路の一種にリング変調回路があります．**図4-61**はリング変調回路

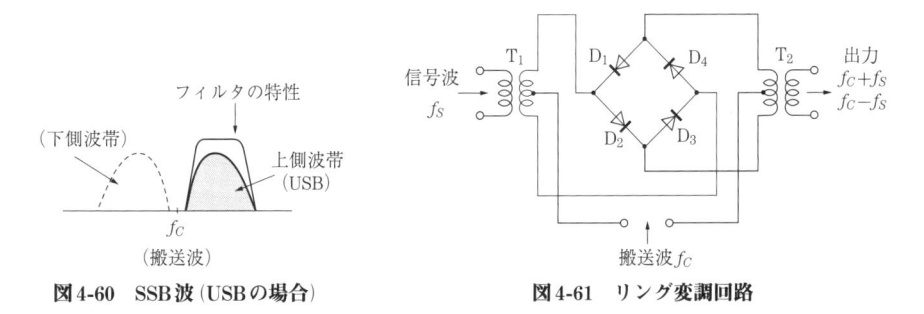

図4-60　SSB波(USBの場合)　　　　**図4-61　リング変調回路**

を示したもので，ダイオードがリング状につながっています．この回路に搬送波f_Cと信号波f_Sを加えると，平衡変調回路の場合と同じように出力には上側波帯と下側波帯だけの出力が得られます．

4-3-4　周波数変調回路と位相変調回路

　FM波を得るためのFM変調回路の働きは，**図4-62**のようになります．FM波の場合，理論を数式で表すのはAM波ほど簡単ではありません．そこで結果だけを示すと，搬送波の周波数をf_C（$\omega=2\pi f_C$），信号波の周波数をf_S（$p=2\pi f_S$），信号波の電圧E_Sに対して搬送波の周波数が中心周波数よりどれくらいずれるかを表す周波数偏移をΔfとすると，FM波の出力e_{FM}は

$$e_{FM}=E_C \sin(\omega t + \frac{\Delta f}{f_S} \sin pt) \qquad \cdots\cdots 4\text{-}45$$

のようになります．ここで$\frac{\Delta f}{f_S}$を周波数変調指数m_fといい，**式4-45**は

$$e_{FM}=E_C \sin(\omega t + m_f \sin pt) \qquad \cdots\cdots 4\text{-}46$$

のように書き直せます．なお，周波数変調指数m_fは信号波の周波数f_Sに反比例しています．

　FM波は，入力信号の大きさで決まる周波数偏移と，信号波の周波数によって生ずる瞬時周波数偏移からできており，占有周波数帯幅Bは最大周波数偏移を$\Delta f_{\max}$，信号波の最高周波数を$f_{S\max}$とすると，

$$B=2(\Delta f_{\max}+f_{S\max}) \qquad \cdots\cdots 4\text{-}47$$

のようになります．

　一方，位相変調では信号波の電圧E_Sに対して搬送波の位相がどれくらいずれるかを表す位相偏移をθ_dとすると，PM波の出力e_{PM}は

$$e_{PM}=E_C \sin(\omega t + \theta_d \cos pt) \qquad \cdots\cdots 4\text{-}48$$

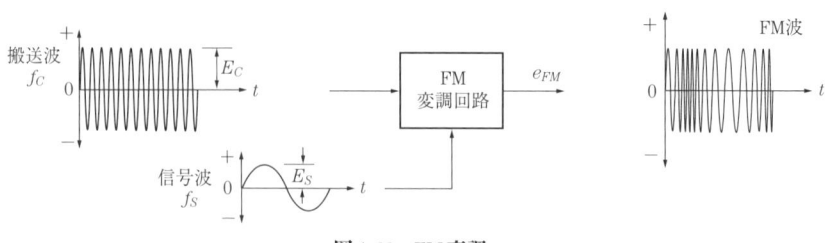

図4-62　FM変調

4-3 変調回路

図4-63 FM波とPM波

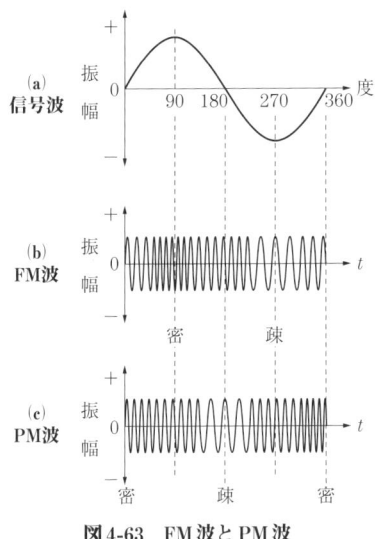

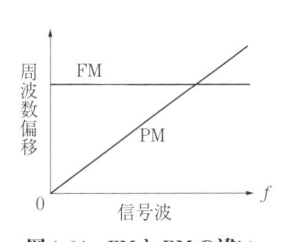

図4-64 FMとPMの違い

となります．PM波の場合，**式4-48**のθ_dがそのまま位相変調指数m_pになっており，FM波の場合と違って信号波の周波数f_Sとは関係がありません．

FM波とPM波を**式4-46**と**式4-48**で比べてみると**図4-63**のようになり，FM波とPM波では90度の位相差があることがわかります．

PM波の場合の周波数偏移はFM波の場合と違って$\Delta f = f_S \theta_d$となり，θ_dは一定でしたから周波数偏移は信号周波数f_Sに比例します．そこで，FM波とPM波の周波数偏移を比較してみると**図4-64**のようになります．

*

FM変調回路には，LC発振回路（自励発振回路）に可変容量ダイオードやバラクタダイオードによるFM変調回路を設けた直接FM方式と，発振回路の後段に位相変調回路を設けて位相変調を行い，間接的に周波数変調とする間接FM方式があります．

図4-65は直接FM方式の原理図で，**図4-40**に示したコルピッツ発振回路にFM変調回路を加えたものです．このFM変調回路はLC発振回路を直接変調しているために，このままでは周波数安定度が悪くて実用になりません．そこで，周波数を安定にするためのAFC回路を設けたり，**図4-53**に示したPLL方式の周波数シンセサイザの電圧制御発振回路に変調をかける方法が用いられます．

図4-66は，間接FM方式の構成図を示したものです．この場合，発振回路は

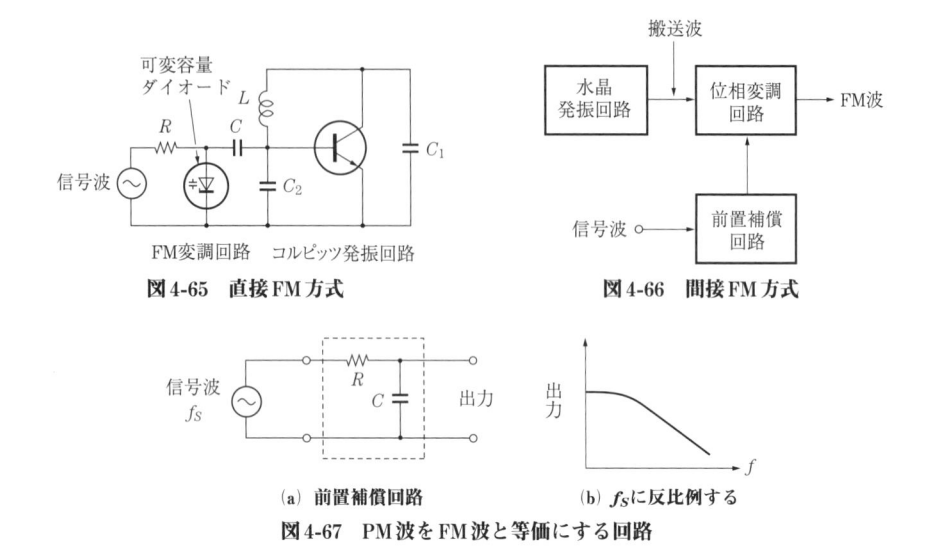

図4-65　直接FM方式

図4-66　間接FM方式

(a) 前置補償回路　　(b) f_Sに反比例する

図4-67　PM波をFM波と等価にする回路

水晶発振回路とすることができるので，周波数は安定です．

なお，FM波とPM波の周波数偏移は図4-64のような関係にあるため，PM波をFM波と等価にするには周波数特性の補正が必要です．その役目をするのが図4-67(a)の前置補償回路で，図4-67(b)のように出力が信号波の周波数に反比例する特性を持たせます．

4-3-5　ディジタル変調－FSK，PSK，GMSK

搬送波に直接ディジタル変調をかける方法として実際に使われているのが，周波数シフトキーイングのFSKです．実際の変調回路は図4-62に示したFM変調回路と同じですが，加える信号波がディジタル信号になります．

位相シフトキーイングのPSKは，搬送波に直接変調をかけることはまずありません．実際には一次変調をPSKとしたあと，二次変調をSSBやFM変調とするのが普通です．

以上はアナログ信号用に作られた無線機でディジタル信号を送る場合ですが，最初からディジタル信号用に作られた無線機ではGMSKなどの変調回路が使われています．

4-4 検波，復調，混合回路

4-4-1 検波，復調の基本

　変調というのは信号波を搬送波に乗せる操作でしたが，復調とか検波というのは変調波から元の信号波を取り出す操作です．

　図4-68は検波や復調の様子を示したもので，AM波とFM波の場合には(a)のように検波/復調回路で信号波を取り出すことができます．なお，昔からの習慣で，AM波の場合にはもっぱら検波といい，FM波の場合には検波と言ったり復調と言ったりします．しかし，役目はどちらも同じです．

　一方，SSB波の場合にはもっぱら復調と言います．SSB波では変調のときに搬送波が取り除かれていたので，復調にあたっては図4-68(b)のように搬送波を補うところが他の場合と違います．

4-4-2 AM波の検波回路

　図4-69(a)のように一方向にしか電流を流さない性質を非直線特性といい，そ

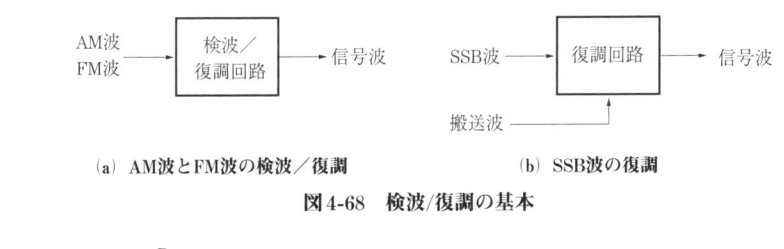

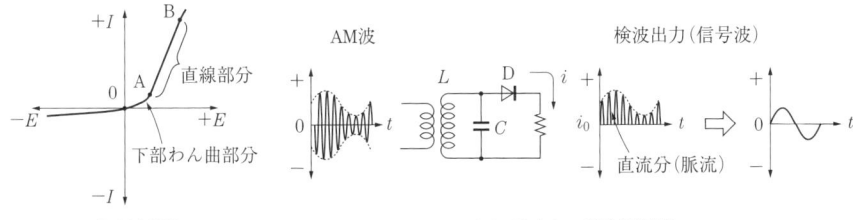

(a) AM波とFM波の検波／復調　　(b) SSB波の復調

図4-68　検波/復調の基本

(a) 非直線特性　　(b) ダイオード検波回路

図4-69　AM波のダイオード検波

第4章　電子回路

のような特性を持ったものにダイオードがあります．このような特性を持ったダイオードに変調波を加えると，**図(b)**のように元の信号波を再現することができます．このような操作をAM波の検波といいます．

● **2乗検波と直線検波**

AM波をダイオード検波する場合，2乗検波と直線検波という方法があります．

2乗検波はAM波の入力電圧が小さい場合で，**図4-69(a)**の0-A間のように出力電流Iが入力電圧Eの2乗になるような部分を使って検波するのでこのように呼ばれます．

図4-70は2乗検波の様子を示したもので，出力電流はAM波の大きさの2乗に比例します．

2乗検波の特徴は，
① 　AM波の信号が小さい場合，感度のよい検波ができる．
② 　AM波の変調度が深い(変調率が大きい)場合，検波出力にひずみが多い．
といったことがあげられます．

直線検波はAM波の入力電圧が大きい場合で，**図4-69(a)**のA-B間のように出力電流Iが入力電圧Eに比例する，すなわち直線になるような部分を使って検波するのでこのように呼ばれます．

図4-71は直線検波の様子を示したもので，出力電流はAM波の大きさに比例しています．

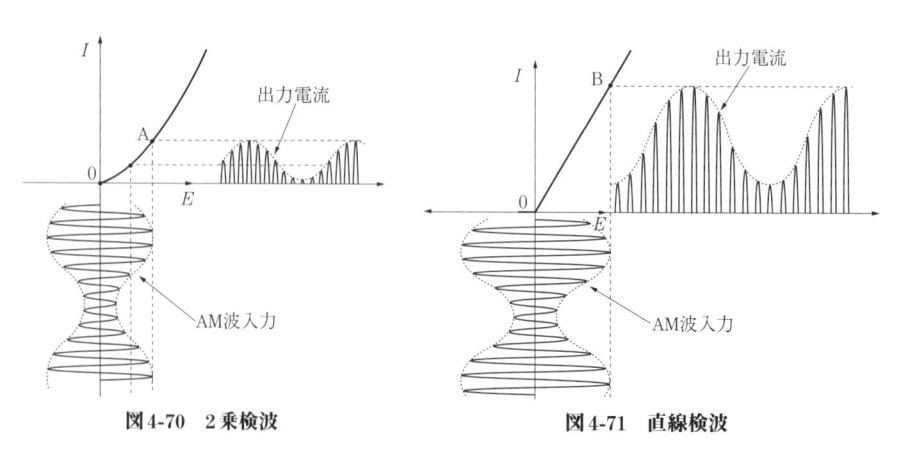

図4-70　2乗検波　　　　　　　　　**図4-71　直線検波**

4-4　検波，復調，混合回路

直線検波の特徴は，
① 直線検波を行うには，大きい入力電圧を必要とする．
② ひずみの少ない，大きい検波出力を得ることができる．
となります．

●包絡線検波回路と平均値検波回路

図4-72(a)は包絡線検波回路，図(b)は平均値検波回路と呼ばれるもので，その違いはダイオードの出力側にコンデンサCがあるかないかにあります．このコンデンサの有無によって，検波出力とひずみの発生などに大きな違いが出てきます．

包絡線検波回路は音声で変調されたAM波の検波に使われるもので，ダイオードDは検波器，Rは抵抗負荷，そしてCは図4-69(b)の出力に現れた信号波に含まれる交流分(脈流)をバイパスして取り除く役目をします．

このような検波回路では，RとCの値を適切に選ぶと検波電流iが流れたときにはCに充電され，検波電流が流れないときにはRを通して放電されます．その結果，図4-73(a)のように包絡線が検波出力となり，ひずみのない検波出力が得られます．

包絡線検波回路において，例えばCとRの両方が大きいとか一方の値が大きいといったようにRとCの値が不適切だと，図4-73(b)のようにCの電荷は徐々にRを通して放電するため，変調された信号波の周波数が高い場合や変調が深

(a) 包絡線検波回路　　　　　(b) 平均値検波回路

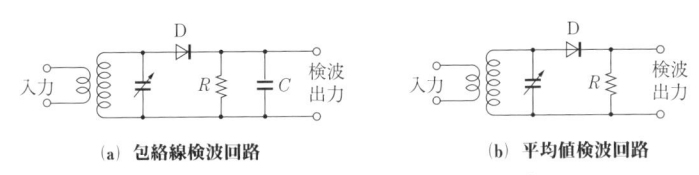

図4-72　包絡線検波回路と平均値検波回路

(a) ひずみのない検波出力　　　(b) ひずみの発生

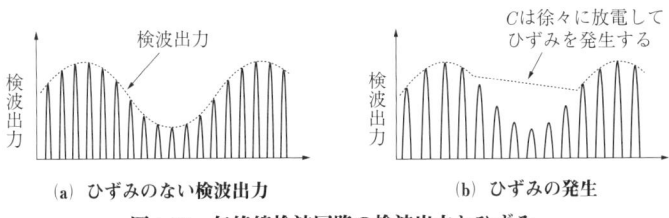

図4-73　包絡線検波回路の検波出力とひずみ

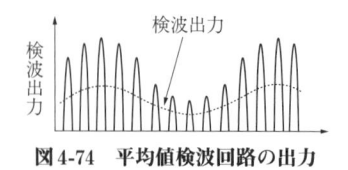

図 4-74　平均値検波回路の出力

図 4-75　検波効率

い場合には元の波形の包絡線に従わなくなり，検波出力にひずみが発生します．

平均値検波回路では検波出力は**図 4-74**のようになり，そのために検波出力電圧は図の点線のように平均値となります．

平均値検波回路では包絡線検波回路のようなひずみの発生はありませんが，検波出力は包絡線検波回路の約 $\frac{1}{3}$ になるため検波感度が悪く，したがって音声で変調された AM 波の検波にはほとんど使われません．

● 検波効率と信号波出力

図 4-75(a)のような AM 波を**図 4-72**のような AM 検波回路で検波すると，検波出力は**図**(b)のようになります．検波出力は**図 4-69**でも示したように直流分 E_d を持っており，変調波の搬送波電圧を**図 4-75**(a)のように E_C とすると，検波効率 η は，

$$\eta = \frac{E_d}{E_C} \qquad \cdots\cdots\cdots 4\text{-}49$$

のようになります．普通，検波効率 η は包絡線検波回路では 0.8〜0.9 といったところで，平均値検波回路では 0.3 くらいです．

それでは，検波出力から直流分を除いてできる信号波出力はどうなるのでしょうか．まず，**図 4-75**(a)，(b)において変調度 M を表す**式 4-40**を変形すると，

$$E_m = M E_d \qquad \cdots\cdots\cdots 4\text{-}50$$

のようになります．また，**式 4-49**に示した検波効率は，

$$E_d = \eta E_C \qquad \cdots\cdots\cdots 4\text{-}51$$

4-4 検波，復調，混合回路

のように書けます．

そこで，信号波e_Sに式4-50と式4-51を代入すると，
$$e_S = E_m \sin pt = ME_d \sin pt = \eta ME_C \sin pt \quad \cdots\cdots\cdots\cdots 4\text{-}52$$
となります．これが，最終的に取り出された音声信号です．

4-4-3　SSB波の復調回路

SSB波の復調は図4-68(b)に示したように変調のときに抑圧した搬送波を元に戻してやる操作で，SSB波の変調のときに使った平衡変調回路やリング変調回路がそのまま使えます．

図4-76は平衡復調回路を示したもので，搬送波はTr_1とTr_2に同位相で加えられますからT_2で打ち消しあって出力には出てきません．出力には高周波成分も出てきますが，低域フィルタを使ってこれを取り除けば元の信号波f_Sが得られます．

図4-77はリング復調回路を示したもので，その動作は図7-76の平衡復調回路の場合と同じです．

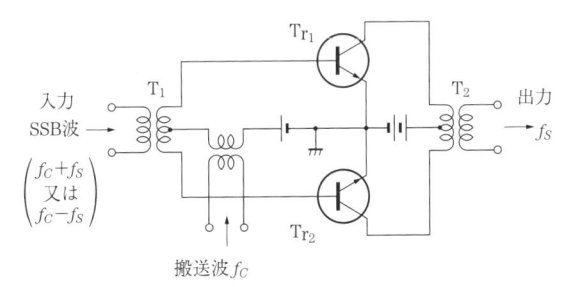

図4-76　平衡復調回路

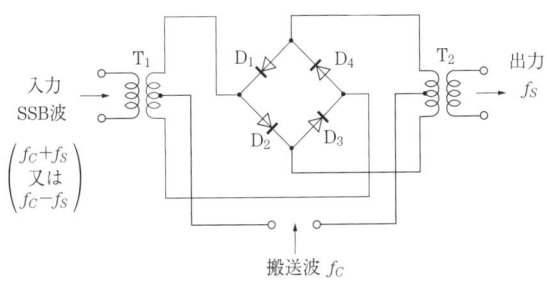

図4-77　リング復調回路

4-4-4 FM波の検波回路

FM波の検波回路は周波数弁別器と呼ばれることもあり，フォスターシーレ回路，比検波器，2同調型検波回路などがあります．

●フォスターシーレ回路

図4-78はフォスターシーレ回路の一例で，動作原理はIFT（中間周波変成器）の一次電圧E_1と二次電圧E_2の位相が入力周波数fによって変化することを応用しています．

今，ダイオードD_1に加わるのはA-B間の電圧で，これはE_1と$\frac{E_2}{2}$のベクトル和になります．また，ダイオードD_2に加わるのはA-C間の電圧で，同じくE_1と$\frac{E_2}{2}$のベクトル和になります．

そこで，IFTの同調周波数をf_Cとすれば，入力周波数fが変化すればD_1とD_2に加わる電圧は**図**4-79のように変化します．

図4-79(a)は$f=f_C$のときで，D_1とD_2に加わる電圧は等しいのでR_1への検波出力とR_2への検波出力は等しくなり，出力端子D-Eには出力が現れません．

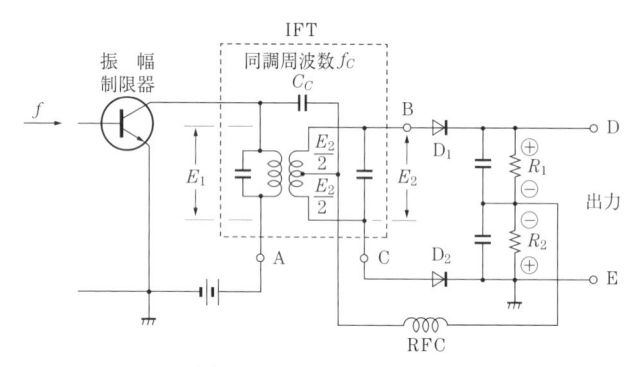

図4-78 フォスターシーレ回路

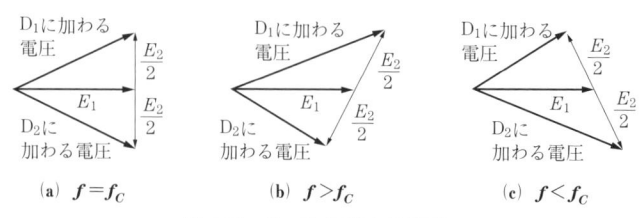

(a) $f=f_C$　　(b) $f>f_C$　　(c) $f<f_C$

図4-79 D_1，D_2に加わる電圧

では，$f > f_C$ の場合にはどうなるでしょうか．図 4-79 (b) は $f > f_C$ の場合を示したもので，IFT の二次側は誘導性となるために図 4-79 (b) のようになり，D_1 に加わる電圧が大きくなって D 側がプラス，E 側がマイナスになります．

そして，逆に $f < f_C$ の場合には IFT の二次側は容量性になり，図 4-79 (c) のように D_2 に加わる電圧が大きくなって D 側がマイナス，E 側がプラスになります．

フォスターシーレ回路では，このようにして周波数の変化を振幅の変化として取り出しています．

●比検波器

比検波器はレシオ検波器ともいい，図 4-80 のような回路です．この回路では IFT に三次巻線 L_3 が用意されており，一次巻線 L_1 に M 結合されています．その結果，L_3 には L_1 と同位相（または逆位相）の起電力 E_3 を生じます．これは，図 4-78 に示したフォスターシーレ回路の IFT の中とよく似た特性を示し，図 4-80 の E_3 を図 4-78 の E_1 と置き換えれば図 4-80 の D_1 と D_2 に加わる電圧は図 4-79 と同じように考えることができます．

比検波器では二つのダイオード D_1 と D_2 の向きが互いに逆になっているために C_1，C_2，C_3 および C_4 は図 4-80 のように充電されます．ここで，C_3 と C_4 は 10〜20μF と大容量のコンデンサとしておくと図 4-80 に示した極性に同一電圧に充電されていますが，C_1 と C_2 を 100〜200pF と小容量のコンデンサにしておくと図 4-79 のように D_1 と D_2 に加わる電圧の変動に応じて C_1 と C_2 の充電電圧が変動します．比検波器では，このようにして検波出力が得られます．

比検波器は大容量のコンデンサの C_3 と C_4 があるため，振幅変化は出力に現れません．そのため，振幅制限器を省略できる長所があります．

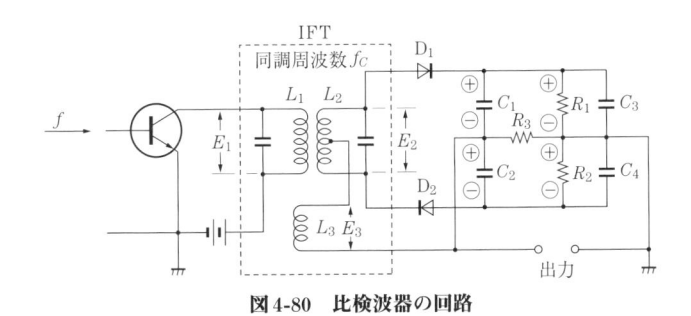

図 4-80　比検波器の回路

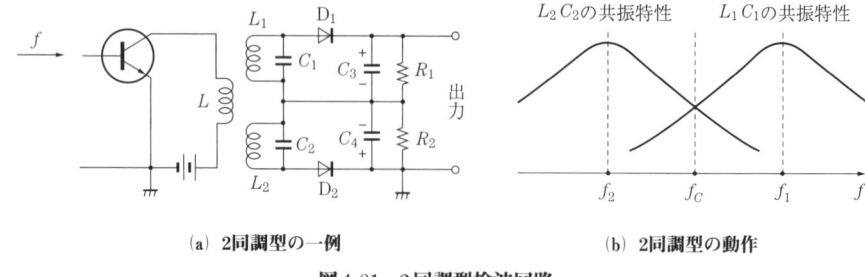

(a) 2同調型の一例   (b) 2同調型の動作

図4-81　2同調型検波回路

● 2同調型検波回路

　図4-81(a)は2同調型検波回路の一例で，一次コイルLにL_1 C_1とL_2 C_2の二つの同調回路を結合します．そして，L_1 C_1による同調回路はFM波の中心周波数f_Cより高い周波数に共振させ，L_2 C_2による同調回路はFM波のf_Cより低い周波数に共振させます．

　図4-81(b)は，二つの同調回路の共振特性を示したものです．まず，FM波の周波数fがf_Cに等しい（$f = f_C$）ときには，D_1に加わる電圧とD_2に加わる電圧が等しいので，その極性からみて出力電圧は現れません．

　一方，$f > f_C$の場合にはfはf_1に近づくためにD_1に加わる電圧がD_2に加わる電圧より高くなり，出力にはアースに対してプラスの電圧が現れます．また，$f < f_C$の場合にはfはf_2に近づくためにD_2に加わる電圧がD_1に加わる電圧より高くなり，出力にはアースに対してマイナスの電圧が現れます．

　その結果，FM波の周波数fが$f_2 < f < f_1$の間では，周波数が変化するとそれに応じて出力に信号波を取り出すことができます．

4-4-5　ヘテロダイン検波回路（周波数混合回路）

　これは変調波から信号波を取り出すものではないのですが，検波回路という名前がついているのでここで説明します．

　ヘテロダイン検波回路は周波数混合回路とか単に混合回路と呼ばれ，**図4-82**(a)のような働きをするものです．混合回路は入力1と入力2の二つの入力端子を持っており，そこに周波数f_1とf_2を加えると出力には$f_1 \pm f_2$（ただし，引き算のほうは大きいほうから小さいほうを引く），それにf_1とf_2が出てきます．これらのうち必要なのは，$f_1 \pm f_2$のほうです．

4-5　論理回路

(a) 混合回路の働き　　(b) 混合回路の一例

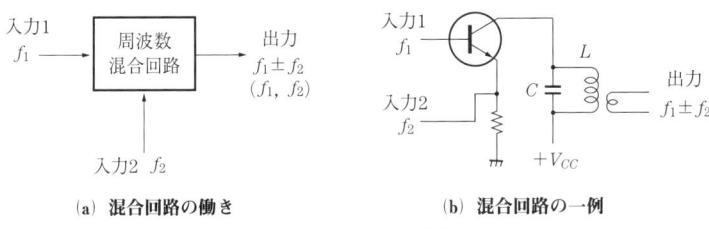

図4-82　周波数混合回路

　図4-82(b)は周波数混合回路の一例で，出力側はLC共振回路として$f_1 \pm f_2$のうちの必要なほうに共振させて目的の周波数を取り出し，合わせて不要なf_1とf_2を取り除きます．

　図4-83は周波数混合回路を応用した周波数変換部の構成を示したもので，周波数混合回路と発振回路(周波数変換回路を構成する場合には，局部発振回路と呼ばれる)からでき

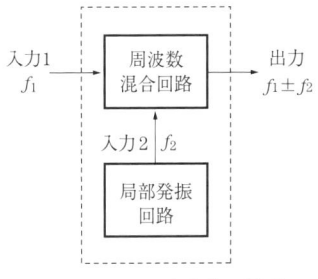

図4-83　周波数変換部の構成

ています．周波数変換部は，ヘテロダイン方式の送信機や受信機で使われています．

4-5　論理回路

　論理回路はディジタル回路の演算に使われるもので，代表的なものにはAND回路(論理積回路)，OR回路(論理和回路)，NOT回路(否定回路)，そしてこれらを組み合わせた論理回路があります．

　論理回路はダイオードやトランジスタで構成しますが，実際にはIC化されたロジックICが使われています．

4-5-1　基本的な論理回路

　論理回路が扱うのはディジタル信号で，具体的には図4-84のようなパルスです．図(a)の回路でスイッチ(SW)をON/OFFすると，電圧計の振れは図(b)のようになります．この場合，スイッチがOFFのときをL，スイッチがONのときを

第4章　電子回路

(a) SWをON/OFFする　　　(b) パルスと約束

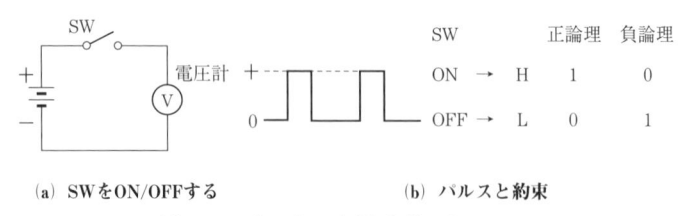

SW		正論理	負論理
ON →	H	1	0
OFF →	L	0	1

図4-84　ディジタル回路を動かすパルス

Hと表しますが，Lを0，Hを1と表すのを正論理，逆にLを1，Hを0と表すのを負論理といいます．このあとは，特に断らないかぎり正論理で話を進めます．

図4-84(a)のスイッチとして使われるのは電子スイッチで，実際にはダイオードやトランジスタのスイッチング作用を利用します．

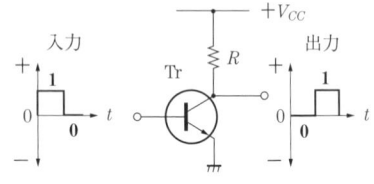

図4-85　トランジスタの場合

まず，ダイオードの場合には順方向電圧を加えた場合がスイッチON，逆方向電圧を加えた場合がスイッチOFFです．

一方，トランジスタをスイッチとして使った場合には，図4-85の入力と出力の位相が反転しますから，入力が1の場合には出力は0となります．

● AND回路

図4-86は，二つの入力端子（入力1と入力2）を持ったAND回路をダイオードで構成したものです．この回路では出力側にRを通してプラスの電圧が加えられており，正論理だとダイオードがOFFの場合にはプラスの電圧がそのまま出力に現れて1になり，ダイオードがONになるとRに電流が流れて電圧降下が起

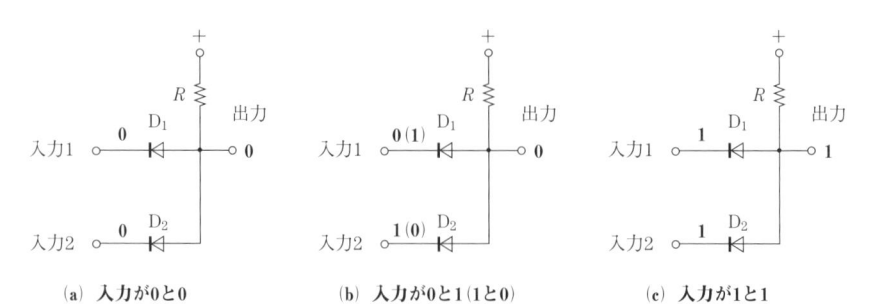

(a) 入力が0と0　　　(b) 入力が0と1(1と0)　　　(c) 入力が1と1

図4-86　ダイオードで構成したAND回路（正論理）

4-5 論理回路

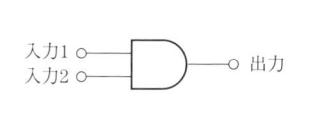

入力1	入力2	出力
0	0	0
0	1	0
1	0	0
1	1	1

(a) 回路記号　　　　　　　　(b) 真理値表

図4-87　AND回路（正論理）

き，出力は0になります．

　まず，**図4-86**(a)は入力が両方とも0の場合で，ダイオードはD_1，D_2共にONとなり，Rに電流が流れて出力は0になります．続いて**図**(b)のように入力が異なる場合には，入力1が0で入力2が1の場合にはD_1がONとなり，また（　）内のように入力が逆の場合にはD_2がONとなってRに電流が流れ，その結果，出力は0になります．そして，**図**(c)のように入力1と2が共に1の場合にはD_1，D_2の両方がOFFとなり，Rには電流が流れないので出力は1になります．

　図4-87は，AND回路の回路記号と真理値表を示したものです．この図は入力端子を二つ持った2入力のAND回路でしたが，入力端子を三つ持った3入力のAND回路や，もっと多くの入力端子を持った多入力のAND回路もあります．

● OR回路

　図4-88は，二つの入力端子（入力1と入力2）を持ったOR回路をダイオードで構成したものです．この回路では出力側はRを通してアース（マイナス）につながれており，正論理だとダイオードがOFF（入力がL）の場合には電流は流れないので出力は0になり，ダイオードがON（入力がH）になるとRに電流が流れて出力は1になります．

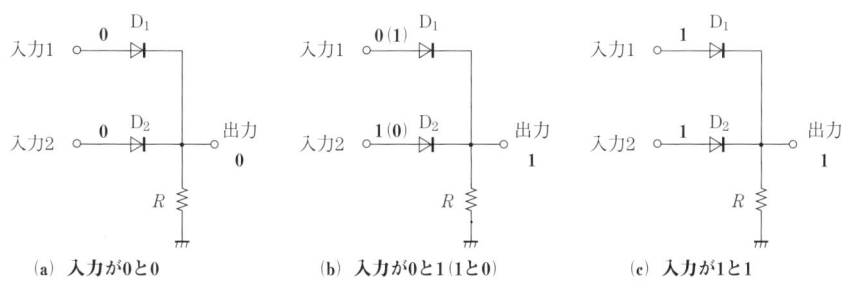

(a) 入力が0と0　　　　　(b) 入力が0と1（1と0）　　　　　(c) 入力が1と1

図4-88　ダイオードで構成したOR回路（正論理）

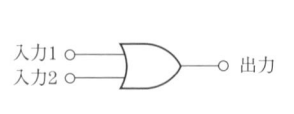

入力1	入力2	出力
0	0	0
0	1	1
1	0	1
1	1	1

(a) 回路記号　　　　　(b) 真理値表

図 4-89　OR 回路（正論理）

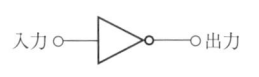

入力	出力
1	0
0	1

(a) 回路記号　　(b) 真理値表

図 4-90　NOT 回路（インバータ）

　まず，**図 4-88**(a) は入力が両方とも 0 の場合で，ダイオードは D_1，D_2 共に OFF となり，出力は 0 になります．続いて**図** (b) のように入力が異なる場合を考えます．入力 1 が 0，入力 2 が 1 の場合には D_2 が ON となり，また入力が (　) 内に示すように 1 と 0 の場合には D_1 が ON となって R に電流が流れ，その結果，出力は 1 になります．そして，**図** (c) のように入力が共に 1 の場合には D_1，D_2 共に ON となり，出力は 1 になります．

　図 4-89 は，OR 回路の回路記号と真理値表を示したものです．この図は入力端子を二つ持った 2 入力の OR 回路でしたが，入力端子を三つ持った 3 入力の OR 回路やもっと多くの入力端子を持った多入力の OR 回路もあります．

● NOT 回路（インバータ）

　NOT 回路はインバータとも呼ばれ，回路記号と真理値表は**図 4-90** のようになります．これをみるとわかるように NOT 回路は入力端子が一つだけで，入力と出力は反転しています．

　NOT 回路の代表的なものは**図 4-85** に示したトランジスタの電子スイッチで，これは NOT 回路そのものです．

● NAND 回路と NOR 回路

　NAND 回路は AND 回路に NOT 回路を組み合わせたもの，そして NOR 回路

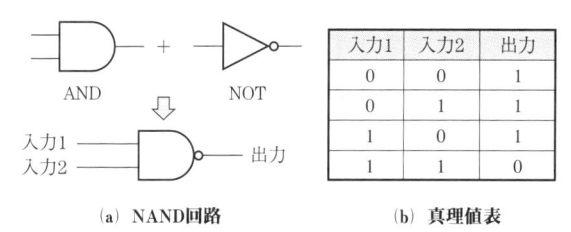

4-5 論理回路

	入力1	入力2	出力
	0	0	1
	0	1	1
	1	0	1
	1	1	0

(a) NAND回路　　　　　(b) 真理値表

図 4-91　NAND 回路（正論理）

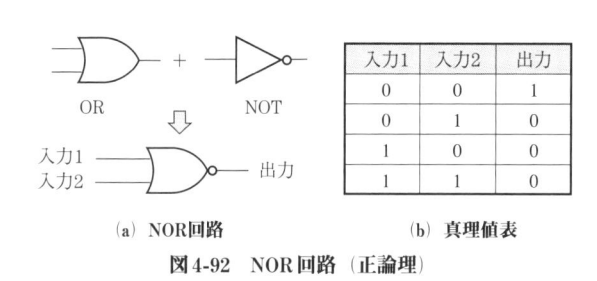

	入力1	入力2	出力
	0	0	1
	0	1	0
	1	0	0
	1	1	0

(a) NOR回路　　　　　(b) 真理値表

図 4-92　NOR 回路（正論理）

は OR 回路に NOT 回路を組み合わせたものです．

図 4-91 は，NAND 回路の回路記号と真理値表を示したものです．NAND 回路は図 (a) のように AND 回路に NOT 回路をつけたものですから，図 4-87 (b) に示した AND 回路の真理値表の出力がそっくり反転しています．

図 4-92 は，NOR 回路の回路記号と真理値表を示したものです．NOR 回路は図 (a) のように OR 回路に NOT 回路をつけたものですから，図 4-89 (b) に示した OR 回路の真理値表の出力がそっくり反転しています．

さて，トランジスタを電子スイッチとして使った場合には図 4-85 のように NOT 回路となりましたが，トランジスタを使って AND 回路や OR 回路を作ると自動的に NOT 回路が付加され，NAND 回路や NOR 回路になります．

図 4-93 はトランジスタによる論理回路を示したもので，図 (a) の NAND 回路ではトランジスタ Tr_1 と Tr_2 が直列につながっているのに対して図 (b) の NOR 回路は Tr_1 と Tr_2 が並列につながっています．それぞれの回路の真理値表は図 4-91 (b)，図 4-92 (b) と同じです．

4-5-2　組み合わせ回路

いくつかの論理回路を組み合わせたものを，組み合わせ回路といいます．図

第4章　電子回路

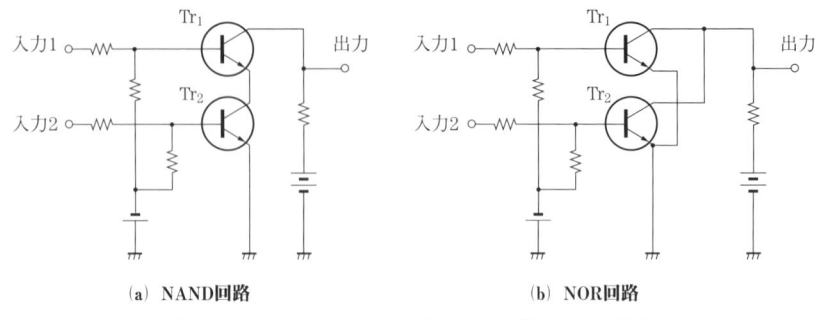

(a) NAND回路　　　　　　　　(b) NOR回路

図4-93　トランジスタによるNAND回路とNOR回路

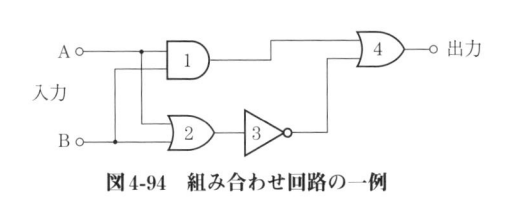

図4-94　組み合わせ回路の一例

入力		回路			出力
A	B	1	2	3	
1	0	0	0	0	1	1
2	1	0	0	1	0	0
3	0	1	0	1	0	0
4	1	1	1	1	0	1

図4-95　補助真理値表の一例

4-94はその一例ですが，このような組み合わせ回路の真理値表を作る方法を説明してみましょう．この組み合わせ回路は，回路1がAND回路，回路2がOR回路，回路3がNOT回路，回路4がOR回路からできています．

このような組み合わせ回路の真理値表を作るには，図4-95のような補助真理値表を作ってみます．まず，入力はAとBの二つですから，1～4までの四つの場合になります．

では，入力1(0, 0)の場合から検討を始めましょう．まず，回路1はAND回路ですからこのときの出力は0，そこで回路1のところに0と記入します．続いて，回路2はOR回路ですから出力は0，そこで回路2のところに0と記入します．回路3はNOT回路で，その入力は回路2の出力0ですから回路3の出力は1，そこで回路3のところに1と書きます．

これで，入力1の場合の準備がすみました．回路4のOR回路には回路1の出力の0と回路3の出力の1が加わりますから，最終的な出力は1になります．

以下，このようにして入力2～4について書いてみたのが，図4-95です．このように順番に入出力を調べていくと，いろいろな組み合わせ回路の真理値表を作ることができます．

第5章

通信方式

5-1 電信（モールス電信，CW）

モールス符号を使って通信をする電信はCWとも呼ばれ，通信方式としては最も古く，アマチュア無線の通信方式の原点ともいわれています．

モールス符号はコード化されたものですから，電信は低速度のディジタル通信の一種といえます．そういう意味では，古くて新しい通信方式です．プロの無線通信の世界からは電信は姿を消しましたが，モールス符号は国際的な一つの言語と考えることもでき，アマチュア無線の世界では，その特徴を生かして盛んに使われています．モールス電信の電波型式はA1Aです．

5-1-1 電信の特徴

モールス符号は**図5-1**のように短点と長点の組み合わせになっており，短点1と間隔1に対して長点3の長さから構成されています．

電信の特徴は他の通信方式に比べて，
① モールス符号を覚えなければならない．
② 少ない電力で遠距離の通信ができる．
③ 雑音や混信，フェージングに強い．
④ 占有周波数帯幅が狭い（占有周波数帯幅の許容値は0.5kHz）．
⑤ 通信に必要な無線設備が簡単なものですむ．

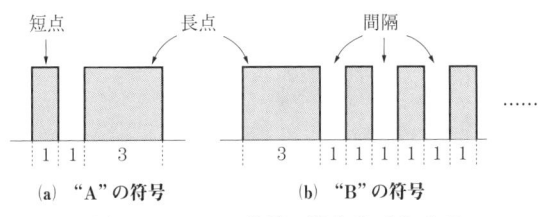

図5-1　モールス符号の構成（"A"と"B"）

といったことになります．

電信で使われるモールス符号は人間が理解できるように作られており，通信速度を状況に応じて運用者が自由に加減できるのも特徴です．このように状況に応じて通信速度を選ぶことができるので，雑音や混信，フェージングに対応できます．

モールス符号は短点と長点で構成されていますが，短点を1単位としてその長さを秒で表したものを，通信速度b（ボー）といいます．

いま通信速度をb，モールス符号の1文字の平均単位数をn，毎分の文字数をℓとすると，通信速度bは，

$$b = \frac{n\ell}{60} \quad [ボー]$$ ············ 5-1

となります．

一方，それぞれのモールス符号の平均の単位数を調べてみると，欧文だと8，和文だと13.2とされています．そこで，毎分送信する文字数を60として**式5-1**で通信速度を計算してみると，欧文の場合に約8ボー，和文の場合に約13ボーということになります．

電信通信の一般的な通信速度は50〜60字/分といったところですが，これは6〜10ボーに相当し，周波数に直すと3〜5Hzです．これをクロックと考えると確かに低速で，送信波形を方形波として送信エネルギーの90％以上が通過するといわれる基本周波数の5倍までを考えに入れても，占有周波数帯幅は通信方式の中でも狭いほうです．

5-1-2　電信の種類

電信には，**図5-2(a)**のように搬送波を直接断続するものと，**図(b)**のように

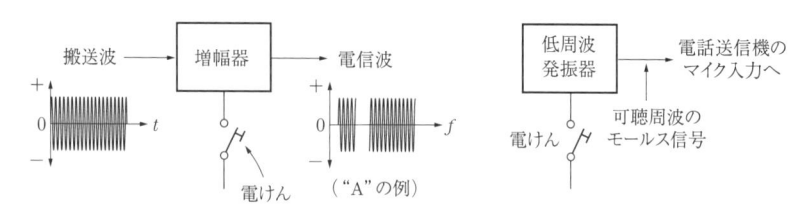

(a) 搬送波を断続して電信波を作る　　　(b) 音声の代わりに送る方法

図5-2　電信波を発生する方法

低周波発振器で作った可聴周波の信号を断続してモールス信号を作り，それを電話送信機のマイクロホン端子に入れる方法の二通りがあります．

図5-2(a)は搬送波を断続して電信波を得る方法で，電けんを操作してモールス符号を送信します．この方式の場合には，受信側で復調のためのBFO（Beat Frequency Oscillator，唸（うなり）周波発振器）が必要です．

これに対して，**図5-2**(b)のほうは電話送信機に低周波発振器と電けんを付加する方法です．なおSSB送信機の場合，図(b)の方法で得られる電信波は図(a)の搬送波を断続した場合と同じになります．

5-2　音声通信

音声による通信は電信に対して電話と呼ばれ，最も良く使われている通信方式です．電話による通信は，大きく分ければ振幅変調系（AM）と周波数変調系（FM）に分かれます．

振幅変調系の通信というのは搬送波の振幅に音声を乗せて送る方法で，もっともポピュラーなAM波の場合の搬送波と信号波，それに側波帯の関係は**図5-3**のようになります．

振幅変調の場合，側波帯がどのようになっているかで両側波帯と単側波帯があり，また搬送波がどうなっているかで全搬送波，低減搬送波，抑圧搬送波があります．そして，これらの組み合わせによって両側波帯（DSB；Double Side Band）の場合には

- 両側波帯－全搬送波方式（DSB-WC）
- 両側波帯－低減搬送波方式（DSB-RC）
- 両側波帯－抑圧搬送波方式（DSB-SC）

（注…WC：With Carrier, RC：Reduced Carrier, SC：Suppressed Carrier）

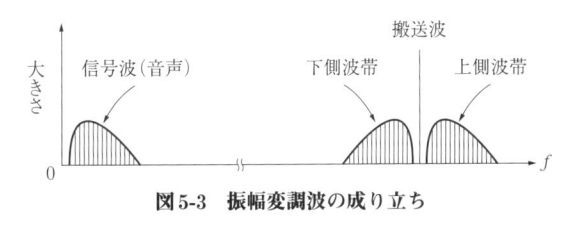

図5-3　振幅変調波の成り立ち

が，また単側波帯（SSB）の場合には，
- 単側波帯 – 全搬送波方式（SSB - WC）
- 単側波帯 – 低減搬送波方式（SSB - RC）
- 単側波帯 – 抑圧搬送波方式（SSB - SC）

があります．

　これらのうちで実際に使われているのは両側波帯 – 全搬送波方式（DSB - WC）と単側波帯 – 抑圧搬送波方式（SSB - SC）で，単にDSBとかAMといえば前者を，またSSBといえば後者を指すのが普通です．

　周波数変調系の通信方式というのは搬送波の周波数または位相に音声を乗せて送る方法です．搬送波の周波数を音声によって変化させるのを周波数変調，位相を音声によって変化させるのを位相変調といいますが，これらは共にFMとして扱われます．

5-2-1　DSB（AM）

　DSB（AM）というのは両側波帯 – 全搬送波方式（DSB - WC）のことで，周波数スペクトラムは**図5-4**のようになります．DSBは，振幅変調系の通信方式の基本となるものです．DSBの電波型式はA3Eです．

　DSBの特徴は，
① 選択性フェージングに弱い．
② 搬送波がビート障害を発生するので混信に弱い．
③ 占有周波数帯幅の許容値は6kHz．
④ 無線設備が比較的簡単である．
⑤ 送信機では，信号波の無いときでも搬送波があるので電力効率が悪い．
⑥ 受信機では，搬送波があるのでAGCがかけやすい．

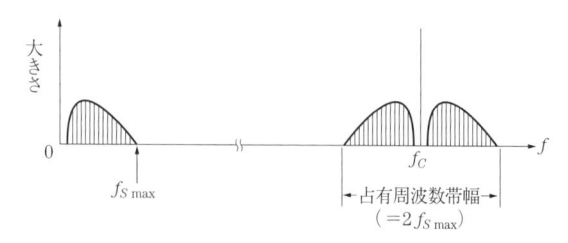

図5-4　DSB波の周波数スペクトラム

⑦ 受信にあたっては，同調操作が容易．
といったことになります．

　図 5-4 は DSB 波の周波数スペクトラムを示したものですが，信号波の周波数の最高値を $f_{S\,max}$ とすると占有周波数帯幅は $f_{S\,max}$ の 2 倍になります．したがって，占有周波数帯幅の許容値が 6kHz ということは $f_{S\,max}$ は 3kHz ということになります．

　DSB はつぎに紹介する SSB に比べると性能が劣るので，最近のアマチュア無線ではほとんど使われていません．

5-2-2　SSB

　SSB というのは単側波帯－抑圧搬送波方式（SSB‐SC）のことで，上下どちらの側波帯を使うかによって LSB（Lower Side-band；下側波帯）と USB（Upper Side-band；上側波帯）の二種類があります．SSB の電波型式は J3E です．

　図 5-5 は SSB の周波数スペクトラムを示したもので，図 (a) は LSB，図 (b) は USB の場合です．アマチュア無線の通信では，10MHz 以下のバンドでは LSB，10MHz 以上のバンドでは USB を使う習慣になっています．

　SSB を AM と比べてみると，その特徴は，
① 選択性フェージングに強い．
② 信号対雑音比（S/N）が改善される．
③ ビート障害を発生しないので混信に強い．
④ 占有周波数帯幅の許容値は 3kHz と AM の半分で，周波数が有効に利用できる．
⑤ 無線設備が複雑である．
⑥ 送信機では，送信電力のほぼ全てが側波帯になるので電力効率が良い．

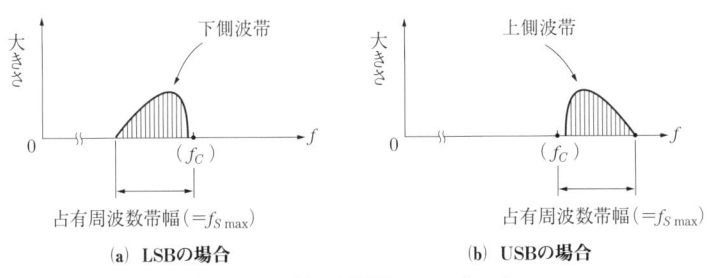

(a)　LSB の場合　　　(b)　USB の場合

図 5-5　SSB 波の周波数スペクトラム

⑦ 受信にあたっては，同調操作が難しい．

といったことになります．

図5-5において，信号波の周波数の最高値を$f_{S\,max}$とすると占有周波数帯幅は$f_{S\,max}$と同じです．したがって占有周波数帯幅の許容値が3kHzということは，$f_{S\,max}$は3kHzということになります．

SSBでは復調のときに，送信側で抑圧した搬送波と同じ周波数関係にある信号を受信側で正確に注入してやる必要があり，これが同調操作を難しくしています．しかし，それに優る利点があるために，振幅変調系の通信方式としてはもっぱらこのSSBが使われています．

通常，AM送信機の出力は平均電力で表されるのに対して，SSB送信機の場合には側波帯の尖頭電力で表されます．AMとSSBを同じ公称出力で比較すると，SSBの場合の出力はAMの場合の4倍の通信能力に匹敵します．

5-2-3 FM

FMというのは周波数変調のことで，電波型式はF3Eです．FMは他の電波型式に比べて占有周波数帯幅が広いために主にV/UHF帯以上で使われています．

FMの特徴は，振幅変調系に比べて

① 受信のときに振幅制限器が使えるので電界強度の変化に強い．
② 同じ周波数のFM波があった場合，強いほうが弱いほうを抑える．
③ 電界強度が低下すると，ある点で急激に信号対雑音比が悪化する．
④ 占有周波数帯幅が広い．
⑤ 雑音が少なく，音質がよい．
⑥ 送信機や受信機の操作が簡単．

といったことになります．

FMの場合，法令で定める占有周波数帯幅の許容値は，144MHz帯以下においては40kHz，430MHz帯では30kHzとなっていますが，実際には電波の有効利用を図るために20kHz以下となっています．それでも，振幅変調系と比べて数倍も広くなっています．

図5-6はFMとAMの受信機入力電圧と受信機出力のS/Nを比べてみたもので，FMではスレッショルドレベル以上ではAMに比べて良好なS/Nが得られますが，受信機入力電圧が小さくなってスレッショルドレベルを下回るとFM

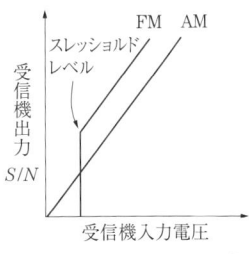

図5-6 FMとAMの比較

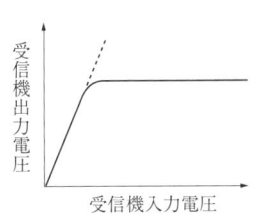

図5-7 振幅制限器の効果

ではS/Nが急激に悪化します．

また，FMでは受信機に振幅制限器を設けることによって受信機にある程度の入力があると図5-7のように出力が一定になり，入力電圧が変化しても出力電圧を一定に保つことができます．ちなみに，点線は振幅制限器が無い場合です．

FMは，雑音が少なくて音質がよい，また無線機の操作が簡単だという特徴を生かして，モービルやハンディなど移動運用に使われています．

5-2-4　D-STARのDVモード（ディジタル音声通信）

音声をAD変換してディジタル信号に直して送受信するディジタル音声通信にはいくつかの方式がありますが，ここではJARLが提唱しているD-STARの例を紹介します．

D-STARのディジタル通信にはディジタル音声（DVモード）とディジタルデータ（DDモード）がありますが，音声通信を行うのはDVモードで，その仕組みは図5-8のようになります．D-STARのDVモードの電波型式はF7Wです．

ディジタル音声通信の心臓部は，AD変換をするCODECの部分です．CODECにはいくつかの方式がありますが，D-STARで採用されているのはAMBE（Advanced Multi-Band Excitation）というものです．DVモードの音声の変換速度は2.4kbps，また音声に簡単なデータをつけて送ることができるようになっており，音声＋データのときの伝送速度は4.8k bps（bits per second，ビ

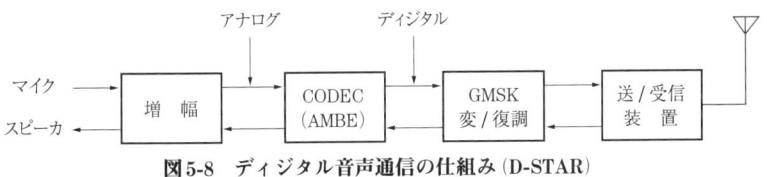

図5-8　ディジタル音声通信の仕組み（D-STAR）

ット毎秒）で，占有周波数帯幅は約6kHz，このようにして符号化された音声信号はGMSK変調されて送信されます．

　ディジタル音声通信方式の特徴は，
① 音声のほかにコールサインなどの情報をデータとして送ることができる．
② 電界強度が十分にある場合には，電界強度の変動に強い．
③ 電界強度が低下して受信限界を超えると，急速に受信できなくなる．
④ FMに比べると占有周波数帯幅が6kHzと狭いが，FM並みの音質が得られる．
⑤ 音質が良くて，操作が簡単．

といったことがあげられます．ディジタル音声通信方式は，その特徴を生かして主にV/UHF帯で使われています．

5-3　文字通信

　アマチュア無線の通信には，文字を送り受けする文字通信があります．文字通信といえばRTTYを思い浮かべますが，初期の頃のRTTYというのは印刷電信とも呼ばれ，テレタイプ（Teletype）と呼ばれる機械を使っていました．
　文字通信はRTTYもPSK31も文字を符号化して送受信するディジタル通信で，コンピュータが普及するにつれて文字通信は身近なものとなりました．そしてその後，RTTY以外にも新しい文字通信方式が生まれています．

5-3-1　RTTY

　RTTY（Radio Teletype）は無線印刷電信のことで，文字通信方式としては最も古くから行われているものです．昔はテレタイプ専用の機器を使用して通信を行っていましたが，コンピュータの普及により，**写真5-1**のようにパソコンを使用して通信を行うのが主流となっています．

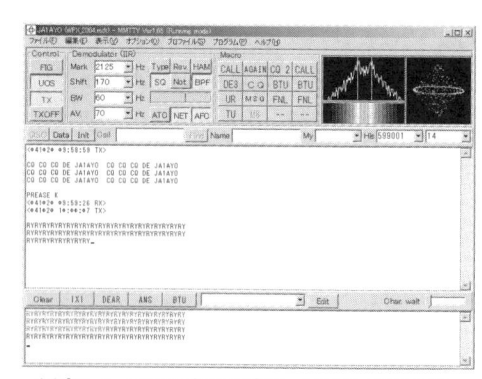

写真5-1　RTTYを運用中のパソコン画面の例

5-3 文字通信

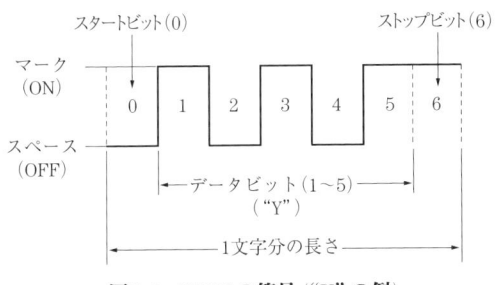

図5-9 RTTYの符号("Y"の例)

文字通信を行う場合，文字としてはアルファベットやカナ漢字，数字などがありますが，RTTYで扱えるのはアルファベットと数字，それに記号だけです．

RTTYの電波型式は一次変調をAFSK，二次変調をSSBとした場合，F1Bです．

● **RTTYの符号**

RTTYで使用する符号は等間隔のパルスでできており，パルスがONの状態をマーク，OFFの状態をスペースといいます．そして実際のRTTYの符号は，文字を表現する5ビットと，区切りを表すスタートビットとストップビットのそれぞれ1ビット，合計7ビットで構成されています．

図5-9はRTTYの符号の成り立ちを示したもので，文字を表すデータビットのところはアルファベットの"Y"の場合です．

これがRTTYの符号の基本ですが，データビットが5ビットだと$2^5 = 32$の32通りの文字しか表現できません．それでもアルファベット26文字だけならこれでよいのですが，そのほかに数字や記号が必要になります．そこで，実際のRTTYではシフトコードと呼ばれる符号を用意して，文字の場合と数字や記号の場合を区別して送れるようになっています．

● **RTTYの通信速度**

RTTYの通信速度は，ボーレートで表します．ボーレートbは単位パルス(1ビットの符号)のパルス幅を時間t(秒)で表したものの逆数で，

$$b = \frac{1}{t} \quad [\text{ボー}] \qquad \cdots\cdots\cdots\cdots 5\text{-}2$$

で表されます．

第5章 通信方式

(a) 単位パルス

(b) 実際に使われている45.45ボーの例

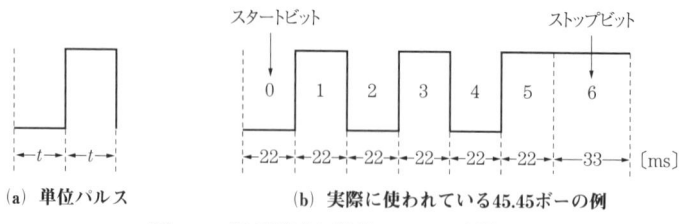

図5-10　通信速度と単位パルスの時間

そこで，仮に**図5-10(a)**において$t = 20$msとすると，ボーレートbは，

$$b = \frac{1}{20 \times 10^{-3}} = 0.05 \times 10^3 = 50 \ (\text{ボー})$$

のように50ボーになります．また，実際のRTTYでは45.45ボーが使われており，この場合の1ビットの時間は**式5-2**より，

$$t = \frac{1}{b} = \frac{1}{45.45} \ (\text{s}) \fallingdotseq 22 \ (\text{ms}) \qquad \cdots\cdots\cdots\cdots 5\text{-}3$$

のように計算できます．**図5-10(b)**は，**図5-9**で示した"Y"の45.45ボーの場合を示したもので，スタートビットは22msでなくてはなりませんが，ストップビットは長くてもよく，1.5倍程度に選ばれます．この場合の全体のビット数は7.5ビットとなり，1文字の符号長は165msとなります．

RTTYの通信速度の表し方には，ボーレートのほかに1分間に送れる文字数（字/分）やWPM（1分間に送れる語）があります．45.45ボーの場合の1分間に送れる文字数を調べてみると，bはボーレートで45.45ボー，nは1文字のビット数で7.5ビットですから，文字数ℓは**式5-1**から，

$$\ell = \frac{60b}{n} = \frac{60 \times 45.45}{7.5} \fallingdotseq 364 \ (\text{字/分}) \qquad \cdots\cdots\cdots\cdots 5\text{-}4$$

と計算できます．これは，モールス符号による電信と比べると6倍くらいの速さになります．

● **FSKとAFSK**

RTTYの信号は，搬送波を直接キーイング（FSK，Frequency Shift Keying）したり，AFSK（Audio Frequency Shift Keying）で一次変調したあと電話送信機のマイクロホン入力から二次変調して送信します．いずれの場合にも，マー

5-3 文字通信

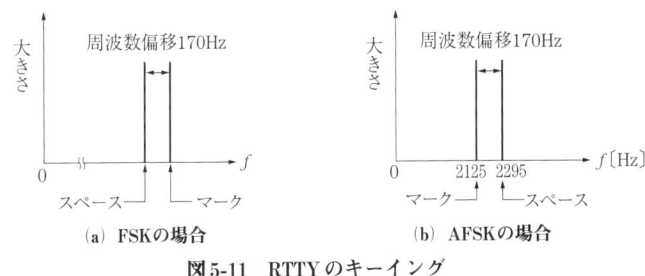

(a) FSKの場合 — 周波数偏移170Hz、スペース、マーク

(b) AFSKの場合 — 周波数偏移170Hz、2125、2295、マーク、スペース

図5-11 RTTYのキーイング

ク時とスペース時の周波数偏移は，アマチュア無線においては170Hzに選ばれます．この場合の周波数偏移幅は，±85Hzです．

図5-11(a)はFSKの場合を示したもので，搬送波を直接キーイングしますからキーイングされた周波数は送信周波数そのものです．そして，マークに比べてスペースの周波数が170Hzだけ低くなるようにします．

図5-11(b)は，AFSKの場合を示したものです．この場合にも一次変調はFSKで，**図**(b)に示したAFSKでは二次変調をSSB送信機で行った場合に第2高調波が音声帯域内(普通，300〜2700Hz程度)に落ちないようにマークやスペースの周波数は2000Hz以上に選ばれます．

図5-11(a)に比べて**図**(b)ではマークとスペースが逆になっていますが，これは二次変調をLSBで行うからです．ちなみに，LSBの場合には側波帯の方向が逆転しますから，復調されたものはマークに比べてスペースの周波数が170Hzだけ低くなります．

RTTYの占有周波数帯幅は，周波数偏移が170Hzでボーレートが45.45ボーの場合，320Hzくらいです．

5-3-2 パケット通信

パケット通信は，AX.25というアマチュア無線用のプロトコルを使って行うディジタル通信です．AX.25の元になっているのはCCITT X.25という有線パケット交換用プロトコルで，アドレスのところにコールサインが使えるなどの修正が施されてAX.25となりました．

パケット通信というのはデータをパケット(＝小包)に分け，それぞれのパケットにデータと共にアドレスや誤り訂正などの制御コードをつけて送り出す方

第5章　通信方式

| フラグ | アドレス | 制御 | PID | 情報 | FCS | フラグ |

図5-12　AX.25の情報フレームの構成

法です．データの部分は基本的にはテキストデータを扱うようになっており，主に文字通信に使われています．

パケット通信の伝送単位（1パケット）のことをフレームといい，監視フレームや非番号フレーム，情報フレームといった型があります．

図5-12はAX.25の情報フレームの構成を示したもので，アドレスにはフレームの発信元や宛先が入りますし，情報フィールドには相手に送り届けるデータが入ります．また，制御フレームは型の識別を行うフレーム，PID（Protocol IDentifier）はプロトコルを識別するフレーム，そしてFCS（Frame Check Sequence）は誤り制御のためのフレームです．

パケット通信に必要な設備は無線機のほかにTNC（Terminal Node Controller）とコンピュータで，TNCは無線機とコンピュータの間に置かれてパケット通信に必要な処理をすべて行います．通信速度は1200bpsが主流で，ほかに高速伝送の9600bpsがあります．変調方式は，1200bpsはAFSK方式，9600bpsはGMSK方式となっています．パケット通信の電波型式はF1DやF2Dとなります．

5-3-3　PSK31

PSK31は英国のG3PLXによって提唱された通信方式で，変調方式はPSK（Phase Shift Keying）で占有周波数帯幅が約31Hzであるところからこのように呼ばれます．PSK31は文字を符号化して送るディジタル通信で，占有周波数帯幅が極めて狭く，小電力で通信が可能な文字通信方式です．PSK31の電波型式は，二次変調をSSBとした場合G1Bです．

PSK31の基本は古くからあるRTTYに置かれていますが，使用する符号や変調方式は無線機の高

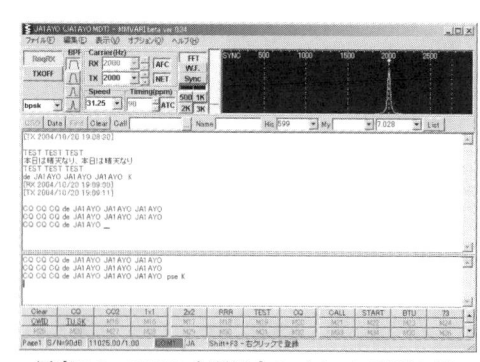

写真5-2　PSK31を運用中のパソコン画面の例

性能化やコンピュータの登場に合わせたものになっています(**写真5-2**).

● **PSK31の符号**

　PSK31の符号はRTTYの符号と違ってVaricodeと呼ばれる最大10ビットの可変長の符号で,128文字のASCIIコードが10ビットに割り当てられています.なお,ASCIIコードというのは,コンピュータで使われている標準コード体系です.

　Varicodeの基本は,頻度の高い文字は短くというモールス符号に由来しています.英文で文字の出現頻度の高いものはa, e, i, n, o, r, tなどとされていますが,モールス符号でもこれらの符号は短くなっており,Varicodeでもこの思想が生かされています.ちなみに,Varicodeでいちばん短い符号はスペースで1ビットです.

　RTTYで伝送できるのは英数字のみでしたが,PSK31ではASCIIコードのすべてが扱えるので,2バイトコードの漢字が送れます.

● **PSK31の通信速度**

　PSK31の通信速度は31.25ボー,Varicodeの1文字あたりの平均的なコード長は6.5ビットとなっており,これより**式5-4**で1分間に送れる文字数は,

$$\ell = \frac{60b}{n} = \frac{60 \times 31.25}{6.5} \fallingdotseq 288 \; 〔字/分〕$$

のようになります.これは,キーボードの標準的なタイプ速度に相当します.

● **PSK31の運用**

　PSK31の運用はコンピュータの使用が前提になっており,一次変調は通常はBPSK(Binary Phase Shift Keying；2相PSK)ですがQPSK(Quadrature Phase Shift Keying；4相PSK)も可能です.これらは,ABPSKやAQPSK方式ということになります.

　二次変調は,電話送信機のマイクロホン入力から行います.モードはSSBが主流ですが,FMが使われることもあります.PSK31は小電力で遠距離と交信できる,また漢字を伝送することもできるので,文字通信方式としてよく使われています.

第5章 通信方式

5-4 映像/画像通信

　映像/画像通信の代表的なものはテレビジョン（Television；TV）で，アマチュア無線で使われるものには映像を扱うFSTV（Fast Scan TV；高速走査TV）と画像（静止画）を扱うSSTV（Slow Scan TV；低速走査TV）の二種類があります．これらのうち，FSTVのほうはATV（Amateur TV）とも呼ばれます．

5-4-1　ATV（FSTV）

　これは日本のテレビ放送で使われているアナログTVの標準方式（NTSC方式）を使って通信をするもので，SSTVに対してFSTVと呼ばれます．ATVの電波型式は，映像だけのときはA3FやF3F，副搬送波で音声信号を同時に送信する場合にはA8Wです．

　NTSC方式は，
① 　水平走査線数…525本
② 　毎秒の像数…30枚
③ 　水平走査周波数…15750Hz（525×30）
というもので，変調方式は映像が残留側波帯方式のAM，音声はFMです．

　図5-13はFSTVの場合の周波数帯域を示したもので，映像信号周波数から3.579545MHz離れたところに色信号副搬送波があり，同じく映像信号搬送波から4.5MHz離れたところに音声信号搬送波があります．また，映像信号周波数帯

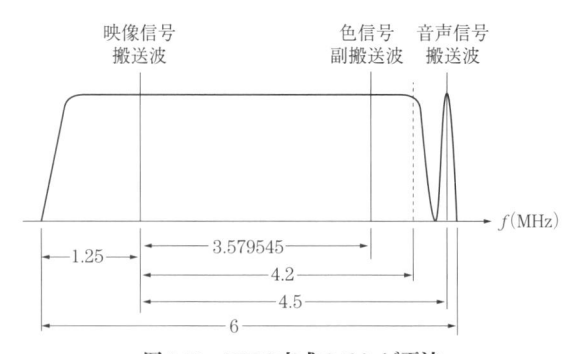

図5-13　NTSC方式のテレビ電波

194

幅は4.2MHz（4MHz），音声を含んだ全体の占有周波数帯幅は6MHzです．

FSTVは占有周波数帯幅が6MHzと広いために，広い周波数帯幅がある1200MHz帯以上でしか使えません．

5-4-2　SSTV

画像（写真）を送るSSTVにはアナログSSTVとディジタルSSTVがあり，FSTVと違って占有周波数帯幅が狭く，音声帯域内で送れるところから，短波帯でも楽しめる画像通信方式です．

初期のSSTVは，モノクロの静止画像で，
① 走査線数…約120本（128本）
② 1枚の画像を送るのに要する時間…約8秒
③ 水平走査周波数…約15Hz
④ 画面の高さと幅の比…1：1
⑤ 同期信号周波数…1200Hz
⑥ 画像信号…黒が1500Hz，白が2300Hz
というものでした．

最も古くはフライングスポットスキャナ方式と呼ばれるブラウン管と光電子増倍管を使って画像信号を得る方法が使われましたが，その後，標準方式のテレビ信号をSSTV信号に変換するスキャンコンバータが使われました．

スキャンコンバータを最初に作ったのはアメリカのロボットリサーチ社で，ロボット8と呼ばれるものはモノクロ（BW）で走査線数が120本，1枚の画像を送るのに要する時間は8秒とそれまでの方式に準拠したものでした．その後，カラー（RGB）になって多くの方式が生まれましたが，現在はコンピュータで画像信号を作り出す**写真5-3**に示すようなソフトウェアSSTVが中心になっています．

現在，ソフトウェアSSTVとして最も良く使われている方式はフルカラーのScottie1と呼ばれるもので，
① 画像サイズ…320×256ピクセル
② 1枚の画像を送るのに要する時間…約110秒
となっており，同期信号周波数や画像信号周波数は変わりありません．

モノクロのロボット8の画素数は128×128＝16384画素，Scottie1の画素数は320×256＝81920画素で，画素数は5倍になっています．また，単純に考え

第5章　通信方式

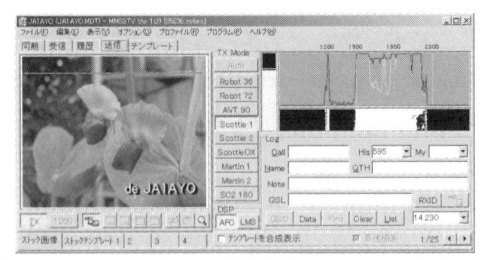

写真5-3　アナログSSTVを運用中のパソコン画面の例

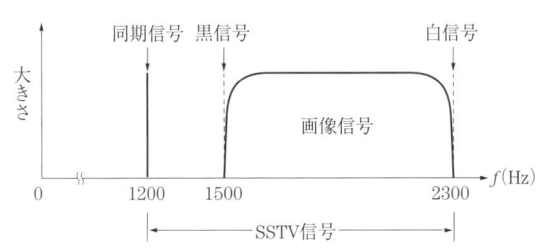

図5-14　アナログSSTVの信号分布（電波型式はF3F）

るとモノクロに比べるとフルカラーではR，G，Bの3原色を処理しますから3倍の時間がかかり，モノクロだと1枚の画像を送るのに要する時間が8秒だったものが，結局8×5×3＝120秒というようになります．

アナログSSTVの信号は，図5-14のように1200～2300Hzの間に分布しています．そこで，電波法上は1200～2300Hzの中央の1750HzにSCFM（Sub Carrier Frequency Modulation）の副搬送波を仮想し，周波数偏移幅を±550Hzとして処理するようになっています．このSCFMが一次変調で，これを電話送信機のマイクロホン端子に入力し二次変調して送信します．

ディジタルSSTVは一次変調がDPSKで，二次変調がSSBの場合の電波型式はG1Fです．

5-4-3　ファクシミリ（FAX）

ファクシミリは画像や写真の静止画を電気信号に変えて伝送するものの総称ですが，狭義的には白黒2階調の画像を伝送する模写伝送のことを指します．

図5-15はファクシミリの基本構成を示したもので，送信側では画像の原画に光を当て，走査して電気的な微小の点（画素）に分解して伝送します．受信側では，逆に走査して元に戻し，原画を再現します．このとき，送信側と受信側の

5-4 映像/画像通信

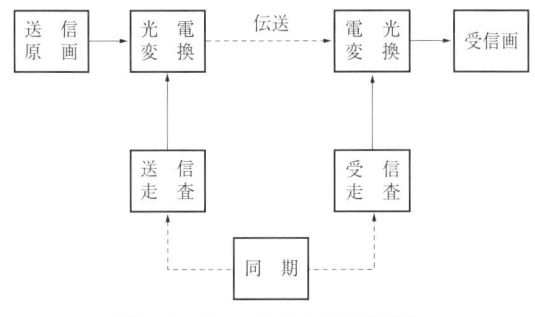

図5-15 ファクシミリの基本構成

タイミングを合わせる役目をするのが，同期です．

アマチュア無線で行われているファクシミリは，初期の頃から業務用に作られたファクシミリ装置を改造して使うことから始まったために，その影響を色濃く受けています．

自作をしていた初期の頃のアマチュアFAXと呼ばれるものは規格はまちまちでしたが，一例をあげると，

① 画線密度…3.85本/mm
② 協同係数…265〜295
③ 走査線速度…120走査/分
④ 伝送時間…9分（A4サイズ1枚）

といったところです．

現在では，業務用や家庭用のファクシミリの規格にはG1からG4まであり，G1とG2規格はアナログ方式のものです．現在使われているのはG3規格で，画像の処理はディジタルで行った後，アナログで伝送します．ちなみに，G4規格というのはディジタルで伝送するISDN用のものです．

アマチュアFAXの信号は，**図5-16**のように1500Hzに同期信号，そして黒信号が1500Hz，白信号が2300Hzで，1500〜2300Hzの間に分布しています．そこで，電波法上は1500〜2300Hzの中央の1900HzにSCFM（Sub Carrier Frequency Modulation）の副搬

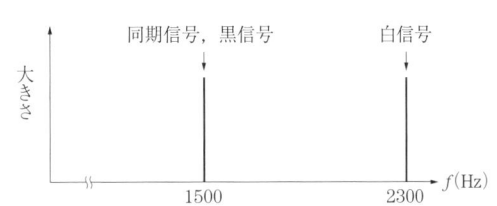

図5-16 ファクシミリの信号分布（白黒2階調）

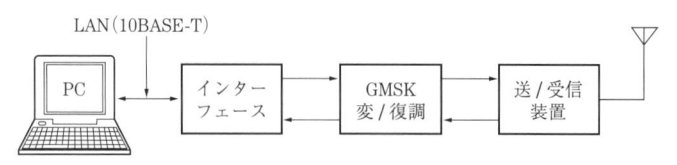

図5-17　ディジタルデータ通信の仕組み（D-STAR）

送波を仮想し，周波数偏移幅を±400Hzとして処理するようになっています．このSCFMが一次変調で，これを電話送信機のマイクロホン端子に入力し二次変調して送信します．

5-4-4　D-STARのDDモード（ディジタルデータ通信）

D-STARのDDモード（ディジタルデータ通信）の通信は，D-STAR対応の無線機とコンピュータをLAN(Local Area Network)接続して行います．通信速度は128kbps，これはISDNの2倍の速さです．D-STARのDDモードの電波型式はF1Dです．

図5-17はD-STARのディジタルデータ通信の仕組みを示したもので，流れているのはすべてディジタル信号です．ディジタルデータはパケットにして送受信されますが，パケットのデータ部はイーサネットパケットで構成されています．イーサネット(Ethernet)というのはLANの通信方式のことで，インターネットの通信手段であるIP(Internet Protocol)が通ります．そこで，コンピュータ上で走っているインターネット用のアプリケーションが利用でき，それに伴うデータのやり取りが可能です．

5-5　その他の通信方式

5-5-1　衛星通信

アマチュア無線の衛星通信で使われる人工衛星を，アマチュア衛星とかアマチュア無線衛星といいます．

●衛星の軌道

人工衛星の軌道を大別すると静止軌道とそれ以外の軌道に分けられます．静

5-5 その他の通信方式

止軌道以外の軌道とは，円軌道や楕円軌道，あるいは低軌道や中軌道といったものですが，静止軌道以外の軌道を回る人工衛星を周回衛星と呼びます．

衛星の高度と軌道は，静止衛星では約36,000kmの円軌道，低軌道衛星では約300～1,500kmの円軌道，中軌道衛星では約1,500～15,000kmの円軌道で，楕円軌道の場合の高度はこれらの組み合わせになります．

アマチュア無線衛星は周回衛星が主体で，大部分が低軌道衛星ですが，楕円軌道のうちの長楕円軌道の衛星もあります．長楕円軌道の衛星は，地球から最も遠くなる遠地点高度が50,000km以上にも及びます．

●**衛星との通信回線**

衛星通信の場合，衛星は空間に浮かんでいますから，電波の伝搬経路の大部分は自由空間となり，これを自由空間伝搬路といいます．

衛星通信では，地球から衛星に向けて電波を発射するのを上り回線とかアップリンク，衛星から地球に向けて電波を発射するのを下り回線とかダウンリンクといいます．衛星によってアップリンクとダウンリンクの周波数をどのように選ぶかはまちまちですが，日本のJARLが製作したJAS（Japan Amateur Satelite）衛星で採用されたJモードと呼ばれるものは，アップリンクが144MHz帯，ダウンリンクが430MHz帯となっています．

衛星通信に使われる周波数帯は一部では短波帯も使われますが，大部分はV/UHF帯が使われています．また，どのような目的で衛星通信を行うかのミッションは，通常のCWやSSBでの通信のほかに，蓄積伝送方式のパケット通信も行われています．

周回衛星の場合，地上局から見た相対速度に応じてドップラー効果による受信周波数の変化が生じます．具体的には，**図5-18**のように衛星が近づいてくるときには衛星の送信周波数より受信周波数が高くなり，衛星が最も近づいたときに送信周波数に同じ，そして衛星が離れていくときには低くなります．高度が1,000km程度の周回衛星の

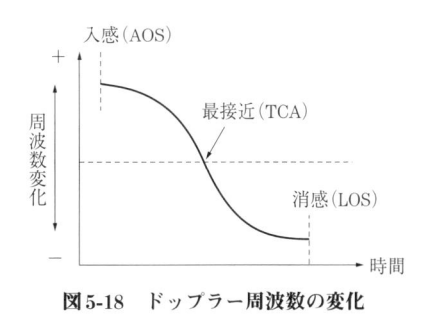

図5-18 ドップラー周波数の変化

ドップラー周波数は，数kHzにも及びます．

　衛星通信の場合には，衛星との距離が長いために通信の相手方に電波が届く時間が無視できなくなることもあります．これは衛星電話などで体験することがありますが，静止衛星の場合を例にすると高度hが約36,000km（3.6万km）ですから往復で7.2万km，一方，電波の伝搬速度cは30万km/sですから電波の到達に要する時間tは，

$$t=\frac{2h}{c}=\frac{7.2}{30}=0.24 \text{［s］}$$

のようになります．アマチュア衛星の場合，長楕円軌道で衛星が遠地点にある場合にこのようなことになります．

　衛星通信では微弱な電波を受信しなければならないので，受信系での雑音の発生が重要な問題になります．受信系で発生する雑音は，受信アンテナを含む受信機内部で発生する雑音とアンテナで受信される宇宙からの外来雑音などの電力和となり，アンテナ入力に換算した雑音電力で表します．

　この雑音電力が絶対温度T［K］の抵抗体から発生する熱雑音の電力値と等しいとき，このTをアンテナを含む受信機全体の等価雑音温度といいます．そこで，受信機の周波数帯域幅をB［Hz］，ボルツマン定数をk［J/K］とすると，このときの雑音電力P_Nは

$$P_N=kTB \text{［W］} \quad \cdots\cdots\cdots\cdots 5\text{-}5$$

のようになります．この値が小さいほど，雑音が小さいことを意味します．

● **衛星通信の設備**

　衛星に積まれている中継器はトランスポンダと呼ばれ，地上からアップリンクされた信号を増幅したり周波数変換して，ダウンリンクとして地上に送り返します．このとき，衛星のアンテナは地球に向けられます．

　衛星通信では，衛星の姿勢や回転によって電波の偏波面はいろいろと変わってきます．そこで，アンテナは円偏波のクロス八木などが使われます．なお，円偏波のアンテナを使うときには，偏波面の回転方向に注意する必要があります．

　そのほか，周回衛星を使って衛星通信を行う場合には，地上設備にドップラーを補正するような装置が必要です．

5-5-2　リピータ

アマチュア無線で使われるリピータ（中継局）はV/UHF帯の利用範囲を広げるためのもので，図5-19のように建物や障害物でさえぎられてしまうV/UHF帯の電波を遠くに届ける役目をするものです．したがって，リピータは見通しの良いビルや山の上に設置されます．

現在使われているリピータには，FMによるアナログリピータと，ディジタル信号を中継するディジタルリピータがあります．

● アナログリピータ

アマチュア無線衛星もリピータの一種でアップリンクとダウンリンクは違う周波数帯が使われていますが，地上のリピータでは同一周波数帯を使って行われます．ちなみに，430MHz帯の場合には一般にアップリンクf_1が434～435MHz，ダウンリンクf_2が439～440MHzで，周波数間隔は5MHzのFMリピータとなっています．

リピータの制御はCTCSS（Continuous Tone Coded Squelch System）方式で，トーン周波数は標準で88.5Hzが使われています．

リピータの開設されている周波数帯は一部HFの29MHz帯のものもありますが，大部分は430MHz帯以上のUHF帯で，SHF帯の5600MHz帯と10.1GHz帯のものもあります．

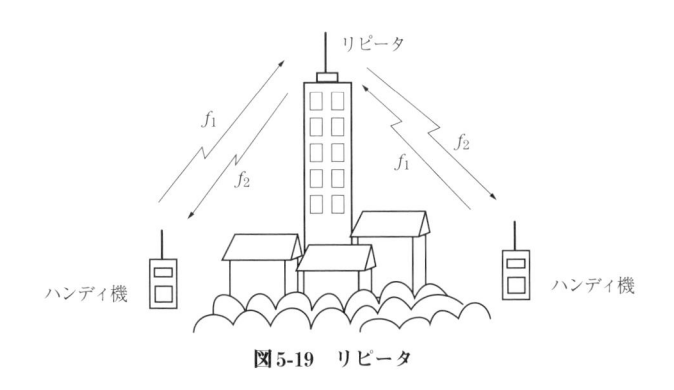

図5-19　リピータ

第5章　通信方式

●ディジタルリピータ

　ディジタル通信を行うD-STARでは，その利用範囲を拡大するためにディジタルリピータが用意されており，中継並びにインターネットとの相互接続が可能になっています．

　D-STARのディジタルリピータは430MHz帯や1200MHz帯などがあり，アップリンクとダウンリンクの周波数間隔はアナログリピータの場合と同じです．

　D-STARには，リピータ間を中継するアシスト局も用意されています．アシスト局の中継には5600MHz帯や10.1GHz帯が使われ，データの伝送速度は10Mbpsです．

5-5-3　EME

　EMEとはEarth – Moon – Earth（地球－月－地球）のことで，地球から月に向かって電波を発射し，月面で反射されて地球に帰ってきた電波を受信して通信するものです．

　地球から月までの距離は約38万kmですから往復で約76万km，電波の伝わる速度は30万km/sですから，地球から発射された電波が地球に戻ってくるには約2.5秒もかかります．

　EMEの通信に使われる周波数は電離層を突き抜けるときの減衰の少ないV/UHF帯やSHF帯が使われますが，約76万kmもの距離があるうえに，月面にぶつかった電波が反射されて戻るときの減衰が極めて大きくなります．そこで，通信にあたっては大電力の送信機と高感度の受信機，それにハイゲインのアンテナが必要になります．

　月は自転をしながら地球の周りを回っており，地球から見た速度は約1km/sです．そのためにドップラー効果を生じ，周波数が変化します．

第6章

無線機

　アマチュアの無線通信で使われる無線機は，受信機と送信機から成り立っています．そして，受信機と送信機を機能的に結合したのがトランシーバです．昔は送信機と受信機は別々でしたが，現在ではほとんどの無線機がトランシーバとなっています．

6-1　送信機

　送信機には，発射する電波の型式によって電信送信機，DSB送信機，SSB送信機，それにFM送信機などがあります．

6-1-1　送信機に要求される性能

　送信機に要求される基本的な性能には，送信出力や不要輻射強度，占有周波数帯幅，それにSSB送信機では搬送波抑圧比や不要側波帯抑圧比，FM送信機では最大周波数偏移などがあります．

●送信出力

　送信機には定格送信出力があり，その出力が安定に出せなければなりません．送信出力は，搬送波のある電信やDSB，FM送信機の場合には搬送波の平均電力で表されますが，搬送波が抑圧されているSSBの場合には側波帯の尖頭電力で表されます．

●不要輻射強度

　送信機の出力には，希望する周波数の電力のほかに不要な周波数成分が必ず含まれており，これを不要輻射とかスプリアスといいます．不要輻射が多いと，

他の通信に妨害を与える恐れがあります．不要輻射強度の許容値はスプリアス発射の強度の許容値として電波法令で定められており，送信機はこれを満足していなければなりません．

　不要輻射には，寄生発射と高調波発射，それにヘテロダインにより発生する発射があります．寄生発射は，送信機の増幅器で異常発振を起こしたときに発射されるものです．また，高調波は増幅器の非直線性による非直線ひずみによって発生し，送信周波数の整数倍の高周波が発射されてしまうものです．そしてヘテロダインによる発射というのは，ヘテロダイン方式の送信機でヘテロダインで生じた不要な周波数が発射されてしまうものです．

　寄生発射は増幅器の不具合によって発生するもので，不具合を解消すればなくなりますが，高調波発射やヘテロダインによる発射はどのような送信機でも多かれ少なかれ必ず生じます．

　不要輻射強度の許容値は，周波数帯によって異なります．不要輻射強度は送信する周波数の平均電力より不要輻射の電力がどれくらい低いかの値で表され，－60dB以下とか60dB以上というように表現されます．どちらの場合もその意味合いは同じで，その値が大きいほど不要輻射は少ないことになります．

●占有周波数帯幅

　送信機では変調をかけると側波帯を生じ，側波帯は幅を持ちます．その幅が占有周波数帯幅で，占有周波数帯幅が必要以上に広いと他の通信に妨害を与える恐れがあります．占有周波数帯幅の許容値は電波法令で定められており，送信機はこれを満足していなければなりません．

　占有周波数帯幅の許容値は，電信波（A1A）が500Hz，DSB波（A3E）が6kHz，SSB波（J3E）が3kHz，FM波（F3E）が40kHz（430MHz帯では30kHz）となっており，実際の送信機の占有周波数帯幅はこれ以下でなければなりません．

●周波数偏差

　送信機では送信周波数が正確で変動しないことが大切で，周波数偏差の許容値は電波法令で定められています．

　送信周波数を周波数偏差の許容値内に収めるには，電源電圧や負荷の変動が原発振の発振周波数に影響を及ぼさないようにすること，原発振の発振回路は

気温や湿度の変化の影響を受けないようなものを選ぶこと，また振動や衝撃が原発振に影響を及ぼさないようにしなければなりません．

● 搬送波抑圧比と不要側波帯抑圧比 (SSB)

SSB送信機では搬送波と片方の側波帯を抑圧しますが，それらの抑圧が不十分だと他の通信に妨害を与える恐れがあります．これらは不要輻射の一種なのですが，SSB送信機では重要な値なので特別に扱われます．

● 最大周波数偏移 (FM)

FM送信機で占有周波数帯幅を決める要素の一つが周波数偏移で，周波数偏移が大きいと占有周波数帯幅が広がり，他の通信に妨害を与える恐れがあります．そこで最大周波数偏移を例えば±5kHzというように決めて，これに収まるようにします．

6-1-2　送信機で使われる増幅器など

送信機では，A級増幅器のほかにB級増幅器やAB級増幅器，それにC級増幅器が盛んに使われます．また，周波数逓倍器も使われます．

● 直線増幅器とC級増幅器

図6-1は，直線増幅とC級増幅の違いを示したものです．この二つを比べてみると，直線増幅は増幅器の入力電力と出力電力が比例している部分を使うのでひずみは少ないのですが効率が悪いのに対して，C級増幅のほうは入力電力と出力電力が比例していないので，ひずみが多いのですが大きな出力が得られ，効率のよいのが特徴です．

直線増幅器は**図6-1**のように入出力特性の直線部分を利用するところからこのように呼ばれ，実際にはA級増幅器やAB級増幅器，それにB級増幅器のことを指します．これらはA級よりもAB級，さらにB級増幅器のほうが効率が良いのですが，実際の送信機ではひずみと効率の両面からAB級増幅が使われるのが普通です．

送信機では，搬送波や電信波，それにFM波の増幅にはC級増幅器を使うことができます．しかし，振幅に信号波成分を持っているDSB波やSSB波を増幅

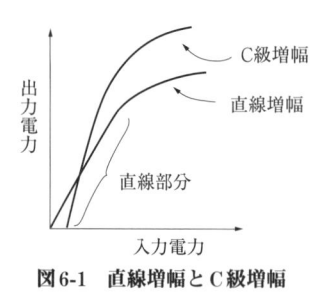

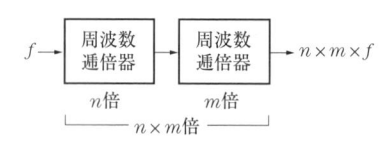

図6-1　直線増幅とC級増幅　　　　図6-2　周波数逓倍器の従続接続

する場合には，直線増幅器を使わなければなりません．

●周波数逓倍器

　周波数逓倍器は，本来は水晶発振器では直接得られないような高い周波数を必要とする場合に利用するものですが，送信機ではもっと積極的な利用法があります．アマチュア無線で使われる周波数帯の一部は整数倍の関係にありますが，周波数逓倍器を使うと一つの原発振周波数から複数の周波数帯の送信周波数を作り出すことができます．

　もう一つはFMの場合で，FM波をn倍に周波数逓倍すると周波数だけでなく周波数偏移もn倍になります．これは，周波数変調で一度に目的の周波数偏移量が得られないようなときに利用されます．

　なお，周波数逓倍器を図6-2のように従続接続すると，全体の逓倍数はそれぞれの周波数逓倍器の逓倍数の積になります．周波数逓倍器の効率は逓倍数が大きくなるほど悪くなり，送信機で実際に使われるのは3逓倍までです．

●緩衝増幅器

　搬送波発振器が後段の影響を受けて周波数が変動しないように設けるのが緩衝増幅器ですが，それ以外にも前段と後段の間に設けて後段の影響が前段に及ばないようにするために使われます．

6-1-3　送信機の基本的な構成

　送信機には，原発振周波数から送信周波数を得るやり方によって，周波数逓倍方式とヘテロダイン方式があります．

　図6-3は周波数逓倍方式の送信機の構成の一例を示したもので，搬送波発振器

6-1 送信機

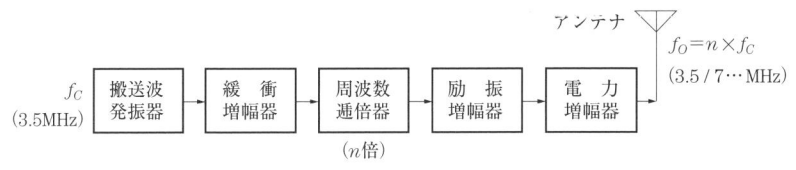

```
fC          搬送波    緩衝    周波数    励振    電力         アンテナ
(3.5MHz)    発振器   増幅器   逓倍器   増幅器  増幅器              fO = n × fC
                                    (n倍)                        (3.5 / 7 … MHz)
```

図6-3　周波数逓倍方式の送信機の構成

の周波数（原発振周波数）をf_C，周波数逓倍器の逓倍数をnとすると，送信周波数f_Oは，

$$f_O = n \times f_C \quad \cdots\cdots\cdots\cdots 6\text{-}1$$

となります．

アマチュア無線の周波数帯のうち，3.5/7/14/21/28MHz帯は3.5MHzの整数倍の関係になっています．そこで，3.5MHzの原発振周波数から，周波数逓倍をすることによって，7〜28MHz帯の送信周波数を作り出すことができます．

周波数逓倍方式による送信機の構成は簡単ですが，送信周波数が原発振周波数の整数倍になっていない場合もあり，1台の送信機ですべての周波数帯をカバーするようなマルチバンドの送信機には不向きです．

励振増幅器は周波数逓倍器の出力を電力増幅器を働かせるのに必要な大きさまで増幅するもので，電力増幅器は励振増幅器の出力を送信機の定格出力まで増幅します．

なお，電信波やFM波は周波数逓倍することができますが，搬送波の振幅に信号成分を含んでいるDSB波やSSB波は周波数逓倍をすることができません．

*

図6-4はヘテロダイン方式の送信機の構成を示したもので，周波数変換部を持っているのが特徴です．ヘテロダイン方式では，周波数変換部によって任意の送信周波数を得ることができます．

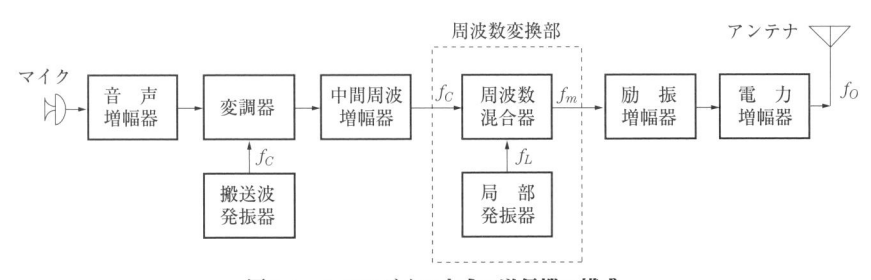

```
                                          ┌─ 周波数変換部 ─┐            アンテナ
マイク  音声     変調器    中間周波   fC   周波数   fm   励振    電力      fO
       増幅器             増幅器        混合器        増幅器  増幅器
                 ↑fC                    ↑fL
               搬送波                   局部
               発振器                   発振器
```

図6-4　ヘテロダイン方式の送信機の構成

簡単な送信機では今でも周波数逓倍方式のものもありますが，実際に使われているのはヘテロダイン方式の送信機がほとんどです．そこで，**図**6-4でヘテロダイン方式の送信機の各部の働きや役目を説明します．

●音声増幅器

マイクロホンから得られた音声信号を，変調に必要な大きさまで増幅します．普通，300～2700Hzくらいの音声帯域を増幅するようにします．

送信機によっては変調に先立って音声処理をすることがありますが，そのような処理もここで行います．

●搬送波発振器

送信電波の元となる高周波(搬送波)を作り出す部分で，そこで搬送波発振器と呼ばれます．搬送波発振器は発振周波数が正確かつ安定でなくてはならないので，水晶発振器が使われます．

●変調器

搬送波発振器で作られた高周波(搬送波)を，音声増幅器から得られた信号波で変調します．変調器は，DSB送信機ならDSB変調器，SSB送信機ならSSB変調器(平衡変調器)，FM送信機ならばFM変調器というように，送信機の種類によって違ってきます．

なお，電信送信機では変調器は不要で，代わりに電けん操作回路(キーイング回路)が必要になります．

●中間周波増幅器

変調器から得られた変調波を増幅します．中間周波増幅器は電信波やFM波の場合にはC級増幅器が使えますが，DSB波やSSB波の場合には直線増幅器としなければなりません．

●周波数変換部(周波数混合器＋局部発振器)

周波数変換部は周波数混合器と局部発振器からできており，動作は**図**4-83で説明したとおりです．

図6-4において，周波数混合器にf_Cとf_Lを加えると，出力周波数f_mは

$$f_m = f_C \pm f_L \qquad \cdots\cdots\cdots\cdots 6\text{-}2$$

のようになります．この場合，f_Lをf_Cより高く（$f_C < f_L$）選んで上側ヘテロダインとした場合には$f_m = f_L \pm f_C$，またf_Lをf_Cより低く（$f_C > f_L$）選んで下側ヘテロダインとした場合には$f_m = f_C \pm f_L$が得られますが，これらの中から帯域フィルタ（LC同調回路）を使って送信周波数f_Oを取り出します．

●励振増幅器

励振増幅器は，周波数変換部の出力を電力増幅器を働かせるのに必要な大きさまで増幅します．励振増幅器は一般に同調増幅器が使われますが，マルチバンドの送信機では増幅する周波数が周波数帯ごとに違ってくるので，広帯域増幅器が使われます．この励振増幅器も，電信波やFM波ではC級増幅器が使えますが，DSB波やSSB波の場合には直線増幅器としなければなりません．

●電力増幅器

電力増幅器は，励振増幅器の出力を送信機の定格出力まで増幅します．電力増幅器も一般に同調増幅器が使われますが，励振増幅器と同様にマルチバンドの送信機では増幅する周波数が周波数帯ごとに違ってくるので，広帯域増幅器が使われます．広帯域増幅器とした場合には，不要輻射強度を定格値に収めるために，出力側に周波数帯ごとの帯域フィルタを入れます．

電力増幅器の場合にも，電信波やFM波の場合にはC級増幅器が使えますが，DSB波やSSB波の場合には直線増幅器としなければなりません．

電力増幅器の効率は，電力増幅器から得られる送信出力電力と電源から供給される直流電力の比で表されます．

6-1-4　送信機の補助回路

送信機で使われる補助回路には，各種の送信機に共通のものと，送信機の種類によって特有のものがあります．ここでは，各種の送信機に比較的共通のものを紹介してみることにします．

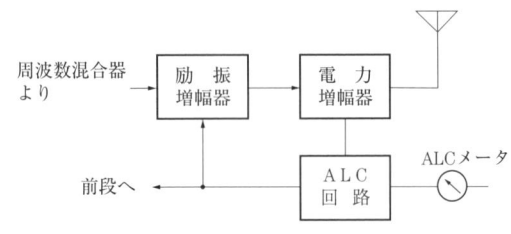

図6-5　ALCとALCメータ

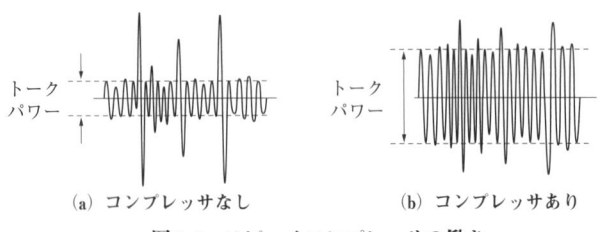

図6-6　スピーチコンプレッサの働き
(a) コンプレッサなし　　(b) コンプレッサあり

● ALC（自動レベル制御）

　DSB送信機やSSB送信機では電力増幅器を直線増幅としますが，電力増幅器の入力が過大（過励振）になるとひずみが発生し，占有周波数帯幅が広がります．そこで，図6-5のように電力増幅器から信号の振幅を検出して励振増幅器や中間周波増幅器に加え，信号が大きくなったときに前段の増幅度を下げて電力増幅器の入力が過大にならないように自動的に制御するのがALC（Automatic Level Control）です．

　ALC信号の大きさを表示するALCメータは電力増幅器が過励振にならないように監視するためのもので，メータの針が振れない範囲で使います．

● スピーチコンプレッサ

　スピーチコンプレッサはマイクコンプレッサとも呼ばれ，送信する音声信号の平均トークパワーを大きくして了解度を上げるために使います．

　私たちの音声エネルギー分布は一般に図6-6(a)のようになっており，電力はピーク時のレベルの15〜20％とたいへん低いものです．そこで，音声レベルが低いときには自動的に増幅度を上げ，音声レベルが高いときには自動的に増幅度を下げることにより図(b)のように音声レベルを平均化し，トークパワーを増

6-1 送信機

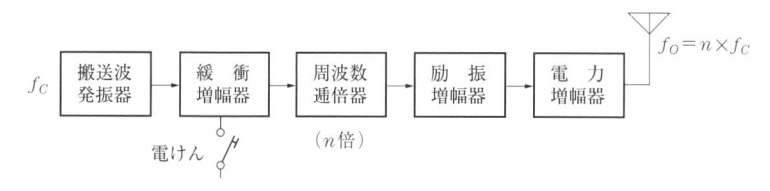

図6-7 周波数逓倍方式の電信送信機の構成

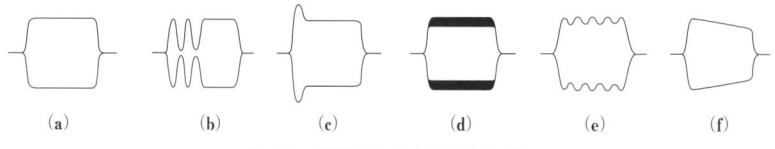

図6-8 電信送信機の出力波形

やすのがスピーチコンプレッサの働きです．

スピーチコンプレッサはDSB波やSSB波のときに有効で，したがってDSB送信機やSSB送信機で使われます．FM送信機の場合にはIDC回路（後述）がありますから，スピーチコンプレッサは使われません．

6-1-5　送信機の実際

送信機では，発射する電波の型式により，その構成が違ってきます．振幅変調系の送信機には，電信送信機，DSB送信機，SSB送信機があります．また，周波数変調系の送信機にはFM送信機があります．

なお，DSB送信機というのはDSB-WC（両側波帯－全搬送波），SSB送信機というのはSSB-SC（単側波帯－抑圧搬送波）を送信するものです．

●電信送信機

図6-7は周波数逓倍方式の電信送信機の構成を示したもので，電けん操作は緩衝増幅器で行うのが普通ですが，小出力の電信送信機では励振増幅器や電力増幅器で行うこともあります．

電信送信機では，電信波の出力波形に注意しなければなりません．**図6-8**は出力波形のいろいろで，図(a)は正常波形です．図(b)から図(f)は出力波形が異常な場合で，図(b)は電けん回路でチャタリングが起きている場合，図(c)は電けん回路でキークリックが起きている場合，そして図(d)は増幅器が寄生振動を

211

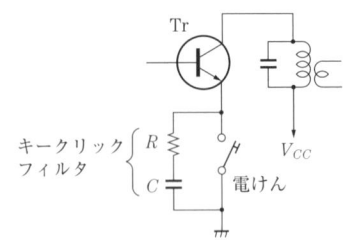

図6-9 電けん操作回路

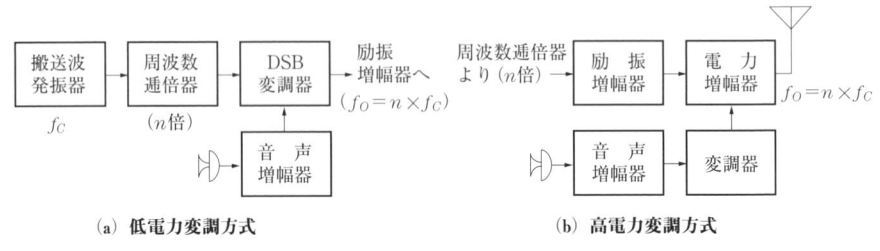

図6-10 周波数逓倍方式のDSB送信機
(a) 低電力変調方式　(b) 高電力変調方式

起こしている場合，図(e)は送信機の電源回路の平滑作用が不完全で，電源にリプルがある場合，図(f)は電源の電圧変動率が大きく，電源電圧が降下している場合です．

図(b)や図(c)は，電けんを閉じたときの接点の接触具合で発生するものです．図6-9は電けん操作回路の一例で，RとCはキークリックフィルタと呼ばれるものです．キークリックフィルタのRとCの値を適切に選ぶことにより，チャタリングやキークリックを減少することができます．

電信送信機を単独で作る場合には図6-7のような構成になりますが，DSB送信機やSSB送信機と共用にする場合にはヘテロダイン方式となります．

● DSB送信機

DSB送信機というのは，搬送波と両側波帯を持ったDSB-WC波（両側波帯－全搬送波）を送信するためのものです．

周波数逓倍方式のDSB送信機には，DSB変調をどこでかけるかによって低電力変調方式と高電力変調方式の二つの方式があります．

図6-10(a)は低電力変調方式の場合を示したもので，電力レベルの低いところでDSB変調をかけるのでこのように呼ばれます．この場合，励振増幅器から後

6-1 送信機

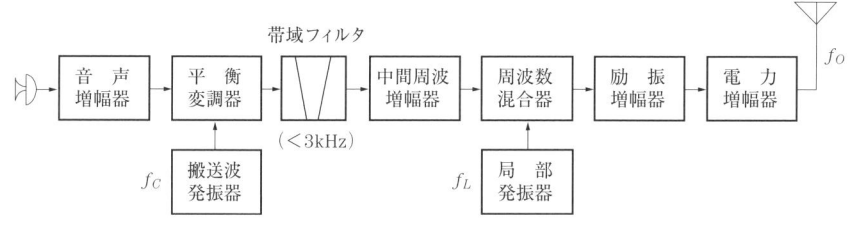

図6-11 SSB送信機の構成

は図6-3と同じです．

低電力変調方式では高電力変調方式より変調に要する低周波電力が少なくて済みますが，励振増幅器や電力増幅器は直線増幅器でなくてはならず，そのために送信機全体の効率はつぎに説明する高電力変調方式より悪くなります．

図6-10(b)は高電力変調方式の場合を示したもので，変調器というのは実は低周波電力増幅器です．高電力変調方式の場合，搬送波発振器と周波数逓倍器は図(a)の低電力変調方式の場合と同じです．

高電力変調方式の場合は，励振増幅器も電力増幅器もC級増幅器でよいので効率が良いのですが，変調器には大電力の低周波増幅器が必要になります．

ヘテロダイン方式のDSB送信機の構成は図6-4の変調器の部分をDSB変調器にしたもので，ヘテロダイン方式の場合の変調方式は図6-10(a)に示した低電力変調方式になります．したがって特徴などは低電力変調方式のDSB送信機と同じですが，局部発振器を持っているのでマルチバンドの送信機とするときには便利です．

● SSB送信機

SSB送信機というのは，SSB-SC波(単側波帯－抑圧搬送波)波を送信するためのものです．SSB送信機では帯域フィルタで搬送波発振器の周波数f_Cが決まり，しかもf_Cが送信周波数f_Oと異なるので周波数逓倍方式はありません．

図6-11はSSB送信機の構成を示したもので，平衡変調器からは搬送波が抑圧された上側波と下側波が得られます．そこで，帯域フィルタで上側波か下側波のどちらかを取り出します．この平衡変調器と搬送波発振器，それに帯域フィルタを加えたものを，SSB発生器といいます．

SSB送信機では帯域フィルタによって上側波と下側波を分離しますから，他

第6章　無線機

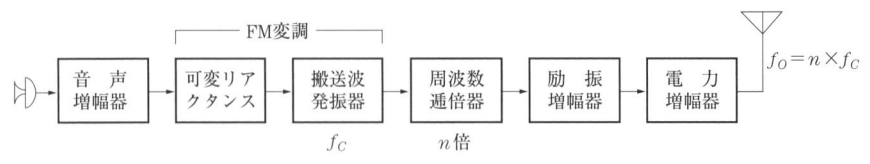

図6-12　直接FM方式のFM送信機の構成

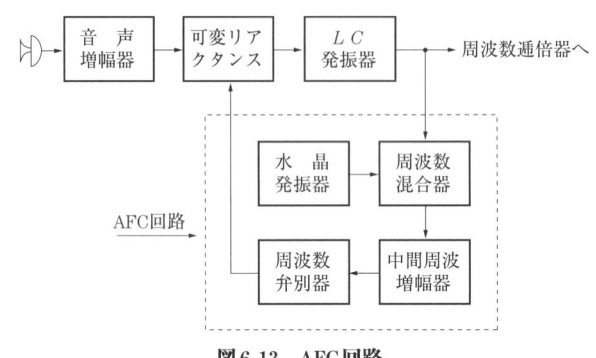

図6-13　AFC回路

の送信機の場合と違ってその性能は重要です．帯域フィルタの特性が不十分だと不要側波帯抑圧比が悪くなります．

SSB送信機では，中間周波増幅器からあとの増幅器はすべて直線増幅器としなければなりません．また，SSB送信機では6-1-4で述べたALCが重要な働きをします．

● **FM送信機**

FM送信機というのはFM（周波数変調）波を送信するためのもので，FMが許可されているのは28MHz帯とV/UHF帯以上なので，主にV/UHF送信機となります．FM送信機では，変調を直接FM方式とするか間接FM方式（PM変調）とするかで構成が変わってきます．

図6-12は直接FM方式のFM送信機の構成を示したもので，搬送波発振器を可変リアクタンスで直接，周波数変調するところからこのように呼ばれます．

直接FM方式の場合，搬送波発振器がLC発振器のような自励発振器の場合には変調がかかりやすいのですが，そのままでは周波数安定度が悪くて実用になりません．そこで，実用に供するにはAFC回路が必要です．

図6-13はAFC（Automatic Frequency Control，自動周波数制御）回路の構成

6-1 送信機

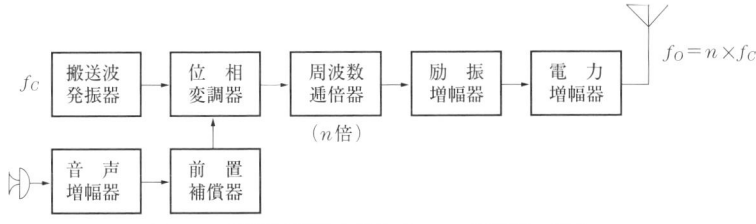

図6-14 間接周波数変調方式のFM送信機の構成

を示したもので，周波数混合器にLC発振器と基準となる水晶発振器の周波数を加えて中間周波を取り出し，増幅して周波数弁別器に加えます．そして，LC発振器の周波数が正しいときには周波数弁別器の出力電圧がゼロになるように，また周波数がずれるとそれに応じた電圧が出るようにしておき，この電圧を可変リアクタンスに加えて周波数のずれを補正します．

直接FM方式の場合，水晶発振子に変調をかけようとするとf_Sとf_Pの間隔は**図4-43**のようにきわめて狭く，周波数偏移はほんの少ししか得られません．それに対して，セラミック発振子ではf_Sとf_Pの間隔は水晶発振子の数十倍あり，そのために周波数安定度は水晶発振子には劣りますが，実用になる程度の周波数安定度と周波数偏移が得られます．

直接FM方式の場合，FM変調だけで十分な周波数偏移が得られれば，周波数逓倍器を省くことができます．また，直接FM方式の場合には周波数変調指数は信号波の周波数に反比例するので，音声増幅器にプリエンファシス回路(微分回路)を設けて高い周波数を強調して送ります．

図6-14は間接FM方式のFM送信機の構成を示したもので，位相変調器に変調をかけます．ここでPM波の位相変調指数をθ_d，FM波の周波数変調指数を$\frac{\Delta f}{f_S}$とすると，これらの間には$\theta_d = \frac{\Delta f}{f_S}$の関係がありますが，位相変調では，$\theta_d = 1$〔rad〕程度までしか変調がかけられません．これより，$\theta_d = 1$とすると$\Delta f = f_S$となり，周波数偏移Δfは信号波f_Sに比例することがわかります．

そこで，信号波の周波数f_Sを1kHzとすると周波数偏移Δfも1kHzとなり，これではFM送信機に必要な5～7kHzの周波数偏移は得られません．そこで例えば，1kHzの周波数偏移を6kHzまで広げるには周波数逓倍器で6逓倍してやればよいことになります．**図6-15**は144MHz帯のFM送信機の場合の一例を示したもので，6逓倍することにより144MHzの搬送波と6kHzの周波数偏移が得

第6章　無線機

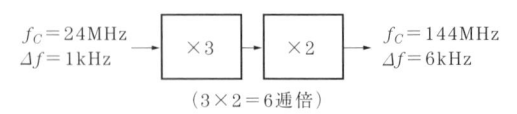

$f_C=24\text{MHz}$　→ ×3 → ×2 → $f_C=144\text{MHz}$
$\Delta f=1\text{kHz}$　　　　　　　　　　$\Delta f=6\text{kHz}$
(3×2＝6逓倍)

図6-15　FM送信機の周波数逓倍の一例

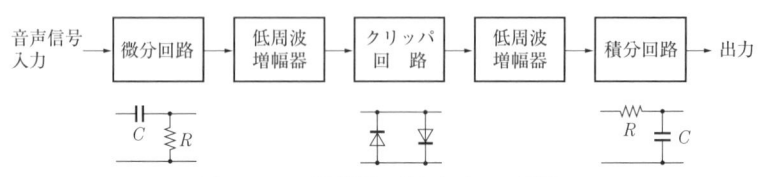

音声信号入力 → 微分回路 → 低周波増幅器 → クリッパ回路 → 低周波増幅器 → 積分回路 → 出力

図6-16　FM送信機で使われるIDC回路

られます．

　FM送信機では，周波数偏移が必要以上に広がらようにするためにIDC（瞬時周波数偏移制御，Instant Deviation Control）回路を音声増幅器とFM変調器の間に設けます．

　図6-16はIDCの構成を示したもので，音声信号入力は微分回路に加えられて高い周波数の部分が強められ，増幅したあとクリッパに加えられます．クリッパではあるレベルを超えるとその部分がクリップされて一様になり，増幅されます．その後，高い周波数が弱められる積分回路に加えられて出力となります．

6-2　受信機

6-2-1　受信機に要求される性能

　受信機の基本的な性能を表すものには，感度，選択度，忠実度および安定度があります．

●感　度

　感度というのは，その受信機がどの程度の弱い電波まで受信できるかを示す値で，普通，受信機の出力端子で50mW（通信用受信機では10mWとする場合もある）を得るのに必要なアンテナ端子の入力電圧で表します．

　受信機の感度は全体の利得が大きいほど良くなりますが，そのほかに受信機

の出力に生ずる信号出力(S)と雑音出力(N)の比，すなわちS/Nで決まります．そこで，受信機の感度を表すときには，S/Nを一定限度に保つ条件（例えば，S/N 10dB時）が付けられます．

　受信機の感度を左右する雑音には外来雑音と受信機自体で発生する内部雑音がありますが，受信機内部で発生する雑音を減らすには増幅に使用するトランジスタやFETに雑音指数の小さいものを使用するようにします．また，高周波同調回路のQを大きくすると外来雑音を減らすことができ，受信機の感度をよくすることができます．

　スーパヘテロダイン方式の受信機の通過帯域幅は中間周波増幅器で決まりますが，通過帯域幅が狭いほど通過する雑音の量が減り，S/Nが改善されます．したがって，中間周波増幅器の通過帯域幅を占有周波数帯幅に合わせることにより，DSBよりもSSB，さらには電信のほうが感度がよくなります．

● 選択度

　選択度というのは，空間に存在する多数の電波の中から自分の受信しようとする電波をどの程度，選択分離して混信しないように受信できるかの能力を示すものです．

　選択度には，近接周波数選択度と影像周波数選択度の二種類があります．普通に選択度という場合には近接周波数選択度のことで，影像周波数選択度はスーパヘテロダイン方式の受信機に特有のものです．いずれの場合にも，選択度が悪いと混信を起こします．

● 忠実度

　忠実度というのは，送信機から送られてきた信号波をどの程度まで忠実に再現できるかということを表すものです．スーパヘテロダイン方式の受信機の場合の忠実度は，中間周波増幅器の帯域幅や受信機内部で発生するひずみや発生する雑音などで決まります．

● 安定度

　安定度というのは，ある電波を受信したときに，再調整しないでその電波をどの程度の長時間，一定出力で受信できるかの能力を表すものです．

図6-17　ストレート受信機の構成

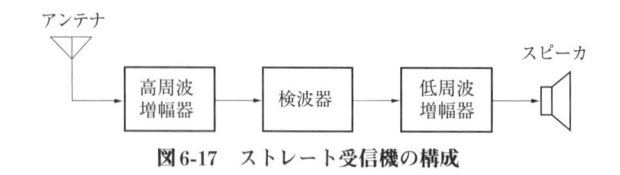

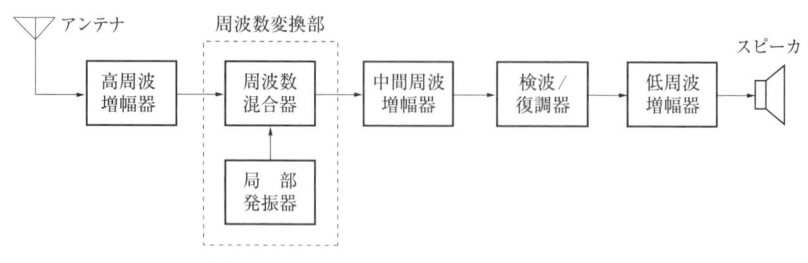

図6-18　スーパヘテロダイン受信機の構成

6-2-2　受信機の基本的な構成

　受信機の受信方式には，ストレート方式とスーパヘテロダイン方式の二種類があります．

　図6-17はストレート方式の受信機（ストレート受信機）の構成を示したもので，受信した電波を増幅して検波し，信号波を得ています．ストレート受信機の構成は簡単なのですが，感度や選択度が悪いので実際にはほとんど使われていません．

　図6-18はスーパヘテロダイン方式の受信機（スーパヘテロダイン受信機）の構成の一例を示したもので，現在使われているほとんどの受信機はこの方式を使用しています．スーパヘテロダイン方式では，アンテナから入ってきた電波を高周波増幅器で増幅したあと，周波数変換部で一定の周波数の中間周波に変換してから中間周波増幅器で増幅し，検波/復調器で信号波を取り出します．その後，低周波増幅器で増幅するところは，ストレート方式と同じです．

　図6-18に示したのは周波数変換を1回行うシングルスーパヘテロダイン方式ですが，周波数変換を2回行うダブルスーパヘテロダイン方式や3回行うトリプルスーパヘテロダイン方式もあります．

●**高周波増幅器**

　高周波増幅器は省略してもスーパヘテロダイン方式の受信機は作れるのです

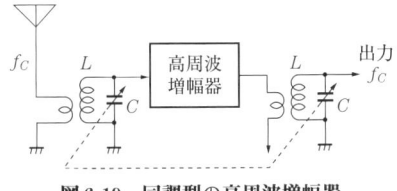

図6-19 同調型の高周波増幅器

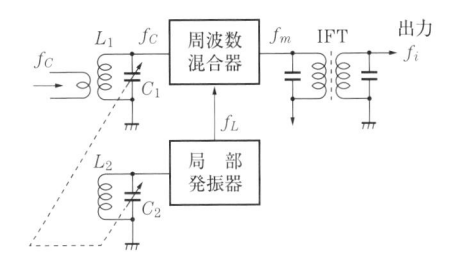

図6-20 周波数変換部の実際

が，高周波増幅器を設けることにより感度の向上が計れますし，影像周波数選択度の向上や信号対雑音比の向上，局部発振器の信号が外部に漏れ出すのを防ぐ役目などを果たします．

高周波増幅器は同調増幅器としますが，広帯域受信機では広帯域増幅器とフィルタの組み合わせとすることもあります．

図6-19は同調増幅器の回路を示したもので，LC同調回路のコイルのインダクタンスをL，コンデンサの最大静電容量をC_{max}，最小静電容量をC_{min}，回路の浮遊静電容量をC_sとすると，同調回路の最低共振周波数f_{min}は，

$$f_{min} = \frac{1}{2\pi\sqrt{L(C_{max}+C_s)}} \qquad \cdots\cdots 6\text{-}3$$

また，同調回路の最高共振周波数f_{max}は，

$$f_{max} = \frac{1}{2\pi\sqrt{L(C_{min}+C_s)}} \qquad \cdots\cdots 6\text{-}4$$

のようになります．

高周波増幅器のLC同調回路は，受信周波数に共振したときにCに発生する電圧はQ倍になります．したがって，同調回路のQを大きくすると受信機の感度が向上しますし，影像周波数選択度の向上にもつながります．

高周波増幅器では増幅に使用する半導体デバイスにトランジスタやFETを使用しますが，雑音の発生の少ない雑音指数の小さいものを選ぶようにします．

●**周波数変換部**

周波数変換部は**図6-18**のように周波数混合器と局部発振器からできており，スーパヘテロダイン方式に特有のものです．その役目は，**図6-20**に示すように

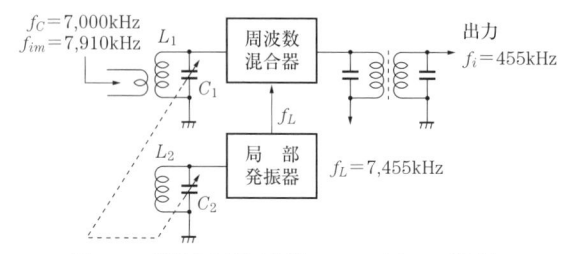

図6-21 影像周波数(上側ヘテロダインの場合)

受信周波数f_Cと局部発振周波数f_Lを混合し,周波数が一定の中間周波数f_iに変換することにあります.周波数混合器の出力周波数をf_mとすると,f_C, f_L, f_mの間には,

$$f_m = f_C \pm f_L \qquad\qquad\cdots\cdots\cdots\cdots 6\text{-}5$$

のような関係があります.

周波数変換をする場合,**図6-20**で局部発振周波数f_Lを受信周波数f_Cより高く選ぶ($f_L > f_C$)上側ヘテロダインと,f_Lをf_Cより低く選ぶ($f_L < f_C$)下側ヘテロダインがありますが,一般的なスーパヘテロダイン受信機は上側ヘテロダインを使用しています.

実際には,周波数混合器からはf_mのほかにf_Cやf_Lも出てきますが,これらの中で必要なのは中間周波数f_iだけです.そこで,IFT(Intermediate Frequency Transformer,中間周波変成器)を使って中間周波数f_iを取り出します.

図6-20で中間周波数f_iをいつも一定に保つには,受信周波数f_Cに共振させたL_1 C_1の同調回路と,局部発振周波数f_Lを決めるL_2 C_2の共振回路の関係がいつも中間周波数f_iになるようにしなければなりませんが,このような操作を単一調整といいます.

スーパヘテロダイン方式には固有の影像周波数混信(イメージ混信)があり,影像周波数妨害といって受信の妨げになります.

混信を起こす影像周波数(イメージ周波数ともいう)f_{im}は局部発振周波数f_Lに対して,受信周波数f_Cとは反対に中間周波数f_iだけ離れている周波数で,

$$f_{im} = f_L \pm f_i \qquad\qquad\cdots\cdots\cdots\cdots 6\text{-}6$$

のようになります.なお,$f_L + f_i$は上側ヘテロダイン,$f_L - f_i$は下側ヘテロダインの場合です.

では,**図6-21**のようにf_Cを7MHz(7,000kHz),f_iを455kHzとして,上側ヘテ

ロダインの場合の影像周波数f_{im}を調べてみましょう．上側ヘテロダインですから局部発振周波数f_Lは**式6-5**より，

$$f_L = f_C + f_m = 7,000 + 455 = 7,455 \text{ (kHz)}$$

です．そこで，影像周波数f_{im}は**式6-6**より，

$$f_{im} = f_L + fi = 7,455 + 455 = 7,910 \text{ (kHz)}$$

のようになります．

図6-21では，受信周波数の7,000kHzのほかに影像周波数の7,910kHzが入ってきたときにも，中間周波数は455kHzになります．そこでもし7,910kHzが加わった場合，L_1 C_1の同調回路はf_Cの7,000kHzに同調していますから本来は影像周波数の7,910kHzは減衰して受信されないはずですが，同調回路の働きが十分でないと影像周波数混信を起こします．

スーパヘテロダイン方式の受信機において，影像周波数混信をどれだけ少なくできるかの能力を表すのが，影像周波数選択度です．影像周波数選択度を向上するには，高周波増幅を設けて同調回路の数を増やしたり，中間周波数を高く選ぶのも有効です．

●中間周波増幅器

スーパヘテロダイン方式の受信機では，受信機全体の利得や近接周波数選択度の大部分がこの中間周波増幅器で決まります．

一般的に中間周波数は受信周波数より低く選びますが，それは増幅しやすくするためです．しかし，影像周波数選択度を良くするには中間周波数が高いほうがよいので，高い周波数でも容易に増幅できるようになった現在では，中間周波数の選び方は以前より自由になっています．

また，中間周波数を一定にするのは，選択度を稼ぐための中間周波変成器やフィルタを作りやすくするためです．**図6-22**は実際の中間周波増幅器の構成を示したもので，周波数特性を決めるものには中間周波変成器（IFT）と帯域フィ

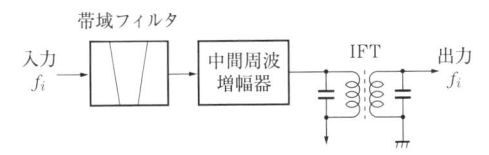

図6-22 中間周波増幅器の実際

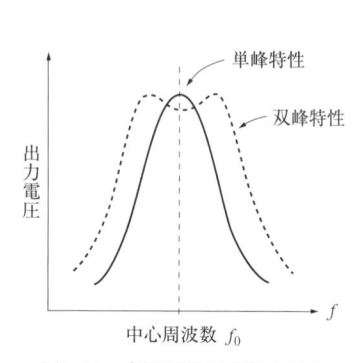

図 6-23　中間周波変成器の特性 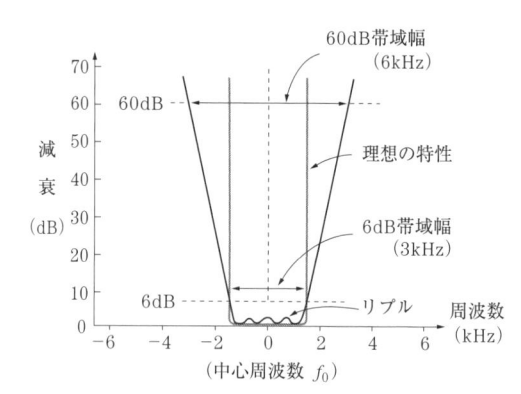　　　　図 6-24　帯域フィルタの特性

ルタがあります．

　まず，**図 6-22**のように一次側と二次側の両方に同調回路を持った中間周波変成器の周波数特性は**図 6-23**のようになり，一次側と二次側の結合度によって，結合が疎だと単峰特性になり，結合が密だと双峰特性になります．単峰特性では通過帯域幅が狭くて希望する忠実度が得られないような場合には，双峰特性になるようにします．

　図 6-22に示した帯域フィルタにはメカニカルフィルタや水晶フィルタ，セラミックフィルタなどが使われ，フィルタを使った場合の中間周波特性はこれらのフィルタの特性によって決まります．

　図 6-24は帯域フィルタの減衰特性を示したもので，6dB帯域幅というのが通過帯域幅です．この図の場合の通過帯域幅は3kHzです．通信用受信機の場合には一般に6dB帯域幅が使われますが，3dB帯域幅が使われることもあります．この通過帯域幅は，電波型式ごとの占有周波数帯幅に見合ったものにするのが理想です．

　つぎに，近接周波数選択度は通過帯域幅に対して減衰特性がどれくらい急峻かということで表します．具体的には6dB帯域幅と60dB帯域幅の比をシェープファクタといい，理想の特性の場合のシェープファクタは1です．

　図 6-24の例でいえば，－6dB/－60dBの値が3kHz/6kHzですからシェープファクタは2です．もちろん，減衰特性が急峻なほど，すなわちシェープファクタが1に近いほど選択度特性がよいということになります．

　なお，帯域フィルタの場合には通過帯域内でリプルが生じますが，このリプ

ルは少ないほど，すなわち平坦なほどよい特性のフィルタといえます．

● 検波/復調器

検波器や復調器は，受信した変調波から信号波を取り出すところです．ここは，受信する電波の型式に対応した検波器や復調器が必要です．また，自動利得制御（AGC）のための信号も，ここから得ます．

● 低周波増幅器

検波器や復調器から得られた音声信号を，ヘッドホンやスピーカを鳴らすのに必要な電力まで増幅します．低周波増幅器の周波数特性は，忠実度に関係します．普通は音声帯域をひずみなく平坦に増幅できればよいのですが，場合によっては了解度が上がるように周波数特性を加工する場合もあります．

6-2-3　受信機の補助回路

● **AGC**（自動利得制御）

私たちが電波を受信するとき，電波の強さ（電界強度）がいろいろな理由で変わっても，受信機の出力をほぼ一定になるようにするのがAGC（Automatic Gain Control）の役目です．

受信する電波の強さは，近くの大電力局の強力な信号から遠くの局の弱い信号までありますし，フェージングによって時々刻々その強さが変化することもあります．そこで，受信した電波が強い場合には受信機の増幅度（利得）を自動的に低下させ，また受信する電波が弱くなったときには受信機の増幅度を自動的に大きくなるように制御します．

AGCを働かせるには，電波の強弱に比例したAGC信号が必要です．その場合，受信した電波の強弱をどこで，どのようにして検出するかが重要で，やり方は受信する電波の型式によって違ってきます．なお，電信の場合にはAGCをかけないこともあります．

常に搬送波があるDSB波のような場合には，搬送波からAGC信号を得ることができます．**図6-25**はDSB受信機の場合を示したもので，この場合には中間周波増幅器の出力からAGC信号を得るようになっています．

SSB波の場合には搬送波が抑圧されているので，AGC信号は側波帯から得る

第6章 無線機

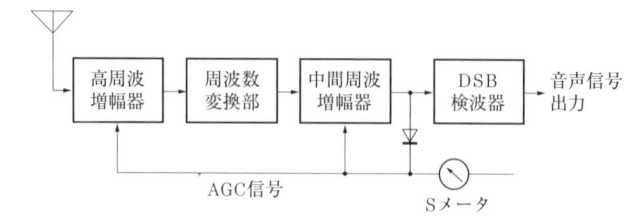

図6-25　DSB受信機の場合のAGC

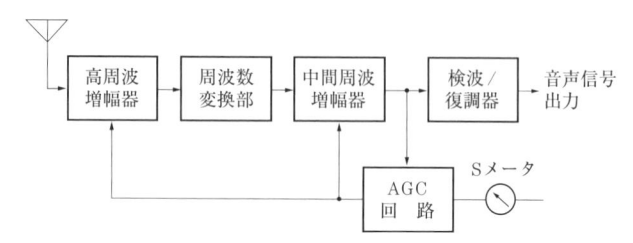

図6-26　SSB受信機の場合のAGC

　ことになります．図6-26はSSB受信機の場合のAGCのかけ方を示したもので，中間周波増幅器の出力をAGC回路に加えてAGC信号を得ています．なお，このやり方は電信受信機の場合にも使えます．

　図6-25や図6-26では，AGCは高周波増幅器や中間周波増幅器にかけるようになっており，周波数変換部にはかけていません．これは，周波数変換部にAGCをかけると局部発振器の発振周波数の安定度を悪くする恐れがあるからです．

　なお，FMの場合には中間周波増幅器に振幅制限器を持っているので，AGCは不要です．

● ノイズリミッタとノイズブランカ

　受信時に空電や各種の電気機械・器具から発生する雑音がアンテナから入ってくると，受信の妨げになります．このようなときに使用するのがノイズリミッタやノイズブランカで，アンテナから入ってくるパルス性の雑音を軽減するように働きます．

　図6-27はノイズリミッタとノイズブランカの動作の違いを示したもので，図(a)のようなパルス性雑音があった場合，ノイズリミッタでは図(b)のように雑音のピークを制限します．この場合，リミッタレベルは変調波の最大振幅まで

6-2　受信機

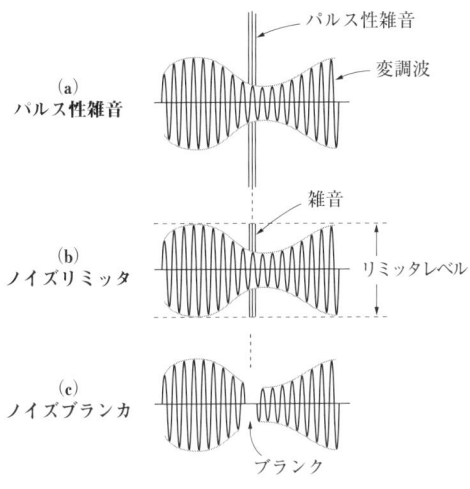

図6-27　ノイズリミッタとノイズブランカ

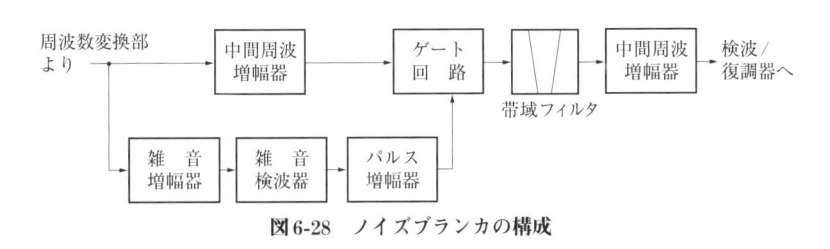

図6-28　ノイズブランカの構成

制限しないように注意しなければなりません．一方，ノイズブランカの場合には，**図(c)**のようにパルス性雑音が存在する間は出力をブランクにしてしまいます．パルス性雑音は雑音の存在する時間が短いので，途中で信号が切れても音声信号をほとんど損ないません．

　ノイズリミッタはANL（Automatic Noise Limiter，自動雑音制限）とも呼ばれ，DSB受信機で使われるものです．ノイズリミッタはDSB波のダイオード検波器と組み合わせて構成されますが，現在ではほとんど使われていません．

　図6-28はノイズブランカ（NB，Noise Blanker）の構成を示したもので，主にSSB受信機で使われます．ノイズブランカは，**図6-28**のように中間周波信号の一部を雑音増幅器で増幅し，それを検波してパルス雑音信号を取り出します．そして，パルス雑音信号をさらにパルス増幅器で増幅し，この信号でゲート回路を雑音が発生したときにオフにして雑音を除去します．

なお，FM受信機の場合には中間周波増幅器の後に振幅制限器を設け，パルス性雑音はここで除去されますから，ノイズリミッタやノイズブランカは不要です．

●Sメータ

通信型受信機では，受信した電波の強さを知る目安として，Sメータと呼ばれるものを使用します．

受信した電波の強さに比例した信号としては，図6-25や図6-26に示したようにAGC信号があります．そこで，実際の受信機ではAGC信号を利用してSメータを振らせます．

Sメータには普通1～9までの目盛りが付けられており，それを超える強さの場合には+10dBとか+20dB……というようになっています．Sの基準は受信機によって変わってきますが，例えばSが9の場合の受信機の入力電圧は$50\mu V$というようになっています．Sメータの1目盛りはおよそ6dBとなっています．

6-2-4 発生する異常現象

●混変調

ある周波数の電波（希望波）を受信しているとき，周波数の離れたところで強力な電波（不要波）が入ってくると混信妨害を起こすことがあります．このような混信の原因の一つが，混変調です．

高周波増幅器や周波数混合器が非直線性を持っていると，強力な不要波が非直線部分で検波されてしまいます．混変調は希望波が，検波して生じた不要波の信号波で変調されてしまうことから生じます．

混変調を減らすには，高周波増幅器や周波数混合器の直線性を良くすると共に，同調回路のQを大きくして不要波を減衰させます．不要波が特に強力な場合には，アンテナ回路に不要波を減衰させるためのウェーブトラップを挿入するのも効果的です．

●相互変調

混変調と同様に，ある周波数の電波（希望波）を受信しているとき，周波数の離れたところで強力な電波（不要波）が複数入ってくると生ずることがあるのが相互変調で，やはり混信の原因になります．

相互変調が起こるのは高周波増幅器や周波数混合器に非直線性がある場合で，非直線回路に二つまたはそれ以上の異なった周波数の信号が加わると，加えた二つの信号以外に高調波や，それらの和や差の多くの周波数成分が発生します．相互変調により発生した周波数の中に中間周波数になるものがあると，混信することになります．

相互変調も混変調と同じ理由で起きますから，相互変調を減らすための対策は混変調の場合と同様です．

● 感度抑圧

感度抑圧というのは，ある周波数の電波（希望波）を受信しているとき，周波数の離れたところで強力な電波（不要波）が入ってくると受信感度が低下してしまう現象です．

感度抑圧は，増幅に使っているトランジスタやFETに過大入力が加わったために出力が飽和してしまうことによって起こります．

感度抑圧を減らすには，高周波増幅や周波数混合の同調回路のQを大きくして不要波を減衰させます．

● 低周波増幅に起因する異常現象

受信機において，増幅器やスピーカなどの音響系を含む伝送回路で不要な帰還を起こし，ピーっといった可聴音を発する異常現象を起こすことがあります．このような異常現象には，モータボーチング，シンギング，ハウリングなどがあります．

モータボーチングはスピーカからボコボコといった音を出す現象で，その音がモータボートのエンジン音に似ているところからこのように呼ばれます．このようなことになるのは，複数段の低周波増幅器において電源回路のインピーダンスが高いために電源回路を通じて帰還を起こすのが原因です．この現象は，低周波増幅器の利得を上げ過ぎないようにし，電源回路のインピーダンスを下げることにより解決できます．

シンギングは低周波増幅器の増幅度が大きいときに起こるもので，出力となるスピーカなどのリード線がそれより前の回路の部品に近づいたときに，静電的あるいは電磁的に結合して帰還が起こり発振してしまう現象です．シンギン

グの場合にはスピーカがピーっという音を出す，周波数の高い発振を起こします．シンギングを防ぐには，低周波増幅器の利得を上げ過ぎないようにし，配線にシールド線を使うなど遮へいに注意します．

スーパヘテロダイン方式の受信機では，局部発振器の LC 共振回路のバリコンに振動を与えると発振周波数が変調を受け，電波を受信したときにスピーカから音が出ます．そこで，スピーカの振動がバリコンに伝わるとハウリングを起こします．

ハウリングを防ぐには，スピーカとバリコンを離し，バリコンがスピーカから出る音の振動を受けないように取り付け方に注意します．

6-2-5 受信機の実際

受信機では，受信する電波の型式により，その構成が違ってきます．振幅変調系の受信機には，電信受信機，DSB受信機，SSB受信機などがあります．また，周波数変調系の受信機にはFM受信機があります．

なお，実際に使われているのはスーパヘテロダイン方式なので，スーパヘテロダイン受信機について説明します．

● **電信受信機**

図6-29は電信受信機の構成を示したもので，高周波増幅器と周波数変換部（周波数混合器＋局部発振器），それに低周波増幅器は他の受信機と共通です．また，中間周波増幅器はDSB受信機やSSB受信機と同じですが，帯域フィルタの通過帯域幅は電信波の占有周波数帯幅（500Hz）に合わせるのが理想です．しかし，実際にはSSB受信機と共用する場合が多いので，SSB用の帯域フィルタで代用したり，CW用とSSB用のフィルタを切り替えて使用しています．

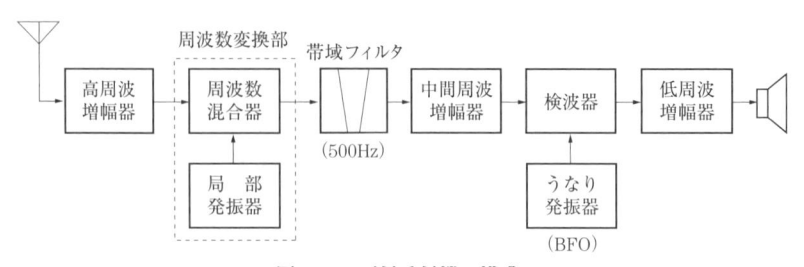

図6-29 電信受信機の構成

6-2 受 信 機

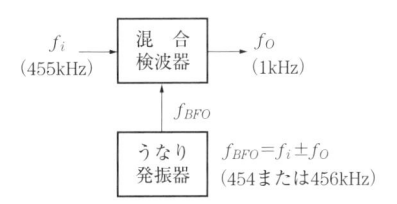

図6-30 電信波の検波

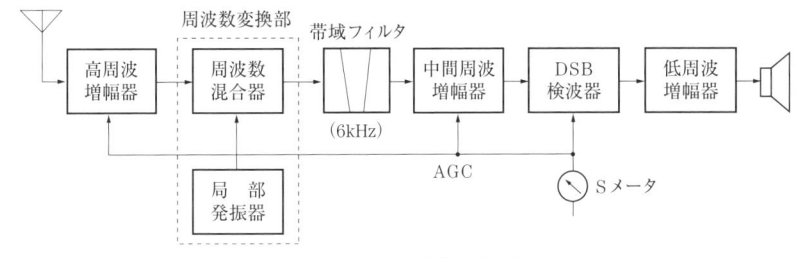

図6-31 DSB受信機の構成

電信受信機が他の受信機と違うのは，うなり発振器（BFO，Beat Frequency Oscillator）を持っているところです．**図6-30**は電信波から可聴周波の信号を取り出すようすを示したもので，中間周波数f_iを455kHz，可聴周波数f_oを1kHzとすると，うなり発振器のうなり周波数f_{BFO}は，

$$f_{BFO} = f_i \pm f_o \quad \cdots\cdots\cdots\cdots 6\text{-}7$$

のように選べばよいことになります．

● DSB受信機

DSB受信機は，DSB-WC波（両側波帯－全搬送波）の電波を受信するものです．**図6-31**はDSB受信機の構成を示したもので，帯域フィルタの通過帯域幅はDSB波の占有周波数帯幅（6kHz）に合わせるのが理想です．

DSB検波器の代表的なものは**図6-32**のようなダイオード検波で，R_1に生じた

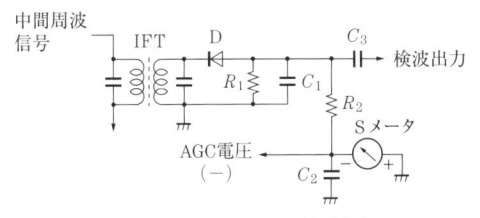

図6-32 検波器からAGC信号を得る

第6章　無線機

検波出力はC_3を通して取り出されます．C_1は，不要になった搬送波をアースに流すためのものです．

一方，DSB波が受信されると搬送波の大きさに比例した直流電圧がR_1に発生します．この電圧には検波して得られた低周波が含まれていますから，R_2とC_2のRCフィルタで低周波成分を除去してAGC電圧を取り出します．なお，この図ではAGC信号としてマイナスの電圧を取り出すようになっていますが，これはAGCをかける高周波増幅器や中間周波増幅器の特性に合わせて決めます．

AGC電圧はDSB波の搬送波の大きさに比例していますから，AGC電圧をメータで測るとSメータになります．

● SSB受信機

SSB受信機は，SSB-SC波（単側波帯－抑圧搬送波）の電波を受信するものです．図6-33はSSB受信機の構成を示したもので，帯域フィルタの通過帯域幅はSSB波の占有周波数帯幅（3kHz）に合わせるのが理想です．

SSB受信機では，復調のときに搬送波を注入しなくてはなりません．そのための発振器が復調用発振器で，SSB受信機では周波数変換部の局部発振器と復調用発振器を区別するために，前者を第1局部発振器，後者を第2局部発振器と呼ぶこともあります．

図6-33のように通過帯域幅が3kHzの帯域フィルタを使った場合，復調用発振器の発振周波数は，図6-34(a)に示したように帯域フィルタの中心周波数をf_iとすると$f_i \pm 1.5$kHzに選びます．

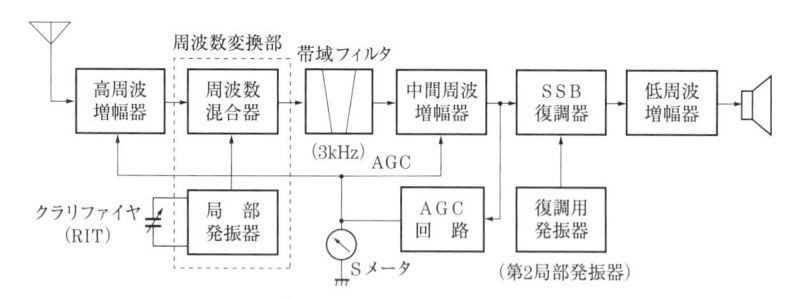

すなわち，復調時の側波帯が上側波の場合には図(b)のように$f_{i(U)}$〔kHz〕でこれは$f_i - 1.5$kHz，下側波の場合には図(c)のように$f_{i(L)}$〔kHz〕でこれは$f_i +$

図6-33　SSB受信機の構成

6-2 受信機

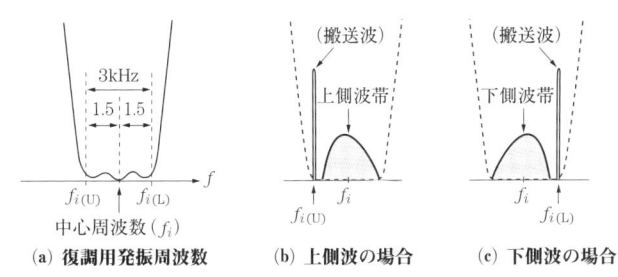

図6-34 復調用発振器の周波数
(a) 復調用発振周波数
(b) 上側波の場合
(c) 下側波の場合

1.5kHzとなります．なお，復調時の側波帯は，周波数変換部が下側ヘテロダインの場合には受信したままですが，上側ヘテロダインの場合には側波帯が反転しますから注意しなければなりません．

　SSB受信機の復調用発振器は**図6-29**に示した電信受信機のうなり発振器に相当し，したがってSSB受信機では電信波を受信することもできます．

　SSB受信機に特有なものに，送信周波数を動かすことなく受信周波数を微調整するクラリファイヤやRIT（Receiver Incremental Tuning）と呼ばれる機能があります．クラリファイヤやRITは**図6-33**のように周波数変換部の局部発振器のところで行い，微調整の幅は数kHzといったところです．SSB受信機がこのような機能を持っているのは復調のときに搬送波を元の位置に正確に入れなければならないからで，送受信周波数のずれを補正する役目もあります．

● **FM受信機**

　図6-35はFM受信機の構成を示したもので，中間周波増幅器の前に設ける帯域フィルタの通過帯域幅はFM波の占有周波数帯幅（電波法では30kHzまたは40kHzだが，実際には15～20kHz）に合わせるのが理想です．検波/復調には，

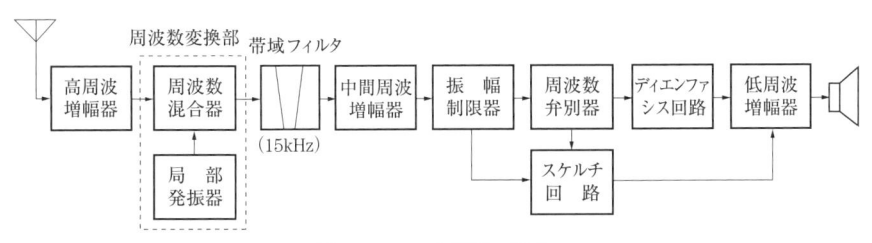

図6-35 FM受信機の構成

周波数弁別器が使われます．

　FM受信機に特有のものとしては振幅制限器，スケルチ回路，それにディエンファシス回路があります．

　振幅制限器は中間周波増幅器のあとに置かれ，受信信号に含まれる雑音成分を除去して信号対雑音比の改善をする働きをします．DSB波やSSB波の場合には中間周波を増幅するには入力信号と出力信号が比例する直線増幅でなくてはなりませんでしたが，FM波の場合にはその必要はありません．そこで，振幅制限器では利得を大きくしてわざと出力が飽和するようにし，雑音となるパルス性の振幅成分を除去します．

　一方，FM受信機では中間周波信号を振幅制限器が働くまで大きく増幅するために，受信信号が無いときにはスピーカから大きな雑音が出ます．そこで，受信信号が無くなったときに出る雑音を自動的に止めるようにしたのが，スケルチ回路です．

　スケルチ回路を働かせるには，受信信号の有無を知るためのスケルチ信号が必要です．スケルチ信号を得るには，振幅制限器から搬送波を取り出して整流する方法（受信信号があるときだけ出力が出る）と，受信信号が無くなったときに周波数弁別器から得られる大きな雑音を整流する方法（受信信号が無いときだけ出力が出る）があります．

　図6-35では振幅制限器と周波数弁別器からスケルチ回路に入力が加えられており，これらの方法を併用しています．このようなスケルチ信号から受信信号の有無を判断し，受信信号が無いと判断したときには低周波増幅器の働きを止めて雑音をストップします．

　スケルチの調整は，受信する電波が無い状態でスケルチつまみを回して行います．スケルチはスケルチつまみを時計方向に回すと深くなり，反時計方向に回すと浅くなりますが，まず音量調整（ボリューム）を最小にしたらスケルチつまみを時計方向にいっぱいに回し，スケルチを最も深くします．するとスピーカからは雑音が出ませんが，これがスケルチが閉じた状態です．

　ここでボリュームを適当に上げ，スケルチつまみを反時計方向にゆっくりと回してスケルチを浅くしていくと，ある点でスピーカからザーっという雑音が出ます．このように雑音が出たことをスケルチが開いたといい，スケルチつまみをさらに反時計方向に回してスケルチを浅くしていくと雑音は出続けます．

figure 6-36 スケルチの調整

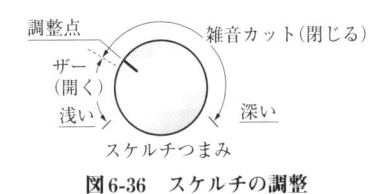

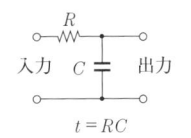

図6-37 ディエンファシス回路

$t = RC$

スケルチの調整は，**図6-36**のようにスケルチが開く直前にスケルチつまみを設定して行います．これで，電波がないときには雑音がカットされ，電波が受信されると自動的にスケルチが開いてスピーカから受信音が出ます．

無線機の定格を見ると，スケルチ感度というのが示されています．スケルチ感度とは，スケルチを開くのに必要な最小の入力レベルのことで，スケルチが開く直前が最も高く，スケルチを深くすると低下します．

FMでは，送信側で信号対雑音比を向上するために，プリエンファシスで高い周波数を強調して送り出しています．そこで，これを元の平坦な特性に戻すための回路が，ディエンファシス回路です．ディエンファシス回路は**図6-37**のようなものです．

6-3 トランシーバ(送受信機)

無線通信を行うには，必ず送信機と受信機が必要です．この送信機と受信機が一体になったものが送受信機で，トランシーバと呼ばれます．

6-3-1 トランシーバの利点

現在使われている送信機と受信機の主流はヘテロダイン方式のもので，**図6-4**と**図6-18**を比べてみるとわかるように送信機と受信機では共通な部分を持っています．そして，その中には周波数安定度を決める発振器や，選択度を決める同調回路，帯域フィルタなどがあり，これらの共通部分を送信と受信に共用できれば送信機や受信機の性能の向上につながります．

トランシーバの利点を整理してみると，
- 送信と受信の性能を均一化でき，無線機の性能を向上できる．
- 一つのダイヤルで送受信ができ，操作性が向上する．

●無線機を小型化できる．

といったことになります．

6-3-2　トランシーバで使われる補助回路

●ブレークイン

　ブレークイン（Break-In）は電信トランシーバにおいて送受信を電けん操作によって自動的に切り替えるもので，セミブレークイン方式とフルブレークイン方式の二種類があります．いずれの方式も，電けんを操作してキーダウンすると自動的に送信になります．

　セミブレークイン方式は，キーアップしたときに受信に戻る時間を少し長くとったもので，通信文を送っている間は送信状態を維持するようなやり方です．通信文の送信が終わると，自動的に受信に戻ります．通常の電信の運用では，このセミブレークイン方式が多く使われます．

　フルブレークイン方式は，キーアップしたときに直ちに受信に戻るようにしたもので，キーのアップ／ダウンにしたがって送受信が切り替わります．この方式だと，通信文を送っている途中でも他局の割り込み等を確認できます．

　ブレークインでは電けん操作に入ったら瞬時に送信に切り替わることが必要で，アタックタイムに遅れがあると符号抜けの原因になります．一方，受信に戻るタイミングはセミブレークイン方式とフルブレークイン方式で違い，レリーズタイムによって調節します．

●VOX

　VOX（Voice Controlled Break-In，あるいはVoice Controlled Operation）は電話トランシーバのブレークインです．VOXは，DSBやSSB，FMなどの電話トランシーバにおいて，マイクに向かって通話を始めると自動的に送信になり，通話を終わると受信に戻ります．

　VOXでは通話に入ったときに瞬時に送信に切り替わることが必要で，アタックタイムに遅れがあると音声の頭切れの原因になります．一方，通話を終わったときに受信に戻るレリーズタイムが短いと通話の途中で送信が途切れますから，適当な長さに調節します．

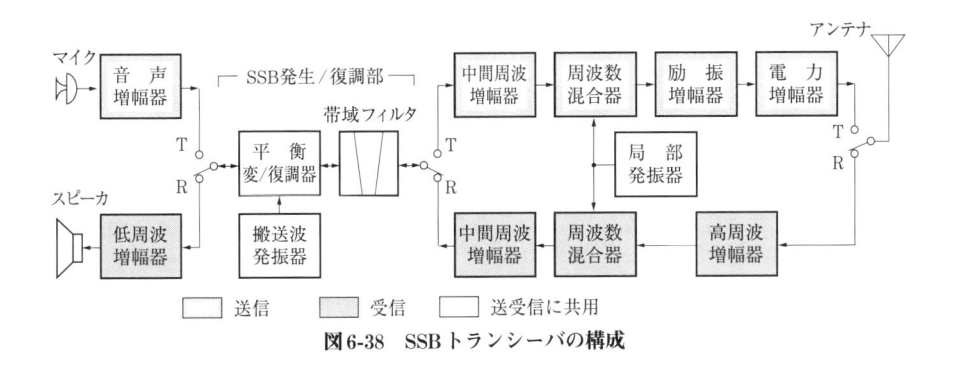

6-3 トランシーバ（送受信機）

図6-38　SSBトランシーバの構成

6-3-3　SSBトランシーバの実際

図6-38は，SSBトランシーバの構成を示したものです．この図を見ると，SSB送信機やSSB受信機で重要な働きをしたSSB発生/復調部が共通になっているのがわかります．このSSB発生/復調部に使われる図4-61や図4-77に示したリング変/復調器は，どちらからでも信号が通る双方向性を持っています．

さらに，中間周波増幅器と周波数混合器，局部発振器も送受信の両方にあり，実際のトランシーバではこれらも送受信に共用されます．

SSBトランシーバでは，音声増幅器にシングルトーンを加えると，連続した電波（CW，Continuous Wave）が得られます．そこで，シングルトーンを電けん操作するとSSBトランシーバから電信波を送信することができますし，搬送波発振器を持っていますから電信波の受信もできます．

また，平衡変調器では故意に平衡を崩すと，DSB-WC（両側波帯－全搬送波）を作ることができます．そこで帯域フィルタを迂回させる処置をすればDSB波を送信することができますし，DSB波の復調器を別に用意すればDSBトランシーバとすることもできます．

さらに，SSB発生/復調部とは別にFM発生/復調部を用意すれば，FMトランシーバにもなります．現在使われているオールバンド・オールモードのトランシーバは，このような構成になっています．

6-4 電波障害の原因と対策

アマチュア無線の電波が原因で発生する電波障害には，ラジオ放送の受信に障害の出るBCI（Broadcast Interference）やテレビ放送の受信に障害の出るTVI（Television Interference）があります．

BCIの症状は，電信のキークリックや電話（DSB，SSB，FM）の音声が混入するものです．また，TVIはテレビ受像機の画面に縞模様を生じたり，テレビの音声にアマチュア無線の音声が混入するものです．ラジオやテレビに障害が出る場合，送信機から電波を発射したときだけ障害が出るかどうかでBCIやTVIかどうかを判断します．

6-4-1 送信側の原因と対策

送信機や送信アンテナから何らかの理由で送信周波数以外の不要輻射が発射されると，BCIやTVIの原因になることがあります．

●低調波や高調波が原因となる場合とその対策

送信機のシールドが悪いと送信機内部で発生する低調波や高調波などが不要輻射として外部に漏れます．このような場合には，送信機のシールドを完全にし，送信機を接地するなどの対策をとります．

一方，送信アンテナから発射される高調波がラジオやテレビの周波数と同じになると，BCIやTVIの原因になります．

例えば，84MHz付近には多くのFM放送がありますが，アマチュアバンドの28MHz帯で送信すると第3高調波が84MHz付近になります．この場合，送信機の調整が悪くて高調波が発射されるとBCIの原因になります．また，50MHz帯の第2高調波がテレビの第2や第3チャネルに障害を与えるのはよく知られているところです．

送信機から発射される高調波を減らすには，終段の同調回路とアンテナ結合回路の結合を疎にしたり，図6-39のように送信機とアンテナの間にローパスフィルタやウェーブトラップを入れます．

6-4 電波障害の原因と対策

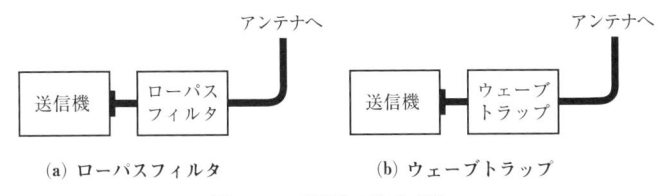

図6-39 高調波の除去方法
(a) ローパスフィルタ
(b) ウェーブトラップ

図6-39(a)は高調波阻止用のローパスフィルタ（低域フィルタ，LPF）を入れた場合で，しゃ断周波数 f_C は送信周波数の最高値よりも高く，そして高調波よりも低く選びます．これで，送信周波数はローパスフィルタを通過し，高調波は阻止されます．

図6-39(b)は特定の周波数だけを減衰させるウェーブトラップを入れた場合で，送信周波数は通過し，高調波は阻止されます．

●その他の不要輻射が原因となる場合とその対策

送信機のどこかで寄生振動を起こしていると，それがアンテナから発射されて不要輻射となります．この場合には，寄生振動を止めます．

電信送信機ではキークリックがある場合，占有周波数帯幅が広がって不要輻射の原因になります．この場合には，電けん操作回路にキークリックフィルタを入れます．

電話送信機では，DSB送信機では過変調になっている場合，またSSB送信機では電力増幅器が過励振になっていると送信波形がひずみ，不要輻射の原因になります．この場合には，マイク入力を下げて過変調や過励振にならないようにします．

●送信アンテナが原因となる場合とその対策

送信アンテナの近くに電灯線やテレビのアンテナがあると，送信された電波が電灯線やテレビのアンテナに誘起され，それが家庭内のさまざまな電子機器に入り込んで電波障害を起こす原因になることがあります．

このような場合には，送信アンテナをできるだけ電灯線やテレビのアンテナから離すようにします．

また，ダイポールアンテナのような平衡型のアンテナに不平衡型の同軸給電

第6章　無線機

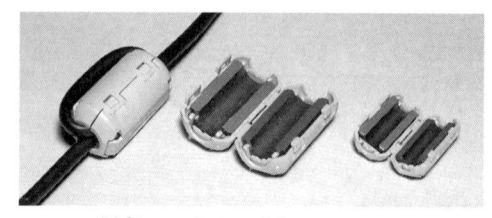

写真6-1　クランプ式のフィルタ

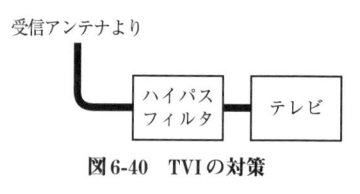

図6-40　TVIの対策

線を直接つないでいるような場合，あるいはアンテナと給電線の整合が悪くて SWR が高くなっているような場合には，同軸給電線の外部導体から電波が発射されてしまい電波障害の原因となることがあります．

このような場合には，アンテナと同軸給電線の間にバランを入れたり，アンテナを調整して SWR を下げるようにします．

6-4-2　受信側の原因と対策

送信側に異常がないにもかかわらず，ラジオやテレビ，その他の電子機器に電波障害が発生することがあります．

●音声が混入する場合

送信アンテナから放射された電波がラジオやテレビ，オーディオアンプ，インターホン，電話機などのリード線に誘起され，アマチュア無線の音声が混入して電波障害を起こすことがあります．また，アマチュア無線の電波を送信すると来客報知用のチャイムが鳴ってしまう，といったような例もあります．

このような場合には，送信側に原因がある場合にはそれを取り除き，それでも解決しない場合には受信側で電波が混入すると思われるところに**写真6-1**のようなクランプ式のフィルタを取り付けます．

●混変調による場合

受信アンテナを通じてテレビの高周波部分に短波帯のアマチュア無線の強力な電波が混入すると，テレビ信号との間で混変調が生じ，電波障害を起こすことがあります．

このような場合には，**図6-40**のようにテレビの受信アンテナとテレビの間にハイパスフィルタ（高域フィルタ，HPF）を入れて短波帯の成分を減衰させます．

第7章

電源

　電源というのは電子装置に電気エネルギーを供給するもので，電力会社から供給される商用交流電源〔単相AC100V（または200V）50または60Hz〕と，各種の電池電源があります．一方，無線機が必要とするのは，多くの場合は直流の12～13.8Vです．

7-1　整流電源

　電子回路は直流で働きますから，商用交流を電源とする場合には交流を直流に直さなくてはなりません．そのための電源装置を整流電源といいます．

7-1-1　整流電源の構成

　図7-1は整流電源の構成を示したもので，まず交流入力（AC100V）を電源変圧器を使って扱いやすい交流電圧に変換します．
　整流回路は交流を直流に変換するところで，整流回路で得られるのは実際には脈流です．そこで，この脈流を直流に近づけるための回路が次の平滑回路です．
　ここまでの部分でDC出力が得られますが，このままでは電子装置を働かせるための直流電源としては，リプル含有率や電圧変動率（7-1-4で説明）が不十分です．そこで，平滑回路の後に定電圧回路を使って安定した直流出力を得ます．

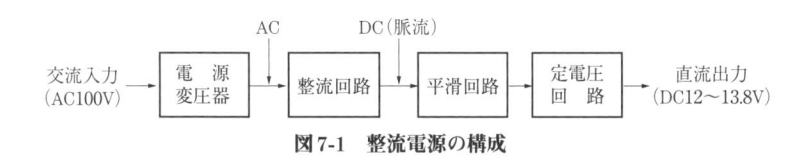

図7-1　整流電源の構成

7-1-2 電源変圧器

電源変圧器には，図7-2に示すように単巻変圧器と複巻変圧器があります．電源変圧器では，電圧を加える入力側を1次側，電圧を取り出す出力側を2次側と呼びます．

単巻変圧器はオートトランスとも呼ばれ，図7-2(a)のようなものです．単巻変圧器は一つの巻線を1次と2次に共用したもので，そのために変圧器を小型にできます．しかし，1次側と2次側が絶縁されていない非絶縁型なので，AC100V（1次側）に対して感電の恐れがあります．したがって，単巻変圧器は整流電源用の電源変圧器としては使われません．

複巻変圧器は図7-2(b)のようなもので，1次側と2次側が絶縁されているので絶縁型とも呼ばれ，AC100V（1次側）に対して感電の恐れはありません．普通，整流電源用の電源変圧器というのは，この複巻変圧器を指します．

整流電源用の電源変圧器には，整流回路との関連で，2次側が図7-3(a)のようにセンタータップ（CT）付きのものと，タップのない図(b)のようなものがあります．図(a)のほうは12V 2.5Aの巻線を二つ持っており，全体としては24V 2.5Aで，この電源変圧器の容量P_aは，

$$P_a = 24 \times 2.5 = 60 \,[\mathrm{W}]$$

です．

一方，(b)のほうは12V 5Aの巻線が一つで，この場合の容量P_bは，

$$P_b = 12 \times 5 = 60 \,[\mathrm{W}]$$

で，どちらも容量は60Wです．ですから，この二つの電源変圧器からは同じだけの電力が取り出せます．

なお，図7-3に示した電圧や電流は，抵抗負荷をつないだ場合のことです．図7-1のような整流電源を構成する場合には，整流回路や定電圧回路の効率を考慮

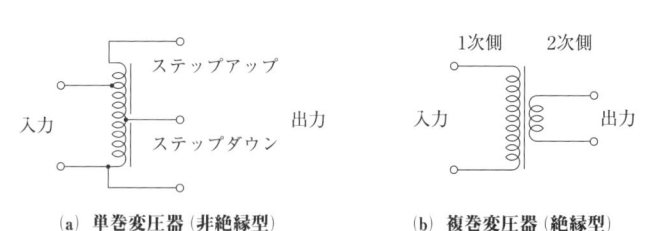

(a) 単巻変圧器（非絶縁型）　　　(b) 複巻変圧器（絶縁型）

図7-2　単巻変圧器（オートトランス）と複巻変圧器

7-1 整流電源

(a) センタータップ(CT)付き

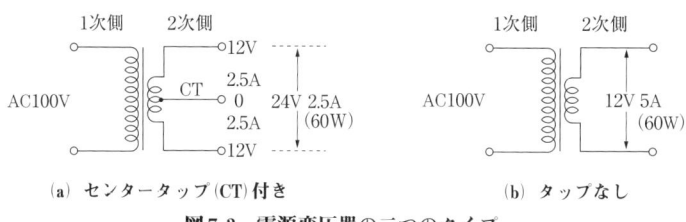

(b) タップなし

図7-3 電源変圧器の二つのタイプ

して，電源変圧器の電圧や電流を決める必要があります．

7-1-3 整流回路

整流回路には，交流の1サイクルの半分だけを利用する半波整流回路と，交流の1サイクルすべてを利用する全波(または両波)整流回路があります．小規模の整流電源の場合には半波整流回路も使われますが，一般には全波整流回路が使われます．また，整流回路で使われる整流器には，整流用ダイオードが使われます．

●半波整流回路

半波整流回路は図7-4(a)のようにダイオード(D)を1個使ったもので，ダイオードに順方向電圧のかかる実線で示した半サイクルの時だけ整流出力が出ます．半波整流回路の整流出力は図(b)のように粗い脈流です．

半波整流回路の場合のリプル周波数は，電源周波数と同じ50(または60)Hzです．また，交流の半サイクルしか利用しませんから，整流して得られる直流分が少なく，したがって全波整流回路に比べると効率が悪いものです．

半波整流回路では変圧器の2次側の巻線に半サイクルごとに実線で示したような電流が同じ方向に流れ，そのために変圧器の鉄心に直流磁化が起きます．

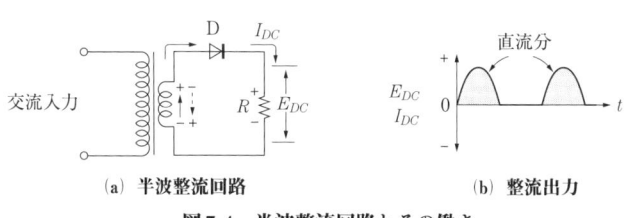

(a) 半波整流回路

(b) 整流出力

図7-4 半波整流回路とその働き

(a) センタータップ型

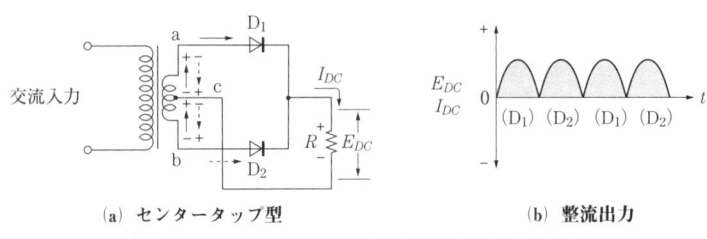

(b) 整流出力

図7-5 センタータップ型全波整流回路とその働き

●全波整流回路

全波整流回路は両波整流回路と呼ばれることもあり，**図7-3**(a)のようなセンタータップ付き変圧器を使ったセンタータップ型と，**図**(b)のような変圧器を使ったブリッジ型の2種類があります．

図7-5(a)はセンタータップ型全波整流回路で，センタータップ(c点)に対してa点が＋の場合には実線のようにD_1に電流が流れます．このときb点はc点に対して－なので，D_2には電流は流れません．

一方，c点に対してb点が＋のときには，点線のようにD_2に電流が流れます．このとき，a点はc点に対して－なので，D_1には電流は流れません．このようにして，負荷抵抗Rには**図7-5**(b)のような整流出力が得られます．

センタータップ型全波整流回路ではD_1とD_2にかかる電圧の位相が180度ずれていますから，2相半波整流回路と呼ばれることもあります．

図7-6(a)はブリッジ型全波整流回路で，ダイオード4個をブリッジ状に接続するのでこのように呼ばれます．

ブリッジ型全波整流回路の場合，a点が＋，b点が－の場合には電流は実線のようにa点から流れ出て$D_1 \to R \to D_2$を通り，b点に戻ります．このとき，b点はa点に対して－なので，D_3とD_4には電流は流れません．

(a) ブリッジ型

(b) 整流出力

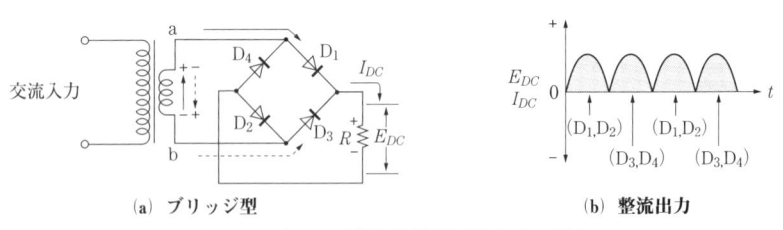

図7-6 ブリッジ型全波整流回路とその働き

7-1 整流電源

一方，b点が＋，a点が－の場合には電流はb点から点線のように流れ出て，$D_3 \to R \to D_4$ を通ってa点に戻ります．このとき，a点はb点に対して－なので，D_1 と D_2 には電流は流れません．このようにして，負荷抵抗 R には図7-6(b)のような整流出力が得られます．

センタータップ型に比べてブリッジ型整流回路の場合には，ダイオードにかかる逆電圧は半分になりますが，ダイオードでの電圧降下は2倍になります．

全波整流回路の場合のリプル周波数は電源周波数の2倍で，電源周波数が50Hzの場合は100Hz，電源周波数が60Hzの場合は120Hzとなります．また，半波整流回路に比べると交流の全サイクルを利用するので，整流出力の直流分が多くなります．

全波整流回路の場合には変圧器の2次側の巻線に交互に方向を変えて電流が流れますから，変圧器の鉄心には直流磁化を生じません．

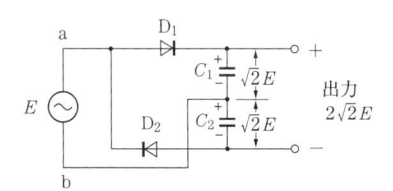

● 倍電圧整流回路

倍電圧整流回路は交流入力電圧 E の2倍の直流出力電圧を得るもので，図7-7に示したように半波型と全波型の二種類があります．

図7-7(a)は半波型倍電圧整流回路で，実効値 E の交流電圧を整流する場合，b点が＋，a点が－のときには電流は $D_1 \to C_1$ と流れて C_1 を E の最大値の $\sqrt{2}E$ 〔V〕まで充電します．

つぎにa点が＋，b点が－のときには D_2 には E と C_1 に充電された $\sqrt{2}E$ 〔V〕の和の電圧の $2\sqrt{2}E$ 〔V〕が加わり，C_2 をこの電圧まで充電します．このようにして，出力には C_2 に充電された $2\sqrt{2}E$（約 $2.82E$）〔V〕の直流電圧が得られます．半波型倍電圧整流回路のリプル周波数は，電源周波数と同じです．

図7-7(b)は全波型倍電圧整流回路で，実効値 E の交流電圧を整流する場合，a

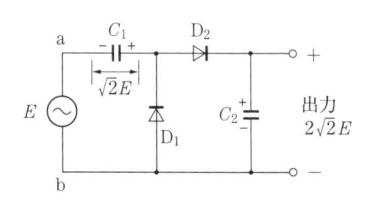

(a) 半波型倍電圧整流回路　　　(b) 全波型倍電圧整流回路

図7-7　二種類の倍電圧整流回路

点が＋，b点が－の場合にはa点から流れ出した電流は$D_1 \rightarrow C_1$と流れてb点に戻り，このときC_1を$\sqrt{2}E$〔V〕まで充電します．

つぎにb点が＋，a点が－のときには$C_2 \rightarrow D_2$と電流が流れ，このときC_2を$\sqrt{2}E$〔V〕まで充電します．その結果，出力にはC_1とC_2の電圧が直列になって現れ，$2\sqrt{2}E$倍の直流出力電圧が得られます．全波型倍電圧整流回路のリプル周波数は，電源周波数の2倍です．

7-1-4 平滑回路とリプル含有率，電圧変動率

平滑回路は，整流回路から得られた直流（脈流）を，より直流に近づける働きをします．図7-8は平滑回路を示したもので，図(a)はコンデンサ入力型，図(b)はチョーク入力型と呼ばれるものです．

整流電源の性能を表すものに，リプル含有率と電圧変動率があります．これらの性能は平滑回路に左右されます．

●コンデンサ入力型

図7-9(a)はセンタータップ型全波整流回路にコンデンサ入力型の平滑回路をつないだところです．コンデンサ入力型の平滑回路で最初の半サイクルの動作を調べてみると，図(b)のように整流出力が出たところでコンデンサが充電され，整流出力が無くなったところではコンデンサから放電して平滑回路の役目をは

(a) コンデンサ入力型　　(b) チョーク入力型

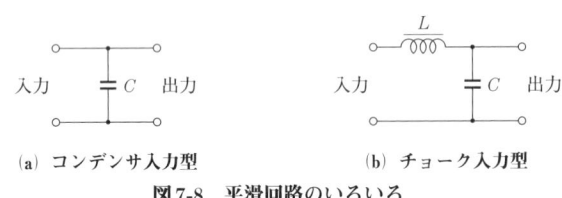

図7-8　平滑回路のいろいろ

(a) コンデンサ入力型の平滑回路　　(b) 平滑回路の動作

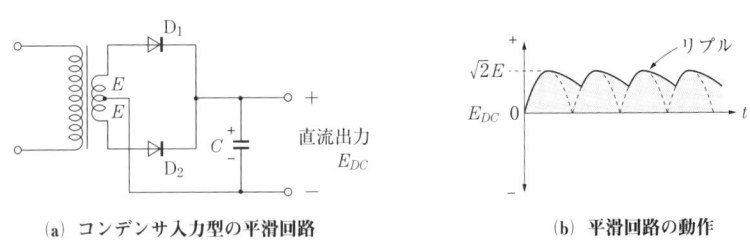

図7-9　コンデンサ入力型の平滑回路とその動作

たしています．

　コンデンサ入力型の平滑回路では，無負荷の場合にはコンデンサは最大で交流入力電圧Eの最大値（$\sqrt{2}E$）まで充電されます．例えば，$E = 10\text{V}$とすると，コンデンサCには約14.1Vの電圧が現れます．

　このように，コンデンサ入力型の平滑回路では比較的高い直流出力電圧が得られますが，チョーク入力型に比べるとリプルが多く電圧変動率もあまり良くありません．しかし，回路が簡単ですし，コンデンサに大容量のものを使うことによってその欠点もある程度補えます．

　さらに，定電圧回路を使うことにより，リプル含有率や電圧変動率は大きく改善できるため，実際の整流電源の平滑回路にはほとんどの場合コンデンサ入力型が使われています．

● **チョーク入力型**

　チョークというのはチョークコイルのことで，チョーク入力型の平滑回路は**図7-10**(a)のようにチョークコイルLとコンデンサCで構成されています．

　チョーク入力型の平滑回路は，**図**(b)のようにコンデンサ入力型に比べると直流出力電圧は低いのですがリプルが少なく，電圧変動率も良好です．チョーク入力型の性能はこのようにコンデンサ入力型よりよいのですが，チョークコイルは大きくて重たいのでほとんど使われていません．

● **リプル含有率**

　リプルというのは，**図7-9**(b)や**図7-10**(b)に示したように直流出力に含まれる交流分のことです．もちろん，リプルは少ないほど良い直流電源といえます．

　リプル含有率は，直流出力の直流分の平均電圧をE_d，交流分の実効値をE_aと

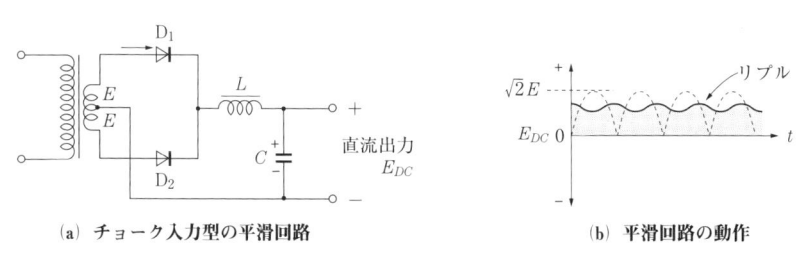

(a) チョーク入力型の平滑回路　　　　(b) 平滑回路の動作

図7-10　チョーク入力型の平滑回路とその動作

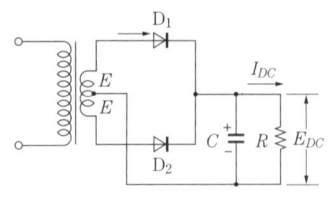

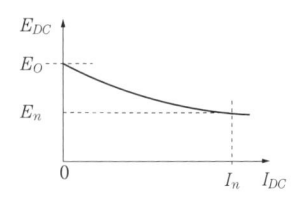

(a) 出力電流を取り出す　　(b) 負荷による出力電圧の変動

図7-11　出力電流を取り出すと出力電圧が下がる

すると，

$$\text{リプル含有率} = \frac{E_a}{E_d} \times 100 \ [\%] \quad \cdots\cdots\cdots 7\text{-}1$$

のようになります．

● 電圧変動率

　図7-11(a)は，センタータップ型全波整流回路にコンデンサ入力型の平滑回路をつなぎ，出力に負荷抵抗Rをつないで出力電流I_{DC}を取り出しているところです．出力電流を取り出すと，図(b)のように出力電圧E_{DC}が下がります．

　いま，図7-11(b)のように出力電流がゼロのときの出力電圧をE_O，定格負荷電流I_nを取り出したときの出力電圧をE_nとすると，電圧変動率は，

$$\text{電圧変動率} = \frac{E_O - E_n}{E_n} \times 100 \ [\%] \quad \cdots\cdots\cdots 7\text{-}2$$

のようになります．

7-1-5　定電圧回路

　平滑回路の出力は，図7-11(b)のように電圧変動率が悪く，またリプルも多くてこのままでは無線機の電源としての性能が不十分です．そこで定電圧回路が使われますが，定電圧回路は入力電圧が変化しても，また負荷電流が変化しても出力電圧を常に一定に保つように働くものです．

　定電圧回路の基本はツェナーダイオードを用いたものですが，小規模な定電圧回路にしか使われません．実際に使われる定電圧回路には図7-12に示したようなものがあり，図(a)は出力電圧を一定に保つように働く制御素子が入力と出力に直列につながったもの，また図(b)は制御素子が出力に並列につながったも

7-1 整流電源

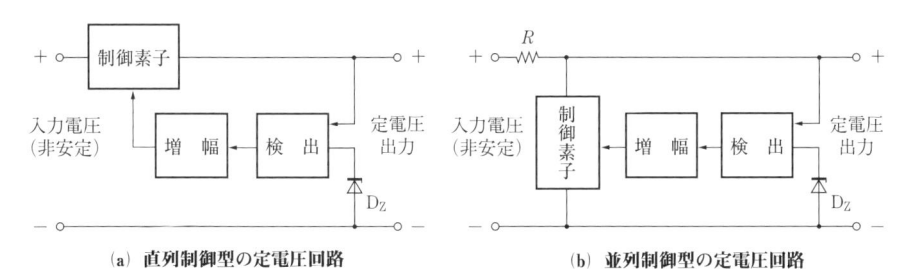

(a) 直列制御型の定電圧回路

(b) 並列制御型の定電圧回路

図7-12　各種の定電圧回路

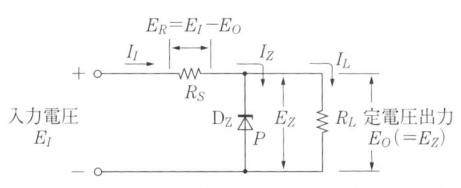

図7-13　ツェナーダイオードによる定電圧回路

のです．図(b)の並列制御型では，Rと制御素子で出力電圧を一定に保ちます．

　これらの定電圧回路は，いずれもツェナーダイオードD_Zを基準電圧として出力電圧の変動を検出し，誤差信号を取り出して増幅したあと制御素子を制御します．

●ツェナーダイオードによる定電圧回路

　ツェナーダイオードによる定電圧回路は**図7-13**のようなもので，入力電圧や負荷が変動した場合，E_Rが増減して出力電圧を一定に保ちます．

　では，**図7-13**の定電圧回路で入力電圧E_Iを一定とし，ツェナーダイオードの許容電力の最大値まで使用するとして，ツェナー電流の最大値$I_{Z\,max}$と抵抗R_Sの値を求めてみることにしましょう．

　まず，ツェナーダイオードのツェナー電圧をE_Z，許容電力をPとすると，ツェナーダイオードに流すことのできるツェナー電流の最大値$I_{Z\,max}$は，

$$I_{Z\,max} = \frac{P}{E_Z} \qquad\cdots\cdots\cdots\cdots 7\text{-}3$$

となります．

　一方，R_Sに流れる入力電流I_Iは，

$$I_I = I_Z + I_L = I_{Z\,max} \qquad\cdots\cdots\cdots\cdots 7\text{-}4$$

で，R_Sにおける電圧降下はE_RですからR_Sは，

$$R_S = \frac{E_R}{I_{Z\max}} = \frac{E_I - E_O}{I_{Z\max}} \qquad \cdots\cdots\cdots\cdots 7\text{-}5$$

となります．

　ツェナーダイオードによる定電圧回路は負荷電流I_Lにかかわらず入力電流I_Iが流れ，この電流によって抵抗R_Sで電力が常に消費されますから電力効率はよくありません．

　ツェナーダイオードによる定電圧回路は，入力電圧E_Iを出力電圧（＝ツェナー電圧E_Z）より十分大きく，$E_I \fallingdotseq 2E_Z$くらいに選びます．ツェナーダイオードのツェナー電圧は数Vから数十Vまで，また許容電力は数百mWから1Wくらいまで用意されており，出力電流が100mA以下の小容量の定電圧回路に使われます．

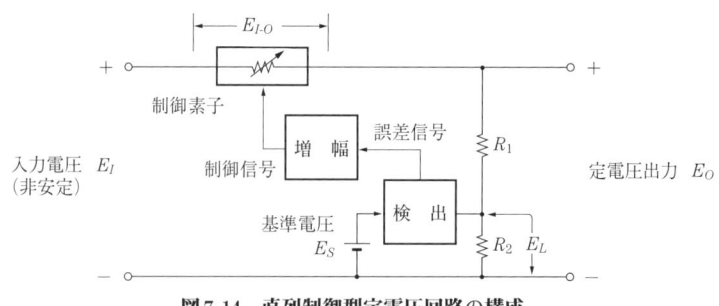

●**直列制御型定電圧回路**

　直列制御型定電圧回路は，**図7-12**（a）に示したように制御素子が入力端子と出力端子の間に直列につながれていることからこのように呼ばれます．

　図7-14は直列制御型定電圧回路の構成を示したもので，制御素子の動作は可変抵抗です．この回路では，入力電圧E_Iや負荷が変動して出力電圧E_Oが変化すると，それにしたがってE_Lも変化します．そこで，この変化を基準電圧E_Sと比較して検出し，誤差信号を得ます．この誤差信号は増幅されて制御素子に加えられ，$E_{I\text{-}O}$を変化させてE_Oを元の値に戻します．

　図7-15は簡易型の直列制御型定電圧回路で，制御素子はトランジスタTrです．この回路では，抵抗R_SとツェナーダイオードD_Zの定電圧回路は**図7-13**に示したものと同じです．

図7-14　直列制御型定電圧回路の構成

7-1 整流電源

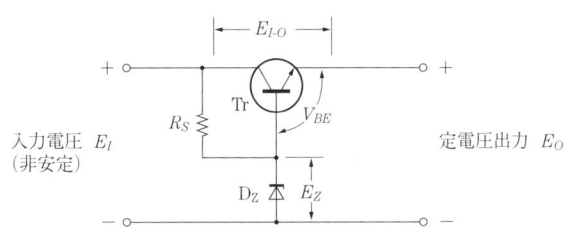

図7-15　簡易型の直列制御型定電圧回路

図7-15の回路では，ツェナー電圧E_Zは一定，またトランジスタのV_{BE}も約0.6Vでほぼ一定ですから，出力電圧E_Oは，

$$E_O = E_Z - V_{BE} \fallingdotseq E_Z - 0.6 \,[\mathrm{V}] \qquad \cdots\cdots\cdots\cdots 7\text{-}6$$

となって定電圧出力が得られます．なお，定電圧化のための電圧の出し入れは$E_{I\text{-}O}$が変化して受け持ちます．

この回路では，出力電圧はほぼツェナー電圧で決まってしまいます．また，簡易型なので出力電流は数百mAまでの簡単な定電圧回路にしか使われません．

図7-16は，本格的な直列制御型定電圧回路です．Tr_2のエミッタはツェナーダイオードD_Zにより常に一定のツェナー電圧E_Zに保たれており，これが基準電圧になります．

いま，何らかの理由で出力電圧E_Oが上昇するとTr_2のベース電圧も上昇し，その結果Tr_2のベース電流が増えてコレクタ電流が増加します．ここで，Tr_2のコレクタ電流はR_1を流れますからR_1における電圧降下が大きくなり，Tr_2のコレクタ電圧が低下します．その結果，Tr_1のベース電圧が低下してベース電流が減り，Tr_1の内部抵抗が増えて電圧降下$E_{I\text{-}O}$が大きくなります．ここで$E_{I\text{-}O}$が増えるとE_Oの上昇を防ぎ，E_Oを元の電圧に戻します．

以上は何らかの理由で出力電圧が上昇しようとした場合ですが，反対にE_Oが

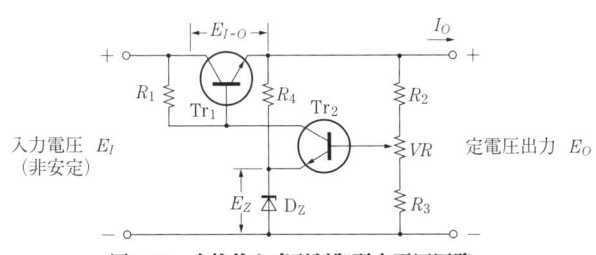

図7-16　本格的な直列制御型定電圧回路

低下しようとした場合にも逆の動作をしてE_Oの低下を防ぎ，E_Oを一定に保ちます．

図7-16の回路で出力電流を取り出した場合，制御素子のTr_1では$E_{I\text{-}O}$とI_Oによりコレクタ損失が発生します．コレクタ損失Pは，

$$P = I_O \times E_{I\text{-}O} \qquad \cdots\cdots\cdots\cdots 7\text{-}7$$

となり熱に変わりますから，トランジスタはこのコレクタ損失に耐えるものでなくてはなりません．そのために，必要があればTr_1に放熱器を付けます．

図7-16の直列制御型定電圧回路では，VRによって定電圧出力の値を広範囲に変えることができます．直列制御型定電圧回路の効率は制御素子で電力損失が発生するので30～50％といったところですが，つぎに説明する並列制御型定電圧回路よりも効率が良いのでよく使われています．

直列制御型定電圧回路では，出力端子をショートした場合に過大電流が流れますから，必要以上の電流を流さないための電流制限回路が必要です．

● 並列制御型定電圧回路

並列制御型定電圧回路は，**図7-12(b)**に示したように制御素子が出力端子に並列につながれていることからこのように呼ばれます．

図7-17は並列制御型定電圧回路を示したもので，トランジスタTrが可変抵抗として働く制御素子です．**図7-17**で，R_2とD_Zは**図7-13**に示したツェナーダイオードによる定電圧回路で，TrのベースはD_Zにより常に一定のツェナー電圧E_Zに保たれています．

いま，何らかの理由で出力電圧E_Oが上昇すると，Trのコレクタ・エミッタ間電圧V_{CE}が上昇します．一方，Trのコレクタ・ベース間の電圧はE_Zで一定に保たれているので，その結果Trのベース・エミッタ間電圧V_{BE}が上昇し，コレクタ電流が増加します．すると抵抗R_1による電圧降下が増えて出力電圧の上昇を防ぎ，E_Oを元の値に戻します．

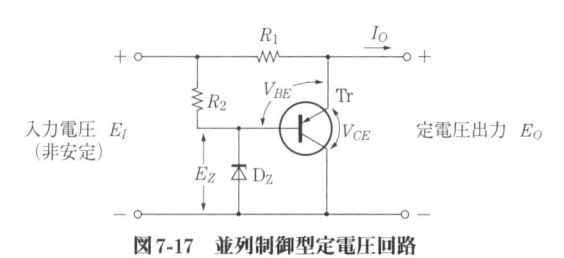

図7-17 並列制御型定電圧回路

7-1 整流電源

以上は何らかの理由で出力電圧が上昇しようとした場合ですが，反対にE_Oが低下しようとした場合にも逆の動作をしてE_Oの低下を防ぎ，E_Oを一定に保ちます．

並列制御型定電圧回路は出力電流I_Oがゼロの場合でも定電圧を保つためにR_1とTrに電流が流れ，電力損失を発生します．そのために効率が悪く，大電力の用途にはほとんど使われません．

並列制御型定電圧回路では出力端子を短絡すると定電圧特性が失われるので，保護回路は必要ありません．

● スイッチング型定電圧回路

スイッチング電源には，入力電圧と出力電圧の関係で昇圧型や降圧型，また制御用のパルスの発生方法によって自励型や他励型があります．

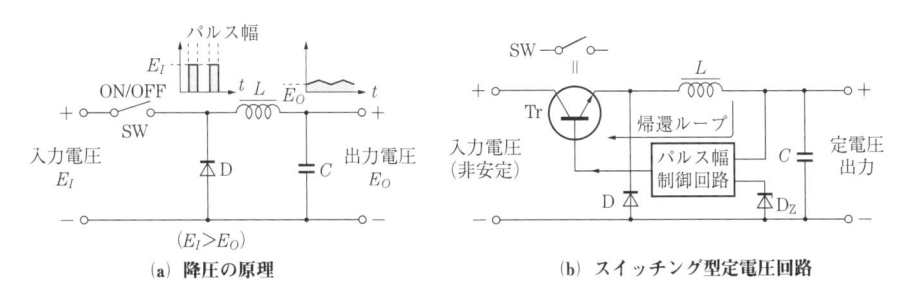

図7-18はスイッチング型定電圧回路の動作原理を示したもので，制御素子にスイッチが使われることからこのように呼ばれます．

整流電源の場合の定電圧回路は降圧型となり，**図7-18(a)**は降圧の原理を示したものです．スイッチの出力はパルスで，出力電圧はパルス幅で決まります．具体的には，パルス幅が広ければ出力電圧は高くなり，狭いと出力電圧は低くなります．

スイッチから出力されたパルスを直流に直す平滑回路を構成しているのが，コイルLとコンデンサCです．また，ダイオードDはフライホイールダイオードとも呼ばれ，Lに蓄積されたエネルギーを出力側に流す役目をしています．

図7-18(b)はスイッチング型定電圧回路の構成を示したもので，制御素子のスイッチにはトランジスタやFETが使われます．出力電圧を監視しているのはパルス幅制御回路で，出力電圧が変動すると基準電圧と比較して誤差信号を出し，

(a) 降圧の原理 (b) スイッチング型定電圧回路

図7-18　スイッチング型定電圧回路の原理

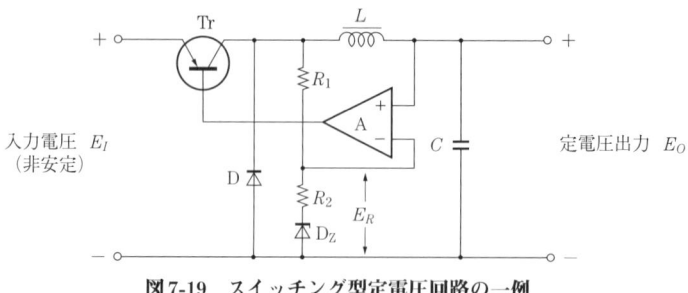

図7-19 スイッチング型定電圧回路の一例

制御素子のスイッチをコントロールします．この回路では，パルス幅制御回路で帰還ループを形成して定電圧化しています．

図7-19は自励型のスイッチング型定電圧回路の一例で，パルス幅制御回路を構成しているのはコンパレータAです．コンパレータの反転入力には基準電圧E_Rが，また非反転入力には出力電圧が加えられ，出力電圧の変動を監視しています．

いま，E_OがE_Rより高くなるとコンパレータの出力はHになり，Trのスイッチはオフの状態になって出力はなくなります．するとE_OがE_Rより下がり，その結果コンパレータの出力はLになって再びTrのスイッチはONになり出力が出ます．このスイッチのON/OFFのタイミングはパルス幅に反映され，このような状態変化を繰り返しながら出力電圧を一定に保ちます．

このような状態変化の繰り返しは帰還ループを通じて帰還がかかったことになり，これにより自励発振を起こします．スイッチング型定電圧回路の発振周波数（スイッチング周波数）は普通20～100kHzに選ばれ，これは商用交流の50または60Hzに比べると高くなっています．そのために，平滑用のLやCは小型のもので済みます．

スイッチング型定電圧回路は他の方式に比べると電圧変動率やリプル含有率は劣り，またスイッチングノイズも大きいのですが，効率が良いのが特徴です．制御素子のスイッチで発生する電力損失が極めて少ないので，効率は70～90％以上にもおよびます．

7-1-6　整流電源の実際

図7-20は，出力DC12V 1Aの整流電源回路の一例です．整流回路はブリッジ

7-1 整流電源

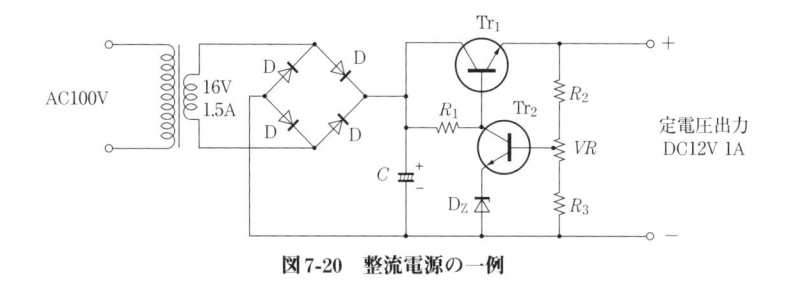

図7-20 整流電源の一例

出力電圧	12V (11.5〜12.5V)
入力安定度	240mV max (14.5V ≦ E_I ≦ 30V)
負荷安定度	240mV max (5mA ≦ I_O ≦ 1.4A)
リプル除去率	60dB typ
最小入出力電圧差	2V typ

(a) 7812の電気的特性

(b) 定電圧回路の入出力電圧差

図7-21 3端子レギュレータIC 7812

型全波整流回路となっていますが,センタータップ型全波整流回路も同様に使えます.また,平滑回路はコンデンサ入力型です.

整流電源の出力は12V 1A(12W),これに対して電源変圧器は整流回路,定電圧回路の効率を見込んで16V 1.5A(24W)となっています.この場合の整流電源の総合効率は,50%となります.

整流電源では,定電圧回路を用いることにより,全体のリプル含有率や電圧変動率を1%以下に抑えることができます.

定電圧回路は3端子レギュレータと呼ばれる汎用ICとして多数用意されており,幅広く使われています.

図7-21(a)は直列制御型定電圧回路の代表的な3端子レギュレータIC 7812の電気的特性を示したもので,出力電圧は12Vで最大出力電流は1Aです.入力安

定度や負荷安定度は，表に示したような条件で最大でも240mV，リプル除去率は60dBですから1000分の1に圧縮されます．また，過電流保護回路や熱に対する保護回路も内蔵されています．

定電圧回路には図7-21(b)のように入出力電圧差E_{I-O}があり，7812の最小入出力電圧差は2Vです．これより，定電圧回路の入力電圧E_Iは，

$$E_I \geqq 2+E_O \geqq 2+12=14 \, [\text{V}] \quad \cdots\cdots\cdots\cdots 7\text{-}8$$

が必要だということがわかります．しかしこれは最小の条件ですから，実際には10～20％の余裕をみるのが普通です．

7-2 DC-ACインバータとDC-DCコンバータ

DC-ACインバータというのは直流(DC)を交流(AC)に変換する装置で，DC-DCコンバータというのは直流(DC)を違った電圧の直流(DC)に変換する装置です．

7-2-1 DC-ACインバータ

DC-ACインバータは，自動車電源などの直流12～13.8Vを交流100Vにして，AC100Vで働く無線機やその他の電気製品に電源を供給するようなときに用いるものです．DC-ACインバータでは，入力側では直流入力電圧や電流，出力側では交流出力電圧と出力電力，それに出力波形や周波数を考慮しなければなりません．

図7-22はDC-ACインバータを示したもので，図(a)のように直流入力を直流－交流変換でいったん交流に直し，その後で変圧器を使って目的の電圧を得ます．図(b)は直流－交流変換の原理図を示したもので，スイッチ(SW)を交互

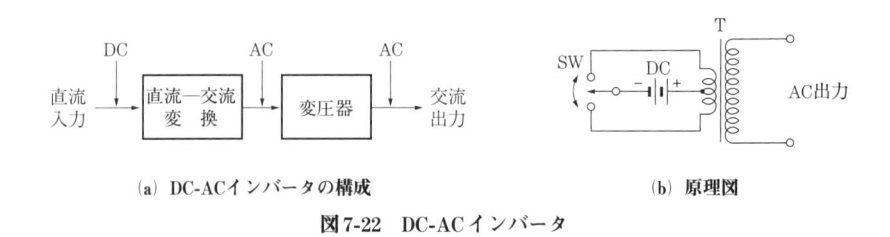

(a) DC-ACインバータの構成　　　　　　　　　(b) 原理図

図7-22　DC-ACインバータ

7-2 DC-ACインバータとDC-DCコンバータ

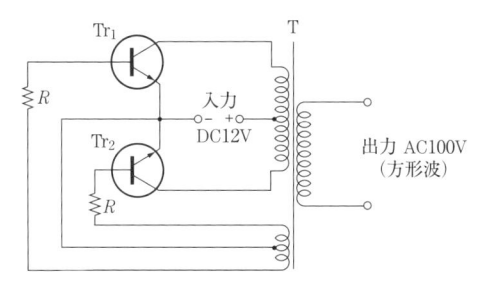

図7-23 自励型のDC-ACインバータ

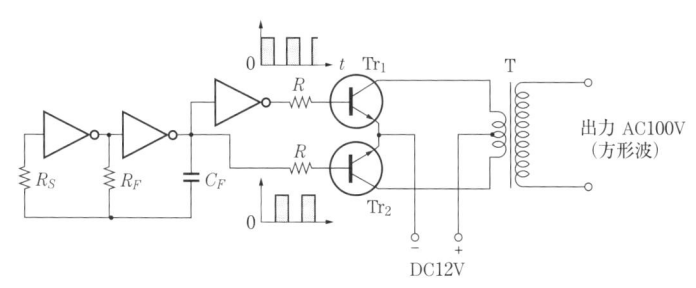

図7-24 他励型のDC-ACインバータ

に切り替えることによって直流を交流に変換します．このスイッチは実際には発振器を用いますが，そのやり方によって自励型と他励型があります．

図7-23は自励型のDC-ACインバータの回路で，反結合型の発振回路を構成しています．この発振回路の発振波形は方形波で，したがってDC-ACインバータの出力も方形波です．出力の周波数は発振周波数と同じですが，あまり正確ではありません．自励型のDC-ACインバータは出力電力が数Wまでで，周波数の正確さを必要としない用途に使われます．

図7-24は，他励型のDC-ACインバータの回路の一例です．直流－交流変換のための信号を作っているのはインバータによる非安定マルチバイブレータで，発振波形は方形波，発振周波数はR_FとC_Fで決まります．発振周波数を50Hzにすれば，出力周波数も50Hzになります．

Tr_1とTr_2は**図7-22(b)**に示したスイッチ(SW)の働きをする電子スイッチで，入力のDC12Vを発振器の出力で交互にON/OFFします．他励型のDC-ACインバータは，出力電力が数十W以上のものが可能です．

図7-25　DC-DCコンバータ

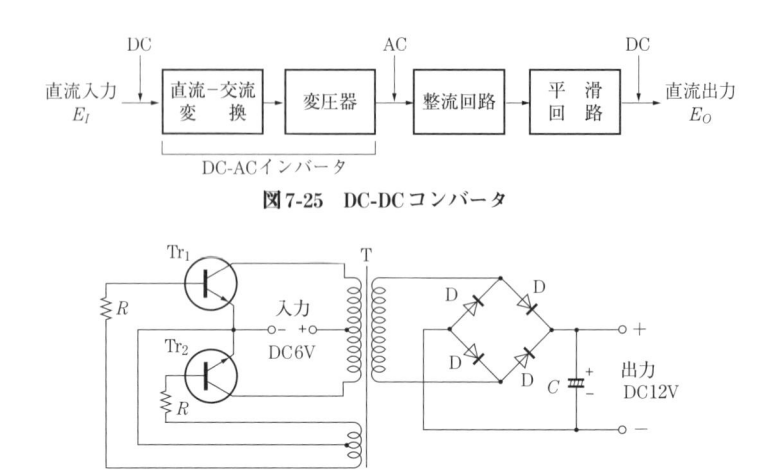

図7-26　DC-DCコンバータの基本回路

7-2-2　DC-DCコンバータ

DC-DCコンバータには，昇圧型のアップコンバータと降圧型のダウンコンバータがあり，7-1-5で説明した定電圧回路はダウンコンバータの一種です．

一般的なDC-DCコンバータは昇圧型で，構成は**図7-25**のようにDC-ACインバータの後に整流回路と平滑回路を設けたものです．**図7-25**に示すようなDC-DCコンバータでは変圧器でDC-ACインバータの出力電圧を自由に選べ，直流入力電圧E_Iよりも直流出力電圧E_Oの高い昇圧型のDC-DCコンバータが可能です．

図7-26は，自励型のDC-ACインバータにブリッジ型全波整流回路とコンデンサ入力型の平滑回路を付けたDC-DCコンバータです．このDC-DCコンバータでは，DC6VをDC12Vに変換しています．

7-3　電池電源

電池には，内部に化学エネルギーとして電気を蓄えておける化学電池と，他のエネルギーを電気に変換する物理電池があります．

普通，電池と呼ばれているのは化学電池のことで，一次電池と二次電池の二

種類があります．一次電池は一度放電してしまうと使用を終わる乾電池，二次電池は放電したあと充電して再度使える蓄電池のことです．また，物理電池の代表的なものは，太陽電池です．

7-3-1　一次電池（乾電池）

　一次電池は化学反応が一方向にだけ進むもので，反応が終了すると使用を終わります．

　化学反応を起こす物質を活物質といい，乾電池は正極活物質，電解液，それに負極活物質の三つから構成されています．そして，電解液を通じて正極活物質と負極活物質の間を電子が移動することで起電力を生じます．

　乾電池では，活物質や電解液に何を使うかによっていくつかの種類があります．また，乾電池には外形寸法により単1型から単5型，それと006P型があり，用途によって使い分けられています．

●マンガン乾電池

　マンガン乾電池は正極活物質が二酸化マンガン（MnO_2），負極活物質が亜鉛（Zn），そして電解液が塩化亜鉛（$ZnCl_2$）で構成されており，起電力は1.5Vです．

　マンガン乾電池は，大きな放電をすると電圧が急激に低下するなど放電特性はあまりよくありません．しかし，休ませると回復する自己回復作用があります．

●アルカリ乾電池

　アルカリ乾電池は正極活物質が二酸化マンガン（MnO_2），負極活物質が亜鉛（Zn），そして電解液が水酸化カリウム（KOH）で構成されており，起電力はマンガン乾電池と同じく1.5Vです．

　アルカリ乾電池はマンガン乾電池に比較して大電流の放電を維持することができ，電圧変動も少なくて放電特性が良好です．

●その他の一次電池

　その他の一次電池としては，リチウム電池，水銀電池，酸化銀電池，それに空気電池などがあります．

　リチウム電池は負極活物質にリチウムを使ったもので，起電力が3Vと高く安

定した放電が得られるほか，自己放電が少ないといった特徴があります．リチウム電池はマンガン乾電池などとは電圧が違うので，誤使用を避けるために外形寸法が違っています．

水銀電池は正極活物質に酸化水銀（HgO），酸化銀電池は正極活物質に酸化銀（Ag_2O），空気電池は正極活物質に空気（O_2）を使ったもので，共に負極活物質は亜鉛（Zn），電解液は水酸化カリウム（KOH）などです．また起電力は，水銀電池が1.35V，酸化銀電池が1.55V，空気電池が1.3Vです．これらの電池は放電特性が良好で，ボタン電池として特殊な用途に使われています．

7-3-2　二次電池（蓄電池）

二次電池は化学反応が双方向に進むもので，放電したら充電することにより元に戻ります．

●鉛蓄電池

鉛蓄電池は正極の酸化鉛（PbO_2），負極の鉛（Pb）を隔膜を隔てて比重が1.2〜1.3程度の希硫酸（H_2SO_4）の電解液の中に浸したもので，起電力は2Vです．

鉛蓄電池の充放電反応は，

$$\underset{正極}{PbO_2} + \underset{電解液}{2H_2SO_4} + \underset{負極}{Pb} \underset{充電}{\overset{放電}{\rightleftarrows}} \underset{正極}{PbSO_4} + \underset{電解液}{2H_2O} + \underset{負極}{PbSO_4} \quad \cdots\cdots 7\text{-}9$$

のようになります．

まず，放電時には両極に硫酸鉛（$PbSO_4$）ができ，水（H_2O）が生じるために電解液の濃度が下がります．そして，この過程で起電力を生じますが，端子電圧が1.8V，電解液の比重が1.15くらいになると放電は終了します．

一方，充電時には放電のときと逆の反応が起こります．この間，電解液の比重は徐々に上昇し，端子電圧も上がりますが，電解液の比重が元に戻り，端子電圧が2.8Vくらいまで上がって極板からガスが発生するようになったら充電は完了です．

鉛蓄電池には，充放電を繰り返して使うサイクル使用と，浮動充電しながら使うフロート使用があります．そして，サイクル使用の場合の充電は定電圧充電で行います．

7-3 電池電源

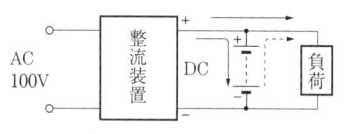

図7-27 電源浮動方式

停電など電源に変動があっては困るような場合に使われるのが，普段から一定電圧で常に充電しておく浮動充電です．**図7-27**は浮動充電をしながら負荷に電力を供給している電源浮動方式を示したもので，整流装置のDC出力電圧は鉛蓄電池の電圧とほぼ同じにします．電源浮動方式では，**図7-27**に実線で示したように負荷に電力を供給すると同時に蓄電池を充電します．この方式では，蓄電池の充電電流は少なくて済みます．

電源浮動方式では，整流電源に含まれるリプルや負荷の変動を蓄電池が吸収してくれるので，質のよい直流電源が得られます．また，停電しても**図7-27**の点線で示したように鉛蓄電池から電流を供給できるので，無停電電源装置が得られます．

鉛蓄電池の容量は，放電終止電圧になるまで取り出すことのできる電気量を，電流と時間の積のアンペア時(Ah)で表します．なお，放電終止電圧は1.8Vくらいで，完全に充電された電池を一定の負荷で放電させてこれ以上放電させると電池を損傷するという限界の電圧のことです．

鉛蓄電池の容量は普通10時間率で表され，40Ahといえば4Aの電流で10時間放電できるということです．

●ニッケルカドミウム蓄電池，他

電解液にアルカリ性の水溶液を使った蓄電池をアルカリ蓄電池といい，ニッケルカドミウム蓄電池はその代表的なものです．

ニッケルカドミウム蓄電池(ニカド電池)は正極に水酸化ニッケル(NiOOH)，負極にカドミウム(Cd)，そして電解液がアルカリ水溶液で構成されており，起電力は1.2Vです．

ニッケルカドミウム電池の充放電反応は

$$\underset{\text{正極}}{2NiOOH} + \underset{\text{電解液}}{2H_2O} + \underset{\text{負極}}{Cd} \underset{\text{充電}}{\overset{\text{放電}}{\rightleftarrows}} \underset{\text{正極}}{2Ni(OH)_2} + \underset{\text{負極}}{Cd(OH)_2} \quad \cdots\cdots 7\text{-}10$$

のとおりで，電解液は苛性カリ水溶液（KOH）ですが，みかけ上は反応には関与しません．

　ニッケルカドミウム蓄電池は密閉型となっており，起電力は乾電池の1.5Vに比べると1.2Vと低いのですが，放電特性が平坦で乾電池と互換性があるので，乾電池と同じ外形寸法の単1～単3型のものが用意されています．

　放電時のニッケルカドミウム蓄電池の容量は，ある放電電流（例えば0.2C，Cは容量）における放電電流と放電時間の積（ミリアンペア時，mAh）で表されます．よく使われる単3型のものの容量は，500～800mAhくらいです．

　ニッケルカドミウム蓄電池の充電は定電流充電で行い，充電時間は標準充電（0.1CmA，Cは容量）で15時間，短時間充電（0.2～0.3C）で4～5時間といったところです．

　ニッケルカドミウム蓄電池は放置しておくと自己放電しますが，自己放電を補う程度の小電流で絶えず充電しておくのが，トリクル充電です．トリクル充電は，負荷から切り離した状態で0.033Cで45時間以上で行います．

＊

　ニッケルカドミウム蓄電池の改良型にニッケル水素蓄電池があります．ニッケル水素蓄電池は負極に水素吸蔵合金を用いたもので，充放電反応は

$$\underset{正極}{NiOOH} + \underset{負極}{MH} \underset{充電}{\overset{放電}{\rightleftarrows}} \underset{正極}{Ni(OH)_2} + \underset{負極}{M} \qquad \cdots\cdots 7\text{-}11$$

のようになり，負極の水素吸蔵合金は水素を吸収した状態がMH，水素を放出した状態がMです．また，電解液は苛性カリ水溶液（KOH）ですが，みかけ上は反応に関与しません．

　ニッケル水素蓄電池はニッケルカドミウム蓄電池よりも2倍近く容量が大きくなっており，単3型のもので1800～2000mAhにもなっています．

＊

　ニッケルカドミウム蓄電池やニッケル水素蓄電池にはメモリ効果があります．メモリ効果というのは，これらの蓄電池を完全放電していない状態で充電したときに発生する現象です．

　ニッケルカドミウム蓄電池やニッケル水素蓄電池を完全放電前に充電すると，充電時のレベルを蓄電池が記憶してしまい，それ以上深い充電ができなくなり

ます．また放電するときにも，記憶したレベルに達するとまだ電気は残っているのに放電を停止してしまいます．これは，記憶されたレベルまでしか充放電ができなくなってしまうということで，メモリ効果を生ずると蓄電池の容量が減少します．

ニッケルカドミウム蓄電池やニッケル水素蓄電池に発生するメモリ効果は一時的なもので，一度深い放電を行って完全に放電すればメモリ効果は消滅します．

7-3-3　電池の内部抵抗と接続法

電池には，**図7-28**(a)のように起電力E_Oと共に内部抵抗rがあります．そして，負荷抵抗R_Lをつないで電流I_Lが流れると端子電圧Eは，

$$E = E_O - E_r = E_O - r \cdot I_L \text{ [V]} \quad \cdots\cdots\cdots\cdots 7\text{-}12$$

のようになります．このことから，端子電圧Eは負荷電流I_Lが大きくなると下がりますし，また電池の内部抵抗rが大きくなると下がります．

電池の端子電圧は**図7-28**(b)のように放電時間と共に低下しますが，このように端子電圧が低下するのは内部抵抗が増えたからです．そのような意味では，電池の劣化は内部抵抗が増加したからということもできます．

複数の電池を接続するときには，同種の電池で行うのが原則です．これを怠ると，電池の性能を発揮できません．

図7-29(a)は電池を直列接続した場合で，接続した個々の電池を素電池といいます．いま，素電池の端子電圧をE，内部抵抗をr，取り出すことのできる最大電流を$I_{\max}$とすると，n個の電池を直列接続したときの端子電圧はEのn倍，内部抵抗はrのn倍，そして$I_{\max}$はそのままです．これでわかるように，電池をn個直列接続した場合には取り出すことのできる電流はそのままですが，電圧が

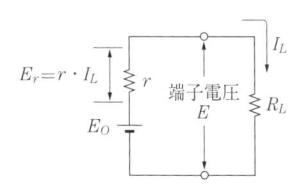

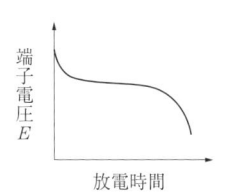

(a) 電池の内部抵抗r　　　(b) 放電時間と端子電圧

図7-28　電池の内部抵抗と端子電圧

(a) 直列接続　　　(b) 並列接続

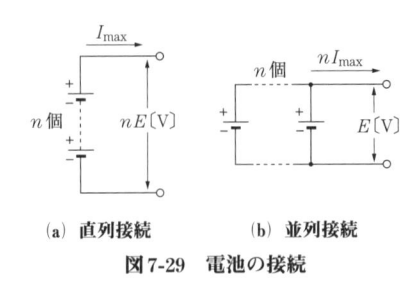

図 7-29　電池の接続

n 倍になります．

　自動車用の 12V のバッテリは，2V の鉛蓄電池を素電池としてこれを 6 個直列接続したものです．また，006P の積層乾電池（9V）は 1.5V の素電池を 6 個直列接続したものです．

　図 7-29 (b) は電池を並列接続した場合で，素電池の端子電圧を E，内部抵抗を r，取り出すことのできる最大電流を I_{max} とすると，n 個の電池を並列接続したときの端子電圧はそのままの E，内部抵抗は $\frac{r}{n}$，そして I_{max} は n 倍になります．これでわかるように，電池を n 個並列接続した場合には電圧はそのまま，取り出すことのできる電流は n 倍になります．

　電池を並列接続した場合，素電池の間にばらつきがあると電池間で電流が逆流し電池を壊す恐れがあります．したがって，電池の並列接続はほとんど行われません．

7-3-4　その他の電池－太陽電池

　物理電池の太陽電池は化学電池と違ってエネルギーを変換するものなので，発電したら化学電池（二次電池）にいったん蓄電して利用します．

　太陽電池は PN 接合でできており，接合面に光があたると発電し，一つのセルの起電力は 0.6V です．太陽光の利用効率は 10〜20％といったところです．太陽電池は電圧が低いので，何素子かを直列接続したモジュールとなっているのが普通です．

第8章
アンテナおよび給電線

8-1 アンテナの理論

　アンテナは空中線ともいい，無線通信において，高周波電力を電波に変換して空間に放射する導体を送信アンテナといいます．また，電波を高周波電力に変換するために設けた導体を受信アンテナといいます．そして，アンテナと無線機を結ぶのが給電線（フィーダ）です．

8-1-1　電波の発生とアンテナの誕生

　アンテナと電波は，密接な関係があります．電波を遠くに送り届けたり，遠くの電波を受信するには，アンテナの性能が重要です．

●アンテナの誕生

　図8-1のようにコンデンサに高周波電源を接続すると，コンデンサは充放電を繰り返し，導線には電流が流れ続けます．
　このとき，コンデンサの極板AとBに蓄えられる電荷は時間と共に変化するので，電界も時間と共に変化しています．そこで，マクスウェルはコンデンサの内部でも導線と同じ大きさの電流が流れているものと仮想して，それを変位電流と呼び，その周囲の電界や磁界が波動として伝搬すること，すなわち電磁波の存在を予言しました．
　この電磁波は，その後ヘルツにより実験的に証明されたことは周知のとおり

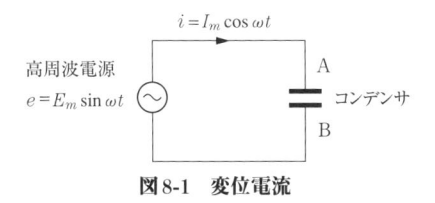

　　　　　　　　　　　　　$i = I_m \cos \omega t$
高周波電源
$e = E_m \sin \omega t$　　　　　　　　　　コンデンサ

図8-1　変位電流

第8章　アンテナおよび給電線

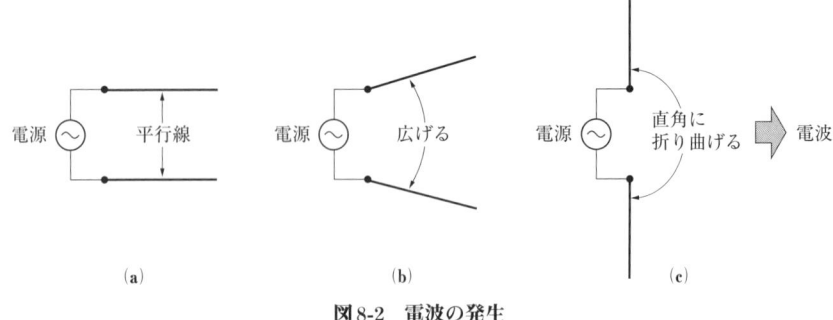

図8-2　電波の発生

です．なお，無線通信で使われる電波は，電磁波の一種です．

　さて，図8-2(a)のように一端を開放した平行線に高周波電源を接続すると，電源から平行線を見たインピーダンスは純リアクタンスとなり，線路は無損失で線路内ではエネルギーは消費しません．

　そこで，図8-2(b)のように平行線を外部に広げると電源から見たインピーダンスは純リアクタンスではなくなり，抵抗分を持つようになります．抵抗分ができると電源のエネルギーを消費することになりますが，線路自体は無損失ですから，消費したエネルギーは線路から空間に放射されると考えることができます．この外部に放射されるエネルギーが，電波です．

　図8-2(c)のように平行線を直角に折り曲げると抵抗分は最大になり，効率よく電波を放射することができます．これが，アンテナの基本です．

●電波の正体

　アンテナから出て空間を伝わっていく電波は，図8-3(a)のように電界と磁界が直角に組み合わさったものです．ここでは電磁誘導作用により，図(b)のように電流(実は電界)によって磁界を生じ，その磁界の変化で電流が生じ，これが繰り返されて伝搬することがわかります．

　いま，電波の周波数 f [Hz]，波長 λ [m]，電波の速度 $v \fallingdotseq 3 \times 10^8$ [m/s] とすると，これらの間には，

$$\lambda = \frac{v}{f} = \frac{3 \times 10^8}{f} \qquad \cdots\cdots\cdots\cdots 8\text{-}1$$

のような関係があります．なお，アマチュア無線でよく使われる周波数の単位

8-1 アンテナの理論

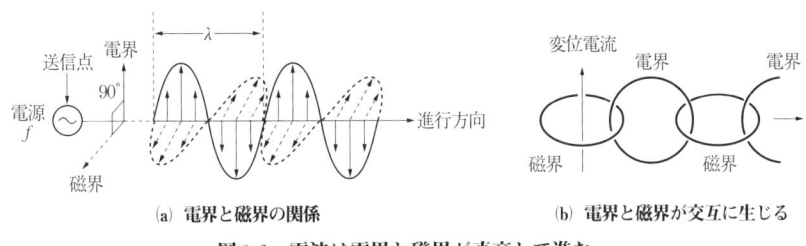

(a) 電界と磁界の関係   (b) 電界と磁界が交互に生じる

図8-3　電波は電界と磁界が直交して進む

は〔MHz〕ですから，これを使って書き直してみると，

$$\lambda = \frac{300}{f\,\mathrm{[MHz]}} \,\mathrm{[m]} \quad \cdots\cdots\cdots\cdots 8\text{-}2$$

となり，実際にはこの式を使うのが便利です．

●水平偏波と垂直偏波

アンテナから放射された電波は**図8-3**のように電界と磁界が直交しながら進んでいきますが，このうちの電界の方向を偏波面といいます．そして，大地に対して電界が水平な電波を水平偏波，大地に対して電界が垂直な電波を垂直偏波といいます．

図8-3を見ると，いずれも電界は大地に対して垂直になっていますから垂直偏波です．また，**図(b)**の変位電流の方向からこのアンテナは垂直アンテナということになります．

実際には水平アンテナから発射される電波は水平偏波，垂直アンテナから発射される電波は垂直偏波となります．

以上のような偏波面が水平または垂直のものを直線偏波といいますが，これに対して偏波面が時間と共に回転する円偏波や楕円偏波というものもあります．

8-1-2　アンテナの基本

●アンテナの共振

アンテナから効率よく電波を放射するには，高周波電源の周波数に対してアンテナを共振の状態にします．

アンテナを共振状態にするには，アンテナの長さ ℓ を**図8-4**のように波長 λ の半分，すなわち $\frac{1}{2}\lambda$ にします．このようなアンテナを，半波長ダイポールアン

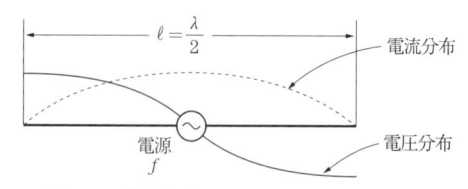

図8-4　半波長ダイポールアンテナの共振

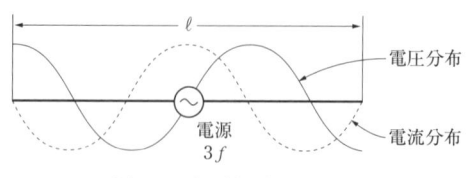

図8-5　高調波共振の一例

テナ（ダブレットアンテナともいう）と呼んでいます．このときの半波長ダイポールアンテナの電圧分布と電流分布は**図8-4**のようになり，電源を接続した中央部の給電点は電流最大，電圧最小となります．

　半波長ダイポールアンテナはアンテナを共振させるための最小の長さで，このような共振を基本波共振といいます．そして，アンテナが基本波共振するときの電源の波長をアンテナの固有波長，同じく周波数をアンテナの固有周波数といいます．

　半波長ダイポールアンテナは固有周波数以外にも固有周波数の整数倍の周波数で共振しますが，**図8-4**のように給電点が電流最大で電圧最小となるのは奇数倍の場合です．**図8-5**は電源の周波数が3倍（$3f$）の時のようすを示したもので，このような共振を高調波共振といいます．

　図8-6(a) は半波長ダイポールアンテナを地面に対して垂直にしたものですが，これを**図(b)** のように給電点を地面に置いてアンテナの上半分（長さは$\frac{1}{4}\lambda$）だけとし，下半分を大地に接するようにしたものを$\frac{1}{4}$波長垂直接地アンテナといいます．

　この場合，大地には電気影像が生じ，ダイポールアンテナの下半分は電気影像が受け持ちます．また，その場合の電流は影像電流で代用させています．

　長さがℓの$\frac{1}{4}$波長垂直接地アンテナの場合，**図8-6(b)** が基本波共振で，この場合の電源の波長が固有波長，周波数が固有周波数です．$\frac{1}{4}$波長垂直接地アンテナの場合にも固有周波数以外に整数倍の周波数でも共振しますが，給電点が

8-1 アンテナの理論

図8-6 $\frac{1}{4}$ **波長垂直接地アンテナ**

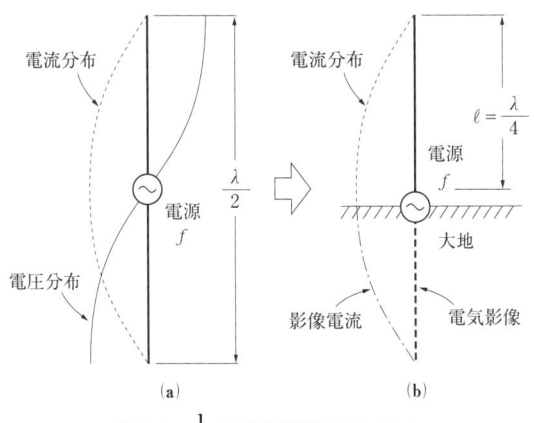

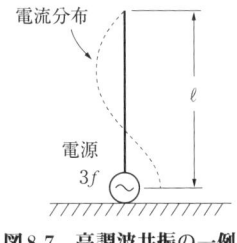

図8-7 高調波共振の一例

電流最大（電圧最小）となるのは奇数倍の場合です．**図8-7**に電源の周波数が3倍の時の高調波共振のようすを示しておきます．

● **指向特性**

アンテナから，どの方向にどれだけの強さで電波が放射されるかを示すのが指向特性で，これを曲線で表したものが指向特性曲線です．

指向特性には，大地に対して水平面の指向特性と垂直面の指向特性があります．水平面の指向特性は大地面のどのような方向へどのような強さで電波が放射されるかを示し，垂直面の指向特性は地面に対してどのような角度でどのような強さで電波が放射されるかを示します．

指向特性のうち，垂直面の指向特性は大地の影響を受けます．**図8-8**はそのようすを示したもので，直接波のほかに，アンテナAから地面に向かった電波は大地で反射されて反射波になります．この反射波は，大地の対称点に電気影像

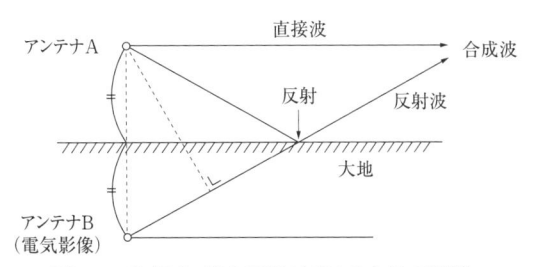

図8-8 垂直面の指向特性が受ける大地の影響

図 8-9
半波長水平ダイポールアンテナの
水平面指向特性

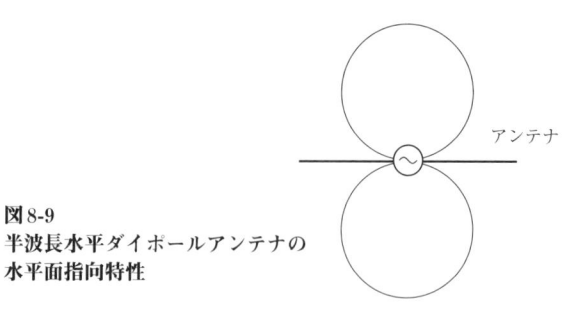

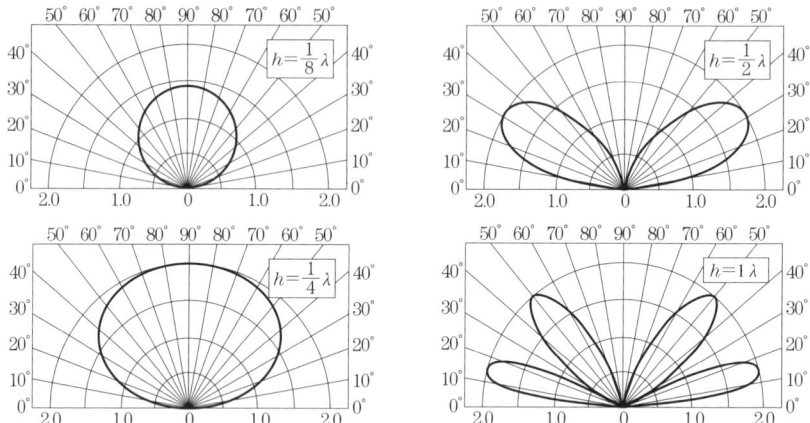

図 8-10 半波長水平ダイポールアンテナの地上高 h に対する垂直面指向特性の変化

（イメージ）として生じたアンテナBから電波が放射されたのと同じになり，実際に空間に放射される電波は直接波と反射波の合成された合成波になります．

図 8-9 は半波長水平ダイポールアンテナの水平面指向特性を示したもので，指向特性曲線が数字の8の字に似ていることから8字特性と呼ばれます．

図 8-10 は半波長水平ダイポールアンテナの垂直面指向特性を示したもので，大地の影響を受けて地上高 h によって指向特性が変わります．なお，反射波は大地の状態によってかなり異なってきますが，**図 8-10** に示したのは大地を完全導体と仮定し，アンテナ線の直角方向の指向特性を示したときのものです．この図を見ると，地上高が高いほど打上げ角が低いことがわかります．

図 8-11 は $\frac{1}{4}$ 波長垂直接地アンテナの指向特性を示したもので，**図 (a)** は水平面指向特性，**図 (b)** は垂直面指向特性です．$\frac{1}{4}$ 波長垂直接地アンテナの場合，水平面ではすべての方向に同じ強さで電波を放射しますから，これを無指向性で

(a) 水平面指向特性　　(b) 垂直面指向特性

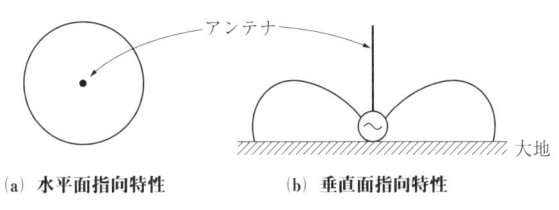

図8-11 $\frac{1}{4}$ 波長垂直接地アンテナの指向特性

あるといいます．

図8-11(a)のような無指向性に対して，図8-9のようにある方向に電波が強く放射されるものを単一指向性といいます．アンテナの指向特性は多くの場合単一指向性ですが，指向性アンテナ（ビームアンテナ）の場合には特に一方向に電波が強く放射されるように作られています．

8-1-3　アンテナの電気的特性

アンテナの性能を表すのが，電気的特性です．アンテナの場合，大地や架設する場所の影響を受けて電気的特性が変わります．そのような場合には，アンテナを大地の影響を受けない自由空間に置いたとき，あるいは大地を完全導体と仮定してその値が求められます．

●アンテナの実効抵抗と放射効率

アンテナに電力P〔W〕を供給したとき実効値I〔A〕の電流が流れたとすると，これらの間には，

$$P = R_a I^2 \qquad \cdots\cdots\cdots\cdots 8\text{-}3$$

のような関係があり，この場合のR_aをアンテナの実効抵抗といいます．

アンテナの実効抵抗には，

① 放射抵抗
② 導体抵抗
③ 接地抵抗（接地アンテナの場合）
④ 誘電体損失抵抗

といったものがありますが，このうち電波の放射に役立つのは①の放射抵抗(R_r)だけで，あとの②～④は損失を発生する抵抗(R_ℓ)です．そこで，実効抵抗(R_a)は，

$$R_a = R_r + R_\ell \qquad \cdots\cdots\cdots\cdots 8\text{-}4$$

のようになります.

　ちなみに，②の導体抵抗というのはアンテナ導体自身の持つ抵抗のほかに，高周波電流による表皮作用で生ずる抵抗があります．また，接地アンテナの場合には接地抵抗が大きいと損失を発生します．誘電体損失抵抗は，アンテナの絶縁物や周囲の建物の間などが誘電体となって生ずるものです．

　放射効率は，アンテナに加えた電力のうち，どれくらいが電波となって空中に放射されるかを表すものです．いま，アンテナに供給される電力をP〔W〕，アンテナから空中に放射される電力をP_r〔W〕とすると，放射効率はη_rは，

$$\eta_r = \frac{P_r}{P} \times 100 \ [\%] \qquad \cdots\cdots\cdots\cdots 8\text{-}5$$

のようになります．なお，**式**8-3のR_aのうち電波の放射に役立つのは放射抵抗のR_rだけですから，P_rは，

$$P_r = R_r I^2 \qquad \cdots\cdots\cdots\cdots 8\text{-}6$$

となり，**式**8-5は**式**8-3，**式**8-4，**式**8-6から，

$$\frac{P_r}{P} = \frac{R_r I^2}{R_a I^2} = \frac{R_r}{R_a} = \frac{R_r}{R_r + R_\ell} \qquad \cdots\cdots\cdots\cdots 8\text{-}7$$

のようになります．**式**8-7より，アンテナの放射効率を良くするにはR_rに比べてR_ℓをできるだけ小さくすればよいことがわかります．

●**給電点インピーダンスと短縮率**

　アンテナに電力を供給する部分を給電点と呼び，給電点からアンテナを見たインピーダンスを給電点インピーダンスといいます．

　半波長ダイポールアンテナや$\frac{1}{4}$波長垂直接地アンテナのように給電点で電流が最大になるアンテナの場合，アンテナの放射抵抗がそのまま給電点インピーダンスになります．

　図8-4のような半波長ダイポールアンテナの給電点インピーダンスZ_aは，大地の影響を受けるので地上高により変わりますが，自由空間においては，

$$Z_a = 73.1 + j42.5 \ [\Omega] \qquad \cdots\cdots\cdots\cdots 8\text{-}8$$

のようになり，約73.1Ωの抵抗のほかに約42.5Ωの誘導性リアクタンスを含んでいます．また，**図**8-6(b)のような$\frac{1}{4}$波長垂直接地アンテナの給電点インピーダンスは半波長ダイポールアンテナの半分(約36Ω)となります．

さて、アンテナに給電するにはリアクタンス分は邪魔になりますが、アンテナを作るときに半波長よりわずかに短くするとリアクタンスは容量性になり、誘導性リアクタンスを打ち消すことができます．このようにすると、半波長ダイポールアンテナの給電点インピーダンスは抵抗分だけの73.1 Ωになります．

そこで、半波長ダイポールアンテナの長さをℓとし、Δだけ短縮して給電点インピーダンスを抵抗分だけにする場合、これらの間には

$$\ell = \frac{\lambda}{2}(1-\Delta) \qquad \cdots\cdots 8\text{-}9$$

のような関係が成り立ちます．**式8-9**のΔがアンテナの短縮率で、短縮率は普通3〜5%（0.03〜0.05）になります．

●アンテナの実効長と実効高

長さがℓの半波長ダイポールアンテナや$\frac{1}{4}$波長垂直接地アンテナの電流分布は**図8-12**のようになり、電流はアンテナの先端でゼロ、また給電点で最大になります．

一方、アンテナから放射された電界の強さをアンテナの各部分に一様な電流が流れていると仮定すると、ある一定の距離における電界の強さはアンテナの長さℓと電流の積に比例します．そこで、**図8-12**の電流分布の面積と同じ長方形の面積（斜線で示した長方形）を考え、このときの長さや高さをアンテナの実効長ℓ_eや実効高h_eといいます．

半波長ダイポールアンテナの実効長ℓ_eは、

$$\ell_e = \frac{2\ell}{\pi} = \frac{2}{\pi} \times \frac{\lambda}{2} = \frac{\lambda}{\pi} \qquad \cdots\cdots 8\text{-}10$$

(a) 半波長ダイポールアンテナ　(b) $\frac{1}{4}$波長垂直接地アンテナ

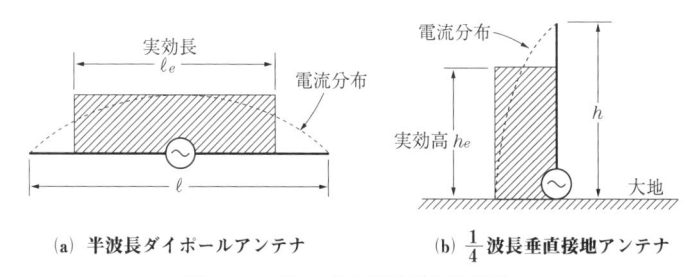

図8-12　アンテナの実効長と実効高

となります．また，$\frac{1}{4}$波長垂直接地アンテナの場合の実効高h_eは，

$$h_e = \frac{2h}{\pi} = \frac{2}{\pi} \times \frac{\lambda}{4} = \frac{\lambda}{2\pi} \qquad \cdots\cdots 8\text{-}11$$

となります．

●アンテナの利得（絶対利得と相対利得）

　アンテナの利得はゲインともいい，指向特性の最大放射方向に対して，基準となるアンテナに比べてどれくらいの強さで電波が放射されるかを表すものです．

　アンテナの利得は，基準アンテナと測定対象のアンテナを同じ距離に置いて測り，アンテナに加える電力から利得を求める方法と，受信電界強度を測って求める方法があります．

　アンテナに加える電力から利得を求める場合，まず基準アンテナに電力P_0を加えて電界強度を測ります．そして，対象アンテナに電力Pを加えたときに電界強度が同じになったとすると，アンテナの利得Gは，

$$G = 10 \log_{10} \frac{P_0}{P} \ [\text{dB}] \qquad \cdots\cdots 8\text{-}12$$

となります．

　アンテナから放射された電波の電界強度から利得を求める場合には，基準アンテナと対象アンテナに同じ電力を加えて電界強度を測ります．このとき，基準アンテナの場合の電界強度をE_0，対象アンテナの電界強度をEとすると，アンテナの利得Gは，

$$G = 20 \log_{10} \frac{E}{E_0} \ [\text{dB}] \qquad \cdots\cdots 8\text{-}13$$

となります．

　アンテナの利得には，基準アンテナを何にするかによって，絶対利得G_aと相対利得G_0の二つがあります．

　絶対利得というのは，等方性アンテナ（アイソトロピックアンテナ）を基準アンテナとしたものです．等方性アンテナというのはあらゆる方向に均一の強さの電波を放射する仮想的なアンテナで，電界強度を計算する場合などの基準アンテナとしては理想的なものです．

　相対利得というのは，半波長ダイポールアンテナを基準アンテナとしたもの

です．半波長ダイポールアンテナは指向特性が**図8-9**に示したように単純な8字特性を持っているので，基準アンテナに向いています．

絶対利得と相対利得を比べた場合，相対利得の基準アンテナとなる半波長ダイポールアンテナは8字特性の単一指向性を持っており，等方性アンテナを基準とした絶対利得でいえば2.15dB（約1.64倍）の利得があります．そこで，絶対利得G_aと相対利得G_0の間には，

$$G_a = G_0 + 2.15 \ [\mathrm{dB}] \quad \cdots\cdots\cdots\cdots 8\text{-}14$$

という関係が成立します．

また，絶対利得なのか相対利得なのかを区別するために，絶対利得で表す場合にはdBiと表示します．相対利得で表示する場合にはdBdと表示されることもありますが，単にdBとなっていたら一般には相対利得での表示です．

8-1-4　ローディングコイルと容量環，他

実際にアンテナを架設する場合，計算どおりのものが用意できないこともあります．また，1本のアンテナを複数の周波数で使いたいという場合もあります．このようなときに用いるのが，ローディングコイルや容量環，トラップといったものです．

アンテナは**図8-13(a)**のようにLとCからできており，等価回路は**図(b)**のようになります．アンテナが固有周波数で共振している場合，これは直列共振と考えることができ，この回路の共振周波数f_0は，

$$f_0 = \frac{1}{2\pi\sqrt{L_0 C_0}} \quad \cdots\cdots\cdots\cdots 8\text{-}15$$

のようになります．

ローディングコイルや容量環を用いると，固有周波数に対してアンテナの長さを短くすることができます．そこで，短縮型のアンテナに使われます．

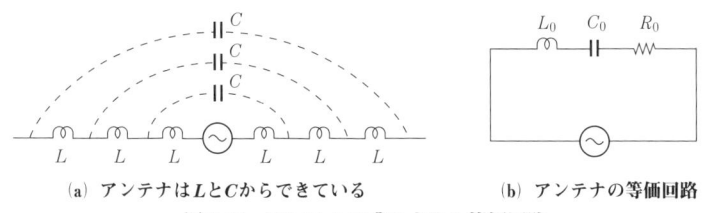

(a) アンテナはLとCからできている　　(b) アンテナの等価回路

図8-13　アンテナの成り立ちと等価回路

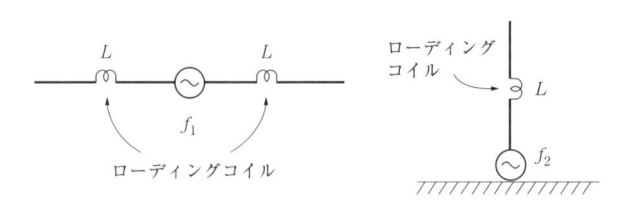

(a) ダイポールアンテナ　　　　(b) 垂直接地アンテナ

図8-14　アンテナを電気的に長くするローディングコイル

●ローディングコイル

ローディングコイルは延長コイルともいい，図8-14のようなものです．図(a)はダイポールアンテナ，図(b)は垂直接地アンテナの場合です．

図(a)のようにダイポールアンテナにローディングコイルLを入れた場合，共振周波数f_1は，

$$f_1 = \frac{1}{2\pi\sqrt{(L_0+2L)C_0}} \qquad \cdots\cdots 8\text{-}16$$

となります．また，図(b)のように垂直接地アンテナにローディングコイルLを入れた場合，共振周波数f_2は，

$$f_2 = \frac{1}{2\pi\sqrt{(L_0+L)C_0}} \qquad \cdots\cdots 8\text{-}17$$

となります．

ローディングコイルを入れるとf_1，f_2ともf_0より共振周波数が低くなり，固有周波数が低くなったことになります．これはアンテナが長くなったと考えることができ，電気的にアンテナを長くできるところから延長コイルと呼ばれます．

図8-15は，ローディングコイルを入れた場合にアンテナ上の電流分布がどのようになるかを示したものです．両端の点線の延長線上に本来のアンテナの長

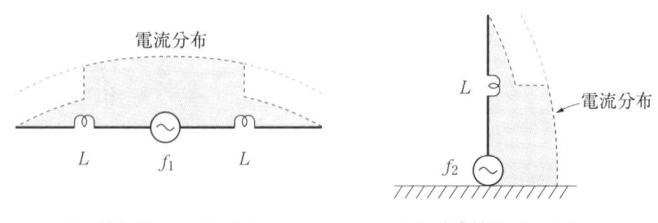

(a) ダイポールアンテナ　　　　(b) 垂直接地アンテナ

図8-15　ローディングコイルを入れた場合の電流分布

8-1 アンテナの理論

(a) ダイポールアンテナ　　(b) 垂直接地アンテナ

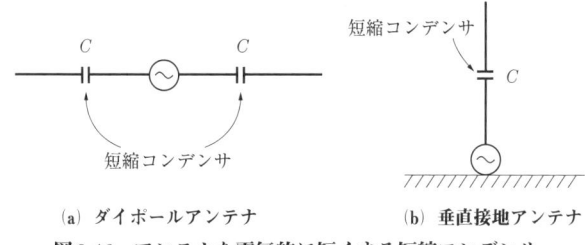

図8-16　アンテナを電気的に短くする短縮コンデンサ

さがあり，電流分布の面積が減った分だけ電波の放射は少なくなります．また，ローディングコイルは給電点の近くに入れるほど電流分布の面積が減り，電波の放射は少なくなります．

なお，延長コイルと同じ考え方で**図8-16**のような短縮コンデンサと呼ばれるものもあります．短縮コンデンサはアンテナを電気的に短くする（固有周波数を高くする）ものですが，実際のアンテナで短縮コンデンサが使われることはまずありません．

● **容量環**（キャパシティハット）

容量環は形状によりキャパシティハットとかキャパシティバーと呼ばれることもあり，**図8-17**のようなものです．**図(a)** はダイポールアンテナ，**図(b)** は垂直接地アンテナの場合です．

図8-17(a) のようにダイポールアンテナに容量環を取り付けた場合，共振周波数 f_3 は，

$$f_3 = \frac{1}{2\pi\sqrt{L_0(C_0+2C)}} \qquad \cdots\cdots 8\text{-}18$$

のようになります．また，**図8-17(b)** のように垂直接地アンテナに容量環を入れ

(a) ダイポールアンテナ　　(b) 垂直接地アンテナ

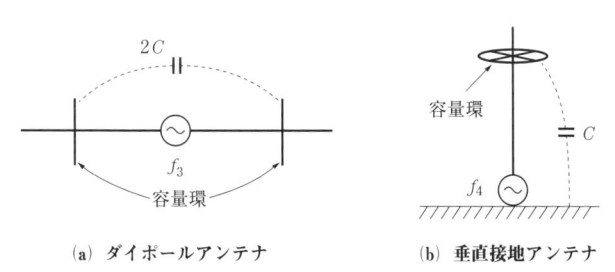

図8-17　アンテナを電気的に長くする容量環

第8章　アンテナおよび給電線

た場合も，共振周波数f_4は，

$$f_4 = \frac{1}{2\pi\sqrt{L_0(C_0+C)}} \quad \cdots\cdots\cdots\cdots 8\text{-}19$$

となります．

アンテナに容量環を入れるとf_3，f_4ともにf_0より共振周波数が低くなり，固有周波数が低くなったことになります．これはアンテナが長くなったと考えることができ，電気的にアンテナを長くしたことになります．

アンテナに容量環を入れたときのアンテナ上の電流分布は，**図**8-15のローディングコイルを入れた場合と同じように考えることができます．容量環を入れる位置についての考え方も，ローディングコイルの場合と同様です．

● トラップ

トラップはマルチバンド用のアンテナに使われるもので，トラップを使うと1本のアンテナを複数の固有周波数に共振させることができます．

図8-18はf_Lとf_Uの二つの周波数（$f_L < f_U$）で共振するようにした場合で，トラップは高いほうの周波数f_Uに共振させます．では，**図**8-18(a)のダイポールアンテナの場合を例にして，その働きを説明してみることにしましょう．

まず，電源周波数がf_Lの場合には**図**8-19(a)のようにf_Uに共振したLC共振回路はf_Lでは誘導性となります．その結果，トラップではなくて単なるローディングコイルとして働き，アンテナ全体でf_Lに共振します．

つぎに，**図**8-19(b)のように電源周波数がf_Uの場合にはトラップは並列共振回路として動作し，インピーダンスが最大になってトラップから外側の部分は切り離されたことになります．そこで，内側の部分だけでf_Uに共振するようにし

(a) ダイポールアンテナ　　　(b) 垂直接地アンテナ

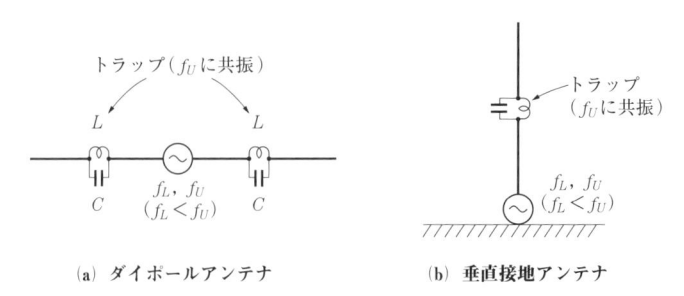

図8-18　マルチバンドにするトラップ

(ローディングコイル)　　　　　　　トラップ(f_Uに並列共振)

(a) 電源周波数がf_Lの場合　　　　(b) 電源周波数がf_Uの場合

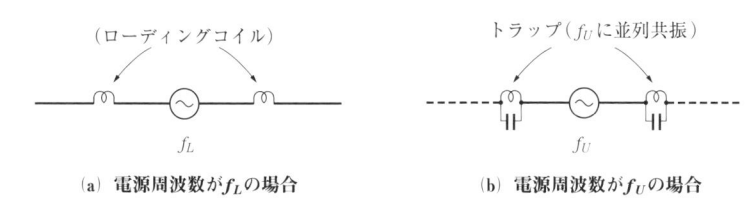

図8-19　f_Lとf_Uの場合のトラップの働き

ておけば，目的を達することができます．

以上は**図8-18(a)**のダイポールアンテナの場合でしたが，**図(b)**の垂直接地アンテナの場合にも同じように考えることができます．**図8-18**はf_Lとf_Uの二つのバンドをカバーするものでしたが，トラップを重ねていけばさらに多くのバンドをカバーするものができます．

8-1-5　アンテナにおける接地

接地には避雷や保安の役目もありますが，接地アンテナのようにアンテナの半分を大地の中の電気影像とするような場合にはより重要です．

接地には，つぎのような種類があります．

(1) 深堀接地：地中深く銅板を埋設し，その周囲に木炭を満たして水分を含ませたもので，接地抵抗は数Ωくらいになる．
(2) 放射状接地：地下数mほどの深さに幾本もの導線（地線）を放射状に埋めたもので，$\frac{1}{4}$波長垂直接地アンテナに用いると有効．
(3) 容量接地：良い接地が得られない土質のところで用いられるもので，地上数mの高さに導線を張り，導線と大地間の静電容量により接地の効果を得るもの．これは，カウンターポイズとも呼ばれる．

8-1-6　放射電界強度と誘起電圧

アンテナに電力を供給すると電波が発射され，放射電界強度が生じます．また，アンテナに電波が到来すると，アンテナには誘起電圧が生じます．

●アンテナの放射電界強度

基本アンテナの一つである半波長ダイポールアンテナにおいて，実効長ℓ_e〔m〕のアンテナに波長λ〔m〕の高周波電流I〔A〕を流したとき，最大放射方向の距

離 d〔m〕における電界強度 E は,

$$E=\frac{60\pi I \ell_e}{\lambda d} \text{〔V/m〕} \quad \cdots\cdots\cdots 8\text{-}20$$

となります.

　これより，アンテナに加える電力を P〔W〕，距離を d〔m〕としたときの電界強度 E は,

$$E=\frac{7\sqrt{P}}{d} \quad \cdots\cdots\cdots 8\text{-}21$$

　また，アンテナの絶対利得 G_a と相対利得 G_0 を考慮した場合の電界強度 E は,

$$E=\frac{\sqrt{30G_aP}}{d}=\frac{7\sqrt{G_0P}}{d} \quad \cdots\cdots\cdots 8\text{-}22$$

となります.

　つぎに，$\frac{1}{4}$ 波長垂直接地アンテナにおいて，実効高 h_e〔m〕のアンテナに波長 λ〔m〕の高周波電流 I〔A〕を流したとき，最大放射方向の距離 d〔m〕における電界強度 E は,

$$E=\frac{120\pi I h_e}{\lambda d} \text{〔V/m〕} \quad \cdots\cdots\cdots 8\text{-}23$$

となります.

　これより，アンテナに加える電力を P〔W〕，距離を d〔m〕としたときの電界強度 E は,

$$E=\frac{9.9\sqrt{P}}{d} \quad \cdots\cdots\cdots 8\text{-}24$$

となります.

●アンテナの誘起電圧と受信機の入力電圧

　アンテナの実効長 ℓ_e〔m〕(実効高 h_e〔m〕)，電界強度 E〔V/m〕のとき，アンテナの誘起電圧 V_a〔V〕は,

$$V_a=E\ell_e \text{〔V〕} \quad \cdots\cdots\cdots 8\text{-}25$$

のようになります.

　半波長ダイポールアンテナの場合の誘起電圧 V_{ah} は，**式8-10** を適用すると,

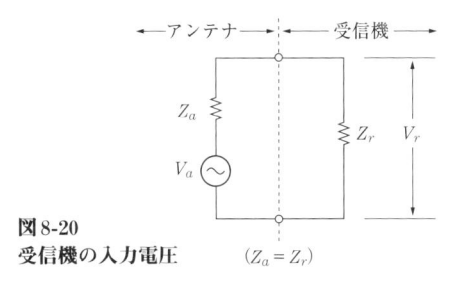

図 8-20 受信機の入力電圧 ($Z_a = Z_r$)

$$V_{ah} = \frac{\lambda}{\pi} E \qquad \cdots\cdots 8\text{-}26$$

また，$\frac{1}{4}$ 波長垂直接地アンテナの場合の誘起電圧 V_{av} は，**式 8-11** を適用すると，

$$V_{av} = \frac{\lambda}{2\pi} E \qquad \cdots\cdots 8\text{-}27$$

となります．

一方，アンテナを受信機に接続した場合，受信機の入力電圧 V_r は**図 8-20** のようになります．アンテナと受信機の間の整合がとれている ($Z_a = Z_r$) 場合，アンテナの誘起電圧は Z_a と Z_r に二分されるため，V_r は，

$$V_r = \frac{E \ell_e}{2} \qquad \cdots\cdots 8\text{-}28$$

となります．したがって，**式 8-26** と**式 8-27** の場合にも，受信機の入力電圧はアンテナに誘起した電圧の半分になります．

8-2　給電線と整合回路

　普通，私たちが使用する HF 帯や V/UHF 帯のアンテナは，タワーや屋上などに取り付けますから，無線機とは離れています．そこで，アンテナと無線機との間に高周波エネルギーを伝送するための線路が必要です．このような目的のために使用する線路が，給電線（フィーダ）です．

8-2-1　進行波と定在波

　導線上を流れる電圧波と電流波を見たとき，進行波と定在波の二種類があり

第8章　アンテナおよび給電線

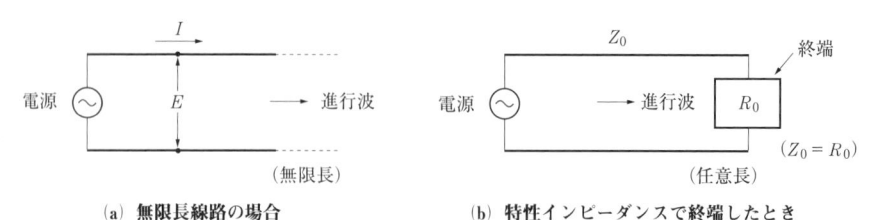

(a) 無限長線路の場合　　　(b) 特性インピーダンスで終端したとき

図8-21　導線上を流れる進行波

ます．

進行波というのは，電圧波と電流波が同位相で一方向に進むもので，**図8-21**(a)のような無限長線路に電源をつないだ場合には電圧波と電流波は同位相でどこまでも流れますから進行波となります．この場合，電圧Eと電流Iの比は線路上のどこでも同じになり，これを特性インピーダンスといいます．特性インピーダンスZ_0は，

$$Z_0 = \frac{E}{I} \quad \cdots\cdots\cdots\cdots 8\text{-}29$$

となります．

一方，**図8-21**(b)のように特性インピーダンスがZ_0の任意長の線路をインピーダンスがR_0の抵抗で終端すると，電源から送り出された電圧や電流は反射されることなくすべて終端に到達し，進行波になります．

では，任意長の線路で終端が開放，または短絡されている場合にはどのようなことになるでしょうか．その場合には終端で反射が起こって反射波が発生し，導線上には進行波と反射波の合成された定在波が発生します．

図8-22は線路の終端が開放されている場合で，終端では反射（全反射）が起こり線路上には定在波が発生します．終端開放の場合には終端は強制的に電流が

(a) 長さが$\frac{1}{4}\lambda$の場合　　　(b) 長さが$\frac{1}{2}\lambda$の場合

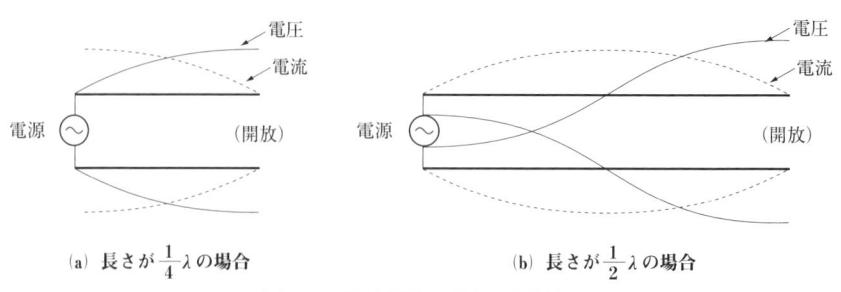

図8-22　終端開放の場合の定在波

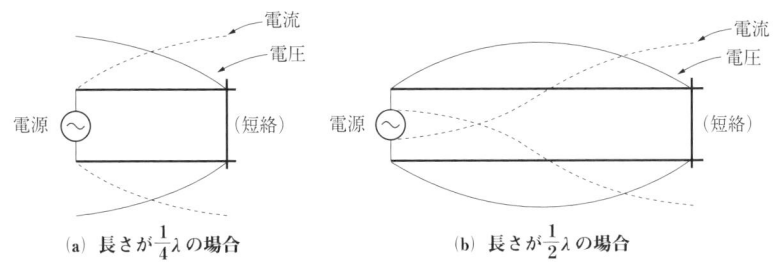

図 8-23　終端短絡の場合の定在波

ゼロになり，したがって電圧は最大になります．

図 8-22(a)は線路長が $\frac{1}{4}\lambda$ の場合で，電源側は終端と反対に電流最大，電圧ゼロになります．また，**図**(b)は線路長が $\frac{1}{2}\lambda$ の場合で，電源側は電流ゼロ，電圧最大で，これは終端と同じになっています．

図 8-23 は線路の終端が短絡されている場合で，終端ではやはり反射が起こり線路上には定在波が発生します．終端短絡の場合には終端は強制的に電流が最大になり，電圧はゼロになります．

図 8-23(a)は線路長が $\frac{1}{4}\lambda$ の場合で，電源側は終端と反対に電流ゼロ，電圧最大になります．また，**図**(b)は線路長が $\frac{1}{2}\lambda$ の場合で，電源側は電流最大，電圧ゼロで，これは終端と同じになっています．

8-2-2　給電線の分類

給電線はフィーダともいい，進行波により給電するものと，給電線に定在波を生じさせて給電するものがあります．

給電線を構造上で分類すると，
(1) 同軸給電線
(2) 平行二線給電線
があります．

図 8-24(a)は同軸給電線の構造を示したもので，中心導体と外部導体，それに絶縁体(誘電体)からできています．同軸給電線はその構造上，不平衡給電線で，外部導体がシールドの役目をするので放射損失が小さく，雑音など外部からの影響を受けにくいという特徴があります．**図**(b)は平行二線給電線の構造の一例で，TVフィーダの場合です．その構造上，平行二線給電線は平衡給電線です．

第8章　アンテナおよび給電線

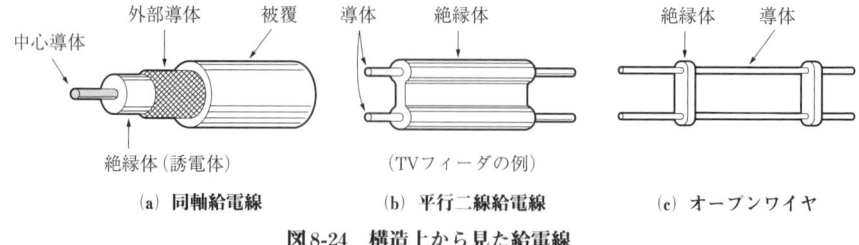

(a) 同軸給電線　　(b) 平行二線給電線　　(c) オープンワイヤ

図 8-24　構造上から見た給電線

なお，給電線とはいいませんが，マイクロ波のアンテナで同じ目的で使われる導波管もあります．

つぎに，給電線を動作上から分類すると，
(1) 非同調給電線
(2) 同調給電線
があります．

非同調給電線は進行波により給電するもので，同軸給電線と平行二線給電線の両方があります．非同調給電線では給電線の長さは任意長でよく，長さに制限はありません．

同調給電線は定在波により給電するもので，構造からいえば平行二線給電線がこれにあたります．平行二線給電線を同調給電線として使う場合には，高い電圧のかかる部分が出てきますから，図 8-24(b) の絶縁体を無くし，セパレータで支える図 (c) のようなオープンワイヤとします．

同調給電線の場合には，給電線に図 8-22 や図 8-23 のように定在波を乗せて使うので，長さに制限があります．

8-2-3　特性インピーダンスと定在波比

給電線のうちでもよく使われる同軸給電線 (同軸フィーダ) では，特性インピーダンスが決まっています．同軸給電線には一般に特性インピーダンスが 50 Ω と 75 Ω のものがありますが，アマチュア無線では 50 Ω のものがよく使われています．

● **特性インピーダンス**

特性インピーダンスというのは，給電線の特性を表す定数です．いま，給電

8-2 給電線と整合回路

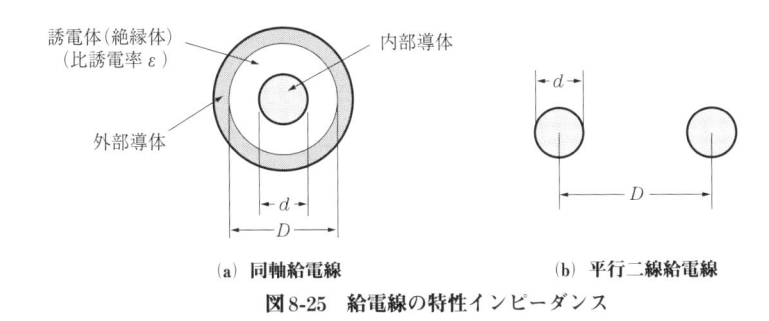

(a) 同軸給電線 **(b) 平行二線給電線**

図 8-25 給電線の特性インピーダンス

線の1mあたりの抵抗をR〔Ω〕，インダクタンスをL〔H〕，静電容量をC〔F〕，コンダクタンスをG〔S〕とすると，特性インピーダンスZ_0〔Ω〕は，

$$Z_0 = \sqrt{\frac{R + j\omega L}{G + j\omega C}} \quad \cdots\cdots\cdots\cdots 8\text{-}30$$

のようになります．普通，$R \ll \omega L$，$G \ll \omega C$なので，**式8-30**は，

$$Z_0 \fallingdotseq \sqrt{\frac{j\omega L}{j\omega C}} = \sqrt{\frac{L}{C}} \quad \cdots\cdots\cdots\cdots 8\text{-}31$$

で表すことができます．このZ_0は，導線の太さや形状などにより計算することもできます．

図8-25(a)は同軸給電線の場合で，中心導体の外径をd〔mm〕，外部導体の内径をD〔mm〕，誘電体の比誘電率をεとすると，特性インピーダンスZ_0〔Ω〕は，

$$Z_0 = \frac{138}{\sqrt{\varepsilon}} \log_{10} \frac{D}{d} \quad \cdots\cdots\cdots\cdots 8\text{-}32$$

で表されます．同軸給電線は規格化されたものが用意されており，50Ωや75Ωのものが一般的です．

図8-25(b)は平行二線給電線の場合で，導体の直径をd〔mm〕，導体の間隔をD〔mm〕とすると，特性インピーダンスZ_0〔Ω〕は，

$$Z_0 = 277 \log_{10} \frac{2D}{d} \quad \cdots\cdots\cdots\cdots 8\text{-}33$$

となります．

● **定在波比（*SWR*）**

定在波比は電圧を測って調べるところから電圧定在波比（*VSWR*）とも呼ばれ，

第8章　アンテナおよび給電線

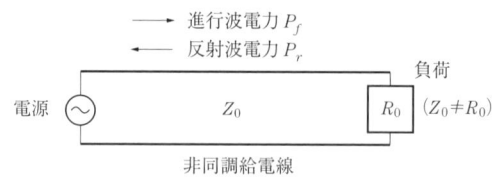

図8-26　定在波比（SWR）

非同調給電線の特性インピーダンスと負荷の整合の状態を示します．

特性インピーダンスZ_0の非同調給電線に図8-26のように負荷抵抗R_0を接続した場合には図8-21（b）で説明したように，$Z_0 = R_0$なら電源から送り込んだ電力はすべて進行波電力P_fとなり，反射波電力P_rはありません．

では，$Z_0 \neq R_0$の場合にはどのようなことになるでしょうか．この場合には反射波電力P_rが発生し，定在波が発生します．この場合，定在波比（SWR）は，

$$SWR = \frac{\sqrt{P_f} + \sqrt{P_r}}{\sqrt{P_f} - \sqrt{P_r}} \quad \cdots\cdots\cdots\cdots 8\text{-}34$$

となります．

また，定在波比を特性インピーダンスZ_0と負荷インピーダンスR_0で表すと，

$$\left. \begin{array}{l} SWR = \dfrac{Z_0}{R_0} \quad (R_0 < Z_0 \text{の場合}) \\[6pt] SWR = \dfrac{R_0}{Z_0} \quad (R_0 > Z_0 \text{の場合}) \end{array} \right\} \quad \cdots\cdots\cdots\cdots 8\text{-}35$$

となります．

定在波比は，$Z_0 = R_0$で整合が取れている場合には$P_r = 0$ですから$SWR = 1$で，$Z_0 \neq R_0$となってP_rを生ずると1より大きくなります．これは，**式8-35**からもわかります．このように，定在波比$SWR \geq 1$となって，常に1かそれより大きな値となります．

8-2-4　給電線とアンテナの結合

給電線で送られてきた電力を効率よくアンテナに供給できるようにすることを，給電線とアンテナの整合をとるといいます．

アンテナと給電線をつなぐ場合，直接つなぐことのできる場合もありますが，そうでない場合もあります．直接つなぐことのできない場合に使われるのが，インピーダンス変換や平衡－不平衡変換を行う整合回路です．

8-2 給電線と整合回路

(a) $Z_a \neq Z_0$ の場合

(b) Q型変成器による整合

図8-27 インピーダンス変換のための整合回路

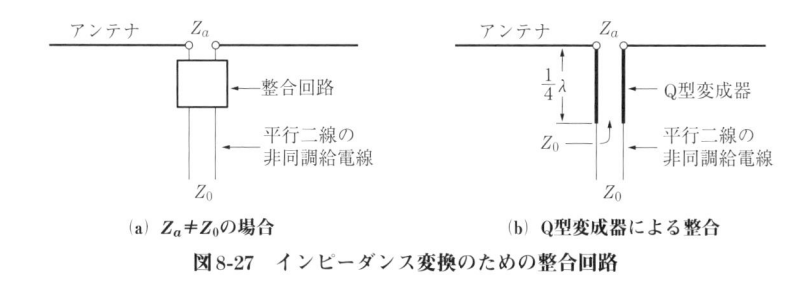

● インピーダンス変換

図8-27(a)のようにダイポールアンテナに平行二線非同調給電線をつなぐ場合，給電点インピーダンス Z_a と非同調給電線の特性インピーダンス Z_0 が異なる場合，アンテナと給電線を直接つなぐと給電点で反射波が発生し，給電線で送られてきた電力を効率よくアンテナに供給することができません．そこで，アンテナと給電線の間に整合回路を置いてインピーダンスの整合をとります．

図8-27(b)は整合回路の一例で，Q型変成器(Qマッチング)と呼ばれるものです．Q型変成器は長さが $\frac{1}{4}$ 波長の平行二線でできており，アンテナの給電点インピーダンスを Z_a 〔Ω〕，平行二線の非同調給電線の特性インピーダンスを Z_0 〔Ω〕とすると，Q型変成器には特性インピーダンス Z 〔Ω〕が

$$Z = \sqrt{Z_a Z_0} \qquad \cdots\cdots\cdots\cdots 8\text{-}36$$

の平行二線のものを使用します．

● 平衡－不平衡変換

図8-28(a)は平衡型の半波長ダイポールアンテナに不平衡型の同軸給電線を直接つないだ場合で，このようなつなぎ方をすると同軸給電線の外部導体に漏洩電流が流れ，給電線から電波が放射されてしまうといった不都合を生じます．

(a) 直接つないだ場合

(b) バランで平衡－不平衡変換をする

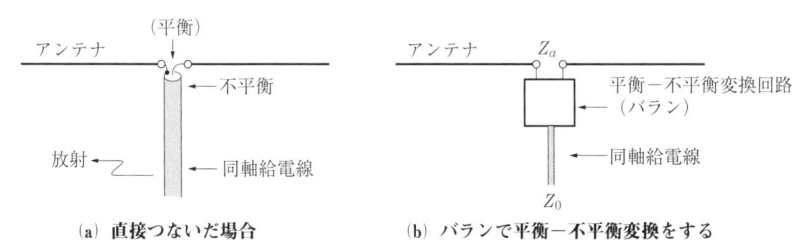

図8-28 平衡－不平衡変換のための整合回路

第8章　アンテナおよび給電線

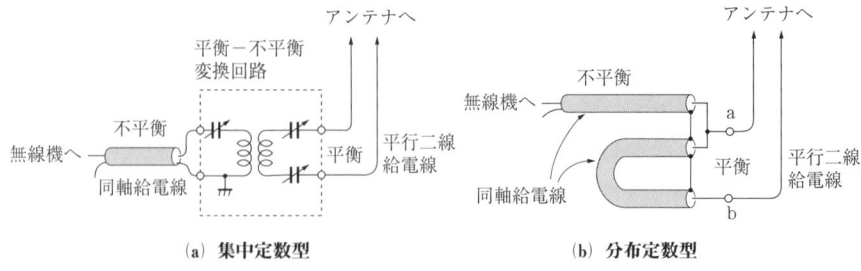

(a) 集中定数型　　　(b) 分布定数型

図8-29　平衡－不平衡変換回路

このような不都合が生じないようにするには，図8-28(b)のようにアンテナの給電点と同軸給電線の間に平衡－不平衡の変換をする整合回路として平衡－不平衡変換回路を入れます．

平衡－不平衡変換回路には，図8-29(a)に示したようなLCを用いた集中定数型と図(b)に示したような同軸給電線を使った分布定数型，それに広帯域トランスを使ったものがあります．

これらのうち，集中定数型と分布定数型は図8-29に示したように，共に不平衡型の同軸給電線と平衡型の平行二線給電線の間の変換を行うものです．そして，図(b)の分布定数型の場合にはU字形の部分は電気的に$\frac{1}{2}$波長の長さに選びます．この場合，a-b間のインピーダンスは同軸給電線の特性インピーダンスの4倍になります．

集中定数型や分布定数型の平衡－不平衡変換回路は，図8-29からもわかるように共振回路を持っていますから，共に単一周波数帯でしか使えません．また，最近では平行二線給電線を使うことはほとんどなくなったので，これらの回路もあまり使われなくなっています．

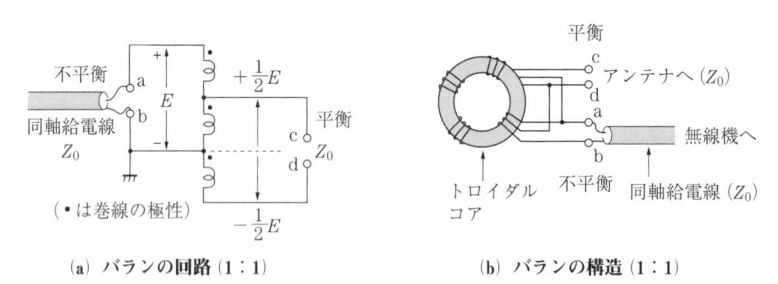

(a) バランの回路（1：1）　　　(b) バランの構造（1：1）

図8-30　平衡－不平衡変換に使われるバラン

平衡型のダイポールアンテナと不平衡型の同軸給電線の間につなぐ平衡－不平衡変換回路として一般に使われているものに，バラン（balance to unbalance transformer）があります．バランは広帯域トランスでできており，複数の周波数（例えば3〜30MHz）で使えます．また，トランスですから原理的には平衡－不平衡変換とインピーダンス変換も同時に行えます．

図8-30（a）はインピーダンス変換比が1：1のバランの回路で，不平衡端子のa-b間に特性インピーダンスがZ_0の同軸給電線をつなぐと平衡端子のc-d間のインピーダンスもZ_0になります．**図**（b）は1：1のバランの構造を示したもので，トロイダルコアに3本の導線をよじって巻くトリファイラ巻きとします．

8-3　アンテナと給電線の実際

　無線通信で使われるアンテナは，特別な場合を除いてアンテナと給電線からできており，いろいろな種類のものが使われています．

　アンテナに使われる導線は，エレメントといいます．また，アンテナには定在波によって電波を送り受けする定在波アンテナと，進行波によって電波を送り受けする進行波アンテナがあります．

　給電線には，架設が容易で任意長にできる同軸給電線が多く使われます．用意されている同軸給電線にはインピーダンス（特性インピーダンス）が50Ωと75Ωのものがありますが，実際に使われているのは50Ωのものがほとんどです．

　実際のアンテナでは，アンテナと給電線の整合がどれくらいとれているかをSWRで表します．普通はSWRが2以下であれば許容できる範囲といわれていますが，**図8-26**に示した進行波電力P_f〔W〕に対する反射波電力P_r〔W〕の割合は，**式8-34**から，

$$\frac{P_r}{P_f} = \left(\frac{SWR-1}{SWR+1}\right)^2 \qquad\cdots\cdots\cdots\cdots 8\text{-}37$$

のように書けます．

　そこでその割合を計算してみると，$SWR = 1.5$の場合で0.04（4％），$SWR = 2$の場合で約0.1（10％）となります．SWRが2の場合，送り込んだ電力の10％ほどが反射波となって戻ってくることになります．

8-3-1 ダイポール系のアンテナ

　ダイポールアンテナはダブレットアンテナともいい，長さの等しい2本の導線（エレメント）の中央部を給電点とするものです．エレメントの両端は開放されているのでここでは全反射が起こり，高周波電力を送り込むと定在波を生じます．したがって，ダイポールアンテナは定在波アンテナです．

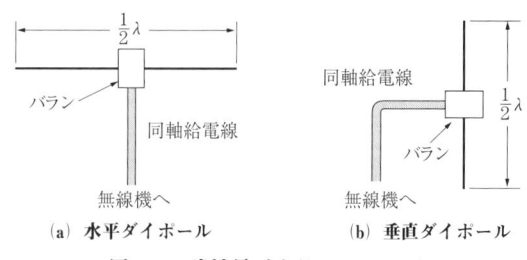

●半波長ダイポールアンテナ

　ダイポールアンテナのうちでも，エレメントの長さが$\frac{1}{2}$波長の半波長ダイポールアンテナはアンテナの基本となるものです．

　図8-31は半波長ダイポールアンテナを示したもので，**図(a)**はエレメントを地面と水平に張った半波長水平ダイポールアンテナ，そして**図(b)**はエレメントを地面に垂直に張った半波長垂直ダイポールアンテナです．

　水平に張った場合と垂直に張った場合の違いは，電波の偏波面や指向特性にあります．**図**8-31(a)の水平ダイポールからは水平偏波の電波が発射されますし，**図(b)**の垂直ダイポールからは垂直偏波の電波が発射されます．

　半波長ダイポールアンテナを架設する場合，垂直ダイポールの場合にはエレメントが長くなる（すなわち，周波数が低くなる）と地面の影響を受けないように十分な高さに架設するのが難しくなるので，実際にはほとんど使われません．使われるのは，もっぱら水平ダイポールのほうです．

　水平ダイポールアンテナへの給電は，1：1のバランと同軸給電線によって行います．同軸給電線のインピーダンスを50Ω，半波長ダイポールアンテナの給電点インピーダンスを73Ωとすると，この場合の定在波比は，**式**8-35で計算すると約1.5となります．

(a) 水平ダイポール　　(b) 垂直ダイポール

図8-31　半波長ダイポールアンテナ

8-3 アンテナと給電線の実際

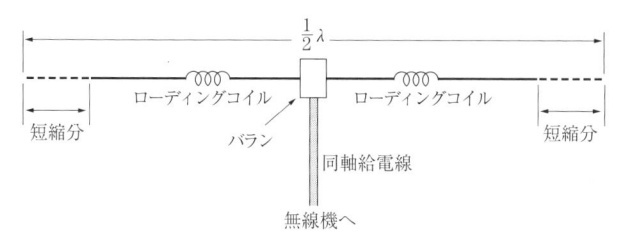

図8-32 短縮ダイポールアンテナ

● **短縮ダイポールアンテナ**

アマチュア無線で使われる周波数帯のうち，最も周波数の低い1.8/1.9MHz帯の波長は約150mとなり，半波長ダイポールアンテナを張ろうとすると短縮率を考慮に入れても70m以上の長大なものになります．このようなときに使われるのが，ローディングコイル(延長コイル)，あるいは容量環を使った短縮ダイポールアンテナです．

図8-32はローディングコイルを使った短縮ダイポールアンテナの一例で，ローディングコイルを入れることによって電波の放射効率は落ちますが，給電点で同軸給電線ときちんと整合のとれたアンテナを作ることができます．

● **マルチバンド用ダイポールアンテナ**

アマチュア無線に割り当てられた複数の周波数帯のうちのいくつかを1本のアンテナでカバーしようというのが，マルチバンド用ダイポールアンテナです．このようなアンテナを作るには，トラップを使います．

図8-33は14/21/28MHz帯の3バンドで使用できるマルチバンド用ダイポールアンテナの一例を示したもので，T_1は28MHz用のトラップ，T_2は21MHz用の

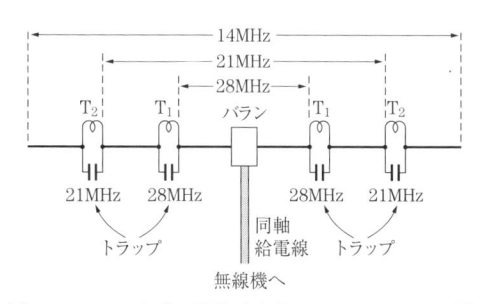

図8-33 マルチバンド用ダイポールアンテナの一例

トラップです．14MHz帯は，エレメント全体で働きます．

8-3-2　垂直接地系のアンテナ

　ダイポールアンテナは給電点を中心に2本のエレメントを持ったものでしたが，そのうちの1本を大地の電気影像に置き換えたのが，垂直接地系のアンテナです．したがって，垂直接地系のアンテナエレメントの長さは，ダイポール系のアンテナの半分になります．

　垂直接地系のアンテナの場合にはアンテナは不平衡ですから，同軸給電線を直接つなぐことができます．

　垂直接地系のアンテナは本来は地面に設置するものですが，エレメントの長さが数mにもなる短波帯の場合は別として，長さが短いV/UHF帯用のアンテナの場合には周囲の建物に埋もれてしまいます．そこで，仮想的な地面を用意してアンテナの地上高を上げる工夫をしたアンテナもあります．

　垂直接地系のアンテナはエレメントの先端は開放されているのでここでは全反射が起こり，高周波電力を送り込むと定在波を生じます．したがって，垂直接地系のアンテナは定在波アンテナです．

● $\frac{1}{4}$ 波長垂直アンテナ

　図8-34(a)は基本的な $\frac{1}{4}$ 波長垂直接地アンテナで，この場合の SWR は，給電点インピーダンスが約36Ω，同軸給電線のインピーダンスを50Ωとすると約1.4となります．このような垂直接地アンテナでは，接地の良し悪しがアンテナの性能に大きく影響します．

　モービルのように移動する場合には，図8-34(a)のような接地は用意できませ

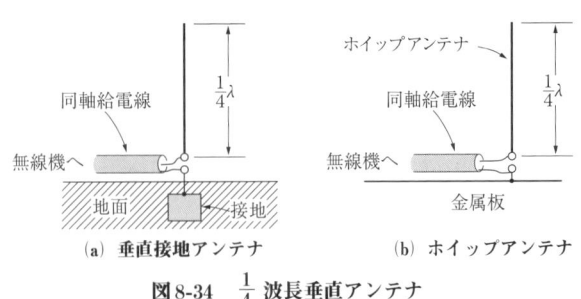

(a) 垂直接地アンテナ　　(b) ホイップアンテナ

図8-34　$\frac{1}{4}$ 波長垂直アンテナ

8-3 アンテナと給電線の実際

図8-35 グランドプレーンアンテナとスリーブアンテナ
(a) グランドプレーンアンテナ
(b) スリーブアンテナ

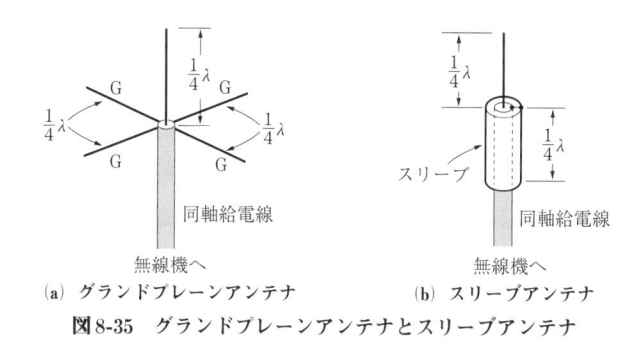

ん．このような場合には，接地に代わるものを用意します．

図8-34(b)はホイップアンテナと呼ばれるもので，地面に代わるものとして金属板を使っています．ホイップアンテナは自動車用などに使われますが，この場合には自動車の車体が金属板となります．ホイップアンテナの給電点インピーダンスは，約36Ωです．

● グランドプレーンアンテナ（ブラウンアンテナ）とスリーブアンテナ

これらは垂直アンテナを地上高く架設するときに使うもので，**図8-35**のようなものです．V/UHF帯では，このようなアンテナが使われます．

図8-35(a)はグランドプレーンアンテナで，同軸給電線の中心導体に$\frac{1}{4}$波長のアンテナを取り付け，同軸給電線の外部導体に**図8-35(a)**のGと記した$\frac{1}{4}$波長の4本のグランドプレーン（仮想の大地面）をつないだものです．グランドプレーンアンテナの給電点インピーダンスは約21Ωで，50Ωの同軸給電線を直接つないでも使えないことはありませんが，インピーダンス変換用の整合回路を給電点に入れることもあります．

図8-35(b)はスリーブアンテナで，同軸給電線の中心導体に$\frac{1}{4}$波長のアンテナを取り付け，同軸給電線の外側に長さ$\frac{1}{4}$波長のスリーブを設けてあります．スリーブは同軸給電線の外部導体に流れる電流を抑制し，全体として半波長ダイポールアンテナとして働きます．スリーブアンテナの給電点インピーダンスは，60～70Ωといったところです．

● 短縮型の垂直アンテナ

短縮型の垂直アンテナの代表的なものには，容量環付垂直アンテナとトップ

(a) 容量環付垂直アンテナ　(b) トップロードアンテナ

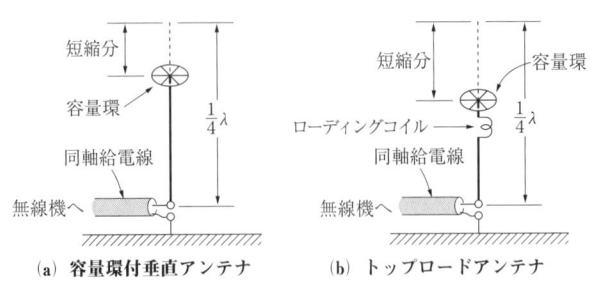

図8-36　短縮型の垂直接地アンテナ

ロードアンテナがあります．

図8-36(a)は容量環付垂直アンテナで，アンテナをより短縮したい場合には**図**(b)のようにローディングコイルを入れてトップロードアンテナにします．

垂直アンテナの場合には電波が強く放射されるのは給電点近くの電流最大の部分なので，容量環やローディングコイルは頂上付近の電波の放射にあまり関係のないところに入れます．このようにすることにより，アンテナを短縮しても実効高をあまり低下させずに効率よく電波を放射するアンテナとすることができます．

●マルチバンド用垂直アンテナ

垂直アンテナの場合にも，ダイポールアンテナと同じようにトラップを使ってマルチバンド用垂直アンテナを作ることができます．

図8-37は14/21/28MHz帯の3バンドのマルチバンド用垂直アンテナの一例を示したもので，T_1は28MHz用のトラップ，T_2は21MHz用のトラップです．14MHz帯はエレメント全体で働きます．

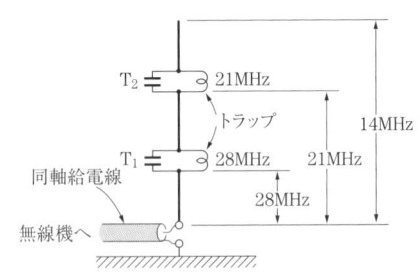

図8-37　マルチバンド用垂直アンテナの一例

8-3-3 指向性アンテナ

指向性アンテナというのはある特定の方向に鋭い指向特性を持たせたアンテナのことで，代表的なものには八木アンテナやキュビカルクワッドアンテナがあります．指向性アンテナは，ビームアンテナともいいます．

●八木アンテナ

図8-38(a)は基本的な3エレメント(3素子)八木アンテナの構成を示したもので，電波を放射する放射器(ラジエータ)の後に電波を反射する反射器(リフレクタ)と，放射器の前方に電波を導く導波器(ディレクタ)を付けたアンテナです．場合によっては導波器を省略した2エレメント八木アンテナもありますが，反射器が省略されることはありません．また，エレメントの間隔は，0.15〜0.25波長程度に選ばれます．

八木アンテナの放射器は，半波長ダイポールアンテナです．ですから，エレメントの長さは$\frac{1}{2}$波長となります．八木アンテナの場合，放射器の給電点インピーダンスは半波長ダイポールアンテナの場合より低くなります．そこで，整合回路を用いて同軸給電線をつなぎます．

図8-38(a)において，反射器ℓ_1の長さを放射器ℓ_2より長く($\ell_1 > \ell_2$)すると反射器は使用周波数に対して誘導性を示し，放射器から放射された電波を反射します．また，導波器ℓ_3の長さを放射器ℓ_2より短く($\ell_3 < \ell_2$)すると導波器は使用周波数に対して容量性を示し，放射器から放射された電波は導波器に導かれます．

図8-38(b)は八木アンテナを大地に水平に架設した場合の水平面指向特性を示

(a) 3エレメント八木アンテナ　　(b) 八木アンテナの指向特性

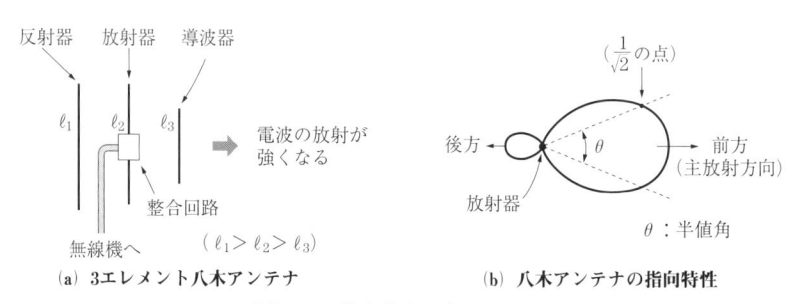

図8-38　基本的な八木アンテナ

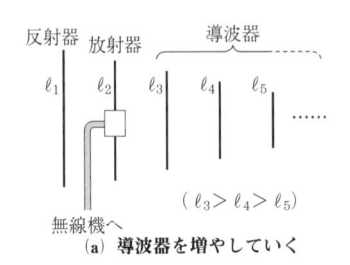

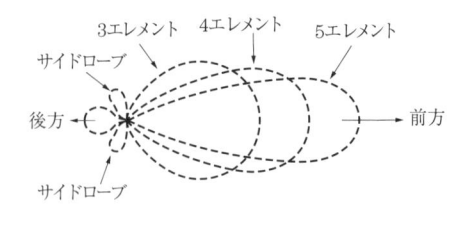

図8-39　多エレメントの八木アンテナ
(a) 導波器を増やしていく
(b) 導波器を増やしたときの指向特性

したもので，電波は導波器の方向（前方）に強く放射されます．

　八木アンテナでは，指向特性がどれくらい鋭いかを半値角 θ で表します．半値角は半値幅とかビーム幅といったりしますが，図8-38(b)において最大放射方向に対して電界強度が $\frac{1}{\sqrt{2}}$ になる方向の狭角のことです．半値角は，その値が小さいほど指向特性が鋭いことになります．

　また，八木アンテナでは図8-38(b)に示したように前方（主放射方向）だけでなく後方にもわずかですが電波が放射されます．そこで，前方と後方に放射される電波の強さの比を前方対後方比（FB比，Front to Back ratio）といいます．もちろん，FB比は大きいほどよいアンテナといえます．

　アンテナの利得は8-1-3で説明したように基準となるアンテナに対して指向特性の最大放射方向にどれくらいの強さで電波が放射されるかを表すもので，八木アンテナは鋭い指向特性と共に大きな利得を持ちます．

　以上は，八木アンテナの基本となる3エレメント八木アンテナでしたが，導波器の数を増やすことによって性能を向上することができます．図8-39はそのようすを示したもので，図(a)のように導波器を増やしていきます．その場合の指向特性は図(b)のようになり，導波器の数が多いほど半値角は狭く指向特性は鋭くなり，FB比も向上し，利得も大きくなります．

　図8-39(b)の指向特性のうち，後方を見るとサイドローブが生じています．このようなサイドローブはどのような八木アンテナでも生ずるもので，少ないにこしたことはありません．

　八木アンテナを実際に架設する場合には，大地に対して水平に架設する水平八木アンテナと，大地に対して垂直に架設する垂直八木アンテナがあります．水平八木アンテナからは水平偏波の電波が放射されますし，垂直八木アンテナ

8-3 アンテナと給電線の実際

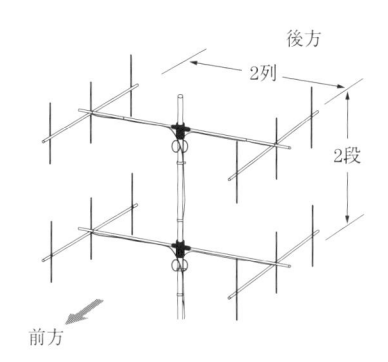

図8-40
スタック型八木アンテナの一例

からは垂直偏波の電波が放射されます．

● スタック型八木アンテナ

図8-39のような多エレメントの八木アンテナでは導波器の数を増やしていくとそれに比例して性能が向上しますが，ある程度を超えると性能の向上は緩やかになります．そこでV/UHF帯用の八木アンテナでは，より鋭い指向特性と大きな利得を得るために，八木アンテナを積み重ねたスタック型八木アンテナが使われます．

図8-40はスタック型八木アンテナの一例で，これは4本の3エレメント八木アンテナを2段（上下）2列（左右）に配置した場合です．このようなスタック型八木アンテナでは，それぞれの八木アンテナを整合回路（結合器）を通して結び合わせ，1本の同軸給電線にまとめます．

1本の利得がG〔dB〕の八木アンテナをn〔本〕つないだ場合の総合利得G_a〔dB〕は，

$$G_a = 10 \log_{10} n + G \qquad \cdots\cdots\cdots\cdots 8\text{-}38$$

のようになります．

● マルチバンド用八木アンテナ

HF帯では，図8-41のようなトラップを使ったマルチバンド用の八木アンテナが使われます．

図8-41は，14/21/28MHz帯の3バンドをカバーするマルチバンド用八木アンテナを示したものです．放射器，反射器，導波器にはそれぞれ28MHz用のトラ

第8章　アンテナおよび給電線

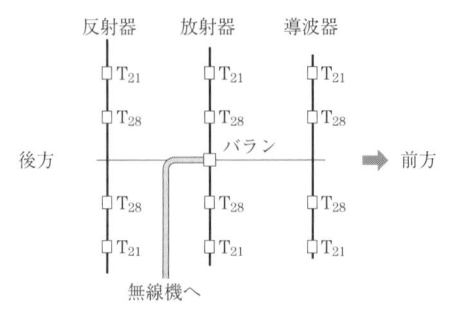

図8-41　マルチバンド用八木アンテナ

ップ（T_{28}）と21MHz用のトラップ（T_{21}）が入っていますが，考え方は**図**8-33に示したマルチバンド用ダイポールアンテナの場合と同じです．

● キュビカルクワッドアンテナ

図8-42（a）は，全長が1波長のループアンテナです．この1波長ループの電流分布を見ると，水平部分は同位相になっているのに対して，垂直部分は電流方向が逆位相となるために打ち消し合い，垂直部分からの電波の放射はありません．そのために，**図**8-42（a）のように設置した場合には水平偏波のアンテナとなります．

図8-42（b）のように1波長ループを放射器とし，その後方に0.1～0.25λ離して反射器を置くと，2エレメントのキュビカルクワッドアンテナになります．反

（a）1波長ループ　　　（b）2エレメントのキュビカルクワッド

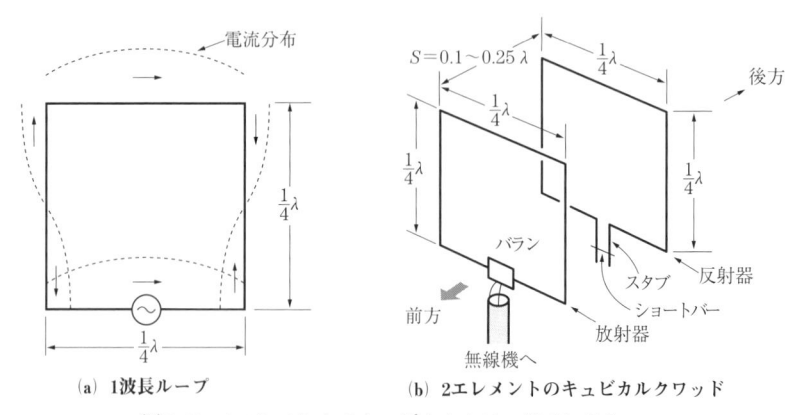

図8-42　2エレメントのキュビカルクワッドアンテナ

8-3 アンテナと給電線の実際

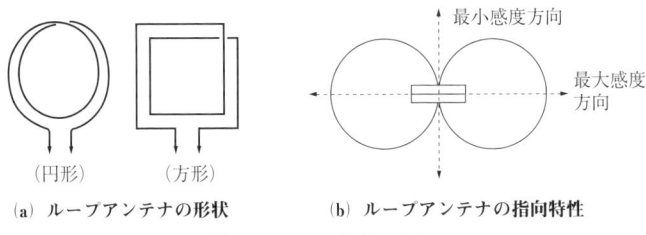

(a) ループアンテナの形状　(b) ループアンテナの指向特性

図8-43　ループアンテナ

射器の長さは放射器より長くしますが，それを調節するためのものがスタブで，実際にはショートバーを動かして調節します．

キュビカルクワッドアンテナの給電点インピーダンスは放射器と反射器の間隔Sで変わり，利得が最大となる$S ≒ 0.12\lambda$あたりで約65Ωとなります．また，このときの利得はほぼ3エレメントの八木アンテナに相当します．

8-3-4　その他のアンテナ

●ループアンテナ

ループアンテナは**図8-43**(a)のようなもので，円形や方形（正方形や長方形）のものがあります．ループアンテナには**図8-42**(a)のような1波長ループアンテナもありますが，**図8-43**に示したものは使用周波数の波長に対して十分に小さいスモールループとか微小ループアンテナと呼ばれるものです．

ループアンテナの指向特性は**図8-43**(b)のように8字特性を示し，最大感度方向はループ面の方向になります．

ループアンテナは，実効高の計算が正確にでき，指向特性が完全な8字特性になるところから，電界強度測定器や方向探知機に使われます．

ループアンテナの実効高はループの面積および巻数，それに使用周波数に比例しますが，微小ループでは実効高が低いので送信用のアンテナには向いていません．そのかわり，雑音を拾いにくいところから，ローバンドの受信用アンテナとして使われることもあります．

●マイクロ波用アンテナ

マイクロ波用のアンテナにはいろいろなものがありますが，ここでは電磁ホーンアンテナとパラボラアンテナを紹介します．

第8章　アンテナおよび給電線

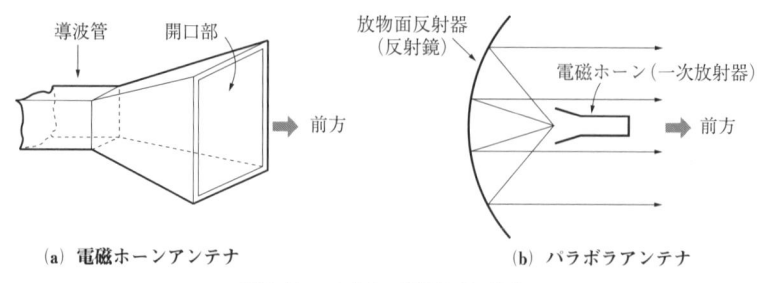

図8-44　マイクロ波用アンテナ

(a) 電磁ホーンアンテナ　　(b) パラボラアンテナ

　図8-44(a)は電磁ホーンアンテナを示したもので，給電線に相当する導波管の一端を広げたものです．電磁ホーンアンテナでは，ホーンの長さと開きの角度によって指向特性や利得が変わります．

　図8-44(b)はパラボラアンテナの一例で，一次放射器に電磁ホーンアンテナを使った場合です．電磁ホーンアンテナから放射された電波は，放物面反射器で反射されて放射されます．

第9章 電波の伝わり方

9-1 電 波

電波法では，"「電波」とは三百万メガヘルツ以下の周波数の電磁波をいう．"となっています．

表9-1は電波の名称ごとに周波数と波長，それに対する主な伝搬，そしてそこに含まれる周波数帯（アマチュアバンド）を示したものです．これらのうち，UHF/SHF/EHFのことをマイクロ波といいます．このように，アマチュアバンドは中波からミリ波まで，広範囲にわたっています．

電波は自然界が支配している空間を伝搬しますから，様々な自然現象の影響を受けます．そして，その影響は使用する周波数によって異なります．**表9-1**に示したのは主な伝搬で，実際の伝搬では幾つかのものが組み合わさるのが普通です．また，通常の伝搬のほかに，突発的に起こる異常伝搬もあります．

9-1-1 電波の基本的な伝わり方

送信アンテナから発射された電波は，いろいろな経路を通って受信アンテナ

表9-1 電波の種類と主な伝搬

名 称	周波数	波長	主な伝搬		アマチュアバンド
			近距離	遠距離	
中 波 (MF)	300kHz〜3000kHz	1000m〜100m	地表波	電離層波 (E層)	1.8/1.9MHz帯
短 波 (HF)	(3MHz)〜30MHz	100m〜10m	電離層波 (F層)	電離層波 (F層)	3.5/3.8/7/10/14/18/21/24/28MHz帯
超短波 (VHF)	30MHz〜300MHz	10m〜1m	直接波 (大地反射波)	電離層波 対流圏波	50/144MHz帯
極超短波 (UHF)	300MHz〜3000MHz	1m〜10cm	直接波 (大地反射波)	対流圏波	430/1200/2400MHz帯
センチ波 (SHF)	(3GHz)〜30GHz	10cm〜1cm	直接波	—	5.6/10/24GHz帯
ミリ波 (EHF)	30GHz〜300GHz	1cm〜1mm	直接波	—	47/75/135/249GHz帯

第9章　電波の伝わり方

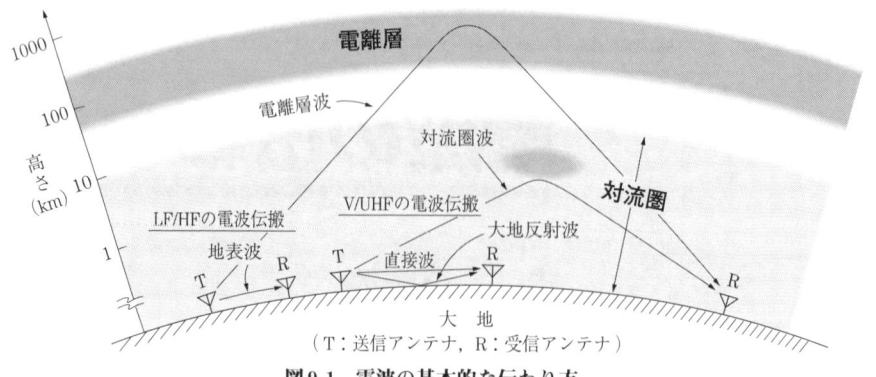

図9-1　電波の基本的な伝わり方

に到達します．**図9-1**は電波の基本的な伝わり方を示したもので，電波の種類でいえば短波帯（HF）とV/UHF帯で電波の伝わり方が違います．これは，無線通信に使用する周波数によって電波の伝わり方が違うということです．

一方，電波の伝わり方で大別すると，基本的な地表波のほかに，地上波と電離層波，それに対流圏波があります．ここで地上波というのは，**図9-1**に示した直接波と大地反射波のことです．

9-1-2　地表波と地上波

地表波と地上波（直接波，大地反射波）は**図9-1**の対流圏を伝搬しますから，大気の影響を受けます．また，地表波や地上波は，多かれ少なかれ地表面の影響を受けながら電波が伝わります．

なお，地表波と直接波，大地反射波の三つを合わせて地上波と呼ぶこともあります．

●地表波

地表波は，**図9-1**のように地表に沿うように伝搬するものです．このとき，地表が完全な導体なら電波は地表面で吸収されることはありませんが，一般に地面は完全な導体ではないので電界は地中に入り，大地に電流が流れるためにエネルギーが吸収されて減衰します．

地表波の減衰を大地のエネルギーの吸収から考えると，海上は最も減衰が少なく，山岳地や市街地は大きい減衰を受けます．また，この減衰は周波数が高

9-1 電　波

図9-2
直接波と大地反射波

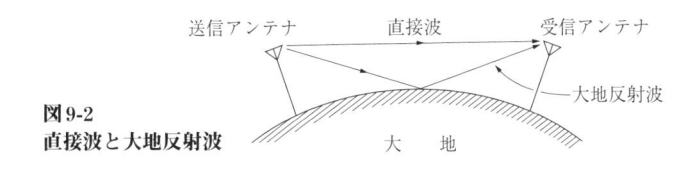

いほど多く，垂直偏波よりも水平偏波のほうが多くなります．

地表波による伝搬は，短波以上では地面での減衰を受けてごく近距離までとなり，主に利用されるのは中波以下になります．

● 地上波（直接波と大地反射波）

図9-2は直接波と大地反射波の伝わり方を示したもので，直接波は送信アンテナと受信アンテナを結ぶ直線上を伝わり，大地反射波は大地に反射されて受信アンテナに到達します．

V/UHF帯の伝搬は主に地上波によるもので，受信アンテナのところでは直接波と大地反射波が合成されたものになります．しかし，V/UHF帯では指向性アンテナが使われるので大地に向かう成分は少なく，したがって大地反射波の影響が少なくなり，直接波による伝搬が主体になります．

9-1-3　電離層波

送信アンテナから発射された電波のうち，上空に向かって進む電波は地上70〜400kmにある電離層によって屈折・反射され，**図9-3**のように大地に戻ってきます．そして，再び大地で反射されて上空に向かい，これを繰り返しながら遠方に伝わります．このように電離層によって伝わる電波を，電離層波といいます．

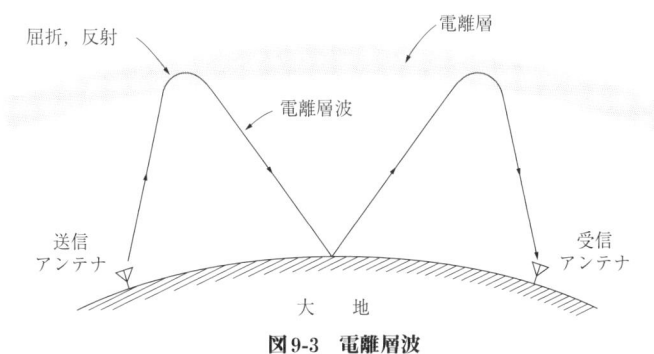

図9-3　電離層波

図9-4 対流圏波

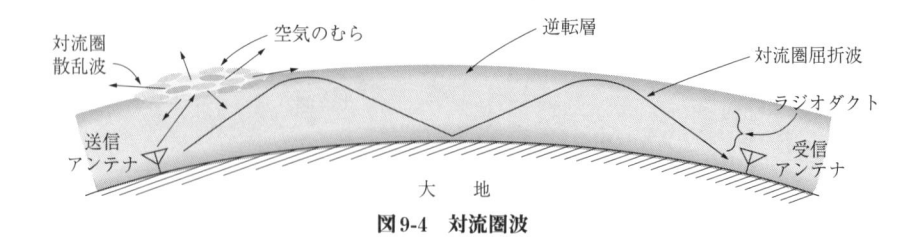

電離層で屈折・反射されるのは主に短波（HF）で，したがって短波の通信はほとんど電離層波で行います．電離層波による通信は，使用する電波の周波数や電離層の状況により大きく影響を受けるのが特徴です．

9-1-4　対流圏波

対流圏というのは空気の存在する地表面から上空10kmくらいまでのところのことで，水蒸気が存在し，気象現象に深く関わるところです．

対流圏では普通は大地に近いほど電波の屈折率が大きく，上空にいくほど電波の屈折率は小さくなりますが，高さと屈折率の関係が逆転した逆転層が発生するとV/UHFの電波を反射します．図9-4はその様子を示したもので，電波は逆転層と大地の間のラジオダクトを伝搬していきます．このようにして伝わる電波を，対流圏屈折波といいます．

一方，大気にむらが生じたところでは，ここで電波が散乱され，遠くに到達することがあります．これが，対流圏散乱波です．

対流圏で生ずる気象の影響は周波数の高い電波のほうが受けやすく，対流圏波の利用は実際にはV/UHF帯が対象になります．

9-2　電離層と電離層波による伝搬

電離層は時間や季節などによって変化し，無線通信にいろいろな影響を与えます．電波の種類の中で電離層の影響を強く受けるのは短波で，これが短波通信を多彩なものにしています．

V/UHFの場合，VHFの電波が一部の電離層によって反射されることもありますが，通常は突き抜けてしまうので通信には利用できません．

9-2 電離層と電離層波による伝搬

9-2-1 電離層の基本

電離層は電波を反射する鏡のようなもので，短波の電波が地球の裏側まで飛んでいくのは**図9-3**に示した電離層波によるものです．

● **電離層とは**

電離層は地球の上層部の大気（酸素分子や窒素分子）が太陽から放射された紫外線や微粒子などによって電離したもので，気体分子はイオンとなって密集するので導電率の高い良導体と考えることができます．

電離層には陽イオン，陰イオン，自由電子などが含まれますが，電波の伝搬に影響を与えるのは自由電子の密度です．自由電子は上空50kmあたりから認められ，500kmくらいの高さまで比較的高い密度で分布しています．そして，自由電子の分布の仕方は一日の中でも時間によって変化しますし，また季節や経年的にも変化します．

● **太陽活動と電離層**

電離層は太陽から放射されるエネルギーで生じますから，太陽活動と密接な関係があります．

太陽活動は太陽黒点数で表され，約11.5年の周期で増減しています．太陽活動の周期は，黒点数の最も少ない極小期から最も多い極大期を過ぎ，再び極小期になるまでを1周期と数えます．

太陽黒点数は極小期には10を切りますが，極大期には200にも達する大きな数になります．

● **電離層と電波**

電波が電離層を通過するときに受ける影響は，電波の周波数，昼夜の別，季節によって異なり，かなり複雑です．電離層に入った電波は，電離層の中で減衰を受けながら屈折し，その結果，**図9-5**のように突き抜けたり反射したり，あるいは消滅したりします．

電離層が電波の伝搬に関わるのは**図9-5**のよう

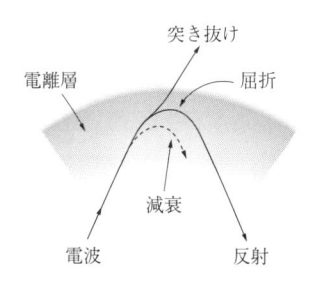

図9-5 電離層と電波

に電波が屈折・反射されるからで，屈折や反射が起こる仕組みはつぎのとおりです．

　電離層で電波が屈折されるのは，電離層の内部の電子密度が一様ではなく，高さによって電子密度が違っているからです．そのため，地上から発射した電波が電離層に入るときの境界面や電離層内で電子密度の違った部分を進むときに，例えば光がプリズムに入ったときのように屈折作用を受けます．

　このようにして電離層へ入った電波は，入射角や周波数によっては電離層内で屈折を繰り返し，ついには反射されてしまいます．

　電波が電離層内を通過するときにはエネルギーの一部を失い，減衰します．この減衰は，電離層内の電子密度が大きいほど，また電波の周波数が低いほど多くなります．

●**電離層の種類**

　電離層は一つだけではなく，いくつかの層に分かれています．**図**9-6は基本的な電離層の種類を示したもので，大地に近いほうからD層，E層，F層があります．これらのうち代表的な電離層はE層とF層で，特にF層は**表**9-1でもわかるように短波帯の電波伝搬に大きく関与します．

　図9-7は電離層の高さと電子密度を示したもので，季節のほか，昼間と夜間でもその様子が変わっています．これを見ると，夜間はD層が消えてE層とF層だけになっているのに対して，夏季の昼間にはF層がF_1層とF_2層の二つに分かれています．

　電離層にはE層やF層のほかに，**図**9-6に示したスポラディックE層（Es層）があります．Es層は夏季の昼間に突発的に発生するもので，電子密度が高いの

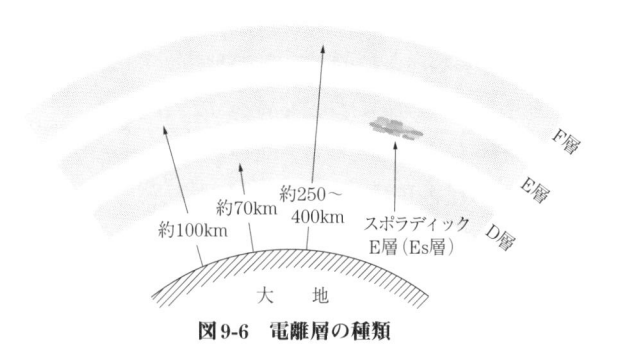

図9-6　電離層の種類

でVHFの電波を反射します.

● **電離層の変化**

　電離層の変化には，太陽の活動周期による変化（逐年変化）や一日の間で起こる日変化，それに季節変化があります．電離層の電子密度は，季節によって，また一日の中の昼夜によって，**図9-7**のように変化します．

　D層は地上70km付近にあって，昼間と夏季に発生しますが，夜間や冬季には微弱になり，場合によっては消滅します．

　E層は地上100km付近にあって，電子密度は太陽高度に関係があります．太陽高度が最も高くなるのは正午で，このときに電子密度は最大になります．また，夜間にはE層の電子密度は非常に低下します．これがE層の日変化ですが，季節変化や逐年変化はあまり大きくはありません．

　F層は地上250〜400kmにあって，変化の大きい電離層です．まず，日変化は季節によって異なります．その一つは，夏季の昼間には高さ約200km付近のF_1層，さらに400km付近のF_2層の二つに分かれることですが，夜間には一つにまとまります．もう一つは電子密度の日変化の大きさで，その変化が夏季よりも冬季のほうが大きくなります．

　太陽から到達するエネルギーは冬季よりも夏季のほうが大きいですが，F層の電子密度は**図9-7**でわかるように冬季のほうが大きくなっています．その理由は電離層内で生成されるプラズマの生成と消滅のバランスに関係があり，冬季に比べて夏季には生成されるプラズマより消滅するプラズマのほうが多いからです．これが，F層の季節変化です．

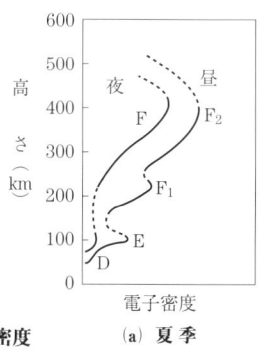

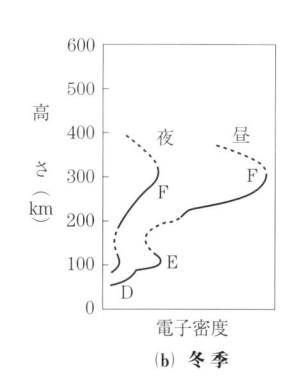

図9-7 電離層の電子密度　(a) 夏季　(b) 冬季

F層は太陽の活動周期の影響を受け，太陽黒点数の最小期に比べると最大期には電子密度が数倍に増えます．そこで，太陽活動最盛期には短波の伝搬が活発になります．これが，F層の逐年変化です．

9-2-2　電離層の特性

電離層の特性を表すものには，臨界周波数や最高使用周波数(MUF)，最低使用周波数(LUF)，それに第一種減衰や第二種減衰といったものがあります．

● **電離層の見かけの高さ**

電離層の観測は，**図**9-8のように地上から上空に向かって垂直にパルス電波を発射し，電離層で反射されて地上に戻ってきた電波を受信して行います．

図9-8で，地上から垂直に発射した電波が電離層で反射されて戻ってくるまでの時間を測ると，電離層の見かけの高さを知ることができます．

いま，電波が電離層で反射されて戻ってくるまでの時間をt〔s〕，電波の伝搬速度をc〔km/s〕とすると，電波が通った距離はct〔km〕となります．そこで，電離層の見かけの高さh〔km〕は，

$$h = \frac{ct}{2} \qquad \cdots\cdots\cdots\cdots 9\text{-}1$$

のようになります．

なお，この方法で測った電離層の高さは，電波が電離層の中で屈折している分だけ電波の通路が長くなるために，電離層の真の高さとは異なります．そこで，見かけの高さといわれます．

● **臨界周波数**

図9-8のように地上から上空に向かって垂直に電波を発射した場合，電波は電

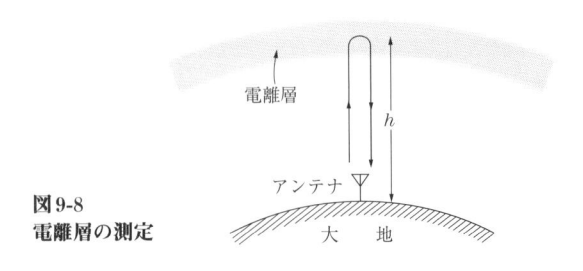

図9-8
電離層の測定

9-2 電離層と電離層波による伝搬

表9-2 太陽黒点指数と臨界周波数

太陽黒点指数	f_CE〔MHz〕	f_CF$_1$〔MHz〕	f_CF$_2$〔MHz〕
20	3.2	4.2	6
40	3.4	4.5	7
60	3.5	4.7	8
80	3.6	4.9	9
100	3.7	5.2	10
120	3.8	5.5	11

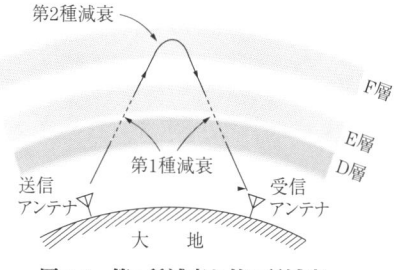

図9-9 第1種減衰と第2種減衰

離層で反射されて再び地上に戻ってきます．この周波数をだんだん高くしていくと，ある周波数以上になると反射せずに電離層を突き抜けてしまいます．この電波を反射する最高の周波数を，臨界周波数といいます．

表9-2は太陽黒点指数と臨界周波数f_Cの平均値を示したもので，f_CEはE層の，f_CF$_1$はF$_1$層の，またf_CF$_2$はF$_2$層の臨界周波数です．これを見るとE層の臨界周波数は太陽黒点数の影響をほとんど受けませんが，F層のうちでもF$_2$層は太陽黒点数の影響を受けることがわかります．

臨界周波数は，電離層の電子密度の平方根に比例します．すなわち，電子密度が4倍になれば臨界周波数は2倍になります．

● 第1種減衰と第2種減衰

地上から発射した電波が**図9-9**のようにD層とE層を通過してF層で反射され，再びE層とD層を通って地上に返ってくる場合，D層やE層を通過するときに電波はエネルギーの一部を失い減衰します．

このとき，D層やE層で受ける減衰を第1種減衰といいます．また，F層の中でも減衰を受けますが，これを第2種減衰といいます．

● MUFとLUF

MUF（Maximum Usable Frequency）というのは最高使用周波数のことで，電離層波を利用して通信を行うことのできる最高の周波数のことです．また，LUF（Lowest Usable Frequency）というのは最低使用周波数のことで，同じく電離層波を利用して通信を行うことのできる最低の周波数のことです．

さて，臨界周波数f_Cは電波を地上から電離層に向かって垂直に発射して測っ

第9章 電波の伝わり方

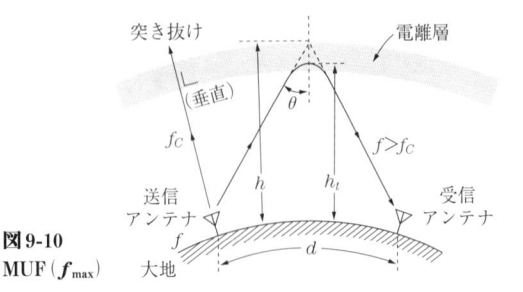

図9-10
MUF(f_{max})

た場合ですが，**図9-10**のように電波を斜めに打ち上げると，臨界周波数以上になっても電波は電離層で反射されて地上に戻ってきます．

いま，電波の電離層への入射角をθとし，臨界周波数をf_Cとすると，このとき電離層で反射される電波の最高周波数f_{max}は三角関数の正割法則から，

$$f_{max} = f_C \sec\theta \qquad \cdots\cdots 9\text{-}2$$

となります．

ここで，$\sec\theta$は$\cos\theta$の逆数ですから$\theta = 0°$で1，$\theta = 30°$で1.15，$\theta = 45°$で1.4，$\theta = 60°$で2となり，これよりf_{max}は入射角が45°であれば臨界周波数の1.4倍，入射角が60°であれば臨界周波数の2倍になります．このように，入射角が大きいほど，電離層で反射される最高周波数は高くなります．

なお，**図9-10**において電離層の真の高さh_tに対して，実際に測れるのは電波が点線のように直進して光学的な反射が行われたと仮定したときの見かけの高さhです．

そこで，簡単にするために大地，電離層とも平面であると考えると，送受信地点間の距離をd〔km〕，電離層の見かけの高さをh〔km〕とすれば，入射角θは，

$$\tan\theta = \frac{\frac{d}{2}}{h} = \frac{d}{2h} \qquad \cdots\cdots 9\text{-}3$$

となります．そこで，三角関数の公式$\sec^2\theta = 1 + \tan^2\theta$を用いると

$$\sec^2\theta = 1 + \left(\frac{d}{2h}\right)^2 \qquad \cdots\cdots 9\text{-}4$$

となり，これを**式9-2**に代入するとf_{max}は

$$f_{max} = f_C \sqrt{1 + \left(\frac{d}{2h}\right)^2} \qquad \cdots\cdots 9\text{-}5$$

のようになります．このf_{max}がMUF（最高使用周波数）です．

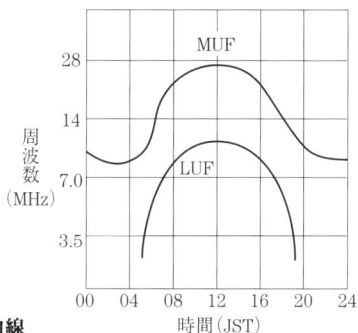

9-2 電離層と電離層波による伝搬

図 9-11
MUF-LUF 曲線

式9-2では入射角が大きいほどMUFは高くなりましたが，**式9-5**からはf_cとhが一定ならば送受信地点間の距離dが長いほどMUFが高くなることがわかります．

以上がMUFでしたが，LUFのほうは電離層で生ずる減衰により決まります．短波の電波は周波数が低くなるにしたがって第1種減衰が増加するので，電波が電離層で反射されて戻ってくる周波数には下限があります．それがLUFです．

第1種減衰は電子密度が大きいほど，また気体分子の数が多いほど大きくなりますから，昼間よりも夜間のほうが第1種減衰は少なく，したがって夜間のほうがLUFは低くなります．

図9-11は，ある日のMUF-LUF曲線を示したものです．短波帯を利用して無線通信を行う場合，MUF曲線より高い周波数では電波は電離層を突き抜けてしまい，地上に戻ってきません．また，LUF曲線より低い周波数では電波は電離層で減衰してなくなってしまいます．したがって，MUF曲線とLUF曲線に挟まれた部分の周波数を使って通信を行います．

● **FOT**

FOT（Frequency of Optimum Trafic）というのは最適使用周波数のことで，通信に最も適した周波数のことです．

F_2層のMUFはE層やF_1層のそれに比べると変動が大きく，MUFにあたる周波数だと場合によっては電離層を突き抜けてしまいます．そこでF_2層のFOTは，普通MUFの85％に選ばれます．E層やF_1層の場合には，MUFをそのままFOTとします．

9-2-3　電離層伝搬で起こる諸現象

電離層伝搬で起こる諸現象は主に短波帯の伝搬で発生するもので，偏波面の乱れ，不感地帯，フェージング，デリンジャー現象，磁気嵐，ロングパス，エコー，対蹠点効果，散乱波などがあります．

●偏波面の乱れ

アンテナから放射される電波の偏波面は水平偏波や垂直偏波ですが，電離層に入ると偏波面が曲げられて偏波面が乱れます．したがって，電離層波で通信する場合には，V/UHFに比べて送信アンテナと受信アンテナの偏波面が同じでなくてもあまり支障のないのが普通です．

●跳躍距離

使用周波数が臨界周波数より高い場合，図9-10の入射角を大きくしていってθになったときにはじめて電波が反射されたとすると，このときの送受信地点間の距離dを跳躍距離といいます．跳躍距離は，使用周波数が臨界周波数より低いときには生じません．

●不感地帯

図9-12のように電離層波が伝搬するとき，地表波も電離層波も届かない不感地帯（スキップゾーン）が生じます．不感地帯は，地表波が減衰して届かなくなる点から，電離層波がはじめて届く跳躍距離までの間になります．

不感地帯は使用周波数が臨界周波数より高いときに生じるもので，使用周波数が臨界周波数より低ければ生じません．

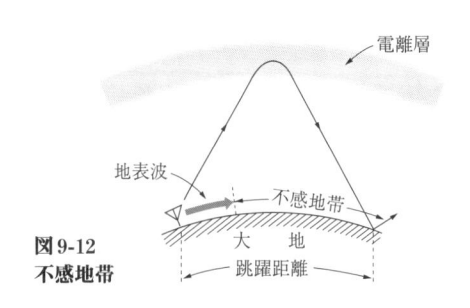

図9-12　不感地帯

9-2 電離層と電離層波による伝搬

● フェージング

　フェージング (Fading) というのは受信地点での電界強度が数分の1秒から数分の周期で変動する現象で，一般に周波数が高いほどフェージングの周期は短くなります．フェージングには，選択性フェージング，同期性フェージング，干渉性フェージング，跳躍性フェージング，吸収性フェージング，偏波性フェージングといったものがあります．

　選択性フェージングは，変調波の帯域内の周波数の違いが電離層を通過するときに影響を受けて生ずるものです．SSB波が選択性フェージングに強いのは，側波帯が片方しかないためです．そのかわり，FM波のような側波帯の広い電波ほど選択性フェージングが起こりやすく，音量の変化と共に音質の悪化を招きます．

　なお，この後で説明するフェージングは選択性フェージングと違って帯域内の周波数に関係なく，電離層の電子密度が時々刻々変わるために生ずるものです．そこで，選択性フェージングと区別するために同期性フェージングということもあります．

　干渉性フェージングは，電離層の高さが変わったりして送信アンテナから発射された電波がいろいろな経路を通って受信アンテナに到達するとき，それらの間に位相差を生じて合成電界強度が変動するために発生するものです．

　電離層で反射された電離層波のうち，反射回数が違ったものが到達すると，受信アンテナで同位相になったり逆位相になって干渉し，電波の強さが変動します．また中波の場合，電離層波と地表波の干渉で近距離フェージングが生ずることもあります．

　跳躍性フェージングは，使用周波数がMUFぎりぎりの場合に発生するもので，電離層の電子密度の変動により電波が電離層を突き抜けたり反射したりするために生じるものです．跳躍性フェージングは朝夕に起きやすく，電波が入感したり消感したりします．周期は，数分程度です．

　吸収性フェージングは，電離層における電波の第1種減衰と第2種減衰の状態が時間と共に変化するために生じるものです．吸収性フェージングの周期は，数分から1時間以上の長いものまであります．

　偏波性フェージングというのは，電波の偏波面が電離層の中で乱れることにより発生するものです．電離層波はふつう地球磁界の影響を受けて楕円偏波と

なって地上に到達しますが，楕円偏波の長軸が受信アンテナの指向方向と一致する場合には誘起電圧が高く，直角の場合には誘起電圧は低くなります．

偏波性フェージングの周期は，数分の1秒から1時間以上の長時間に及ぶこともあります．

そのほか，電離層の不規則分布で起こるシンチレーションフェージングや，電離層が擾乱しているときにオーロラ地帯やその近くを電波が通過してくるときに起こるフラッタフェージングといったものもあります．

● ロングパス

送信アンテナから電波を発射した場合，電波は一般に最短距離となる大圏コース（大円コースとか大円通路ともいう）を通って受信アンテナに到達します．大圏コースというのは，地球上の2点と地球の中心で決まる平面で切り取ったときの切り口（大円）の線のことです．

送信アンテナと受信アンテナを見た場合，図9-13のように大圏コース上にはAの短い通路とBの長い通路の二つの通路があります．そして受信アンテナにおける電界強度は，Bの長い通路よりもAの短い通路のほうが大きいので，通常はAの短い通路で通信します．

しかし，使用周波数に対してAの短い通路が開けていないとき，Bの長い通路で通信できることがあります．このようなとき，Aの短い通路に対して逆回りのBの長い通路による電波の伝搬を，ロングパスといいます．なお，ロングパスに対してAの短い通路による電波の伝搬をショートパスということもあります．

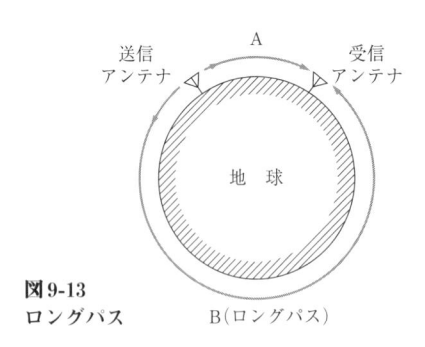

図9-13
ロングパス

9-2 電離層と電離層波による伝搬

●対蹠点効果

　地球上の1点に対して，まったく反対（裏側）の位置を対蹠点といいます．通信の相手が対蹠点にある場合，これらの2点間の大圏コースは無数にあるため，2点間の距離が長いにもかかわらず受信電界が大きくなることがあります．

　また，開けている電波の通路も時間によって変わるため一日中通信が可能なときもあり，これを対蹠点効果といいます．日本から見た対蹠点は，南米のアルゼンチンやウルグアイ，ブラジルなどにあたります．

●エコー

　送信アンテナから発射された電波が，二つまたはそれ以上の異なった経路を経て受信アンテナに到達すると，到達した電波に時間差を生じます．その結果，ちょうど"こだま"のように聞こえるのが，エコーです．

　例えば，図9-13においてショートパスとロングパスの両方の経路が開けた場合にエコーを生じますが，これを逆回りエコーといいます．

●電波の散乱

　散乱というのは電波のような波動が波長に比べて小さい物体にあたって四方に散ることで，電離層にむらがあるような場合に発生します．

　図9-12に示した不感地帯に電波が到達することがありますが，これは電離層による散乱によって生じた散乱波によるものと考えられます．

●磁気嵐とデリンジャー現象

　磁気嵐とデリンジャー現象はともに太陽活動が活発になったときに発生するもので，太陽面の爆発によって放出された大量の放射線が地球にやってくることから発生します．

　磁気嵐は地磁気が乱される現象で，磁気嵐が起きると電離層の電子密度が著しく上がるために短波は減衰を受けて徐々に使えなくなりますが，中波や長波は影響を受けません．磁気嵐は，数時間から数日に及ぶこともあります．

　一方，デリンジャー現象は太陽に照らされている昼間に発生するもので，電離層下部のD層やE層の電子密度が増大するために第1種減衰が大きくなって中波や短波の電界強度が突然低くなる現象です．デリンジャー現象が発生する

と受信強度が急激に低下するところから，電波消失現象ともいわれます．デリンジャー現象は磁気嵐と違って，数分から数十分で回復する短いものです．

9-3 電波の種類から見た電波伝搬

表9-1に示したように電波には多くの種類があり，それによって**図9-1**のようにそれぞれ伝わり方が違っています．電離層は太陽活動の影響を受けますが常に存在し，主に短波帯の伝搬に影響を与えます．V/UHF帯の電波は通常は地上波により伝わりますが，気象の影響を受けて対流圏波により遠距離に伝わることもあります．

9-3-1 中波(MF)帯の伝搬

中波帯にあるアマチュアバンドは1.8/1.9MHz帯で，地表波による伝搬は100kmほどまでとなります．これを超えると，電波は著しく弱くなります．

電離層波による伝搬はE層の反射によりますが，昼間にはD層通過の際に減衰を受けるので電波は弱くなります．そのため，昼間には電離層波は利用できず地表波のみになります．

一方，夜間はD層の消滅やE層の電子密度の減少などによって電離層波の減衰が少なくなり，中波は遠距離に伝わります．特に，太陽黒点数の少ない時期には，電波通路が夜間になる地点間では電波が強くなります．

夜間，100km付近の地点では地表波と電離層波との間で，また100km以上の地点では1回反射の電離層波と2回反射の電離層波との間で，干渉性フェージングを生じます．

9-3-2 短波(HF)帯の伝搬

短波帯には，多くのアマチュアバンドがあります．短波帯の電波の伝搬は電離層波が主体となり，周波数によって違ってきます．

●**基本的な伝わり方**

短波帯の電波の伝搬は地表波を除くと電離層波だけになり，そのために電波

の強さは電離層の影響を受けて変化します．具体的には，日変化や季節変化，逐年変化，それに地域的変化が著しく認められます．

短波帯の電離層波の伝搬はそのほとんどがF層の反射によるもので，D層とE層を通過するときに第1種減衰を受けます．第1種減衰は周波数が高くなるにしたがって少なくなりますから，遠距離通信にはMUFを考慮しながらなるべく高い周波数を使います．

一般的に短波帯による通信では，近距離より遠距離，夜よりは昼，冬よりは夏に高い周波数を使います．このとき，夜よりは昼というのは日変化，冬よりは夏というのは季節変化にあたります．また，太陽の活動周期による逐年変化に対しては，太陽活動最小期より最大期に高い周波数を使います．

●Es層による伝搬，他

短波帯のうちでも周波数の高い28MHz帯では，Es層が発生すると通常では通信できないような不感地帯となるところとも通信ができます．また，電離層や対流圏での散乱波によって通信できることもあります．

9-3-3　V/UHF帯の伝搬

VHFとUHFでは電波の伝わり方に違うところもありますが，大まかなところでは同じなので，V/UHF帯として取り扱うのが便利です．

V/UHF帯の電波の伝搬はもっぱら地上波（直接波，大地反射波）による見通し距離内に限られますが，VHF帯の電波はEs層またはF$_2$層の反射によって遠距離に伝搬することもあります．

●見通し距離と最大通信可能距離

直接波で通信する場合，送信アンテナから発射された電波が受信アンテナに到達するにはアンテナどうしが見通せなければなりません．それが，見通し距離です．地球は球形ですから，見通し距離には限りがあります．

図9-14(a)のように送信アンテナの高さをH_1〔m〕，受信アンテナの高さをH_2〔m〕，地球の半径を6370kmとすると，光学的な見通し距離d〔km〕は，

$$d \fallingdotseq 3.58(\sqrt{H_1}+\sqrt{H_2}) \qquad \cdots\cdots\cdots\cdots 9\text{-}6$$

第9章　電波の伝わり方

(a) 光学的な見通し距離　　(b) 大気屈折

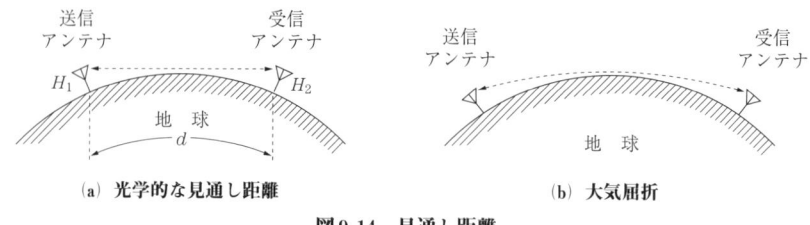

図9-14　見通し距離

のようになります．ちなみにH_1とH_2は海抜高で，$H_1 = H_2 = 10\mathrm{m}$とすると見通し距離dは約22km，$H_1 = H_2 = 50\mathrm{m}$とするとdは約50kmとなります．

さて，直接波が伝搬する対流圏においては，正常な状態の大気の屈折率は上空にいくにしたがって小さくなります．このように電波の通路の屈折率が異なるために電波は直進せず，**図9-14(b)** のように少し下方に（地球に近づくように）湾曲します．これを，大気屈折といいます．その結果，大気屈折により光学的な見通し距離よりやや遠くまで電波が届きます．

式9-6を大気屈折で補正をする場合，電波は直進すると考えたほうが便利なので，実際には地球の曲率が小さくなった，すなわち地球の半径が大きくなったと考え，地球の半径を約$\frac{4}{3}$倍とします．この見かけの地球の半径を，地球の等価半径といいます．

地球の半径に等価半径を用いて**式9-6**を補正すると，見通し距離d'は，

$$d' \fallingdotseq 4.12\left(\sqrt{H_1} + \sqrt{H_2}\right) \qquad \cdots\cdots\cdots\cdots 9\text{-}7$$

のようになります．このd'を最大通信可能距離といい，$H_1 = H_2 = 50\mathrm{m}$のときのd'を計算してみると約58kmとなってdよりも8kmほど距離が延びます．

●直接波と大地反射波の合成電界

V/UHF帯の電波は直接波と大地反射波で伝搬しますが，その合成電界を幾何光学的に近似計算することができます．

図9-15(a) において，送信アンテナの高さを$H_1\,[\mathrm{m}]$，受信アンテナの高さを$H_2\,[\mathrm{m}]$，電波の波長を$\lambda\,[\mathrm{m}]$，直接波の受信電界強度を$E_0\,[\mathrm{V/m}]$，送受信点間の距離を$d\,[\mathrm{m}]$とすると合成電界強度$E\,[\mathrm{V/m}]$は，

9-3 電波の種類から見た電波伝搬

(a) 直接波と大地反射波

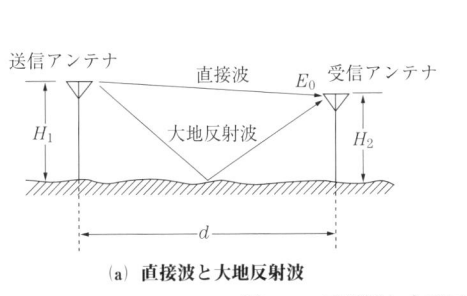

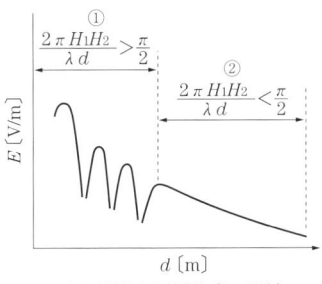

(b) 距離と電界強度の関係

図9-15　直接波と大地反射波の合成

$$E = 2E_0 \sin \frac{2\pi H_1 H_2}{\lambda d} \quad \cdots\cdots 9\text{-}8$$

のようになります．

ここで，送受信点間の距離 d が短い場合，すなわち**式9-8**において，

$$\frac{2\pi H_1 H_2}{\lambda d} > \frac{\pi}{2}$$

のときには合成電界は大地反射波の影響を受けます．これが**図9-15(b)** の①の区間で，電界強度は周期的に変化します．この区間では，合成電界強度 E は最大 $2E_0$ に達します．

そして送受信点間の距離 d が長く，

$$\frac{2\pi H_1 H_2}{\lambda d} < \frac{\pi}{2}$$

のところでは②の区間になり，電界強度の周期性はなくなって電界強度 E は，

$$E \fallingdotseq E_0 \frac{4\pi H_1 H_2}{\lambda d} \quad \cdots\cdots 9\text{-}9$$

のように d と共に減少していきます．

● **Es層やF₂層による見通し距離外伝搬**

VHF帯の電波は通常は電離層を突き抜けますが，電離層波で伝わることもあります．それは，まれに発生するスポラディックE層（Es層）によるものです．

Es層は夏季の昼間を中心に突発的に発生する電子密度の高い電離層で，Es層が発生するとVHFの電波を反射し，見通し外まで伝搬します．

Es層はE層と同じ高さに発生し，VHFにおいて見通し距離外の通信が可能になります．Es層は実際には50MHz帯や144MHz帯の電波を反射しますが，Es層で反射された電波は強力です．Es層で通信可能なのは，短時間です．

また，太陽活動の最大期にはF_2層の電子密度が大きくなり，VHFの50MHz帯の電波が短波と同じように電離層波で伝搬します．

● 赤道横断伝搬による見通し距離外伝搬

赤道横断伝搬(TEP，Trans Equatorial Propagation)は赤道対蹠伝搬とも呼ばれ，赤道を挟んだ南北間の対称点でVHFの電波が見通し距離外伝搬をするものです．

TEPは赤道付近のF層の電子密度が異常に上がってMUFを超える周波数の電波を反射するもので，50MHz帯や144MHz帯の電波が伝搬します．日本から見た赤道を挟んだ対称点は，オーストラリアやニュージーランドになります．

● 対流圏波による見通し距離外伝搬

電離層を突き抜けるV/UHF帯の電波も，対流圏波によって見通し距離外に伝搬することがあります．そして，対流圏反射波を伝搬するのはラジオダクトで，ラジオダクトは大気の逆転層で生まれます．

逆転層の発生原因は，大地の夜間冷却，高気圧の沈降，海陸風等の気象現象に伴う水蒸気圧の急激な変化などによります．

ラジオダクトには，上空にあって電波を伝搬する離地ダクトと，逆転層と大地間で電波を伝搬する接地ダクトなどがあります．これらのうち，実際の通信で使えるのは図9-4に示したようなラジオダクトで，これは接地ダクトです．

ラジオダクトが発生すると，対流圏屈折波でV/UHF帯の電波が見通し距離外に伝搬します．V/UHF帯の電波伝搬は図9-14(b)のような大気屈折では100〜200kmくらいが限度ですが，ラジオダクトによればその距離はさらに数倍まで延びます．

ラジオダクトによる見通し距離外伝搬で通信する場合には，ダクトフェージングが発生します．

V/UHF帯の電波の見通し距離外伝搬には，もう一つ対流圏散乱波によるものがあります．対流圏には逆転層とは別にある幅で温度や気流の逆転が発生して

9-3 電波の種類から見た電波伝搬

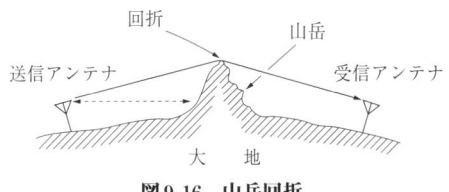

図9-16 山岳回折

いるところがあり，このような場所で散乱が起きます．対流圏散乱波の場合には，ピッチの速いフェージングが発生します．

●反射や山岳回折による伝搬

V/UHF帯の伝搬では，山岳や建築物などの反射を利用することができます．反射を利用すると，見通しの効かないところに電波を届けることができます．また，移動して電波を出すような場合には，受信地点の電界強度は建物等の反射波の影響を受けて変動します．

電波の伝搬経路上に山岳があった場合，見通しが効かないのに受信点ではかえって電界強度が上がる場合があります．これは**図9-16**に示した山岳回折によるもので，山岳がない場合に比べてどれくらい電界強度が上がったかの倍数を山岳回折利得といいます．

山岳回折による場合，山頂との間の電波伝搬はほぼ大地の影響を受けない自由空間での伝搬と見なすことができます．また，山岳回折利得は山岳が送受信点間の中央付近にある場合に最大の値となり，送受信点間に山岳が二つ以上ある場合には山岳回折利得は少なくなります．

山岳回折による伝搬は山頂付近の形状や気象状況の影響を受けますが，フェージングは多くはありません．

●V/UHFにおけるフェージング

V/UHFにおけるフェージングには，K型フェージング，ダクト型フェージングがあります．

K型フェージングのKというのは，大地からの高さによる電波の屈折率の減少の割り合いを表すものです．このKが変動すると直接波と大地反射波の間の位相が変化します．その結果発生するのが，K型フェージングです．

ダクト型フェージングはV/UHF帯の電波がラジオダクトで伝搬するときに発生するもので，逆転層からの反射波と直接波が干渉して生じるものです．

●ドップラー効果

ドップラー効果は衛星通信や月面反射通信で生ずるもので，送受2点間の電波の通路が短くなる（人工衛星が地球に近づいている）ように変化するときには送信周波数より高い周波数で受信され，電波の通路が長くなる（人工衛星が地球から離れていく）ように変化するときには送信周波数より低く受信される現象です．

ドップラー効果により発生する周波数の変化をドップラー周波数といい，低高度衛星の場合のドップラー周波数はV/UHF帯において数十kHzにもおよびます．

第10章 測 定

10-1 指示計器

　測定する電気量の電圧や電流などは，自然界にある音や光と同様，連続した値を持ったアナログ量です．

　これに対して，測定した結果を表示する指示計器にはアナログ指示計器とディジタル指示計器の二種類があります．図10-1はその違いを示したもので，図(a)のアナログ指示計器というのは指針式，図(b)のディジタル指示計器というのは数字表示式です．

　アナログ指示の特徴は，変化している量の傾向をつかんだり，調整に際して最大値を容易に把握できるところです．でも一方では，指示された値を目盛りから細かい値まで読み取るのは困難です．

　それに対してディジタル指示では測定量が数値で表示されるので，その値を正確に細かく読み取ることができます．

　このようにアナログ指示とディジタル指示ではそれぞれ特徴があるので，用途によって使い分けます．

　指示計器は測定器やさまざまな装置に組み込まれ，あるときは電圧や電流や抵抗を，またあるときは温度や照度を表示したりします．

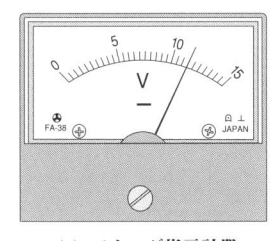

(a) アナログ指示計器　　　(b) ディジタル指示計器

図10-1　アナログとディジタルの指示計器

10-1-1　アナログ指示計器

アナログ指示計器は測定結果を目盛板と指針の振れで表示するもので，直流電圧計や直流電流計，交流電圧計などいろいろな測定範囲のものが用意されています．

●**アナログ指示計器の種類**

アナログ指示計器は，指針を動かす動作原理や測定回路によっていくつかの種類があります．

図10-2はメータの目盛板の一例を示したもので，まず目盛と単位記号からこのメータの測定範囲は最大20Vの電圧計だということがわかります．

つぎの測定回路というのは測定するものが直流なのか交流なのかを示すもので，交直両用というのもあります．このメータは，直流回路の測定用です．

アナログ指示計器の種類は，動作原理によって分類されています．このメータは可動コイル型ですが，それ以外に可動鉄片型や整流型，熱電型などがあります．また，動作原理と共に使用位置が示されています．このメータの使用位置は垂直ですが，その他に水平や傾斜というのもあります．

階級は0.2級から2.5級まであり，そのメータの精密度を表します．階級の2.5は，許容誤差が±2.5％であることを表します．

●**メータの動作原理**

図10-2に示した動作原理の種類のうち，指針の駆動方式が違っているのは可動コイル型と可動鉄片型で，**図10-3**のようになります．

図10-3(a)は可動コイル型メータの指針の駆動方式を示したもので，永久磁石

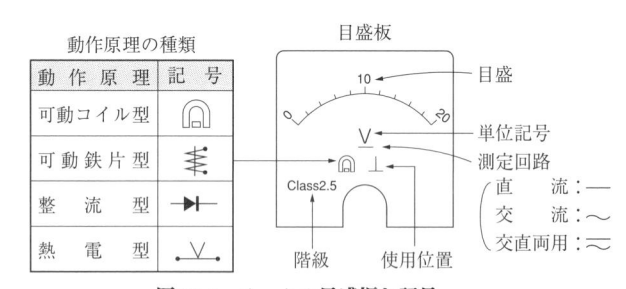

図10-2　メータの目盛板と記号

10-1 指示計器

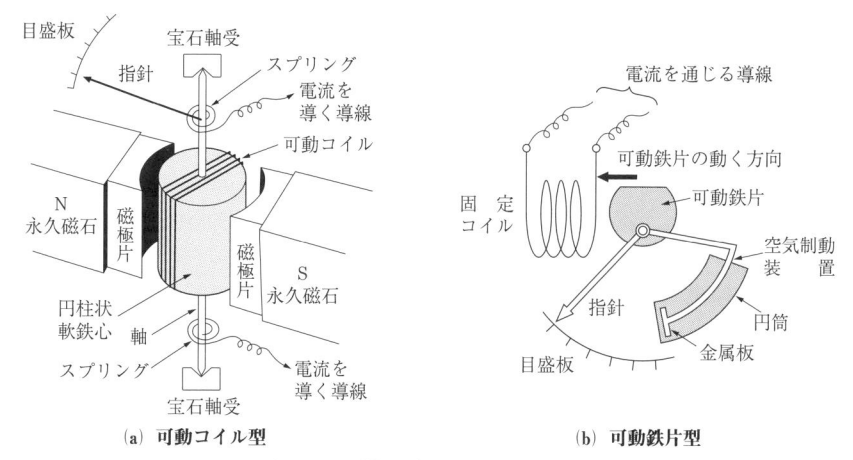

図10-3 指針の駆動方式による違い
(a) 可動コイル型
(b) 可動鉄片型

と可動コイルからできています．可動コイルは永久磁石の磁界の中に置かれており，指針が付いていて回転できるようになっています．

いま，可動コイルに直流電流を流すと磁界を生じますが，この磁界と永久磁石の磁界の間にフレミングの左手の法則にしたがって発生する電磁力によって可動コイルが回転します．この可動コイルはスプリングで支えられており，可動コイルの駆動トルクとスプリングの制御トルクが等しくなったときに指針は停止します．

可動コイルの駆動トルクは電流に比例するので，目盛りは等間隔になります．なお，可動コイルに交流電流を流すと交流の半周期ごとに駆動トルクの向きが逆になるために指針が振動します．したがって，可動コイル型メータは直流用計器です．感度のよいものが作れることもあって，最もよく使われています．

図10-3(b)は可動鉄片型メータの指針の駆動方式を示したもので，固定コイルと可動鉄片，それに制動装置からできています．**図10-3**(b)は制動に空気制動装置を使ったものですが，そのほかに鉄片の吸引・反発を利用したものもあります．

いま，固定コイルに電流を流すとここで生ずる磁界によって可動鉄片が吸い込まれ，空気制動装置とバランスしたところまで指針が振れます．可動鉄片のトルクは固定コイルに流した電流の2乗に比例するので，目盛りは2乗目盛りになります．

可動鉄片型メータは交直両用で，交流の場合には実効値を表示します．また，

第10章　測　定

```
       可動コイル型メータ              可動コイル型メータ
直流 ─┬─┤+  -├─┐      電流 ─┬─┤+  -├─┐
      │         │                │         │
      │  整流器 │                │  熱電対 │
      │         │                │         │ 熱分流器
      │         │                │  熱線   │
      └─ 交流 ─┘               └─交流／直流┘
        (a) 整流型                  (b) 熱電型
```

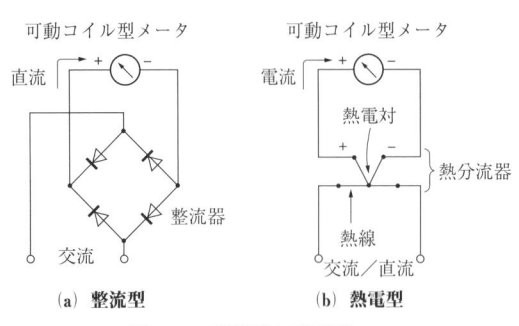

図10-4　整流型と熱電型

感度の高いものは製作が困難ですが構造が簡単で丈夫だということで，商用交流の電力用の交流用計器として使われています．

　整流型というのは，**図10-4**(a)のように可動コイル型メータのような直流用計器に整流器を組み合わせて交流を測れるようにしたものです．商用交流の交流電圧の測定に使われている交流用計器は，この整流型です．

　熱電型というのは**図10-4**(b)に示したように，熱線と熱電対（熱分流器ともいう），それに可動コイル型メータを組み合わせたもので，用途は交直両用の電流計で高周波電流の測定ができるのが特徴です．

　その動作原理は，熱線に電流を流すと発熱します．すると熱電対に起電力が発生しますから，その起電力で可動コイル型メータを振らせます．このとき，熱線の発熱量は熱線を流れる電流の2乗に比例するので，目盛りは2乗目盛りになります．また，交流の場合には実効値を指示します．

　熱電型メータを使うときには，熱線に過大な電流を流さないこと，また高周波電流を測るときにはリード線をできるだけ短くすることが必要です．

●**直流用計器と交流用計器の基本**

　実際に使われているアナログ指示計器の基本となっているのは，可動コイル型メータです．

　可動コイル型メータは，基本的には直流電流計です．そこで，フルスケール（最大指示値）I_{FS}が$100\mu A$のメータで内部抵抗rを100Ωとすると，このメータに**図10-5**のように0.01Vの電圧Eを加えると指針はフルスケールまで振れます．

　このことから，このメータは，$100\mu A$の直流電流計であり，そして0.01Vの

10-1　指示計器

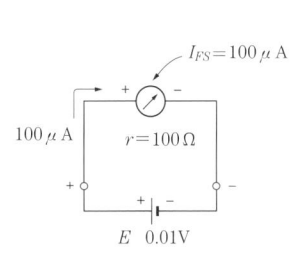

図10-5　100μAの電流計は……

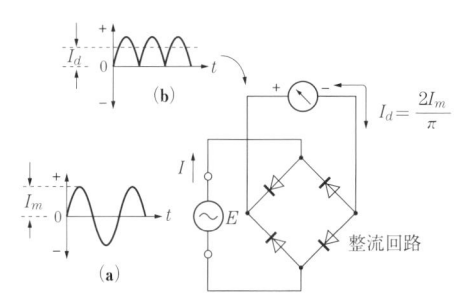

図10-6　整流型の場合

直流電圧計ということになります．そこで，これらの直流電流計と直流電圧計の測定範囲を拡大することにより，任意の測定範囲を持った直流電流計や直流電圧計を作ることができます．

　直流用計器の可動コイル型メータから交流用計器を作るには，**図10-4**(a)で説明したように整流型とします．整流型メータでは交流を整流器でいったん直流に直し，そのあと直流用計器の可動コイル型メータで指示します．

　いま，整流器を**図10-6**のようにブリッジ整流回路とした場合，**図**(a)のような最大値がI_mの交流を加えると，可動コイル型メータには**図**(b)のような平均電流I_dが流れます．このI_dは，

$$I_d = \frac{2I_m}{\pi} \qquad \cdots\cdots\cdots\cdots 10\text{-}1$$

となってメータの指針はI_dで振れますが，目盛板は平均値に正弦波の波形率である1.11倍したもの(実効値)で目盛ります．なお，波形率は波形によって変わりますから，波形が正弦波でないと指示値に誤差を生じます．

● 誤差と誤差率

　アナログ指示計器では，計器そのものが階級によって誤差を持っていますし，指針の指示から目盛りを読み取るときにも誤差を生じます．そこで，測定値をM，真の値をTとすると，誤差率δ〔％〕は，

$$\delta = \frac{M-T}{T} \times 100 \qquad \cdots\cdots\cdots\cdots 10\text{-}2$$

となります．

10-1-2　ディジタル指示計器

ディジタル指示計器は測定結果を数字で表示するもので，ディジタルパネルメータ（DPM，Digital Panel Meter）と呼ばれて直流電圧計や直流電流計，交流電圧計などいろいろな測定範囲のものが用意されています．

●ディジタル指示計器の基本

アナログ指示計器の基本は可動コイル型メータでしたが，ディジタル指示計器の基本はディジタル電圧計（DVM，Digital Volt Meter）です．

図10-7はディジタル電圧計の構成を示したもので，A-D変換回路，計数回路（カウンタ），それに表示回路からできています．

A-D変換回路は測定入力から入ってきたアナログ量をディジタル量に変換する部分で，アナログ量を標本化（サンプリング）し，標本化されたサンプルを数値化（量子化という）します．そして，量子化された数値をパルス数に変換（符号化という）します．このあと，パルス数を計数回路（カウンタ）で数え，その結果を表示回路で表示します．

ディジタル電圧計など計測器用のA-D変換回路には，二重積分回路が使われます．**図10-8(a)**は二重積分方式のA-D変換回路を使ったディジタル電圧計の構成を示したもので，A_1は積分器，A_2はコンパレータです．コンパレータは積分器の出力を監視し，制御回路に指示を送ります．

いま，測定電圧をE_X，基準電圧をE_Sとした場合，その動作は**図10-8(b)**のようになります．

測定を開始すると制御回路によりスイッチSから積分器に測定入力E_Xが加えられ，時間t_SからA_1が積分を開始して出力電圧は負方向に増加します．このとき，測定電圧E_Xの大きさにより①や②のように積分の傾斜が変わります．

そして，制御回路がパルスをP_1だけ数えて時間がt_0になると制御回路はスイッチを基準電圧E_S側に切り替えます．すると積分器は基準電圧E_Sで積分を続け

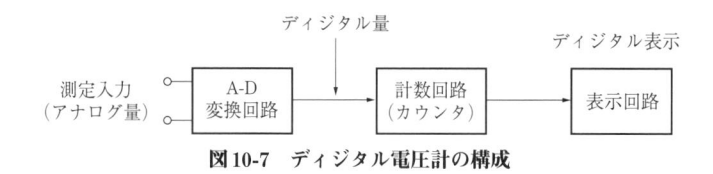

図10-7　ディジタル電圧計の構成

10-1 指示計器

(a) ディジタル電圧計の構成

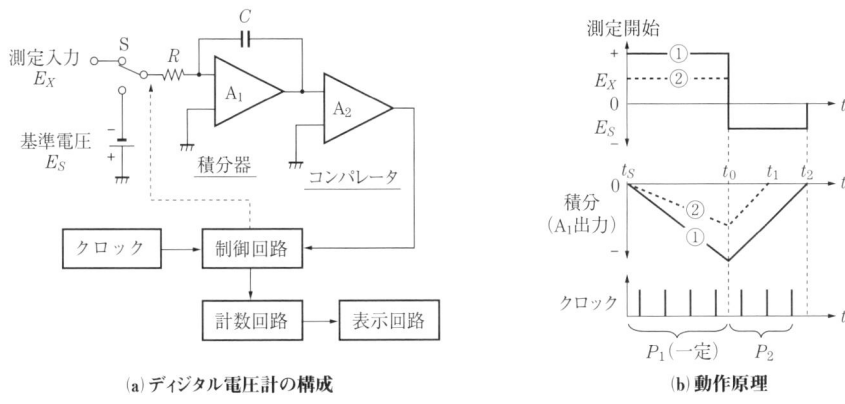

(b) 動作原理

図10-8 二重積分型ディジタル電圧計の動作原理

ます．このとき，基準電圧の極性を測定電圧と逆極性にしておくと今までとは逆方向に積分されますが，基準電圧は一定なので①②とも傾斜は同じになります．その結果，E_Xが①ではt_0からt_2，E_Xが②ではt_0からt_1の間に通過するパルスの数P_2を計数回路で数えれば，測定電圧E_Xに比例したディジタル信号が得られます．

そこで，測定電圧をE_X，基準電圧をE_S，t_Sからt_0までのパルス数をP_1，測定入力に比例したパルス数をP_2とすると，これらの間には，

$$E_X = \frac{E_S}{P_1} P_2 = K P_2 \qquad \cdots\cdots\cdots\cdots 10\text{-}3$$

のような関係が成立します．ちなみに，E_SとP_1は一定ですから$\frac{E_S}{P_1}$は定数Kとなります．あとは，P_2の数を計数回路で数えて表示回路で表示します．

表示回路には7セグメントの数字表示器を使いますが，表示器に何を使うかによってLED表示器とLCD表示器があります．LED表示器は自発光型なので輝度が高く見やすいのですが，消費電力が大きくなります．これに対して液晶を使ったLCD表示器は外光を反射させて表示するので，暗いところでは見にくいのですが消費電力が少ないのが特徴です．

● **実際のディジタルパネルメータ（DPM）**

図10-9はディジタルパネルメータの一例を示したもので，用途というのは電圧と電流の別や，直流と交流の別です．この例に示したものは，直流用のディ

項　目	定　格
用　途	直流電圧計
桁　数	$3\frac{1}{2}$ 桁 (1999)
測定範囲	±1.999V
入力インピーダンス	100MΩ
確　度	±(0.1% of FS＋1digit)

図10-9　ディジタルパネルメータの一例

ジタル電圧計（DVM）です．

桁数は表示回路の数字表示器の桁数で，$3\frac{1}{2}$ 桁 (1999) や 4 桁 (9999)，$4\frac{1}{2}$ 桁 (19999) などがあります．**図 10-9** に示したのは $3\frac{1}{2}$ 桁の直流電圧計の場合ですが，この電圧計は測定範囲を広げて使うときに便利なように，表示器のデシマルポイント（小数点）の位置を選べるようになっているものもあります．

測定範囲は ± 1.999V となっており，多くの場合には入力電圧が負になると自動的にマイナスの記号が表示されます．また，この電圧計で測定することのできる量の最小値を表す分解能は，0.001V (1mV) です．

ディジタルパネルメータの確度の表し方にはいくつかの方法がありますが，**図 10-9** に示したのはフルスケールの 0.1 % (1.999 × 0.001 = 0.001999) に 1digit（digit は最小桁を基準にカウント）をプラスするということで，1digit プラスすると 0.00299 ということになります．したがって，このディジタル電圧計の誤差の最大値は ± 0.00299V ということになります．

ディジタルパネルメータは電子回路を内蔵しているので，電源が必要です．**図 10-9** の場合には DC5V を供給するようになっていますが，DC12V や AC100V で働くようになっているものもあります．

実際のディジタルパネルメータには，いろいろな測定範囲を持った直流電圧計や直流電流計，あるいは交流電圧計や交流電流計が用意されていますが，**図 10-9** に示したディジタル電圧計に整流器を付けて交流用計器にしたり，あるいは電子回路を加えて測定範囲を広げています．

10-1-3　可動コイル型メータの測定範囲の拡大

いろいろな測定範囲を持った電圧計や電流計は，基本となる可動コイル型メータの測定範囲を拡大して作られています．そこで，内部抵抗が r〔Ω〕，電流

10-1 指示計器

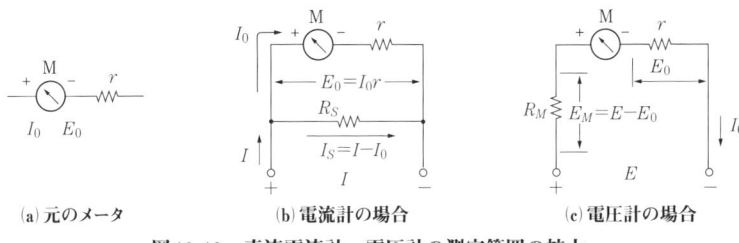

(a) 元のメータ　　(b) 電流計の場合　　(c) 電圧計の場合

図10-10　直流電流計，電圧計の測定範囲の拡大

がI_0〔mA〕で電圧がE_0〔V〕の可動コイル型メータで測定範囲を拡大する方法を説明してみることにしましょう．

●**直流電流計の測定範囲の拡大**

図10-10(a)のような可動コイル型メータは図10-5で説明したようにフルスケールI_0の直流電流計で，分流器を使って測定範囲を任意に拡大することができます．

分流器はシャント抵抗ともいい，電流計の測定範囲の拡大に使われます．図10-10(b)は測定範囲をIに拡大する場合のやり方を示したもので，分流器R_Sをメータと並列に入れてR_Sに電流I_S($= I - I_0$)を分流してやります．

まず，図10-10(b)よりメータのE_0と分流器R_Sの電圧降下E_0は同じですから，
$$E_0 = I_0 r = (I - I_0) R_S \qquad \cdots\cdots\cdots\cdots 10\text{-}4$$
の関係が成立します．そこで，測定範囲をI_0からIにN倍に拡大する（$N = \frac{I}{I_0}$）としてR_Sを求めてみると，
$$R_S = \frac{r}{\frac{I}{I_0} - 1} = \frac{r}{N - 1} \qquad \cdots\cdots\cdots\cdots 10\text{-}5$$
のようになります．

●**直流電圧計の測定範囲の拡大**

図10-10(a)のような可動コイル型メータは図10-5で説明したようにフルスケールE_0の直流電圧計でもあるので，倍率器を使って測定範囲を任意に拡大することができます．

倍率器はマルチプライヤともいい，電圧計の測定範囲の拡大に使われます．図10-10(c)は測定範囲をEに拡大する場合のやり方を示したもので，倍率器R_M

をメータに直列に入れて電圧の一部E_M ($=E-E_0$)をR_Mに受け持たせます．

まず，回路に流れる電流はどこでもI_0ですから，

$$I_0 = \frac{E}{R_M + r} = \frac{E_0}{r} \qquad \cdots\cdots 10\text{-}6$$

の関係が成立します．そこで，測定範囲をE_0からEにN倍に拡大する（$N = \frac{E}{E_0}$）としてR_Mを求めてみると，

$$R_M = r\left(\frac{E}{E_0} - 1\right) = r(N-1) \qquad \cdots\cdots 10\text{-}7$$

のようになります．

●交流電流計の測定範囲の拡大

可動コイル型メータに整流器を組み合わせた交流用計器については**図10-6**で説明しましたが，**図10-11（a）**に示したような交流用メータの場合には整流器が入っているので直流電流計の場合のように単に分流器を入れればよいというほど簡単ではありません．

そこで，**図10-11（b）**のように変流器（CT，Current Transformer）が使われます．変流器は交流電流計の測定範囲を拡大するためのもので，1次電流と2次電流の比を変流比といい，1次側の巻数をN_1，2次側の巻数をN_2とすると，

$$変流比 = \frac{I_M}{I} = \frac{N_1}{N_2} \qquad \cdots\cdots 10\text{-}8$$

のようになります．これでわかるように，変流比の倍率は巻数比の逆数になります．

実際の変流器は，組み合わせる交流用メータに合わせていろいろな変流比の

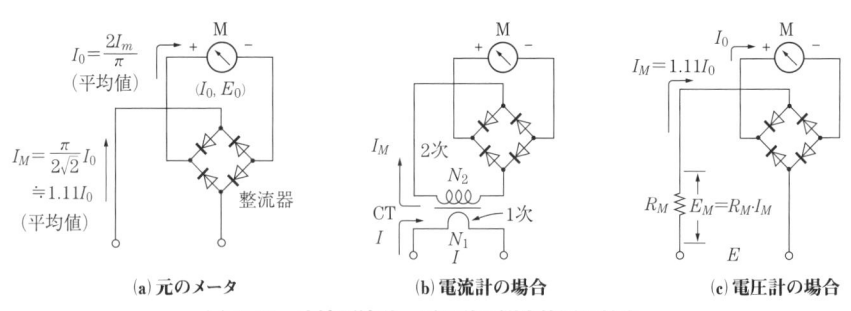

(a) 元のメータ　　　　(b) 電流計の場合　　　　(c) 電圧計の場合

図10-11　交流電流計，電圧計の測定範囲の拡大

ものが用意されています．

●交流電圧計の測定範囲の拡大

　図10-11(a)のような整流型の交流メータでは，直流電圧計の場合と同じように，図10-11(c)のように倍率器R_Mを使って測定範囲を拡大することができます．

　いま，図10-11(c)で可動コイル型メータの内部抵抗と整流器における損失を無視すると$E=E_M$，そこで倍率器R_Mが受け持つ電圧E_Mは，

$$E_M = E = I_M R_M = 1.11 I_0 R_M \qquad \cdots\cdots\cdots\cdots 10\text{-}9$$

のようになります．ちなみに，1.11は波形率です．これよりR_Mを求めてみると，

$$R_M = \frac{E}{1.11 I_0} \qquad \cdots\cdots\cdots\cdots 10\text{-}10$$

となります．

10-1-4　DPMの測定範囲の拡大

　ディジタルパネルメータ(DPM)の場合の測定範囲の拡大は，図10-12のようにディジタル電圧計の前に入力変換回路を置いて行います．ここでは測定範囲の拡大と共に，交流－直流の変換も行います．

●直流電圧計の測定範囲の拡大

　ディジタル直流電圧計(DVM)の測定範囲を拡大する場合，入力変換回路として図10-13(a)のような抵抗による分圧器を使います．

図10-12　ディジタルパネルメータの測定範囲の拡大

(a)　入力変換回路
(b)　測定範囲を10倍に拡大

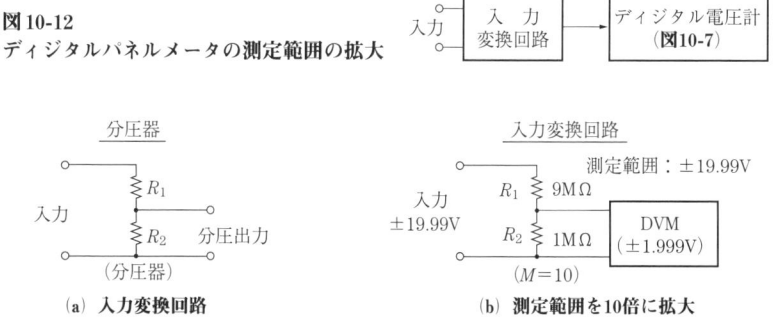

図10-13　ディジタル電圧計の測定範囲の拡大

いま，測定範囲の拡大比をNとすると分圧器の分圧比は，

$$\text{分圧比} = \frac{1}{N} = \frac{R_2}{R_1 + R_2} \quad \cdots\cdots\cdots\cdots \text{10-11}$$

のようになります．

図10-13(b)は±1.999VのDVMの測定範囲を10倍に拡大した場合で，$N = 10$ということになります．$N = 10$とした場合のR_1とR_2の選び方はいろいろありますが，仮にR_2を1MΩとするとR_1は**式10-11**から，

$$R_1 = R_2(N-1) \quad \cdots\cdots\cdots\cdots \text{10-12}$$

となり，**図10-13**(b)のようにR_1は9MΩになります．

これで，測定範囲が±1.999VのDVMは，測定範囲が10倍に拡大されて，±19.99Vのディジタル電圧計になりました．なおそれに伴って，表示回路のデシマルポイント（小数点）を1桁下げてやる必要があります．

● 直流電流計と測定範囲の拡大

ディジタル電圧計（DVM）で直流電流を測るには，**図10-14**(a)のようなI-V（電流-電圧）変換回路で電流値を電圧値に直し，それをDVMで測って表示回路で電流値として表示します．Rは，電流検出抵抗です．

実際のディジタル直流電流計では，**図10-14**(b)のように入力変換回路として電流検出抵抗Rと直流増幅器が使われます．では，±1.999VのDVMを使って測定範囲が±1.999mAの直流電流計を計画してみることにしましょう．

まず，電流検出抵抗Rの値を決めなくてはなりませんが，測定回路への影響などを考慮してRでの電圧降下E_1を0.1Vとすると，$I = 1$mAのときに$R = 100\,\Omega$，$I = 10$mAのときに$R = 10\,\Omega$，$I = 100$mAのときに$R = 1\,\Omega$になります．そこで，測定範囲が±1.999mAの電流計とする場合の電流検出抵抗Rは100Ωとします．

(a) 電流の検出

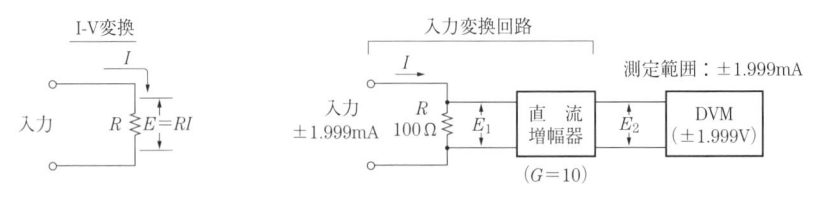

(b) 測定範囲±1.999mAの直流電流計

図10-14 直流電流計の入力変換回路とその構成

10-1 指示計器

(a) 入力変換回路

AC入力 → 絶対値回路（全波整流）[AC-DC変換] → DC出力

(b) 測定範囲1.999Vの交流電圧計

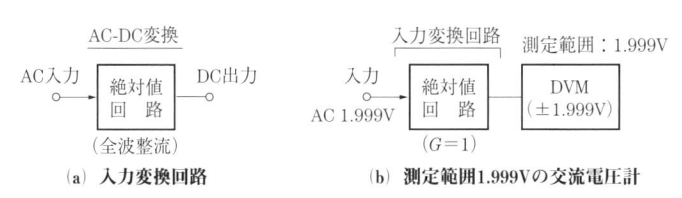

入力 AC 1.999V → 絶対値回路 ($G=1$)［入力変換回路］ → DVM（±1.999V）測定範囲：1.999V

図10-15　交流電圧計の入力変換回路とその構成

さて，$R=100\,\Omega$ とすると $I=\pm1.999\mathrm{mA}$ に対して $E_1=\pm0.1999\mathrm{V}$ となります．一方，DVMの測定範囲は E_2 で，これは $\pm1.999\mathrm{V}$ ですから，そのまま $E_1=E_2$ というわけにはいきません．そこで，増幅度 G が10倍の直流増幅器を用意して E_1 を10倍し，$E_2=\pm1.999\mathrm{V}$ を得ます．

ディジタル電流計の測定範囲は，電流検出抵抗 R や直流増幅器の増幅度 G で変えることができます．例えば，R を $\frac{1}{10}$ の $10\,\Omega$ にしてデシマルポイントをずらすと $\pm19.99\mathrm{mA}$ の直流電流計になります．

● **交流電圧計と測定範囲の拡大**

ディジタル電圧計（DVM）で交流電圧を測るには，入力変換回路として**図10-15(a)**のようなAC-DC変換を用意してAC入力をDC出力に変換し，それをDVMで測って表示回路で交流電圧として表示します．

図10-16は絶対値回路で，実は全波整流回路です．絶対値回路では整流器で問題になった障壁電圧のようなものはありませんから，理想的な整流回路になります．また，全波整流出力は平均値になりますが VR によって波形率の1.11倍の補正をすることにより，DC出力をAC入力の実効値に合わせることができますし，平滑用コンデンサを入れることにより脈流から直流出力が得られます．

そこで，**図10-15(b)**のように絶対値回路の出力をDVMで測れば，交流電圧

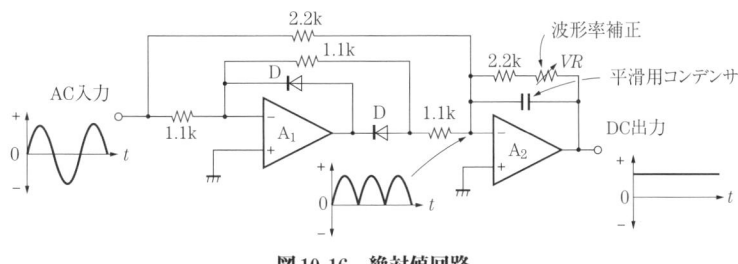

図10-16　絶対値回路

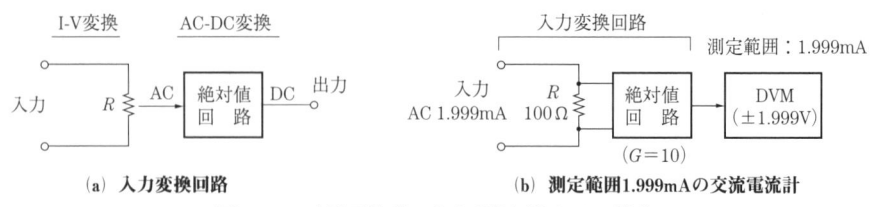

図10-17　交流電流計の入力変換回路とその構成

(a) 入力変換回路

(b) 測定範囲1.999mAの交流電流計

計が得られます．交流電圧計の周波数特性は絶対値回路の性能に左右されますが，普通はオーディオ周波数くらいまでです．

このようにして作られた交流電圧計の測定範囲を拡大する方法は直流電圧計の場合と同じで，**図10-13**(a)のような分圧器を使います．なお，測定範囲を拡大した場合には，デシマルポイントも移動させます．

● 交流電流計と測定範囲の拡大

デジタル電圧計（DVM）で交流電流を測るには，入力変換回路として**図10-17**(a)のようなI-V変換とAC-DC変換を用いてAC電流をDC電圧に変換し，それをDVMで測って表示回路で交流電流として表示します．

I-V変換は**図10-14**(a)の直流電流計の場合と，またAC-DC変換は**図10-15**(a)の交流電圧計の場合と同じです．

図10-17(b)は交流電流計の一例を示したもので，絶対値回路に10倍の利得を持たせると**図10-14**(b)の直流電流計の場合と同じように考えることができます．測定範囲の拡大についても，考え方は直流電流計の場合と同様です．

● 抵抗測定用のR-V変換

抵抗－電圧変換（R-V変換）を使うと，DVMで抵抗を測ることができます．**図10-18**はOPアンプの反転増幅器を使ったR-V変換の原理図で，E_Sは基準電圧，

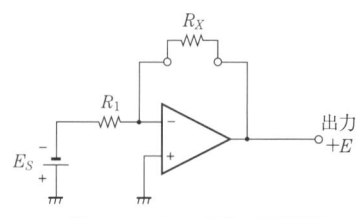

図10-18　R-V変換の原理図

R_X が未知の抵抗です．

まず，反転増幅器の利得は

$$G = -\frac{R_X}{R_1} \qquad \cdots\cdots\cdots\cdots 10\text{-}13$$

で，出力電圧 E は

$$E = G \cdot E_S \qquad \therefore E = -\frac{R_X}{R_1} E_S \qquad \cdots\cdots\cdots\cdots 10\text{-}14$$

となり，これより未知の抵抗 R_X は，

$$R_X = -\frac{R_1}{E_S} E = KE \qquad \cdots\cdots\cdots\cdots 10\text{-}15$$

のようになります．ここで，R_1 と E_S は既知の値なので定数 K となり，出力電圧 E は未知の抵抗 R_X に比例します．そこで，K を適当に選べば出力電圧 E を DVM で測ることにより抵抗値を表示することができます．

10-2　基本的な測定

実際の測定は測定器を使って行いますが，その方法や注意などはさまざまです．そこで，正しい測定を行うには正しい測定器の使い方が必要です．

10-2-1　電圧，電流の測定

直流や交流の電圧，電流の測定は，もっとも基本的なものです．測定にあたっては，測定器が回路に与える影響に考慮する必要があります．

●電圧の測定

図 10-19 は電圧を測定する場合の電圧計のつなぎ方を示したもので，**図 (a)** は起電力を持った電源の場合，**図 (b)** は電圧降下の場合です．電圧の測定は，いずれの場合も測定個所に電圧計を並列につなぎます．

図 10-19 (a) のようにして電源の電圧を測った場合，電圧計には内部抵抗 R_M がありますから，測定回路には電流 I_M が流れます．すると電源の内部抵抗 r で電圧降下 E_r が発生し，電源の端子電圧 E' は，

第10章　測　定

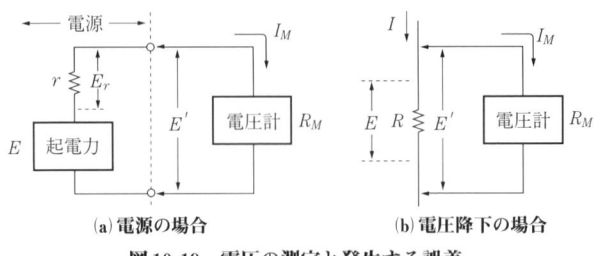

(a) 電源の場合　　**(b) 電圧降下の場合**

図10-19　電圧の測定と発生する誤差

$$E' = E - E_r = E - \frac{rE}{r + R_M} \qquad \cdots\cdots\cdots\cdots 10\text{-}16$$

のようになります．この場合，電圧計が指示するのはE'ですから，起電力の電圧Eとは異なり誤差を生じます．

式10-16を見るとわかるように，誤差を発生させるE_rは電圧計の内部抵抗R_Mが大きいほど少なくなります．ですから，誤差を少なくするにはできるだけ内部抵抗の大きな電圧計を使うようにします．

抵抗Rに電流Iが流れたときに発生する電圧降下Eを測定する場合には，**図10-19(b)**のように電圧計を抵抗Rの両端に当てます．この場合，抵抗Rに電圧計の内部抵抗R_Mが並列につながることになり，測定前に対して回路の状態を乱します．その結果，測定電圧に誤差を生ずることがあります．

抵抗Rの電圧降下を測定する場合，回路の状態を乱さないようにするには，抵抗Rに対して十分大きな内部抵抗R_Mを持った電圧計で測定するようにします．

以上でわかるように，電圧を測る電圧計は内部抵抗が大きいものほど正確な測定ができることになり，理想的な電圧計の内部抵抗は無限大です．

●電流の測定

図10-20は電流を測定する場合の電流計のつなぎ方を示したもので，いずれの場合も回路の途中（×点）を切って電流計を測定個所に直列につなぎます．

図10-20(a)のように電圧がEで内部抵抗がゼロの電源に抵抗Rをつないだ場合に流れる電流Iは，$I = \frac{E}{R}$です．そこで，内部抵抗がR_Mの電流計をつないだ場合の電流をI'とすると，

$$I' = \frac{E}{R + R_M} \qquad \cdots\cdots\cdots\cdots 10\text{-}17$$

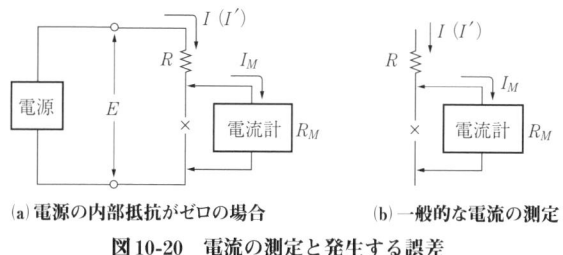

(a) 電源の内部抵抗がゼロの場合　**(b) 一般的な電流の測定**

図10-20　電流の測定と発生する誤差

のようになり，I'はR_Mの分だけIより少なくなります．この場合，電流計が指示するのはI'ですからIとは異なり，誤差を生じます．

式10-17より，R_Mが小さいほどI'はIに近づき，誤差が少なくなることがわかります．ですから，誤差を少なくするにはできるだけ内部抵抗の小さな電流計を使うようにします．

図10-20(b)は一般的な回路で抵抗Rに流れる電流を測る場合を示したもので，この場合にも抵抗Rに電流計の内部抵抗R_Mが直列につながるために測定前に対して回路の状態を乱し，測定電流に誤差を生じます．

抵抗Rに流れる電流を測定する場合，回路の状態を乱さないようにするには，抵抗Rに対して内部抵抗R_Mが十分小さい電流計で測定するようにします．

以上でわかるように，電流を測る電流計は内部抵抗の小さいものほど正確な測定ができることになり，理想的な電流計の内部抵抗はゼロです．

10-2-2　回路素子(R, L, C)の測定

抵抗RやインダクタンスL，キャパシタンスCなどの回路素子は，電子回路を構成するときになくてはならないものです．

● **抵抗の測定**

抵抗Rを測定する方法には，**図10-21**に示したように抵抗計やホイートストンブリッジがあります．

図10-21(a)はテスタに使われている抵抗計の原理により抵抗を測る方法を示したもので，電圧Eの直流電源と電流計からできています．この回路に未知の抵抗R_Xをつなぐと電流Iが流れますが，そのときの電流計の読みを抵抗値で示しておけば抵抗を測ることができます．抵抗計は電源を内蔵していますから，

第10章 測定

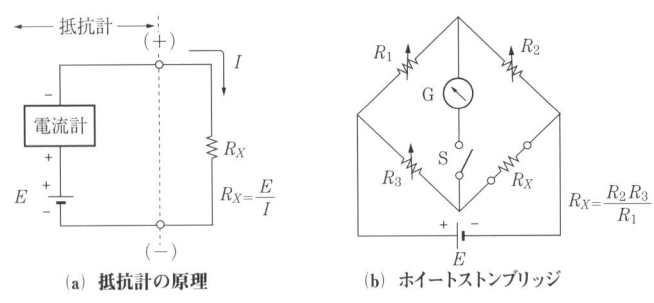

図10-21 抵抗の測定
(a) 抵抗計の原理
(b) ホイートストンブリッジ

測定端子に電圧が現れます．そこで，ダイオードや電解コンデンサのように方向性や極性を持った素子の測定を行うときには注意が必要です．

図10-21(b) は第2章の**図2-11**で説明したホイートストンブリッジで，スイッチSを閉じたときにバランスするようにR_1, R_2, R_3を調整し，それらの値から未知の抵抗R_Xの値を求めます．

● LやCの測定

第2章の2-1-5で説明したホイートストンブリッジで，電池の代わりに交流電源を使用し，抵抗Rの代わりにLやCを測定できるように変形したものを，交流ブリッジといいます．

図10-22(a) はLやCの値を測定する交流ブリッジの基本となるもので，この交流ブリッジの平衡条件およびZ_Xは，

$$Z_1 Z_3 = Z_2 Z_X \quad \therefore Z_X = \frac{Z_1 Z_3}{Z_2} \quad \cdots\cdots\cdots 10\text{-}18$$

のようになります．

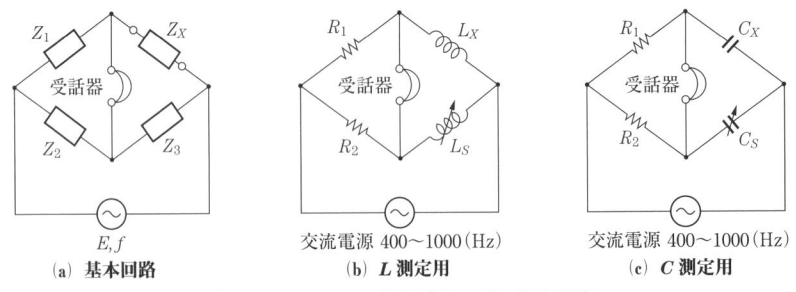

図10-22 LやCの交流ブリッジによる測定
(a) 基本回路
(b) L測定用 交流電源 400～1000(Hz)
(c) C測定用 交流電源 400～1000(Hz)

図10-22(b)はL測定用のブリッジで，L_Sを変化して受話器に音が聞こえなくなるとブリッジは平衡したのですから$R_1\omega L_S = R_2\omega L_X$，これを整理すると$R_1 L_S = R_2 L_X$となり，これより

$$L_X = L_S \frac{R_1}{R_2}$$ ············ 10-19

となって，L_Sを校正しておけば未知のインダクタンスL_Xを知ることができます．

図10-22(c)はC測定用の場合で，同様にR_1とR_2は既知の抵抗，C_Sは標準の可変静電容量，そしてC_Xが未知の静電容量です．この回路で，C_Sを変化して受話器に音が聞こえなくなるとブリッジは平衡したのですから$\frac{R_1}{\omega C_S} = \frac{R_2}{\omega C_X}$，これを整理すると$\frac{R_1}{C_S} = \frac{R_2}{C_X}$となり，これより

$$C_X = C_S \frac{R_2}{R_1}$$ ············ 10-20

となって，未知の静電容量を知ることができます．

10-3　測定器の実際

測定に使われる測定器は数多くありますが，アマチュア無線活動で実際に使われているのは次のようなものです．

10-3-1　テスタ

テスタは回路試験器とも呼ばれる測定器で，測定レンジを切り替えることに

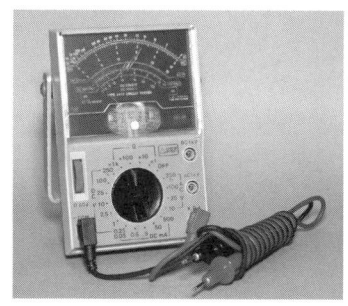

(a) アナログ式テスタ　　　(b) ディジタル式テスタ

写真10-1　テスタの一例

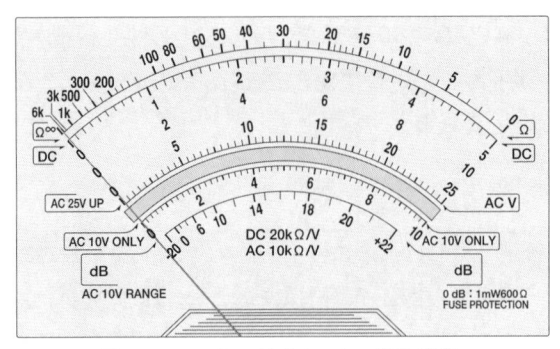

図10-23　アナログ式テスタの多重目盛

より広範囲の電圧や電流，抵抗といった最も基本的な電気量を測るものです．テスタには，**写真10-1 (a)** に示すようなアナログ式テスタと，**写真10-1 (b)** に示すようなディジタル式テスタの二種類があります．

テスタでは，測定端子にテスト棒(赤が+，黒が-)を差し込んで測定するようになっています．

● アナログ式テスタ

アナログ式テスタはアナログ指示計器を使ったもので，精度は高くありませんが直流電圧，直流電流，交流電圧，それに抵抗が簡単に測れる便利な測定器です．指示計器にはDC 0.1～1mAくらいの可動コイル型メータが使われ，倍率器や分流器，整流器，それに電池を組み合わせて作られています．測定レンジはスイッチで切り替えるようになっており，メータの目盛りは**図10-23**のような多重目盛りになっています．

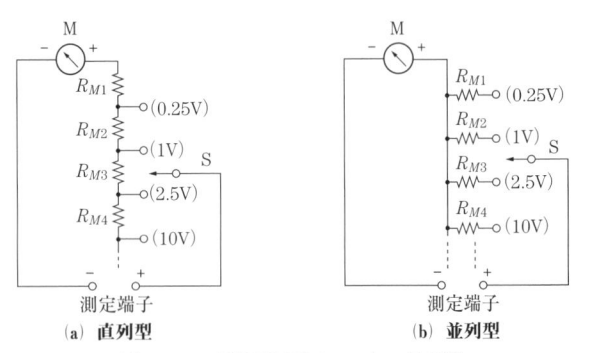

(a) 直列型　　(b) 並列型

図10-24　直流電圧計 (DC V) の倍率器

10-3 測定器の実際

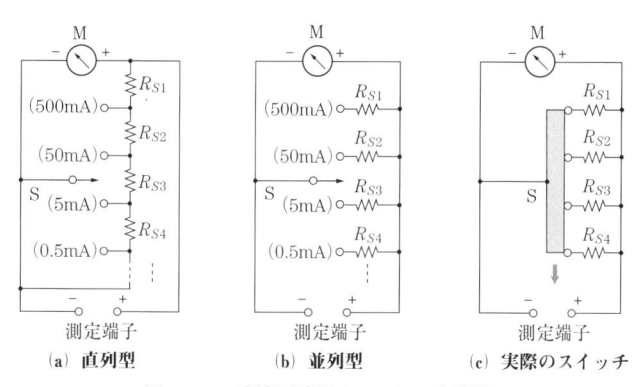

図10-25 直流電流計（DC A）の分流器
(a) 直列型　(b) 並列型　(c) 実際のスイッチ

図10-24は直流電圧計（DC V）の場合の倍率器の入れ方を示したもので，(a)のような直列型と(b)のような並列型があります．直列型の場合，0.25Vレンジの倍率器はR_{M1}，1Vレンジの倍率器は$R_{M1}+R_{M2}$，……というようになります．**図**(a)と(b)は一長一短ですが，実際には**図**(a)の方法が使われています．

なお，**図10-24**は直流電圧計の場合でしたが，メータ（M）を整流型にすれば交流電圧計（AC V）になります．

図10-25は直流電流計（DC A）の場合の分流器の入れ方の原理を示したもので，**図**(a)は直列型，**図**(b)は並列型です．**図**(a)の直列型の場合，500mAレンジの分流器はR_{S1}，50mAレンジの分流器は$R_{S1}+R_{S2}$，……となります．

なお，電流測定の場合にはスイッチを切り替えるときに回路がオープンになるとメータに過大な電流が流れるので，実際には接点がオープンにならないようなスイッチが使われます．**図10-25**(c)はそのようなスイッチの一例で，この場合の分流器はR_{S1}〜R_{S4}までが並列接続されたものになり，電流計としては最大の測定レンジになります．

図10-26はテスタの抵抗測定の原理を示したもので，測定のための電源（電池）

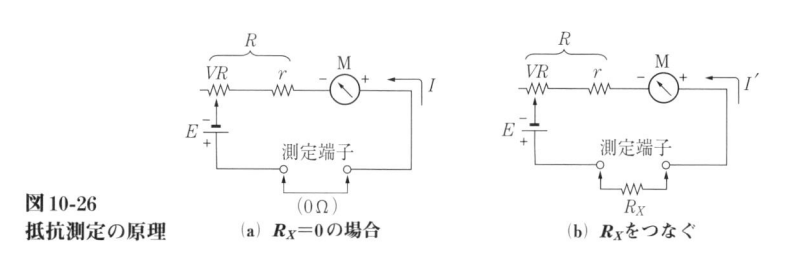

図10-26 抵抗測定の原理
(a) $R_X=0$の場合　(b) R_Xをつなぐ

第10章　測　定

図 10-27
テスタの抵抗測定

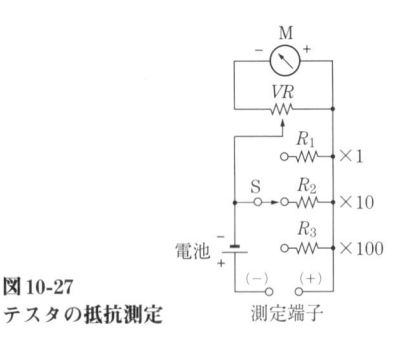

が必要です．まず，(a)のように測定端子をショート（抵抗はゼロ）し，VRを調整してメータがフルスケールを指示するようにします．このとき，電池の電圧をE〔V〕，VRとメータの内部抵抗rの和$(VR+r)$をR〔Ω〕とすると，回路に流れる電流I〔A〕は$I=\dfrac{E}{R}$となります．

つぎに，測定端子に被測定抵抗R_Xをつなぐと電流I'は，

$$I' = \frac{E}{R+R_X} \qquad\qquad\cdots\cdots\cdots\cdots 10\text{-}21$$

となり，R_Xが増えた分だけ電流は減少します．そこで，**図 10-23**のようにその指示のところに抵抗値を目盛っておけば，抵抗を測ることができます．なお，抵抗の目盛りは，電圧や電流と違って逆目盛りとなっています．

なお，電池が消耗して電圧Eが下がってくると，**図 10-26**(a)のように測定端子をショートしてもフルスケールまで指針が振れなくなります．その場合にはVRを再調整しますが，これをゼロオーム調整といって測定を始める前の重要な調整になります．

　図 10-27は，実際の抵抗測定回路の一例を示したもので，VRはゼロオーム調整用，Rは測定レンジを設定するためのもので，スイッチSで測定レンジを切り替えています．なお，×1とか×10というのは，**図 10-23**に示した抵抗測定用スケールの指示を読む場合の倍数です．

　テスタの測定端子には，直流電圧や直流電流を測定する場合の極性（＋，－）が指定されています．一方，**図 10-27**を見ると，抵抗測定の場合には測定端子の－に電池の＋が，また測定端子の＋に電池の－が出ています．これは，抵抗器の抵抗測定の場合には問題ないのですが，電解コンデンサやダイオードのような極性を持った電子部品の測定を行うときには注意が必要です．

10-3 測定器の実際

●ディジタル式テスタ

ディジタル式テスタはディジタル指示計器を使ったもので，測定値を数値で読み取ることができますから，細かい値まで正確に読み取ることができ，直流電圧計（DC V）や交流電圧計（AC V），直流電流計（DC A）や交流電流計（AC A），それに抵抗計（R）からできています．

図10-28はディジタル式テスタの構成の一例を示したもので，S_1は直流電圧（DC V）と交流電圧（AC V）の測定レンジを切り替えるスイッチ，S_2は直流電流（DC A）と交流電流（AC A）の測定レンジを切り替えるスイッチ，そしてS_3は抵抗計の測定レンジを切り替えるスイッチです．

S_4は電圧測定（V）と電流測定（A）を切り替えるもので，これに連動してS_5で直流測定（DC V, DC A）と交流測定（AC V, AC A），それに抵抗測定（R）を切り替えています．

S_5の出力はそれぞれの測定入力に対応した直流電圧に変換されており，それをA-D変換回路以降のディジタル電圧計（DVM）で表示します．

ディジタル式テスタでも測定端子には＋と－がありますが，直流電圧や直流電流はテスト棒を差し替えることなくプラス/マイナスの測定を行うことができます．マイナスの場合には数字表示器にマイナス（－）の表示が出ます．

ディジタル式テスタは電子回路を内蔵していますから，アナログ式と違って電源となる電池と電源スイッチがついています．使用を終わったら電源スイッチを切ることと，電池の保守を忘れないようにしなければなりません．

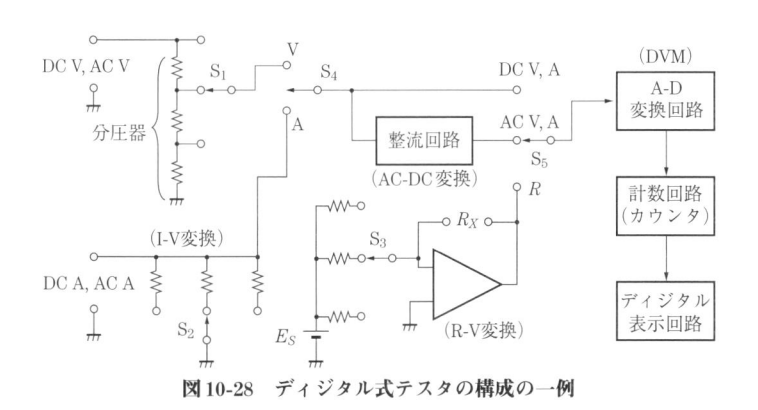

図10-28　ディジタル式テスタの構成の一例

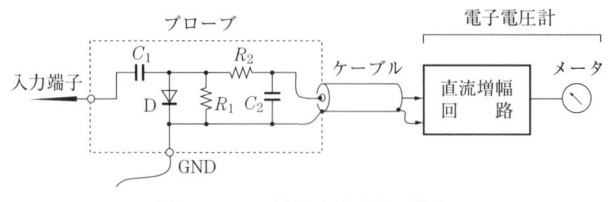

図10-29　P型電子電圧計の構成

10-3-2　P型電子電圧計

　テスタの交流電圧計で測定可能な周波数範囲は，商用交流の50/60Hzからオーディオ周波数までです．したがって，高周波電圧の測定には使えません．そこで，高周波電圧の測定に使われるのがP型電子電圧計です．

　高周波電圧の測定では，テスタで使われるテスト棒は測定回路の動作状態を乱すので使えません．そこで，測定のためのプローブを用意し，プローブでいったん直流に直してから電子電圧計の本体につなぐ方法がとられます．そこで，整流－増幅型電子電圧計ともいわれます．

　図10-29はP型電子電圧計の構成を示したもので，プローブと電子電圧計からできています．P型電子電圧計では，ケーブル（シールド線が使われる）でつながれたプローブ（探針）の入力端子を測定個所に当てて測定します．

　プローブは検波回路になっており，高周波を検波して直流に直します．入力端子に入った高周波はダイオードDで整流されてR_1に脈流が流れます．そこで，R_2とC_2の平滑回路を通して直流に直し，電子電圧計に送ります．このとき，C_2は高周波のピークまで充電されるところから，P型と呼ばれます．なお，メータの目盛りは正弦波の実効値で目盛られているので，測定信号にひずみがあると誤差を生じます．

　P型電子電圧計では数百MHzまでの高周波電圧の測定ができますし，直流増幅回路を持っているので1V以下の微小な電圧が測れます．

10-3-3　高周波電力計とSWRメータ

　高周波電力計は無線機の送信出力を測るもので，終端型と通過型の二種類があります．

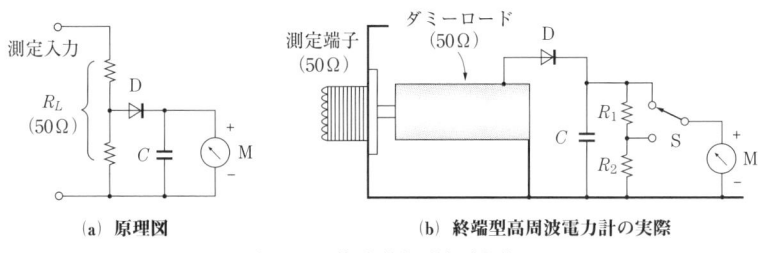

図 10-30　終端型高周波電力計

● **終端型高周波電力計**

　終端型高周波電力計は，**図 10-30**(a)のように無線機のアンテナインピーダンスに等しいダミーロード(R_L)を用意して高周波電力を加え，そこに発生する高周波電圧から高周波電力を読み取るものです．ダミーロードには大きな電圧が発生するので，分圧して測定します．

　図 10-30(b)は実際の終端型高周波電力計を示したものです．ダミーロードは50Ωで，無線機の定格出力に耐えるものでなくてはなりません．ダミーロードから分圧して得た高周波電圧はダイオードで整流して直流に直し，可動コイル型メータ(M)に加えます．するとメータの指針が振れますから，目盛板を電力で目盛っておけば，高周波電力を測ることができます．なお，スイッチSは測定範囲を切り替えるためのものです．

　図 10-30に示したような終端型高周波電力計では数百Wまで，また数百MHzまでの高周波電力が測れます．終端型高周波電力計の一例を**写真10-2**(a)に示します．

● **通過型高周波電力計**(CM電力計/SWRメータ)

　通過型高周波電力計はCM電力計とも呼ばれ，**図 10-31**のようなCM結合器でできています．通過型高周波電力計では，高周波電力のほかにSWRを測定することができ，そこで一般的にはSWRメータと呼ばれています．

　CM結合器は**図 10-31**のように外部導体の中に中心導体とピックアップ導体が入った構造になっており，中心導体とピックアップ導体の間には容量結合(C結合)と誘導結合(M結合)の二つの結合が生じます．これが，CM結合と呼ばれる理由です．

　さて，ピックアップ導体の中央を抵抗を通してアースすると，ピックアップ

第10章　測　定

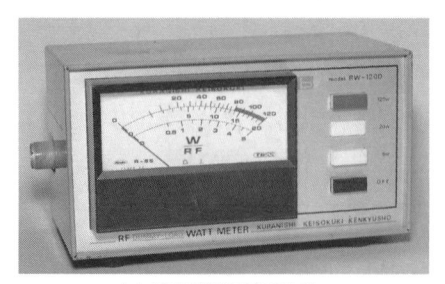

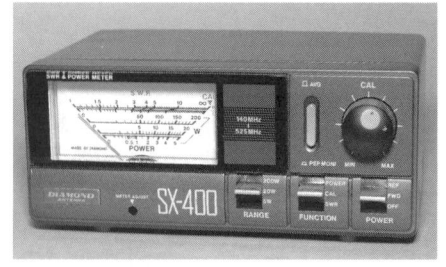

(a)　終端型高周波電力計　　　(b)　通過型高周波電力計/SWRメータ

写真10-2　高周波電力計の一例

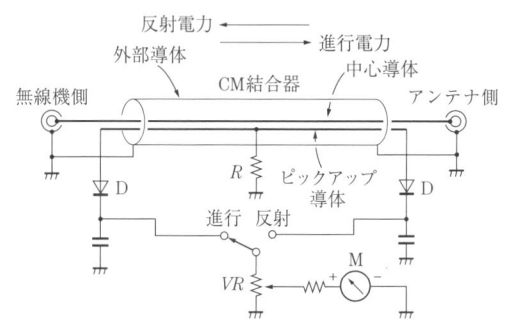

図10-31　CM電力計/SWRメータ

線に誘起する起電力は左右で方向性をもちます．すなわち，無線機側から高周波電力を送り込むと，抵抗Rから左側は進行電力に対しては起電力を生じますが，反射電力に対してはC結合とM結合の起電力が打ち消し合います．一方，抵抗Rから右側は反射電力に対しては起電力を生じますが進行電力に対してはC結合とM結合の起電力が打ち消し合います．

　スイッチSは進行側と反射側を切り替えるもので，進行側では進行電力，反射側では反射電力でメータ(M)の指針を振らせることができます．

　通過型高周波電力計をCM電力計として高周波電力を測定する場合には，アンテナ側にアンテナインピーダンス(50Ω)に等しいダミーロードをつないで行います．あらかじめメータの目盛りを電力で目盛っておけば，スイッチを進行側にすることにより進行電力として高周波電力を測定できます．

　通過型高周波電力計をSWRメータとしてSWRを測定する場合には，アンテナ側にアンテナをつなぎます．そして無線機から高周波電力を送り込んだら，

スイッチを進行側にして VR をメータの指針がフルスケールまで振れるように調節します．つぎにスイッチを反射側にすると反射電力を指示しますから，これを SWR で目盛っておけば SWR を測定することができます．

通過型高周波電力計/SWRメータの一例を**写真10-2(b)**に示します．

10-3-4　周波数の測定器

周波数を測定するには，ヘテロダイン周波数計による方法と周波数カウンタによる方法があります．

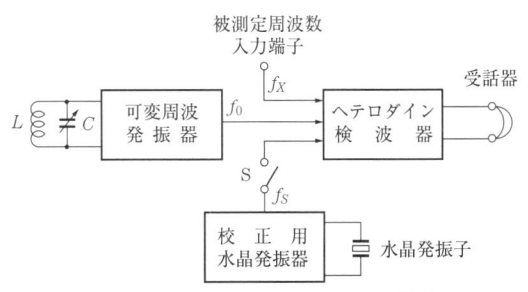

● **ヘテロダイン周波数計**

ヘテロダイン周波数計は，未知の周波数と既知の周波数をヘテロダイン検波器で比較し，そこで生ずるビート周波数をゼロにする，すなわちゼロビートの原理を利用して未知の周波数を測ります．

図 10-32 はヘテロダイン周波数計の構成を示したもので，自励発振器の可変周波発振器はあらかじめ周波数校正をしておきます．そこで被測定周波数入力端子に未知の周波数 f_X を加え，可変周波発振器の周波数 f_0 を変えたときにヘテロダイン検波器からゼロビートが得られたとすると，f_X と f_0 の間には，

$$f_X = f_0 \quad \cdots\cdots\cdots\cdots 10\text{-}22$$

の関係が成り立ちます．そこで，可変周波発振器の周波数から未知の周波数がわかります．

なお，ビートは f_X と f_0 の高調波によっても生じますから，

$$nf_X = mf_0 \quad \cdots\cdots\cdots\cdots 10\text{-}23$$

の場合にもゼロビートが得られます．ここで n と m は 1，2，3，……といった

図10-32　ヘテロダイン周波数計の構成

整数です．この場合には，測定前におおよそのf_Xを知っておく必要があります．

校正用水晶発振器は可変周波発振器を校正するためのもので，100kHzや1MHzの水晶発振器が使われます．校正は，スイッチSを閉じてf_Sとf_0を比較して行います．さらに，校正用発振器を40kHzや60kHzなどの標準電波で校正することにより測定の精度を上げることができます．

●周波数カウンタ

交流の周波数というのは単位時間に繰り返す変化の回数のことですが，周波数カウンタでは正確な基準時間を用意し，基準時間に通過した変化の回数を計数回路で数えます．そして，その結果を数字表示器で表示して周波数を測ります．

いま，変化の回数をn，基準時間をtとすると，周波数fは，

$$f = \frac{n}{t} \qquad \cdots\cdots\cdots\cdots 10\text{-}24$$

のようになります．

図10-33は周波数カウンタの構成を示したもので，測定端子から入った信号は増幅回路で増幅され，波形整形回路で方形波に整形したあとパルス変換(微分回路)でパルスを得ます．

一方，基準信号発生部は基準時間を作り出すところで，周波数が正確な水晶発振回路の出力を分周回路で分周して1s，100ms，10ms，……といった基準時間tを作り出しています．この基準時間は，スイッチSで切り替えて取り出すことができるようになっています．

図10-33　周波数カウンタの構成

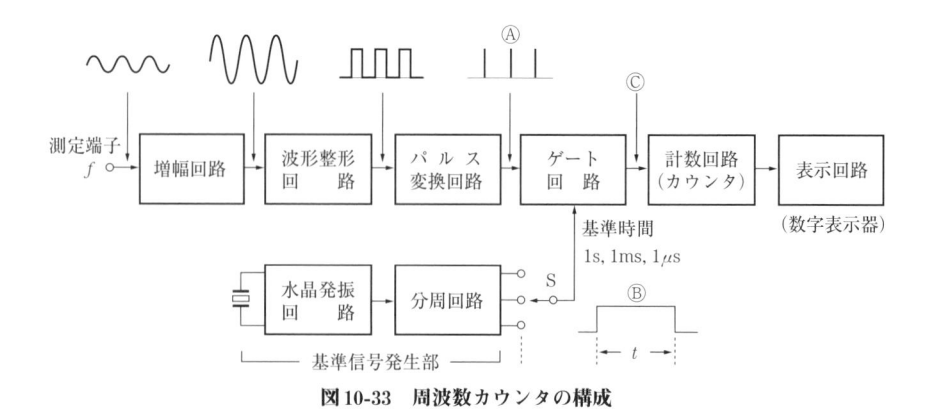

10-3 測定器の実際

図10-34
周波数カウントの原理

測定パルスⓐ
基準時間Ⓑ
ゲート出力Ⓒ
計数時間　計数休止時間

図10-35
±1カウント誤差

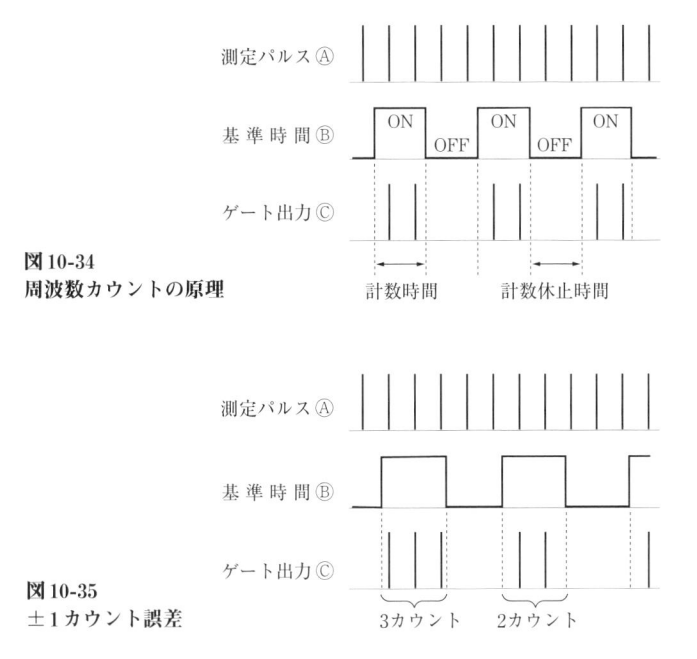

測定パルスⓐ
基準時間Ⓑ
ゲート出力Ⓒ
3カウント　2カウント

図10-34は周波数カウントの原理を示したもので，**図10-33**のパルス信号Ⓐと基準時間信号Ⓑをゲート回路に加えるとゲート回路は基準時間信号でON/OFFされ，Ⓒのようなゲート出力が出ます．

そこで，計数時間にゲート回路を通過したパルスの数をカウントし，表示回路で表示させます．このとき，もし基準時間tが1秒（1s）ならば**式10-24**で$t=1$ですから$f=n$となり，表示された周波数の単位はそのままHzになります．また，もし基準時間tが1msならばこれは10^{-3}sですから**式10-24**は$f=n\times 10^3$〔Hz〕となり，表示回路の表示はn〔kHz〕と読むことができます．同様に，$t=1$ μsならば，表示回路の表示はn〔MHz〕となります．

周波数カウンタの精度は基準時間を作り出している水晶発振回路の発振周波数の正確さで決まりますが，それ以外に±1カウント誤差が発生します．**図10-35**は±1カウント誤差が発生する様子を示したもので，測定パルスと基準時間のON/OFFのタイミングによってゲート出力のパルスの数が違っています．±1カウント誤差が測定に支障を与えるような場合には，基準時間を長くして分解能を上げます．

周波数カウンタの一例を**写真10-3**に示します．

第10章　測　定

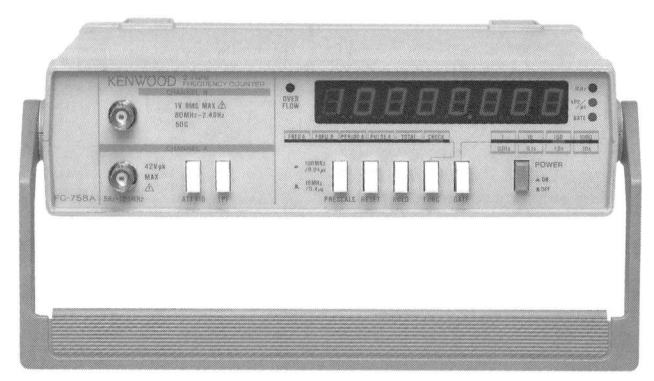

写真10-3　周波数カウンタの一例

10-3-5　オシロスコープ

オシロスコープはブラウン管オシロスコープとも呼ばれ，第3章3-1-4で説明したブラウン管(CRT)を使って，交流波形のように時間と共に変化する電気現象を波形として直接観測できるようにした測定器です．

図10-36はオシロスコープの構成を示したもので，ブラウン管の垂直偏向板(Y軸)に信号を加えるための垂直増幅回路と水平偏向板(X軸)に信号を加えるための水平増幅回路があります．

オシロスコープで信号波形を観測する場合には，垂直入力に観測信号を入れます．S_1はAC/DCを切り替えるもので，脈流を観測するときに交流分だけを観

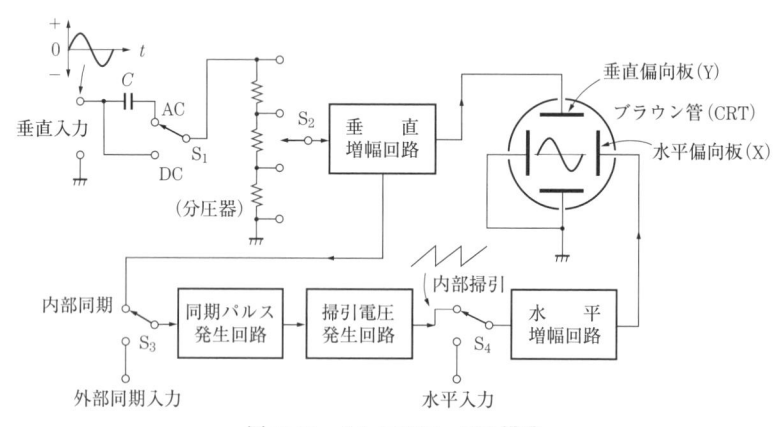

図10-36　オシロスコープの構成

10-3 測定器の実際

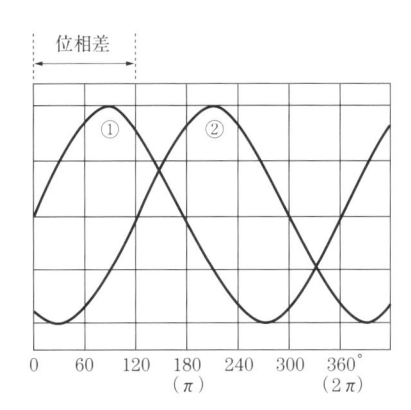

図10-37
位相差の観測

測する場合にはAC，直流分も含めて観測する場合にはDCにします．S_2は，垂直感度の切替用です．

信号波形を観測する場合には，S_3を内部同期にして入力信号に同期した掃引信号（のこぎり波）を掃引電圧発生回路で発生させます．また，S_4も内部掃引にして，掃引信号を水平増幅回路に加えます．これで，垂直入力に加えた信号波の波形をブラウン管に表示させることができます．

オシロスコープには垂直入力を二つ持った2現象オシロスコープもあり，2現象オシロスコープを使うと二つの信号の位相差を観測することができます．

図10-37は2現象オシロスコープの二つの垂直入力に振幅と周波数が同じで位相の違う信号①と②を加えた場合で，位相差は120°です．120°をラジアンで表せば，360°が2π〔rad〕ですから$\frac{2\pi}{3}$〔rad〕となります．

オシロスコープでは，垂直入力と水平入力に別々の交流信号を加えると，リサージュ波形を描かせることができます．そこで，S_4を水平入力にして既知の周波数f_Sを加え，垂直入力に未知の周波数f_Xを加えてリサージュ波形を描かせることにより，未知の周波数や位相差を測定することができます．

いま，$f_X = f_S$とすると，リサージュ波形はf_Sとf_Xの位相差θによって**図10-38**のようになります．これより，二つの信号のだいたいの位相差も知ることがで

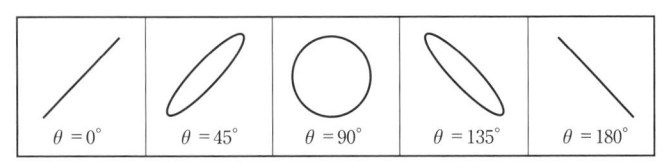

図10-38 $f_X = f_S$の場合（θは位相差）

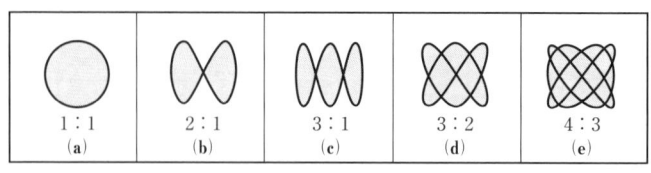

図10-39 リサージュ波形による周波数の測定 ($f_X : f_S$)

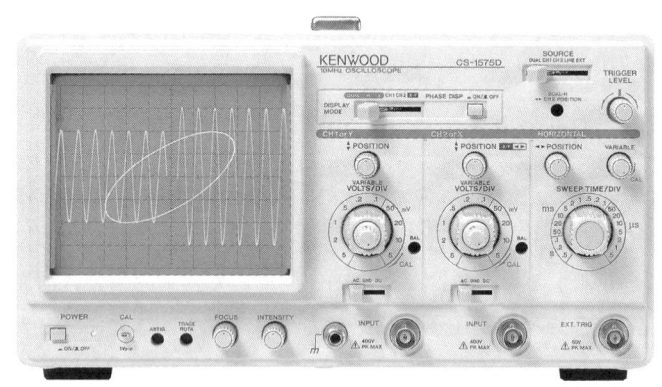

写真10-4 オシロスコープの一例

きます。

つぎに，f_X と f_S の位相差を 90° として f_X の周波数を変えた場合，リサージュ波形は**図10-39**のようになります．いま，図形の垂直方向の"山"（ループと考えてもよい）の数を n_1 個，また水平方向の"山"の数を n_2 とすれば，f_X は，

$$f_X = \frac{n_2}{n_1} f_S \qquad\qquad\cdots\cdots\cdots\cdots 10\text{-}25$$

で求めることができます．なお，この関係が成立していないときには，波形は動いています．

この方法は，f_S として正確な周波数の信号が用意できれば，数 Hz またはそれ以下の超低周波から数十 MHz までの広い範囲の周波数が測定できます．しかし，周波数が高くなると波形を静止させるのが難しくなります．

オシロスコープの一例を**写真10-4**に示します．

10-3-6　標準信号発生器

標準信号発生器（SSG, Standard Signal Generator）は周波数や出力電圧を精密に設定できる高周波信号源で，受信機などの無線機器や各種回路の測定の場

10-3 測定器の実際

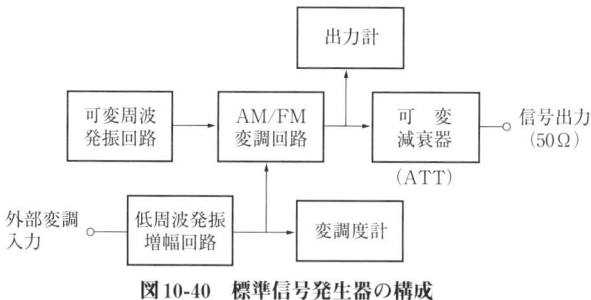

図10-40 標準信号発生器の構成

合の信号源として使われます．

図10-40は標準信号発生器の構成を示したもので，可変周波発振回路は正確な周波数が必要なのでPLL周波数シンセサイザが使われます．発振周波数は，普通100kHzから数百MHz程度です．

標準信号発生器は，低周波発振回路で作られた低周波信号，または外部変調入力に加えた信号により，AM/FM変調がかけられるようになっています．内部変調の場合の周波数は400Hzや1000Hzが使われますが，外部変調の場合には変調周波数を自由に設定できます．また変調度計も用意されており，AMでは100%変調まで，またFMでは100kHz偏移くらいまでの変調が可能です．

標準信号発生器の出力インピーダンスは50Ωで，出力レベルは可変減衰器（ATT）によって0.1dBステップで$-20 \sim 120$dBμ（0dB $= 1\mu$V）が得られます．$-20 \sim 120$dBμというのは，0.1μV～1Vということになります．

10-3-7　ディップメータ

ディップメータは，未知のLC共振回路の共振周波数を，LC共振回路に接触することなく測定できる測定器です．**写真10-5**にディップメータの一例を示します．

図10-41はディップメータの構成を示したもので，LC発振回路と発振出力を監視するメータ，それに発振周波数を測定する周波数カウンタからできています．ディップメータを動作させると，発振出力でメータの指針が振れ，周波数カウンタで発振周波数が表示されます．

ディップメータの測定範囲はLとVCで決まりますが，実際のディップメータではコイルLを複数用意し，これを差し替えて数百kHzから数百MHzの広い周

353

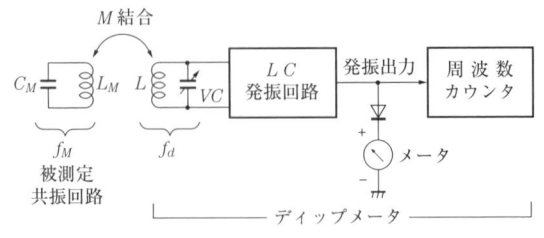

図10-41 ディップメータの構成

波数範囲をカバーするようになっています．発振周波数は，バリコン(VC)を回して可変します．

いま，ディップメータの共振回路に**図10-41**のようにL_MとC_Mでできた被測定共振回路を近づけると誘導結合（M結合）が生じますが，被測定共振回路の共振周波数f_Mとディップメータの発振周波数f_dが異なるときには発振エネルギーの吸収は起きません．そこで，ディップメータのVCを回して$f_M = f_d$になると，被測定共振回路は発振出力の一部を吸収します．すると発振が弱まり発振出力が減少しますから，メータの振れが減少する方向に動く，すなわちディップします．これが，ディップメータと呼ばれる理由です．

写真10-5 ディップメータの一例

VCを回してメータの指針がディップしたら，そのときの周波数を周波数カウンタで読めば，それが被測定共振回路の共振周波数になります．ディップメータで共振回路の共振周波数を測定する場合，正確な測定を行うには被測定共振回路との結合をできるだけ疎にします．

ディップメータを使うと，LやCの概略の値を知ることができます．例えば，**図10-41**の被測定共振回路のC_Mのキャパシタンスが既知だとすると，ディップメータで測った共振周波数はf_MですからL_Mのインダクタンスは概略，

$$f_M = \frac{1}{2\pi\sqrt{L_M C_M}} \quad \therefore \quad L_M = \frac{1}{4\pi^2 f_M^2 C_M} \quad \cdots\cdots 10\text{-}26$$

となります．

③ 法規編

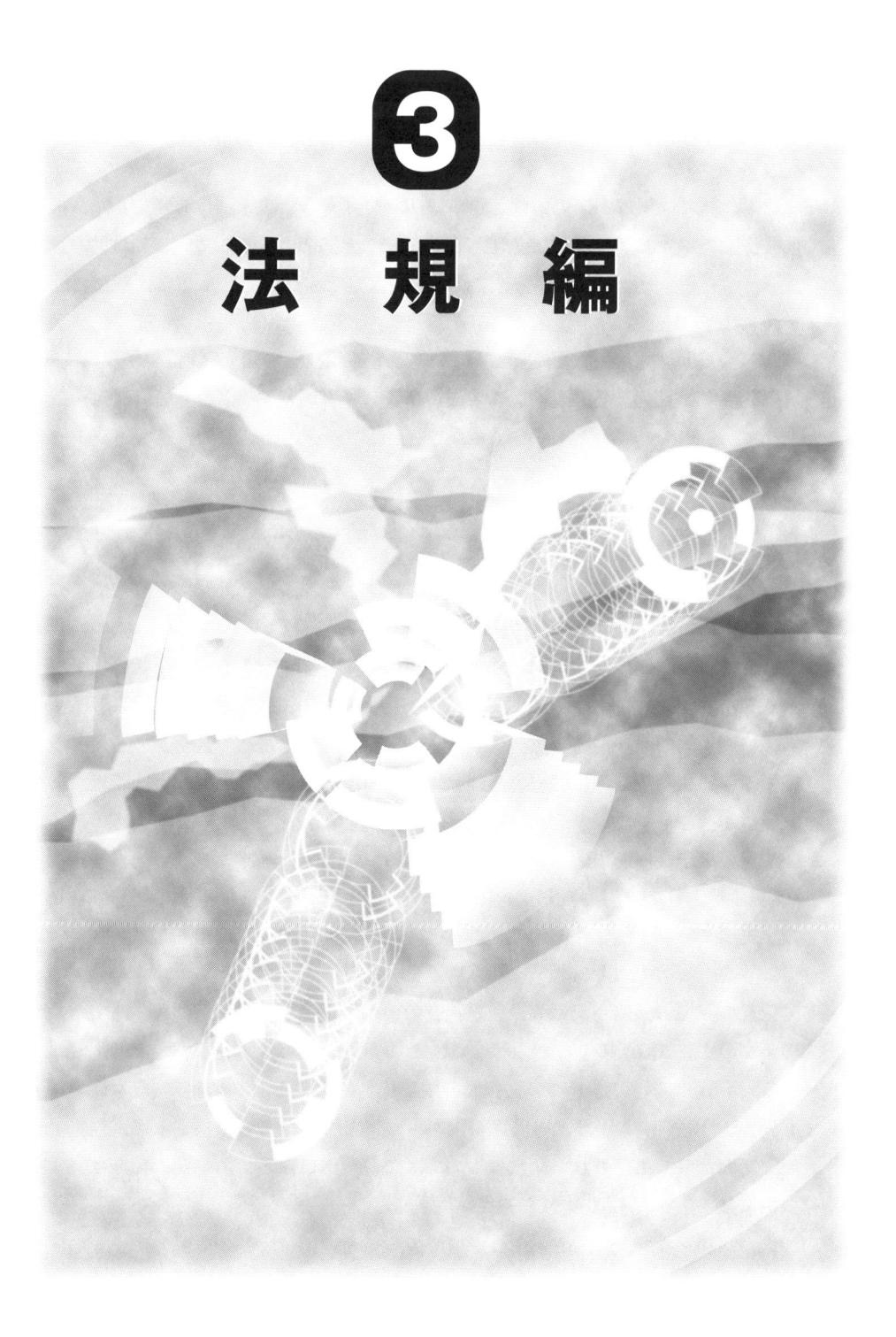

法規の要点

　法規の試験は無線工学の勉強と違い，法令を覚えるしか方法はありません．電波法令の中からアマチュア無線に関する法令をまとめた「アマチュア局用電波法令抄録」が出版されていますが，この法令をすべて覚えるのは困難です．

　この法規編は，第1級及び第2級アマチュア無線技士の国家試験の「法規」に出題された問題の電波法令（電波法及びこれに基づく命令）及び国際法規（国際電気通信連合憲章，国際電気通信連合条約及び国際電気通信連合憲章に規定する無線通信規則）の関係する条文を，出題範囲ごとにまとめたものです．

　なお，条文がどの電波法令の第何条のものかがわかるように，条文の末尾の（　　）内に，たとえば（法2条）のように法令の名称と条番号を記載してあります．この場合の法令の名称は，次のように略記しています．

　電波法…法，電波法施行規則…施行，無線局（放送局を除く．）の開設の根本基準…根本基準，無線局免許手続規則…免則，無線従事者規則…従事者，無線局運用規則…運用，無線設備規則…設備，特定無線設備の技術基準適合証明等に関する規則…証明規則，国際電気通信連合憲章…通信憲章，国際電気通信連合憲章に規定する無線通信規則…無線通信規則

　法規の出題範囲と出題される問題の数は，「総則・無線局の免許」から5問，「無線設備」から5問，「運用」から5問，「監督・罰則・無線従事者・業務書類・電波利用料」から計5問，「通信憲章・無線通信規則」から計5問の，合計25問が出題されています．

　法規の問題は，四つ又は五つの選択肢の中から正答を選ぶ択一問題，法令の条文の中に5箇所の空欄が設けられ，この空欄を埋める字句を番号で選択する補完式の問題と，五つの選択肢の中で正しいものを1，誤っているものを2として解答する正誤式の問題が出題されています．この法規編では，補完式問題として出題された条文について，この空欄に該当する字句の部分は，**太字**にしてあります．

　この法規編については，編集作業時点での最新の法令を紹介していますが，

電波法令はときどき改正されることがありますから，CQ出版社発行の『アマチュア局用　電波法令抄録』で関係する条文が改正されているかどうか確認することをおすすめします．

法令用語の解説

電波法令及び国際法規の規定を正確に理解するため，よく使用されている法令用語を最初に解説します．なおこの解説には，日本評論社発行の「法令用語の常識」を参考にしています．

(1)「及び」と「並びに」

この二つの用語は，どちらも，AもBもというような状態を示す併合的接続詞です．AもBも，あるいはAもBもCもというような単純な併合的接続の場合は，「及び」が使われます．例えば『電波の型式及び周波数』とか，『電波の型式，周波数及び空中線電力』というようになります．

この併合的接続が2段階になる場合は，まずAとBをつなぎ，それからこのAとBのグループとCをつなぐようなときは，「及び」のほかに「並び」を使います．その使い方は，小さいほうの接続に「及び」を使い，大きいほうの接続に「並び」を使います．例えば，『無線設備及び空中線系並びに無線設備及び空中線系等のための測定機器の保守及び運用の概要』とか，『無線設備，無線従事者の資格及び員数並びに時計及び書類』のようになります．

(2)「又は」と「若しくは」

この二つの用語は，どちらも，AかBかというようなことを示す選択的接続詞です．

AかBか，あるいはAかBかCかというような単純・並列的な選択的接続の場合は，「又は」が使われます．例えば，『総務大臣又は総合通信局長』とか，『識別信号，電波の型式，周波数又は空中線電力の指定の変更』というようになります．

この選択的接続の段階が2段階になる場合は，A又はBというグループとCとを対比しなければならないようなときは，「A若しくはB又はC」というように，小さい接続のほうに「若しくは」を使い，大きい接続のほうに「又は」を使います．例えば，『電波法，放送法若しくはこれらの法律に基づく命令又はこれらに基づく処分に違反したとき』というようになります．

(3) 「直ちに」,「遅滞なく」,「速やかに」

　この三つの用語は，いずれも時間的即時制を表す言葉です.「直ちに」は，この三つの中では，いちばん時間的即時制が強く，何をおいても，すぐやれという趣旨を表そうとする場合に用いられます．例えば，『自局の呼出しが他の既に行われている通信に混信を与える旨の通知を受けたときは，直ちにその呼出しを中止しなければならない.』というような場合です．

　「遅滞なく」は，時間的即時制は強く要求されるが，事情の許す限り最もすみやかにという趣旨を表す場合によく用いられます．例えば，『免許人は，新たな免許状の交付を受けたときは，遅滞なく旧免許状を返さなければならない.』のような場合です.

　「速やかに」は，できるだけ速くという訓示的な意味を表し，「できるだけ」,「できる限り」などを付けて用いられます．例えば，『移動する無線局の免許人は，その局の無線設備の常置場所を変更したときは，できる限り速やかに，その旨を文書によって，総務大臣又は総合通信局長に届け出なければならない』のような場合です.

(4) 「以上」,「以下」,「超える」,「未満」

　この四つの用語は，一定の数量を基準として，それより数量が多いとか，少ないということを表す場合に用いられます．一定の数量を基準として，その基準数量を含んでそれより多いという場合には「以上」を，その基準数量を含まずにそれより多いという場合は「超える」を用います．例えば，『空中線電力10ワット以上』という場合は10ワットを含んでそれより大きい空中線電力を表し，『空中線電力10ワットを超える』という場合は，10ワットを含まずに，10ワットより大きい空中線電力を表します．

　一定の数量を基準として，その基準数量を含んでそれより少ないという場合には「以下」を，その基準数量を含まずにそれより少ないという場合には「未満」又は「満たない」を用います．例えば，『空中線電力10ワット以下』といえば10ワットを含んでそれより小さい空中線電力を表し，『空中線電力10ワット未満』の場合は10ワットを含まずに，10ワットより小さい空中線電力を表します．

　『4MHzを超え29.7MHz以下の周波数』,『29.7MHzを超え100MHz以下の周波数』などの場合は，29.7MHzという周波数がダブルことはありませんが，

『4MHz を超え 29.7MHz 以下の周波数』，『29.7MHz 以上 100MHz 以下』の場合は，29.7MHz という数字がダブルことになります．

(5)「**この限りでない**」

「この限りでない」という言葉は，ある事がらについて，その前に出てくる規定の全部又は一部の適用を打ち消す意味に用いられ，一般に「ただし，……の場合については，この限りでない．」というように，ただし書きの語尾として使われます．例えば，『予備免許を受けた者は，工事設計を変更しようとするときは，あらかじめ総務大臣の許可を受けなければならない．ただし，総務省令で定める軽微な事項については，この限りでない．』のような場合です．

第1章 総則

1 電波法の目的
この法律は，**電波の公平且つ能率的**な利用を確保することによって，**公共の福祉を増進**することを目的とする．(法1条)

2 用語の定義
1　「**電波**」とは，**300万メガヘルツ以下**の周波数の電磁波をいう．(法2条第1号)
2　「**無線電信**」とは，電波を利用して，**符号**を送り，又は受けるための**通信設備**をいう．(法2条第2号)
3　「**無線電話**」とは，電波を利用して，**音声その他の音響**を送り，又は受けるための**通信設備**をいう．(法2条第3号)
4　「**無線設備**」とは，無線電信，無線電話その他電波を送り，又は受けるための**電気的設備**をいう．(法2条第4号)
5　「**無線局**」とは，無線設備及び**無線設備の操作**を行う者の総体をいう．ただし，**受信**のみを目的とするものを含まない．(法2条第5号)
6　「**無線従事者**」とは，無線設備の**操作又はその監督**を行うものであって，総務大臣の免許を受けたものをいう．(法2条第6号)
7　「**アマチュア業務**」とは，金銭上の利益のためでなく，もっぱら**個人的な無線技術の興味**によって行う**自己訓練**，通信及び**技術的研究**の業務をいう．(施行3条第1項第15号)

第2章

無線局の免許

1 無線局の開設

① 無線局を開設しようとする者は，**総務大臣の免許を受けなければならない**．ただし，次の各号に掲げる無線局については，この限りでない．（法4条第1項）

① **発射する電波が著しく微弱**な無線局で総務省令で定めるもの．

❶ 発射する電波が著しく微弱な無線局を次のとおり定める．（施行6条）

(1) 当該無線局の無線設備から3メートルの距離において，その電界強度(注)が，次の表の左欄の区分に従い，それぞれ同表の右欄に掲げる値以下であるもの

注 総務大臣が別に告示する無線設備の内部においてのみ使用される無線設備については当該試験設備の外部における電界強度を当該無線設備からの距離に応じて補正して得たものとし，人の生体内に植え込まれた状態又は一時的に留置された状態においてのみ使用される無線設備については当該生体の外部におけるものとする．

周波数帯	電界強度
322MHz以下	毎メートル500マイクロボルト
322MHzを超え10GHz以下	毎メートル35マイクロボルト

(2) 当該無線局の無線設備から500メートルの距離において，その電界強度が毎メートル200マイクロボルト以下のものであって，総務大臣が用途並びに電波の型式及び周波数を定めて告示するもの

(3) 標準電界発生器，ヘテロダイン周波数計その他の測定用小型発振器

❷ ❶の(1)の電界強度の測定方法については，別に告示する．

② 26.9MHzから27.2MHzまでの周波数の電波を使用し，かつ，空中線電力が0.5ワット以下である無線局のうち総務省令で定めるものであって，適合表示無線設備のみを使用するもの．

③ 空中線電力が1ワット以下である無線局のうち総務省令で定めるもので

あって，電波法第4条の2(呼出符号又は呼出名称の指定)の規定により指定された呼出符号又は呼出名称を自動的に送信し，又は受信する機能その他総務省令で定める機能を有することにより他の無線局にその運用を阻害するような混信その他の妨害を与えないように運用することができるもので，かつ，適合表示無線設備のみを使用するもの．

④　総務大臣の登録を受けて開設する無線局．

2　1の規定による**免許**がないのに，無線局を開設し，又は運用した者は，1年以下の懲役又は**100万円以下**の罰金に処する．(法110条第1項)

2　無線局の免許の欠格事由

次のいずれかに該当する者には，無線局の免許を与えないことができる．(法5条第3項)

1　電波法又は放送法に規定する罪を犯し**罰金以上の刑**に処せられ，その執行を終わり，又はその執行を受けることがなくなった日から**2年**を経過しない者

2　電波法第75条第1項(無線局の免許の取消等)又は第76条第3項(第4号を除く．)若しくは第4項(第5号を除く．)の規定により無線局の**免許の取消し**を受け，その**取消し**の日から**2年**を経過しない者

3　免許の申請書の記載事項の省略

アマチュア局(人工衛星等のアマチュア局を除く．)の免許を申請しようとするとき，電波法第6条(免許の申請)第1項に規定する記載する事項のうち，次の事項の記載を省略することができる．(免則15条第1項第5号)

(1) 開設を必要とする理由　　(2) 運用開始の予定期日

4　免許申請の審査

総務大臣は，電波法第6条(免許の申請)第1項の申請書を受理したときは，遅滞なくその申請が次の各号のいずれにも適合しているかどうかを審査しなければならない．(法7条第1項)

(1) 工事設計が電波法第3章(無線設備)に定める技術基準に適合すること．
(2) 周波数の割当が可能であること．
(3) (1)及び(2)に掲げるもののほか，総務省令で定める無線局(基幹放送局

を除く.)の開設の根本的基準に合致すること.

〔参考〕 無線局（基幹放送局を除く.）の開設の根本的基準

アマチュア局は，次の各号の条件を満たすものでなければならない．(無線局根本基準6条の2)

(1) その局の免許を受けようとする者は，次のいずれかに該当するものであること．

① アマチュア局の無線設備の操作を行うことができる無線従事者の資格を有する者

② 外国政府（その国内において無線従事者の資格を有する者に対しアマチュア局に相当する無線局の無線設備の操作を認めるものに限る．）が付与する資格であって総務大臣が別に告示する資格を有する者

③ アマチュア業務の健全な普及発達を図ることを目的とする社団であって，次の要件を満たすもの

1. 営利を目的とするものでないこと．
2. 目的，名称，事務所，資産，理事の任免及び社員の資格の得喪に関する事項を明示した定款が作成され，適当と認められる代表者が選任されているものであること．
3. ①又は②に該当する者であって，アマチュア業務に興味を有するものにより構成される社団であること．

(2) その局の無線設備は，免許を受けようとする者が個人であるときはその者の操作することができるもの，社団であるときはその**すべての構成員**がそのいずれかの無線設備につき操作をすることができるものであること．ただし，移動するアマチュア局の無線設備は，空中線電力が50ワット以下のものであること．

(3) その局は，免許人以外の者の使用に供するものでないこと．

(4) その局を開設する目的，通信の相手方の選定及び通信事項が法令に違反せず，かつ，公共の福祉を害しないものであること．

(5) その局を開設することが既設の無線局等の運用又は電波の監視に支障を与えないこと．

5 予備免許

[1] 指定事項

　総務大臣は，電波法第7条(申請の審査)の規程により審査した結果，その申請が同条第1項各号の規定に適合していると認めるときは，申請者に対し，次に掲げる事項(「指定事項」という.)を指定して，無線局の予備免許を与える.(法8条第1項)

　　(1) 工事落成の期限　　(2) 電波の型式及び周波数
　　(3) 呼出符号(標識符号を含む.)，呼出名称その他の総務省令で定める識別信号(以下「識別信号」という.)
　　(4) 空中線電力　　(5) 運用許容時間

[2] 工事落成の期限の延長

　総務大臣は，予備免許を受けた者から**申請**があった場合において，相当と認めるときは，[1]の(1)の**期限**を**延長**することができる.(法8条第2項)

[3] 工事設計等の変更

　　(1) 電波法第8条の予備免許を受けた者は，**工事設計**を変更しようとするときは，あらかじめ総務大臣の許可を受けなければならない．ただし，総務省令で定める軽微な事項については，この限りでない.(法9条第1項)
　　(2) (1)のただし書の事項について工事設計を変更したときは，遅滞なくその旨を総務大臣に届け出なければならない.(法9条第2項)
　　(3) (1)の変更は，周波数，**電波の型式**又は空中線電力に変更を来すものであってはならず，かつ，第7条(申請の審査)第1項第1号又は第2項第1号の技術基準に合致するものでなければならない.(法9条第3項)
　　(4) 第8条の予備免許を受けた者は，**通信の相手方**，**通信事項**又は無線設備の設置場所を変更しようとするときは，あらかじめ総務大臣の許可を受けなければならない.(法9条第4項)

[4] 指定事項の変更

　総務大臣は，電波法第8条の予備免許を受けた者が**識別信号**，電波の型式，**周波数**，空中線電力又は運用許容時間の指定の変更を申請した場合において，**混信の除去その他特に必要がある**と認めるときは，その指定を変更することができる.(法19条)

6　落成後の検査

①　予備免許を受けた者は，工事が落成したときは，その旨を総務大臣に届け出て，その無線設備，無線従事者の資格及び員数並びに時計及び書類（以下「無線設備等」という.）について検査を受けなければならない．（法10条第1項）

②　①の検査は，①の検査を受けようとする者が，当該検査を受けようとする無線設備等について電波法第24条の2（検査等事業者の登録）第1項又は第24条の13（外国点検事業者の登録等）第1項の登録を受けた者が総務省令で定めるところにより行った当該登録に係る点検の結果を記載した書類を添えて①の届出をした場合においては，その一部を省略することができる．（法10条2項）

③　電波法第8条第1項第1号の工事落成の期限（同条第2項の規定による期限の延長があったときは，その期限）経過後**2週間**以内に①の届出がないときは，総務大臣は，その無線局の**免許を拒否しなければならない**．（法11条）

7　免許の有効期間

①　免許の有効期間は，免許の日から起算して5年を超えない範囲内において総務省令で定める．ただし，再免許を妨げない．（法13条）

②　電波法第13条（免許の有効期間）第1項の総務省令で定めるアマチュア局の免許の有効期間は，免許の日から起算して5年とする．（施行7条第7号）

8　再免許の手続

①　再免許の申請

アマチュア局（人工衛星に開設するアマチュア局及び人工衛星に開設するアマチュア局の無線設備を遠隔操作するアマチュア局（以下「人工衛星等のアマチュア局」という.）を除く.）の再免許を申請しようとするときは，再免許申請書に次に掲げる事項等を記載した書類を添えて総合通信局長（沖縄総合通信事務所長を含む.）に提出して行わなければならない．（免則16条第1項，免則16条の2）

　　(1)　免許の番号　　(2)　識別信号
　　(3)　免許の年月日及び有効期間満了の期日　　(4)　希望する免許の有効期間
　　(5)　申請の際における無線局事項書及び工事設計書の内容

②　申請の期間

アマチュア局（人工衛星等のアマチュア局を除く.）の再免許の申請は，免許

の有効期間満了前1箇月以上1年を超えない期間において行わなければならない．
(免則17条第1項)

9　免許状

1　総務大臣は，無線局の免許を与えたときは，免許状を交付する．(法14条第1項)
2　免許状には，次に掲げる事項を記載しなければならない．(法14条第2項)
   (1) 免許の年月日及び免許の番号
   (2) 免許人(無線局の免許を受けた者)の氏名又は名称及び住所
   (3) 無線局の種別　　(4) 無線局の目的　　(5) 通信の相手方及び通信事項
   (6) 無線設備の設置場所　　(7) 免許の有効期間　　(8) 識別信号
   (9) 電波の型式及び周波数　　(10) 空中線電力　　(11) 運用許容時間

10　変更等の許可

1　免許人は，通信の相手方，**通信事項**，**無線設備の設置場所**又は無線設備の**変更の工事**をしようとするときは，あらかじめ総務大臣の許可を受けなければならない．ただし，無線設備の**変更の工事**であって総務省令で定める軽微な事項のものについては，この限りでない．(法17条1項)
2　1のただし書の事項について無線設備の**変更の工事**をしたときは，遅滞なくその旨を総務大臣に届け出なければならない．(法17条3項)
3　1の無線設備の**変更の工事**は，**周波数，電波の型式又は空中線電力**に変更を来すものであってはならず，かつ，電波法第3章(無線設備)に定める**技術基準**(注)に合致するものでなければならない．(法17条3項)
(注)「電波法第3章(無線設備)の技術基準 」は，「電波法第7条(申請の審査)第1項第1号の技術基準」である．

11　変更検査

1　電波法第17条(変更等の許可)の規定により**無線設備の設置場所**の変更又は無線設備の変更の工事の許可を受けた免許人は，総務大臣の検査を受け，当該変更又は工事の結果がその許可の内容に適合していると認められた後でなければ，許可に係る無線設備を運用してはならない．ただし，総務省令で定める場合は，この限りでない．(法18条第1項)

② ①の検査は，①の検査を受けようとする者が，当該検査を受けようとする無線設備について電波法第24条の2（検査等事業者の登録）第1項又は第24条の13（外国点検事業者の登録）第1項の登録を受けた者が総務省令で定めるところにより行った当該登録に係る**点検の結果**を記載した書類を総務大臣に提出した場合においては，**その一部を省略**することができる．（法18条第2項）

12　申請による周波数等の変更

総務大臣は，免許人が**識別信号**，**電波の型式**，**周波数**，**空中線電力**又は運用許容時間の指定の変更を申請した場合において，**混信の除去その他特に必要**があると認めるときは，その指定を変更することができる．（法19条）

13　無線設備の常置場所の変更

移動するアマチュア局の免許人は，その局の無線設備の**常置場所を変更した**ときは，**できる限り速やかに**，その旨を文書によって，総合通信局長（沖縄総合通信事務所長を含む．）に届け出なければならない．（施行43条第3項）

14　社団であるアマチュア局の定款等の変更

① 定款及び理事に関する変更

社団（公益社団法人を除く．）であるアマチュア局の免許人は，その**定款**及び**理事**に関し**変更**しようとするときは，あらかじめ総合通信局長（沖縄総合通信事務所長を含む．）に**届け出**なければならない．（施行43条の4）

② 社団のアマチュア局の構成員である無線従事者等の変更

社団のアマチュア局の免許人は，構成員である無線従事者又は外国政府が付与する資格を有する者を選任又は解任したときは，遅滞なく，適宜の用紙にその無線従事者の氏名及び無線従事者免許証の番号（外国政府が付与する資格を有する者については，その者の氏名及びその資格名）を記載して総合通信局長（沖縄総合通信事務所長を含む．）に届け出なければならない．（法51条，施行34条の4）

15　無線局の廃止

① 免許人は，その無線局を**廃止する**ときは，その旨を総務大臣に届け出なければならない．（法22条）

② 無線局の廃止の届出は，当該無線局を廃止する前に，免許人の氏名又は名称及び住所，廃止する年月日，無線局の種別，免許の番号，免許の年月日並びに識別信号を記載した文書を総合通信局長（沖縄総合通信事務所長を含む．）に提出して行うものとする．（免則24条の3）

③ 免許人が無線局を廃止したときは，免許は，その効力を失う．（法23条）

④ 免許がその効力を失ったときは，免許人であった者は，**1箇月**以内にその免許状を**返納**しなければならない．（法24条）

⑤ 無線局の免許がその効力を失ったときは，免許人であった者は，遅滞なく**空中線**を撤去その他の総務省令で定める電波の発射を防止するために必要な措置を講じなければならない．（法78条）

⑥ ⑤の規定に違反した者は，**30万円以下の罰金**に処する．（法113条第18号）

⑦ ①の規定に違反して届出をしない者及び④の規定に違反して免許状を**返納**しない者は，30万円以下の過料に処する．（法116条）

第3章 無線設備

1 用語の定義

① 「割当周波数」とは，無線局に割り当てられた周波数帯の中央の周波数をいう．（施行2条第1項第56号）

② 「特性周波数」とは，与えられた発射において容易に識別し，かつ，測定することのできる周波数をいう．（施行2条第1項第57号）

③ 「基準周波数」とは，割当周波数に対して，固定し，かつ，特定した位置にある周波数をいう．この場合において，この周波数の割当周波数に対する偏位は，特性周波数が発射によって占有する周波数帯の中央の周波数に対してもつ偏位と同一の絶対値及び同一の符号をもつものとする．（施行2条第1項第58号）

④ 「周波数の許容偏差」とは，発射によって占有する周波数帯の**中央**の周波数

の割当周波数からの許容することができる**最大の偏差**又は発射の**特性周波数**の**基準周波数**からの許容することができる**最大の偏差**をいい，**百万分率又はヘルツ**で表わす．(施行2条第1項第59号)

5　「占有周波数帯幅」とは，その上限の**周波数を超えて**輻射され，及びその下限の**周波数未満**において**輻**射される平均電力がそれぞれ与えられた発射によって**輻**射される全平均電力の**0.5パーセント**に等しい上限及び下限の周波数帯幅をいう．ただし，周波数分割多重方式の場合，テレビジョン伝送の場合等**0.5パーセント**の比率が占有周波数帯幅及び必要周波数帯幅の定義を実際に適用することが困難な場合においては，異なる比率によることができる．(施行2条第1項第61号)

【解説】
　図3-1のように，送信設備から発射される電波の全平均電力を1とした場合，0.005，すなわち全平均電力の0.5％に相当する平均電力が，図の左側からf_Lまで，及び右側からf_Hまでにそれぞれ含まれるときは，$f_H \sim f_L$が占有周波数帯幅になる．したがって，占有周波数帯幅に含まれる平均電力は，全平均電力の99％ということになる．

6　「必要周波数帯幅」とは，与えられた発射の種別について，特定の条件のもとにおいて，使用される方式に必要な**速度及び質**で情報の伝送を確保するために十分な占有周波数帯幅の**最小値**をいう．この場合，低減搬送波方式の搬送波に相当する発射等受信装置の良好な動作に有用な発射は，これに含まれるものとする．(施行2条第1項第62号)

7　「空中線電力」とは，尖頭電力，平均電力，搬送波電力又は規格電力をいう．(施行2条第1項第68号)

8　「尖頭電力」とは，通常の動作状態において，変調包絡線の最高尖頭における無線周波数1サイクルの間に送信機から空中線系の給電線に供給される平均の電力をいう．(施行2条第1項第69号)

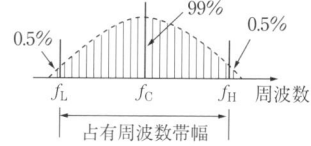

図3-1
占有周波数帯幅の概念図

第3章　無線設備

⑨　「平均電力」とは，通常の動作中の送信機から空中線系の給電線に供給される電力であって，変調において用いられる最低周波数の周期に比較してじゅうぶん長い時間（通常，平均の電力が最大である約十分の一秒間）にわたって平均されたものをいう．（施行2条第1項第70号）

⑩　「搬送波電力」とは，変調のない状態における無線周波数1サイクルの間に送信機から空中線系の給電線に供給される平均の電力をいう．ただし，この定義は，パルス変調の発射には適用しない．（施行2条第1項第71号）

2　電波の型式の表示

①　電波の主搬送波の変調の型式，主搬送波を変調する信号の性質及び伝送情報の型式は，**表3-1**（抜粋）に掲げるように分類し，それぞれ同表に掲げる記号をもって表示する．（施行4条の2第1項）

②　電波の型式は，①に規定する主搬送波の変調の型式，主搬送波を変調する信号の性質及び伝送情報の型式を①に規定する記号をもって，かつ，その順序に従って表記する．（施行4条の2第2項）

表3-1　電波の型式の表示（抜粋）

1．主搬送波の変調の型式	記号	2．主搬送波を変調する信号の性質	記号
（1）（省略）	（省略）	（1）（省略）	（省略）
（2）振幅変調		（2）デジタル信号である単一チャネルのもの	
（一）両側波帯	A		
（二）全搬送波による単側波帯	H	（一）変調のための副搬送波を使用しないもの	1
（三）低減搬送波による単側波帯	R		
（四）抑圧搬送波による単側波帯	J	（二）変調のための副搬送波を使用するもの	2
（五）（省略）			
（六）残留側波帯	C	（3）アナログ信号である単一チャネルのもの	3
（3）角度変調			
（一）周波数変調	F	（4）デジタル信号である二以上のチャネルのもの	7
（二）位相変調	G		
（4）～（7）（省略）		（5）～（7）（省略）	（省略）

3．伝送情報の型式	記号
（1）（省略）	（省略）
（2）電信	
（一）聴覚受信を目的とするもの	A
（二）自動受信を目的とするもの	B
（3）ファクシミリ	C
（4）データ伝送，遠隔測定又は遠隔指令	D
（5）電話（音響の放送を含む．）	E
（6）テレビジョン（映像に限る．）	F
（7）及び（8）	（省略）

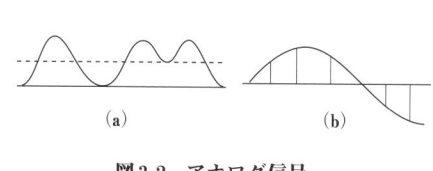

図3-2 アナログ信号

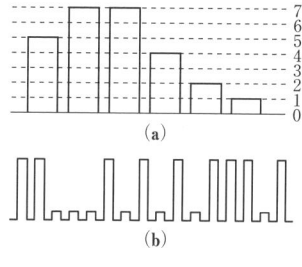

図3-3 デジタル信号

(注)アナログ信号及びデジタル信号

図3-2のように，時間的に振幅の変化が連続する電圧，電流の信号をアナログ信号，図3-3のように，時間的に振幅の変化が離散する電圧，電流をデジタル信号という．

【解説】

① 「J3E」は，電波の主搬送波の変調の型式が振幅変調であって抑圧搬送波の単側波帯，主搬送波を変調する信号の性質がアナログ信号である単一チャネルのものであり，かつ伝送情報の型式が電話（音響の放送を含む．）の電波の型式を表示する．

② 「A1A」は，電波の主搬送波の変調の型式が振幅変調であって両側波帯，主搬送波を変調する信号の性質がデジタル信号である単一チャネルのものであって変調のための副搬送波を使用しないものであり，かつ伝送情報の型式が電信であって聴覚受信を目的とするものの電波の型式を表示する．

③ 「F1B」は，電波の主搬送波の変調の型式が角度変調であって周波数変調，主搬送波を変調する信号の性質がデジタル信号である単一チャネルのものであって変調のための副搬送波を使用しないものであり，かつ伝送情報の型式が電信であって自動受信を目的とするものの電波の型式を表示する．

④ 「C3F」は，電波の主搬送波の変調の型式が振幅変調であって残留側波帯，主搬送波を変調する信号の性質がアナログ信号である単一チャネルのものであり，かつ伝送情報の型式がテレビジョン（影像に限る）のものの電波の型式を表示する．

⑤ 「G7D」は，電波の主搬送波の変調の型式が角度変調であって位相変調，主搬送波を変調する信号の性質がデジタル信号である2以上のチャネルのもので

あり，かつ伝送情報の型式がデータ伝送，遠隔測定又は遠隔指令のものの電波の型式を表示する．

⑥ 「A2A」は，電波の主搬送波の変調の型式が振幅変調であって両側波帯，主搬送波を変調する信号の性質がデジタル信号である単一チャネルのものであって変調のための副搬送波を使用するものであり，かつ伝送情報の型式が電信であって聴覚受信を目的とするものの電波の型式を表示する．

3　電波の質

　送信設備に使用する電波の周波数の**偏差及び幅**，**高調波の強度**等電波の質は，総務省令で定めるところに適合するものでなければならない．（法28条）

4　電波の周波数の許容偏差

　アマチュア局の送信設備に使用する電波の周波数の許容偏差は，**表3-2**（抜粋）に定めるとおりとする．（設備5条）

5　電波の占有周波数帯幅

　アマチュア局（人工衛星に開設するもの及びそれを遠隔操作するを除く．）の無線設備の占有周波数帯幅の値は，総務大臣が別に告示（省略）するものとする．（設備6条）

6　スプリアス発射又は不要発射の強度の許容値

　スプリアス発射又は不要発射の強度の許容値は，別表（省略）に定めるとおりとする．（設備7条）

表3-2　電波の周波数の許容偏差（抜粋）

周波数帯	許容偏差
9kHzを超え526.5kHz以下	100万分の100
1,606.5kHzを超え4,000kHz以下	
4MHzを超え29.7MHz以下	
29.7MHzを超え100MHz以下	
100MHzを超え470MHz以下	100万分の500
470MHzを超え2,450MHz以下	
2,450MHzを超え10,500MHz以下	
10.5GHzを超え81GHz以下	

表3-3 空中線電力の表示(抜粋)

電波の型式	A1A	A3E	J3E	F2A	F3E
空中線電力の表示	尖頭電力	平均電力	尖頭電力	平均電力	平均電力

7 空中線電力

1 空中線電力の表示

空中線電力は，**表3-3**の上欄の電波の型式の電波を使用するアマチュア局の送信設備（規格電力をもって空中線電力を表示するものを除く.）は，それぞれ下欄の空中線電力で表示する．（施行4条の4）

2 空中線電力の許容偏差

アマチュア局の送信設備の空中線電力の許容偏差は，上限20パーセントとし，下限は定めがない．（設備14条）

8 無線設備の保護装置

無線設備の電源回路には，**ヒューズ又は自動しゃ断器**を装置しなければならない．ただし，負荷電力**10ワット以下**のものについては，この限りでない．（設備9条）

9 送信装置の周波数の安定のための条件

1 周波数をその**許容偏差**内に維持するため，送信装置は，できる限り**電源電圧又は負荷の変化**によって**発振周波数に影響を与えない**ものでなければならない．（設備15条第1項）

2 周波数をその**許容偏差**内に維持するため，発振回路の方式は，できる限り**外囲の温度若しくは湿度**の変化によって**影響を受けない**ものでなければならない．（設備15条第2項）

3 移動局（移動するアマチュア局を含む.）の送信装置は，実際上起こり得る**振動又は衝撃**によっても周波数をその許容偏差内に維持するものでなければならない．（設備15条第3項）

4 水晶発振回路に使用する水晶発振子は，**周波数**をその許容偏差内に維持するため，次の条件に適合するものでなければならない．

　(1) 発振周波数が**当該送信装置**の水晶発振回路により又はこれと**同一の条件**

の回路によりあらかじめ試験を行って決定されているものであること．
（設備16条第1号）

(2) 恒温槽を有する場合は，恒温槽は水晶発振子の**温度係数に応じ**てその温度変化の許容値を正確に維持するものであること．（設備16条第2号）

10　送信装置の通信速度

アマチュア局の手送り電鍵操作による送信装置は，通常使用する通信速度でできる限り安定に動作するものでなければならない．（設備17条第3項）

11　送信装置の変調

送信装置は，**音声その他の周波数**によって搬送波を変調する場合には，変調波の**尖頭値**において±**100**パーセントを超えない範囲に維持されるものでなければならない．（設備18条第1項）

12　送信装置の条件

アマチュア局の送信装置は，通信に**秘匿性**を与える機能を**有してはならない**．
（設備18条第2項）

13　送信空中線の型式及び構成

送信空中線の型式及び構成は，次の各号に適合するものでなければならない．
（設備20条）

(1) 空中線の利得及び能率がなるべく大であること．
(2) **整合が十分**であること．
(3) 満足な**指向特性**が得られること．

14　空中線の指向特性

空中線の指向特性は，次に掲げる事項によって定める．（設備22条）

(1) 主輻射方向及び副輻射方向
(2) **水平面**の主輻射の角度の幅
(3) 空中線を設置する位置の近傍にあるものであって**電波**の伝わる**方向を乱**すもの

(4) **給電線**よりの**輻射**

(注) 空中線の水平面の指向特性の主輻射方向，副輻射方向及び主輻射の角度（電力が半分になる OP_1 と OP_2 のなす角度）は，図のとおり．

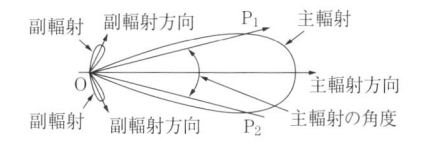

15 受信設備の条件

1 受信設備は，その**副次的に発する電波**又は**高周波電流**が，総務省令で定める限度を超えて他の**無線設備の機能に支障を与える**ものであってはならない．（法29条）

2 1に規定する**副次的に発する電波**が他の**無線設備の機能に支障**を与えない限度は，受信空中線と**電気的常数**の等しい**擬似空中線回路**を使用して測定した場合に，その回路の電力が**4ナノワット**(注) 以下でなければならない．ただし，無線設備規則第24条（副次的に発する電波の限度）第2項以下の規定において別に定めのある場合は，その定めるところによるものとする．（設備24条第1項）

(注) 1ナノワット（nW）は，1,000マイクロマイクロワット（$\mu\mu$W）である．

3 その他の条件

受信設備は，なるべく次の各号に適合するものでなければならない．（設備25条）

(1) **内部雑音**が小さいこと．
(2) 感度が十分であること．
(3) 選択度が適正であること．
(4) **了解度**が十分であること．

16 安全施設

無線設備には，**人体に危害を及ぼし**，又は**物件に損傷を与える**ことがないように，総務省令で定める施設をしなければならない．（法30条）

17 無線設備の安全性の確保

無線設備は，**破損**，発火，発煙等により**人体**に危害を及ぼし，又は**物件**に損傷を与えることがあってはならない．（施行21条の2）

18　電波の強度に対する安全施設

1　無線設備には，当該無線設備から発射される電波の強度（**電界強度，磁界強度及び電力束密度**をいう．以下同じ．）が電波法施行規則別表第2号の3の2（電波の強度の値の表）に定める値を超える場所（人が通常，集合し，通行し，その他出入りする場所に限る．）に取扱者のほか容易に出入りすることができないように，施設しなければならない．ただし，次に掲げる無線局の無線設備については，この限りでない．（施行21条の3）

(1)　平均電力が **20ミリワット以下** の無線局の無線設備

(2)　**移動する無線局** の無線設備

(3)　地震，台風，洪水，津波，雪害，火災，暴動その他非常の事態が **発生し，又は発生するおそれがある** 場合において，臨時に開設する無線局の無線設備

(4)　(1)から(3)までに掲げるもののほか，この規定を適用することが不合理であるものとして総務大臣が別に告示する無線局の無線設備

2　1の電波の強度の算出方法及び測定方法については，総務大臣が別に告示する．

19　高圧電気に対する安全施設

1　高圧電気（高周波若しくは交流の電圧 **300ボルト** 又は直流の電圧 **750ボルト** を超える電気をいう．以下同じ．）を使用する電動発電機，変圧器，ろ波器，整流器その他の機器は，外部より容易に触れることができないように，絶縁しゃへい体又は **接地された金属しゃへい体** の内に収容しなければならない．ただし，**取扱者** のほか出入りできないように設備した場所に装置する場合は，この限りでない．（施行22条）

2　送信設備の各単位装置相互間をつなぐ電線であって高圧電気を通ずるものは，線溝若しくは丈夫な絶縁体又は接地された金属遮蔽体の内に収容しなければならない．ただし，取扱者ほか出入できないように設備した場所に装置する場合は，この限りでない．（施行23条）

3　送信設備の空中線，給電線若しくはカウンターポイズであって高圧電気を通ずるものは，その高さが人の歩行その他起居する平面から **2.5メートル以上** のものでなければならない．ただし，次の各号に掲げる場合は，この限りでない．（施行25条）

(1) 2.5メートルに満たない高さの部分が，人体に容易に触れない構造である場合又は人体が容易に**触れない**位置にある場合
　(2) 移動局であって，その移動体の構造上困難であり，かつ，**無線従事者**以外の者が出入りしない場所にある場合

20　空中線等の保安施設
　無線設備の空中線系には**避雷器又は接地装置**を，また，カウンターポイズには接地装置をそれぞれ設けなければならない．ただし，**26.175MHz**を超える周波数を使用する無線局の無線設備及び陸上移動局又は携帯局の無線設備の空中線系については，この限りでない．（施行26条）

21　周波数測定装置の備え付け
1　総務省令で定める送信設備には，その誤差が使用周波数の許容偏差の**2分の1**以下である周波数測定装置を備え付けなければならない．（法31条）
2　電波法第31条（周波数測定装置の備付け）の規定により備え付けなければならない周波数測定装置は，その型式について，総務大臣が行う検定に合格したものでなけれ施設してはならない．ただし，総務大臣が行う検定に相当する型式検定に合格している機器その他の機器であって総務省令で定めるものを施設する場合は，この限りでない．（法37条）
3　1の総務省令で定める送信設備は，次の各号に掲げる送信設備以外のものとする．（施行11条の3）
　(1) **26.175MHz**を超える周波数の電波を利用するもの
　(2) 空中線電力**10**ワット以下のもの
　(3) 1の周波数測定装置を備え付けている相手方の無線局によってその使用電波の周波数が測定されることになっているもの
　(4) 当該送信設備の無線局の免許人が別に備え付けた1の周波数測定装置をもってその使用電波の周波数を随時測定し得るもの
　(5) アマチュア局の送信設備であって，当該設備から発射される電波の**特性周波数**を**0.025**パーセント以内の誤差で測定することにより，その電波の占有する周波数帯幅が，当該無線局が動作することを許される周波数帯内にあることを確認することができる装置を備え付けているもの

第4章 無線従事者

1 無線従事者の免許の欠格事由

次の各号のいずれかに該当する者に対しては、無線従事者の免許を与えないことができる．（法42条）

(1) 電波法第9章（罰則）の罪を犯し**罰金以上の刑**に処せられ、その執行を終わり、又はその執行を受けることがなくなった日から**2年**を経過しない者
(2) 電波法第79条（無線従事者の免許の取消し等）第1項第1号又は第2号の規定により無線従事者の免許を取り消され、取消しの日から**2年**を経過しない者
(3) 著しく心身に欠陥があって無線従事者たるに適しない者

2 免許証の携帯

無線従事者は、その業務に従事しているときは、免許証を携帯していなければならない．（施行38条第8項）

3 免許証の再交付

無線従事者は、**氏名**に変更を生じたとき又は免許証を**汚し**，**破り**，若しく**は失った**ために免許証の再交付を受けようとするときは、所定の様式の申請書に次に掲げる書類を添えて総務大臣又は総合通信局長（沖縄総合通信事務所長を含む．）に提出しなければならない．（従事者50条）

(1) 免許証（免許証を失った場合を除く．）
(2) 写真**1**枚
(3) **氏名**の変更の事実を証する書類（**氏名**に変更を生じた場合に限る．）

4 免許証の返納

[1] 無線従事者は、**免許の取消し**の処分を受けたときは、その処分を受けた日

から**10日**以内にその**免許証**を総務大臣又は総合通信局長（沖縄総合通信事務所長を含む．）に返納しなければならない．免許証の再交付を受けた後失った免許証を発見したときも同様とする．（従事者51条第1項）

② 無線従事者が死亡し，又は失そうの宣告を受けたときは，**戸籍法**（**昭和22年法律224号**）による死亡又は失そう宣告の届出義務者は，**遅滞なく**，その**免許証**を総務大臣又は総合通信局長（沖縄総合通信事務所長を含む．）に返納しなければならない．（従事者51条第2項）

第5章

運　用

1　無線局の目的外使用の禁止等

[1]　無線局は，**免許状**に記載された目的又は**通信の相手方**若しくは**通信事項**の範囲を超えて運用してはならない．ただし，次に掲げる通信については，この限りでない．（法52条）

　　（1）遭難通信　　（2）緊急通信　　（3）安全通信　　（4）**非常通信**
　　（5）放送の受信　　（6）その他総務省令で定める通信

[2]　無線局を運用する場合においては，**無線設備の設置場所，識別信号，電波の型式及び周波数**は，**免許状又は登録状**（以下「免許状等」という．）に記載されたところによらなければならない．ただし，**遭難通信**については，この限りでない．（法53条）

[3]　無線局を運用する場合においては，空中線電力は，次に定めるところによらなければならない．ただし，**遭難通信**については，この限りでない．（法54条）

　　（1）免許状等に**記載されたもの**の**範囲内**であること．
　　（2）通信を行うため**必要最小**のものであること．

[4]　無線局は，**免許状**に記載された運用許容時間内でなければ，運用してはならない．ただし，[1]の(1)から(6)までに掲げる通信を行う場合及び総務省令で定める場合は，この限りでない．（法55条）

[5]　[1]，[2]，[3]の(1)又は[4]の規定に違反して無線局を運用した者は，1年以下の懲役又は100万円以下の罰金に処する．（法110条第4号）

2　免許状の目的にかかわらず運用することができる通信

　次に掲げる通信は，電波法第52条第6号の通信(注)とする．（施行37条）

（注）電波法第52条第6号とは，本ページの「1　無線局の目的外使用の禁止等の[1]の(6)その他総務省令で定める通信」に該当する通信です．（抜粋）

(1) 無線機器の試験又は調整をするために行う通信
(2) 電波の規正に関する通信
(3) 電波法第74条(非常の場合の無線通信)第1項に規定する通信の訓練のために行う通信
(4) 人命の救助に関し急を要する通信(他の電気通信系統によっては,当該通信の目的を達することが困難である場合に限る.)

3 混信等の防止

　無線局は,**他の無線局**又は電波天文業務[注]の用に供する受信設備その他の総務省令で定める受信設備(無線局のものを除く.)で総務大臣が指定するものに**その運用を阻害するような混信その他の妨害を与えない**ように運用しなければならない.ただし,**遭難通信,緊急通信,安全通信及び非常通信**については,この限りでない.(法56条)

[注] 電波天文業務とは,宇宙から発する電波の受信を基礎とする天文学のための当該電波の受信の業務をいう.

4 擬似空中線回路の使用

　無線局は,無線設備の機器の試験又は調整を行うために運用するときは,なるべく擬似空中線回路を使用しなければならない.(法57条第1号)

5 暗語の使用の禁止

　アマチュア局の行う通信には,暗語を使用してはならない.(法58条)

6 無線通信の秘密の保護

[1] 何人も法律に別段の定めがある場合を除くほか,**特定**の相手方に対して行われる無線通信(電気通信事業法第4条第1項又は第164条第2項の通信であるものを除く.第109条並びに第109条の2第2項及び第3項において同じ.)**を傍受**してその**存在若しくは内容を漏らし**,又はこれを**窃用**してはならない.(法59条)

[2] 無線局の取扱中に係る**無線通信**の秘密を漏らし,又は窃用した者は,1年以下の懲役又は50万円以下の罰金に処する.(法109条第1項)

[3] **無線通信の業務に従事する者**がその業務に関し知り得た[2]の秘密を漏らし,

又は窃用したときは，**2年以下の懲役又は100万円以下の罰金**に処する．（法109条第2項）

7　無線通信の原則

1　必要のない無線通信は，これを行ってはならない．（運用10条第1項）
2　無線通信に使用する用語は，できる限り**簡潔**でなければならない．（運用10条第2項）
3　無線通信を行うときは，自局の**識別信号**を付して，その**出所**を明らかにしなければならない．（運用10条第3項）
4　無線通信は，**正確**に行うものとし，通信上の誤りを知ったときは，直ちに訂正しなければならない．（運用10条第4項）

8　モールス符号の使用

　欧文のモールス無線電信による通信（モールス無線電信通信）には，**表5-1**に掲げる欧文のモールス符号を用いなければならない．（運則12条，別表第1号）

表5-1　欧文のモールス符号

[1] 文字			
・−	A	−・・・	B
−・−・	C	−・・	D
・	E	・・−・	F
−−・	G	・・・・	H
・・	I	・−−−	J
−・−	K	・−・・	L
−−	M	−・	N
−−−	O	・−−・	P
−−・−	Q	・−・	R
・・・	S	−	T
・・−	U	・・・−	V
・−−	W	−・・−	X
−・−−	Y	−−・・	Z

```
[2] 数字
    ・ ― ― ― ―         1    ・ ・ ― ― ―    2
    ・ ・ ・ ― ―        3    ・ ・ ・ ・ ―   4
    ・ ・ ・ ・ ・       5    ― ・ ・ ・ ・   6
    ― ― ・ ・ ・        7    ― ― ― ・ ・    8
    ― ― ― ― ・         9    ― ― ― ― ―     0
[3] 記号 (抜粋)
    ・ ・ ― ― ・ ・       ? 問符
```

注1　符号の線及び感覚
　　① 一線長さは，三点に等しい
　　② 一符号を作る各線又は点の間隔は，一点に等しい
　　③ 二符号の間隔は，三点に等しい
　　④ 二語の間隔は七点に等しい

注2　数字と文字とで構成した集合は，数字と文字との間に間隔を置かずにおくるものとする

9　無線通信に使用する業務用語

1　無線電信通信（「無線電信による通信」をいう．）に使用する業務用語の略符号（Q符号及びその他の略符号）とその意義は，**表5-2**，**表5-3**のとおり．（運用13条第1項）

2　無線電話通信（「無線電話による通信」をいう．）に使用する業務用語の略語とこれに相当する無線電信通信の略符号は，**表5-4**のとおり．（運用14条第1項）

10　無線電話通信における通報の送信

　無線電話通信における通報の送信は，語辞を区切り，かつ，明りょうに発音して行わなければならない．（運用16条第1項）

11　発射前の措置

1　無線局は，相手局を呼び出そうとするときは，電波を発射する前に，**受信機を最良の感度**に調整し，自局の発射しようとする電波の周波数その他必要と認める周波数によって聴守し，**他の通信**に**混信**を与えないことを確かめなければならない．ただし，遭難通信，緊急通信，安全通信及び非常の場合の無線通信を行う場合は，この限りでない．（運用19条の2第1項）

第5章　運用

表5-2　無線電信通信の略符号（抜粋）

1　Q符号

Q符号を問いの意義に使用するときは，Q符号の次に問符（？）を付けなければならない．

Q符号	意　義	
	問　い	答え又は通知
QRA	貴局名は，何ですか．	当局名は，…です．
QRH	こちらの周波数は，変化しますか．	そちらの周波数は，変化します．
QRI	こちらの発射の音調は，どうですか．	そちらの発射の音調は， 　1　良いです． 　2　変化します． 　3　悪いです．
QRK	こちらの信号（又は…（名称又は呼出符号）の信号）の明りょう度は，どうですか．	そちらの信号（又は…（名称又は呼出符号）の信号）の明りょう度は， 　1　悪いです． 　2　かなり悪いです． 　3　かなり良いです． 　4　良いです． 　5　非常に良いです．
QRL	そちらは，通信中ですか．	こちらは，通信中です（又はこちらは，…（名称又は呼出符号）と通信中です．）．妨害しないでください．
QRM	こちらの伝送は，混信を受けていますか．	そちらの伝送は， 　1　混信を受けていません． 　2　少し混信を受けています． 　3　かなり混信を受けています． 　4　強い混信を受けています． 　5　非常に強い混信を受けています．
QRN	そちらは，空電に妨げられていますか．	こちらは， 　1　空電に妨げられていません． 　2　少し空電に妨げられています． 　3　かなり空電に妨げられています． 　4　強い空電に妨げられています． 　5　非常に強い空電に妨げられています．
QRO	こちらは，送信機の電力を増加しましょうか．	送信機の電力を増加してください．
QRP	こちらは，送信機の電力を減少しましょうか．	送信機の電力を減少してください．
QRQ	こちらは，もっと速く送信しましょうか．	もっと速く送信してください（1分間に…語）．
QRS	こちらは，もっとおそく送信しましょうか．	もっとおそく送信してください（1分間に…語）．
QRT	こちらは，送信を中止しましょうか．	送信を中止してください．
QRU	そちらは，こちらへ伝送するものがありますか．	こちらは，そちらへ伝送するものはありません．
QRV	そちらは，用意ができましたか．	こちらは，用意ができました．
QRX	そちらは，何時に再びこちらを呼びますか．	こちらは，…時に（…kHz（又はMHz）で）再びそちらを呼びます．
QRZ	誰がこちらを呼んでいますか．	そちらは，…から（…kHz（又はMHz）で）呼ばれています．

表 5-2（つづき）

QSA	こちらの信号（又は…（名称又は呼出符号）の信号）の強さは，どうですか．	そちらの信号（又は…（名称又は呼出符号）の信号）の強さは， 1 ほとんど感じません． 2 弱いです． 3 かなり強いです． 4 強いです． 5 非常に強いです．
QSB	こちらの信号には，フェージングがありますか．	そちらの信号には，フェージングがあります．
QSD	こちらの信号は，切れますか．	そちらの信号は，切れます．
QSK	そちらは，そちらの信号の間に，こちらを聞くことができますか．できるとすれば，こちらは，そちらの伝送を中断してもよろしいですか．	こちらは，こちらの信号の間に，そちらを聞くことができます．こちらの伝送を中断してよろしい．
QSM	こちらは，そちらに送信した最後の電報（又は以前の電報）を反復しましょうか．	そちらが，こちらに送信した最後の電報（又は第…号の電報）を反復してください．
QSN	そちらは，こちら（又は…（名称又は呼出符号））を…kHz（又はMHz）で聞きましたか．	こちらは，そちら（又は…（名称又は呼出符号））を…kHz（又はMHz）で聞きました．
QSU	こちらは，この周波数（又は…kHz（若しくはMHz））で（種別…の発射で）送信又は応答しましょうか．	その周波数（又は…kHz（若しくはMHz））で（種別…の発射で）送信又は応答してください．
QSV	こちらは，調整のために，この周波数（又は…kHz（若しくはMHz））でV（又は符号）の連続を送信しましょうか．	調整のために，その周波数（又は…kHz（若しくはMHz））でV（又は符号）の連続を送信してください．
QSW	そちらは，この周波数（又は…kHz（若しくはMHz））で（種別…の発射で）送信してくれませんか．	こちらは，この周波数（又は…kHz（若しくはMHz））で（種別…の発射で）送信しましょう．
QSX	そちらは，…（名称又は呼出符号）を…kHz（又はMHz）で又は…の周波数帯若しくは…の通信路で聴取してくれませんか．	こちらは，…（名称又は呼出符号）を…kHz（又はMHz）で又は…の周波数帯若しくは…の通信路で聴取しています．
QSY	こちらは，他の周波数に変更して伝送しましょうか．	他の周波数（又は…kHz（若しくはMHz））に変更して伝送してください．
QSZ	こちらは，各語又は各集合を2回以上送信しましょうか．	各語又は各集合を2回（又は…回）送信してください．
QTH	緯度及び経度で示す（又は他の表示による．）そちらの位置は，何ですか．	こちらの位置は，緯度…，経度…（又は他の表示による．）です．

② ①の場合において，**他の通信に混信**を与えるおそれがあるときは，その通信が**終了**した後でなければ呼出しをしてはならない．（運用19条の2第2項）

12 呼出し

　無線局のモールス無線電信による呼出しは，次の事項（呼出事項）を順次送信

第5章 運用

表5-3 無線電信通信の略符号（抜粋）

2 その他の略符号

略符号	意義
$\overline{AR}$	送信の終了符号
$\overline{AS}$	送信の待機を要求する符号
BK	送信の中断を要求する符号
$\overline{BT}$	同一の伝送の異なる部分を分離する符号
C	肯定する（又はこの前の集合の意義は，肯定と解されたい．）．
CFM	確認してください（又はこちらは，確認します．）．
CL	こちらは，閉局します．
DE	…から（呼出局の呼出符号又は他の識別表示に前置して使用する．）．
$\overline{HH}$	欧文通信及び自動機通信の訂正符号
HR	通報を送信します（最初の通報を送信しようとするときに使用する．）．
K	送信してください．
NIL	こちらは，そちらに送信するものがありません．
NO	否定する（又は誤り）．
NW	今
PSE	どうぞ
R	受信しました．
EX	機器調整又は実験のため調整符号を発射する時に使用する．
VVV	調整符号
$\overline{ラタ}$	和文通報の終了又は訂正

表5-4 無線電話通信の略語（抜粋）

無線電話通信の略語	意義又は左欄の略語に相当する無線電信通信の略符号
緊急	XXX
非常	$\overline{OSO}$
各局	CQ又はCP
こちらは	DE
どうぞ	K
了解又はOK	R又はRRR
お待ちください	$\overline{AS}$
ただいま試験中	EX
反復	RPT
本日は晴天なり	VVV
訂正	$\overline{HH}$
終り	$\overline{AR}$
さようなら	$\overline{VA}$
明りょう度	QRK
誰かこちらを呼びましたか	QRZ?
感度	QSA
通報はありません	QRU

して行うものとする．（運用20条第1項）
    (1)　相手局の呼出符号　　　**3回以下**
    (2)　DE　　　　　　　　　　1回
    (3)　自局の呼出符号　　　　**3回以下**

13　呼出しの反復及び再開

アマチュア業務のモールス無線通信において，海上移動業務の規定をできる限り準用することとされている呼出しの反復及び再開は，次の規定に準じて行うものとする．（運用21条第2項）

呼出しは，**1分間**以上の間隔をおいて**2回**反復することができる．呼出しを反復しても応答がないときは，少なくとも**3分間**の間隔をおかなければ，呼出しを再開してはならない．（運用21条第1項）

14　呼出しの中止

①　無線局は，自局の呼出しが他の既に行われている通信に混信を与える旨の通知を受けたときは，直ちに**その呼出しを中止**しなければならない．（運用22条第1項）

②　①の通知をする無線局は，その通知をするに際し，**分で表わす概略の待つべき時間**を示すものとする．（運用22条第2項）

③　モールス無線通信において，自局の通信が他の無線局の呼出しにより混信を受けた場合，妨害しないよう通知するために使用する略符号は，QRLである．（運用13条第1項）

15　呼出しの簡易化

①　無線局が空中線電力50ワット以下の無線設備を使用してモールス無線電信により呼出しを行う場合において，確実に連絡の設定ができると認めるときは，呼出事項のうち，**DE及び自局の呼出符号**の送信を省略することができる．（運用261条，運用126条の2第1項）

②　①の規定により**DE及び自局の呼出符号**の送信を省略した無線局は，その通信中**少なくとも1回以上自局の呼出符号**を送信しなければならない．（運用261条，運用126条の2第2項）

第5章 運　用

16　一括呼出し
　無線局がモールス無線電信により他の無線局を一括して呼び出そうとするときは，次の事項を順次送信するものとする．(運用261条，127条第1項)

　　(1)　CQ　　　　　　　　　　**3回**
　　(2)　DE　　　　　　　　　　1回
　　(3)　自局の呼出符号　　　　**3回以下**
　　(4)　K　　　　　　　　　　 1回

17　特定局あて一括呼出し
1　無線局がモールス無線電信により2以上の特定の無線局を一括して呼び出そうとするときは，次の事項を順次送信して行うものとする．(運用261条，127条の3第1項)

　　(1)　相手局の呼出符号　　　**それぞれ2回以下**
　　(2)　DE　　　　　　　　　　1回
　　(3)　自局の呼出符号　　　　**3回以下**
　　(4)　K　　　　　　　　　　 1回

2　1の(1)に掲げる相手局の呼出符号は，「CQ」に地域名を付したものをもって変えることができる．(運用261条，127条の3第2項)

18　応　答
1　無線局は，自局に対するモールス無線電信による呼出しを受信したときは，直ちに応答しなければならない．(運用23条第1項)

2　1の規定による応答は，次の事項(応答事項)を順次送信して行うものとする．(運用23条第2項)

　　(1)　相手局の呼出符号　　　**3回以下**
　　(2)　DE　　　　　　　　　　1回
　　(3)　自局の呼出符号　　　　**1回**

3　2の応答に際して直ちに通報を受信しようとするときは，応答事項の次に「K」を送信するものとする．ただし，直ちに通報を受信することができない事由があるときは，「K」の代わりに「$\overline{\text{AS}}$」及び分で表す概略の待つべき時間を送信するものとする．概略の待つべき時間が10分以上のときは，その理由を簡単に送信しなければならない．(運用23条第3項)

4　2及び3のモールス無線電信により応答する場合において，受信上特に必要があるときは，自局の呼出符号の次に「**QSA**」及び**強度**を表す数字又は「**QRK**」及び**明瞭度**を表す数字を送信するものとする．（運用23条第4項）

19　応答の簡易化
　無線局が空中線電力50ワット以下の無線設備を使用してモールス無線電信により応答を行う場合において，確実に連絡の設定ができると認めるときは，応答事項のうち，**相手局の呼出符号　3回以下**の送信を省略することができる．（運用261条，運用126条の2第1項）

20　不確実な呼出しに対する応答
1　無線局は，自局に対する呼出しであることが確実でない呼出しを受信したときは，その呼出しが**反復され**，かつ，自局に対する呼出しであることが**確実に判明する**まで応答してはならない．（運用26条第1項）

2　無線局は，自局に対する呼出しを受信した場合において，呼出局の呼出符号が不確実であるときは，応答事項のうち相手局の呼出符号の代わりに「QRZ？（無線電信通信の場合）」又は「誰かこちらを呼びましたか（無線電話通信の場合）」を使用して，直ちに応答しなければならない．（運用26条第2項）

21　長時間の送信
　アマチュア局がモールス無線電信により長時間継続して通報を送信するときは，10分ごとを標準として適当に「DE」及び自局の呼出符号を送信しなければならない．（運用30条）

22　誤送の訂正
　モールス無線通信における通信中において誤った送信をしたことを知ったときは，次に掲げる略符号を前置して，**正しく送信した適当な語字**から更に送信しなければならない．（運用31条）

　　(1)　手送による和文の送信の場合は，$\overline{\text{ラタ}}$

　　(2)　自動機（自動機にモールス符号を送信又は受信するものをいう．）による送信及び手送による欧文の送信の場合は，$\overline{\text{HH}}$

23　通信中の周波数の変更

1　無線局がモールス無線通信の通信中，混信の防止その他の必要により使用電波の型式又は周波数の変更を要求しようとするときは，次の事項を順次送信して行うものとする．（運用34条第1項）

(1)　**QSU**又は**QSW**若しくは**QSY**　　　　　1回
(2)　変更によって使用しようとする周波数
　　（又は電波の型式及び周波数）　　　　　　1回
(3)　?（「QSW」を送信したときに限る．）　　1回

2　1に規定する要求を受けた無線局は，これに応じようとするときは，「**R**」を送信し（通信状態等により必要と認めるときは，「QSW」及び変更によって使用しようとする周波数（又は電波の型式及び周波数）を続いて送信する．），直ちに周波数（又は電波の型式及び周波数）を変更しなければならない．（運用35条）

24　送信の終了

モールス無線通信において，通報の送信を終了し，他に送信すべき通報がないことを通知しようとするときは，送信した通報に続いて次の事項を順次送信するものとする．（運用36条）

(1)　NIL
(2)　K

25　試験電波の発射

1　無線局は，モールス無線電信により**無線機器**の**試験**又は**調整**のため電波の発射を必要とするときは，**発射する前**に自局の**発射**しようとする**電波**の周波数及びその他必要と認める周波数によって聴守し，**他**の**無線局**の通信に**混信**を与えないことを確かめた後，次の符号を順次送信し，更に1分間聴守を行い，他の無線局から停止の請求がない場合に限り，「**VVV**」の連続及び自局の呼出符号**1回**を送信しなければならない．この場合において，「**VVV**」の連続及び自局の呼出符号の送信は，**10秒間**を超えてはならない．（運用39条第1項）

(1)　**EX**　　　　　　　　　3回
(2)　DE　　　　　　　　　1回
(3)　**自局の呼出符号**　　　3回

② ①の試験又は調整中は，しばしばその電波の周波数により聴守を行い，他の無線局から停止の要求がないかどうかを確かめなければならない．（運用39条第2項）
③ ①の規定にかかわらず，アマチュア局（又は海上移動業務以外の無線局）にあっては，必要があるときは，10秒間をこえて「VVV」の連続及び自局の呼出符号の送信をすることができる．（運用39条第3項）
④ 無線機器の試験又は調整のため電波の発射が，他の既に行われている通信に混信を与える旨の通知を受けたときは，直ちにその電波の発射を中止しなければならない．（運用22条第1項）

26　非常の場合の無線通信

① 総務大臣は，地震，台風，洪水，津波，雪害，火災，暴動その他非常の事態が発生し，又は発生するおそれがある場合においては，人命の救助，**災害の救援**，**交通通信**の確保又は**秩序の維持**のために必要な通信を無線局に行わせることができる．（法74条第1項）
② 総務大臣が①の規定により**無線局**に通信を行わせたときは，国は，その通信に要した実費を弁償しなければならない．（法74条第2項）
③ ①の規定による処分に違反した者は，**1年以下の懲役又は100万円以下の罰金**に処する．（法110条第8号）

27　非常通信

　非常通信とは，地震，台風，洪水，津波，雪害，火災，暴動その他非常の事態が**発生し**，**又は発生するおそれがある**場合において，**有線通信**を利用することができないか又はこれを利用することが著しく困難であるときに人命の救助，**災害の救援**，**交通通信**の確保又は**秩序の維持**のために行われる無線通信をいう．（法52条第4号）

28　前置符号

　無線局が非常の場合の無線通信においてモールス無線電信により連絡を設定するための呼出し又は応答は，呼出事項又は応答事項に「OSO」3回を前置して行うものとする．（運用131条）

第5章 運　用

29　「$\overline{\text{OSO}}$」を受信した場合の措置

　モールス無線通信において，「$\overline{\text{OSO}}$」を前置した呼出しを受信した無線局は，応答する場合を除く外，これに混信を与えるおそれのある電波の発射を**停止**して**傍受**しなければならない．（運用132条）

30　聴　守

　非常の事態が発生したことを知ったその付近の無線電信局は，なるべく毎時の零分過ぎ及び**30分**過ぎから各**10分**間 A1A 電波 4,630kHz によって聴守しなければならない．（運用134条）

31　通報の送信方法

　電波法第74条（非常の場合の無線通信）第1項に規定する通信において，モールス無線通信により通報を送信しようとするときは，「ヒゼウ」（欧文であるときは，「EXZ」）を前置して行うものとする．（運用135条）

32　非常通信の取扱の停止

　非常通信の取扱を開始した後，有線通信の状態が復旧した場合は，すみやかにその取扱を停止しなければならない．（運用136条）

33　発射の制限等

① アマチュア局においては，その発射の占有する**周波数帯幅**に含まれているいかなる**エネルギー**の発射も，その局が動作することを許された**周波数帯**から逸脱してはならない．（運用257条）

② アマチュア局は，自局の発射する電波が**他の無線局の運用又は放送の受信**に支障を与え，若しくは与えるおそれがあるときは，すみやかに当該周波数による電波の**発射を中止**しなければならない．ただし，遭難通信，緊急通信，安全通信及び**非常の場合の無線通信**を行う場合は，この限りでない．（運用258条）

34　周波数等の使用区別

　アマチュア業務に使用する電波の型式及び周波数の使用区別は，別に告示するところによるものとする．（運用258条の2）

第6章 業務書類

1 無線局の免許状の備付け等

① 免許状は，主たる送信装置のある場所の見やすい箇所に掲げておかなければならない．ただし，提示を困難とするものについては，その提示を要しない．（施則38条2項）

② 移動するアマチュア局（人工衛星に開設するものを除く．）にあっては，①の規定にかかわらず，その無線設備の常置場所に免許状を備え付け，かつ，総務大臣が別に告示するところにより，その送信装置のある場所に総務大臣又は総合通信局長（沖縄総合通信事務所長を含む．）が発給する証票を備え付けなければならない．（施則38条3項）

2 免許状の訂正

① 免許人は，免許状に記載した事項（免許人の住所など）に変更を生じたときは，その免許状を総務大臣に提出し，訂正を受けなければならない．（法21条）

② 免許人は，電波法第21条（免許状の訂正）の免許状の訂正を受けようとするときは，総務大臣又は総合通信局長（沖縄総合通信事務所長を含む．以下同じ．）に対し，**事由及び訂正すべき個所**を附して，その旨を**申請する**ものとする．（免則22条第1項）

③ ②の**申請**があった場合において，総務大臣又は総合通信局長は，新たな免許状の交付による訂正を行うことがある．（免則22条第2項）

④ 総務大臣又は総合通信局長は，②の申請による場合のほか，職権により免許状の訂正を行うことがある．（免則22条第3項）

⑤ 免許人は，新たな免許状の交付を受けたときは，遅滞なく旧免許状を**返さなければならない**．（免則22条第4項）

3　免許状の再交付

　免許人は，免許状を破損し，汚し，失った等のために免許状の再交付の申請をしようとするときは，理由及び免許の番号並びに識別信号（包括免許の場合を除く．）を記載した申請書を総務大臣又は総合通信局長（沖縄総合通信事務所長を含む．）に提出しなければならない．（免則23条第1項）

4　免許状の返納

　免許がその効力を失ったときは，免許人であった者は，**1箇月**以内にその免許状を**返納**しなければならない．（法24条）

5　無線局の検査結果について指示を受け相当な措置をしたときの報告

　免許人は，無線局の検査（電波法第10条（落成後の検査）第1項の規定による検査など）の結果について総務大臣又は総合通信局長（沖縄総合通信事務局長を含む．）から指示を受け相当の措置をしたときは，速やかにその措置の内容を総務大臣又は総合通信局長に報告しなければならない．（施行39条3項）

第7章 監督

1 技術基準適合命令

① 総務大臣は，無線設備が電波法第3章（無線設備）に定める技術基準に適合していないと認めるときは，当該無線設備を使用する無線局の免許人に対し，**その技術基準に適合するように当該無線設備の修理その他の必要な措置を執るべきこと**を命ずることができる．（法第71条の5）

② 総務大臣は，①を命じたときは，**その職員**を無線局に派遣し，その無線設備，無線従事者の資格及び員数並びに時計及び書類を検査させることができる．（法第73条第5項）

2 電波の発射の停止

① 総務大臣は，無線局の発射する**電波の質**が電波法第28条の総務省令で定めるものに適合していないと認めるときは，当該無線局に対して**臨時**に電波の発射の停止を命ずることができる．（法72条第1項）

② 総務大臣は，①の命令を受けた無線局からその発射する**電波の質**が総務省令の定めるものに適合するに至った旨の申出を受けたときは，その無線局に**電波を試験的に発射**させなければならない．（法72条第2項）

③ 総務大臣は，②の規定により発射する**電波の質**が総務省令で定めるものに適合しているときは，直ちに①の**停止を解除**しなければならない．（法72条第3項）

④ ①の規定によって電波の発射を停止された無線局を運用した者は，1年以下の懲役又は100万円以下の罰金に処する．（法110条第7号）

3 アマチュア局の定期検査

アマチュア局の定期検査（電波法第73条第1項の検査をいう．）は，行われない．（法73条第1項，施行41条の2）

4　臨時検査

総務大臣は，次に掲げる場合には，その職員を無線局に派遣し，その無線設備，無線従事者の資格及び員数並びに時計及び書類を検査させることができる．
（法73条第5項）

(1) 無線局の発射する**電波の質**が電波法第28条の総務省令で定めるものに適合していないと認め，当該無線局に対して**臨時に電波の発射の停止**を命じたとき．

(2) (1)の命令を受けた無線局からその発射する**電波の質**が電波法第28条の総務省令で定めるものに適合するに至った旨の申出を受けたとき．

(3) その他**電波法**の施行を確保するため特に必要があるとき．

5　無線局の免許の取消し等

1　総務大臣は，免許人が電波法，放送法若しくはこれらの法律に基づく命令又はこれらに基づく処分に違反したときは，**3箇月**以内の期間を定めて**無線局の運用の停止**を命じ，又は期間を定めて**運用許容時間，周波数若しくは空中線電力を制限**することができる．（法76条第1項）

2　総務大臣は，免許人（包括免許人を除く．）が次の各号のいずれかに該当するときは，その免許を取り消すことができる．（法76条第4項）

(1) **正当な理由**がないのに，無線局の運用を引き続き**6箇月**以上休止したとき．

(2) 不正な手段により無線局の免許若しくは電波法第17条（変更等の許可）の許可を受け，又は同法第19条（指定による周波数等の変更）の規定により指定の変更を行わせたとき．

　不正な手段により通信の相手方，通信事項，無線設備の設置場所の変更若しくは無線設備の変更の工事の許可を受け，又は識別信号，電波の型式，周波数，空中線電力又は運用許容時間の指定の変更を行わせたとき．

(3) 1の規定による無線局の運用の停止命令又は運用許容時間，周波数若しくは空中線電力の制限に従わないとき．

(4) **電波法又は放送法**に規定する罪を犯し**罰金以上の刑**に処せられ，その執行を終わり，又はその執行を受けることがなくなった日から**2年**を経過しない者に該当するに至ったとき．

6 無線従事者の免許の取消し等

① 総務大臣は，無線従事者が次の(1)から(3)までのいずれかに該当するときは，その免許を取り消し，又は**3箇月**以内の期間を定めてその**業務に従事することを停止**することができる．(法79条第1項)

 (1) 電波法若しくは電波法に基づく命令又はこれらに基づく処分に違反したとき．

 (2) 不正な手段により無線従事者の免許を受けたとき．

 (3) **著しく心身**に欠陥があって無線従事者たるに適しない者に該当するに至ったとき．

② ①の(1)の規定により業務に従事することを停止されたのに，無線設備の操作を行った者は，**30万円以下**の罰金に処する．(法113条第20号)

7 総務大臣への報告等

① 無線局の免許人は，次に掲げる場合は，総務省令で定める手続により，総務大臣に報告しなければならない．(法80条)

 (1) 遭難通信，緊急通信，安全通信又は**非常通信**を行ったとき．

 (2) 電波法又は**電波法に基づく命令**の規定に違反して運用した無線局を認めたとき．

 (3) 無線局が外国において，あらかじめ総務大臣が告示した以外の運用の制限をされたとき．

② 総務大臣は，**無線通信の秩序の維持**その他無線局の適正な運用を確保するため必要があると認めるときは，**免許人**に対し，**無線局**に関し報告を求めることができる．(法81条)

8 免許等を要しない無線局及び受信設備に対する監督

① 総務大臣は，免許等を要しない無線局(注)の無線設備の発する電波又は受信設備が副次的に発する**電波**若しくは高周波電流が他の**無線設備の機能に継続的かつ重大な障害**を与えるときは，その設備の**所有者又は占有者**に対し，その障害を除去するために**必要な措置**をとるべきことを命ずることができる．(法82条第1項)

② 総務大臣は，免許等を要しない無線局の無線設備について又は放送の受信

を目的とする**受信設備以外の受信設備**について〔1〕の措置をとるべきことを命じた場合において特に必要があると認めるときは，その**職員を当該設備のある場所に派遣**し，その**設備を検査**させることができる．（法82条第2項）

(注) 電波法第4条（無線局の開設）第1号から第3号までに掲げる無線局をいう．

第8章 電波利用料

1 電波利用料の徴収

① 「電波利用料」とは，次に掲げる電波の適正な利用の確保に関し総務大臣が無線局全体の受益を直接の目的として行う事務の処理に要する費用の財源に充てるために免許人，第10項の特定免許等不要局を開設した者又は第11項の表示者が納付すべき金銭をいう．（法103条の2第4項）

(1) 電波の監視及び規正並びに不法に開設された無線局の探査
(2) 総合無線局管理ファイルの作成及び管理
(3) 周波数を効率的に利用する技術，周波数の共同利用を推進する技術又は高い周波数への移行を促進する技術としておおむね5年以内に開発すべき技術に関する無線設備の技術基準の策定に向けた研究開発並びに既に開発されている周波数を効率的に利用する技術，周波数の共同利用を促進する技術又は高い周波数への移行を促進する技術を用いた無線設備について無線設備の技術基準を策定するために行う国際機関及び外国の行政機関その他の外国の関係機関との連絡調整並びに試験及びその結果の分析
(4) 電波の人体等への影響に関する調査
(5)～(12)（省略）

② アマチュア無線局の免許人は，電波利用料として，無線局の免許の日から起算して30日以内及びその後毎年その応答日[注1]から起算して30日以内に，当該無線局の起算日[注2]から始まる各1年の期間[注3]について，電波法に定める金額300円を国に納めなければならない．（法103条の2第1項）

注1 応答日とは，その無線局の免許の日に応答する日（応答する日がない場合は，その翌日）をいう．
注2 起算日とは，その無線局の免許の日又は応答日をいう．
注3 無線局の免許の日が2月29日である場合においてその期間がうるう年の前

年の3月1日から始まるときは翌年の2月28日までの期間とする．

2 電波利用料の前納

免許人等（包括免許人を除く．）は，第1項の規定により電波利用料を納めるときには，その翌年の応当日以後の期間に係る電波利用料を前納することができる．（法103条の2第17項）

3 前納した電波利用料の返還

前納した電波利用料は，前納した者の請求により，その請求をした日後に最初に到来する応当日以後の期間に係るものに限り，返還する．（法103条の2第18項）

4 電波利用料の督促

総務大臣は，電波利用料を納めない者があるときは，督促状によって，期限を指定して督促しなければならない．（法103条の2第42項）

5 電波利用料の滞納処分

総務大臣から電波利用料の納付の督促を受けた者がその指定の期限までにその督促に係る電波利用料及び次項の規定による延滞金を納めないときは，国税滞納処分の例により，これを処分する．（法103条の2第43項）

第9章 罰則

1 虚偽の通信を発した者に対する罰則

自己若しくは**他人**に利益を与え，又は他人に**損害**を加える目的で，無線設備によって**虚偽の通信**を発した者は，**3年以下の懲役又は150万円以下の罰金**に処する．（法106条第1項）

2 重要無線通信を妨害した者に対する罰則

① **電気通信業務**又は**放送の業務**の用に供する無線局の無線設備又は人命若しくは財産の保護，**治安の維持**，気象業務，**電気事業に係る電気の供給の業務**若しくは**鉄道事業に係る列車の運行の業務**の用に供する無線設備を損壊し，又はこれに物品を接触し，その他その**無線設備の機能に障害**を与えて**無線通信を妨害**した者は，5年以下の懲役又は250万円以下の罰金に処する．（法108条の2第1項）

② ①の未遂罪は，罰する．（法108条の2第2項）

第10章 通信憲章・無線通信規則

国際電気通信連合通信憲章

1 電気通信の秘密

構成国は，**国際通信**の秘密を確保するため，使用される電気通信のシステムに適合するすべての**可能な措置**をとることを約束する．（通信憲章184）

2 用語の定義

「有害な混信」とは，無線航行業務その他の**安全業務**の運用を妨害し，又は**無線通信規則**に従って行う**無線通信業務**の運用に重大な悪影響を与え，若しくはこれを**反復的に中断**し若しくは**妨害**する混信をいう．（通信憲章付属書）

無線通信規則

1 用語の定義

① 「標準周波数報時業務」とは，**一般的受信**のため，公表された高い精度の**特定周波数**，報時信号又はこれらの双方の発射を行う**科学**，**技術**その他の目的のための無線通信業務をいう．（無線通信規則1.53）

② 「アマチュア業務」とは，アマチュア，すなわち，**金銭上の利益**のためでなく，専ら**個人的**に**無線技術**に興味をもち，**正当に許可**された者が行う**自己訓練**，通信及び技術研究のための無線通信業務をいう．（無線通信規則1.56）

③ 「アマチュア衛星業務」とは，アマチュア業務の目的と同一の目的で**地球衛星上**の**宇宙局**を使用する無線通信業務をいう．（無線通信規則1.57）

2 局の技術特性

① 局において使用する装置の選択及び動作並びにそのすべての発射は，無線

通信規則に適合しなければならない．(無線通信規則3.1)

② 局において使用する装置は，ITU-Rの関係勧告に従い，周波数スペクトルを最も効率的に使用することが可能となる信号処理方式をできる限り使用するものとする．この方式としては，取り分け，一部の周波数帯幅拡張技術が挙げられ，特に，振幅変調方式においては，単側波帯技術の使用が挙げられる．(無線通信規則3.4)

③ 発射の周波数帯幅は，スペクトルを最も効果的に使用し得るようなものでなければならない．このためには，一般には，周波数帯幅を技術の現状及び業務の性質によって可能な最小の値に維持することが必要である．(無線通信規則3.9)

④ 受信局は，関係の発射の種別に適した技術特性を有する装置を使用するものとする．特に選択度特性は，発射の周波数帯幅に関する無線通信規則(第3.9号)の規定に留意して，適当なものを採用するものとする．(無線通信規則3.12)

⑤ 受信機の動作特性は，その受信機が，そこから適当な距離にあり，かつ，無線通信規則の規定に従って運用している送信機からの混信を受けることがないようなものを採用するものとする．(無線通信規則3.13)

⑥ 減幅電波(B電波)は，すべての局に対して禁止する．(無線通信規則3.15)

3　アマチュア業務に分配されている周波数帯

① 無線通信規則の規定で，無線通信業務に対する周波数の分配のため，次のように，世界を3の地域に区分し，日本は，第三地域に含まれる．

　(1) 第一地域(ヨーロッパ，アフリカ)

　(2) 第二地域(南アメリカ，北アメリカ)

　(3) 第三地域(アジア，オセアニア)

② 無線通信規則の周波数分配表において，アマチュア業務に分配されている周波数帯は，**表10-1**(抜粋)のとおりである．なお，この周波数帯は，アマチュア業務(アマチュア衛星業務を含む．)の専用として使用できるものと，他の業務と共用して使用するもの(＊印を付した周波数帯)とがある．

4　混信の防止

① すべての局は，**不要な伝送**，**過剰**な信号の伝送，**虚偽の又は紛らわしい信号の伝送**，識別表示のない信号の伝送を禁止する(無線通信規則第19条(局の識別)に定める例外を除く．)．(無線通信規則15.1)

第10章 通信憲章・無線通信規則

表10-1 アマチュア業務に分配されている周波数帯(抜粋)

業務に対する配分		
第一地域	第二地域	第三地域
1,810kHz～1,850kHz	1,800kHz～1,850kHz ※1,850kHz～2,000kHz	※1,800kHz～2,000kHz
※3,500kHz～3,800kHz	3,500kHz～3,750kHz ※3,750kHz～4,000kHz	※3,500kHz～3,900kHz
7,000kHz～7,200kHz		
※7,200kHz～7,300kHz		
※10,100kHz～10,150kHz		
14,000kHz～14,350kHz		
18,068kHz～18,168kHz		
21,000kHz～21,450kHz		
24,890kHz～24,990kHz		
28MHz～29.7MHz		
	※50MHz～54MHz	
144MHz～146MHz		
※430MHz～440MHz		
※1,260MHz～1,300MHz		

② 送信局は、**業務**を満足に行うため**必要な最小限**の電力で輻射する．(無線通信規則15.2)

③ 混信を避けるために
  (1) 送信局の位置及び**業務の性質**上可能な場合には，**受信局**の位置は，特に注意して選定しなければならない．(無線通信規則15.3, 15.4)
  (2) 不要な方向への輻射又は不要な方向からの**受信**は，**業務の性質**上可能な場合には，**指向性のアンテナの利点**をできる限り利用して，**最小**にしなければならない．(無線通信規則15.3, 15.5)

5 違反の通告

① 国際電気通信連合憲章，国際電気通信連合条約又は無線通信規則の違反を認めた局は，違反を認めた局の属する国の主管庁に報告しなければならない．(無線通信規則15.19)

② 局が行った重大な違反に関する申入れは，これを認めた主管庁からこの局を管轄する国の主管庁に行わなければならない．(無線通信規則15.20)

③ 主管庁がその権限に基づく局によって，国際電気通信連合憲章，国際電気

通信連合条約又は無線通信規則(特に国際電気通信連合憲章第45条(有害な混信)及び無線通信規則第15条(無線局からの混信)15.1)の違反が行われたことを知った場合には，事実を確認して**必要な措置をとる**．(無線通信規則15.21)

6　通信の秘密

主管庁は，**国際電気通信連合憲章及び国際電気通信連合条約の関連規定**を適用するに当たり，次の事項を**禁止し**，**及び防止**するために必要な措置をとることを約束する．(無線通信規則17.1)

(1) 公衆の一般的利用を目的としない無線通信を許可なく**傍受**すること．(無線通信規則17.2)

(2) (1)にいう無線通信の**傍受**によって得られたすべての種類の情報について，許可なく，その**内容若しくは単にその存在**を漏らし，又はそれを**公表若しくは利用**すること．(無線通信規則17.3)

7　許可書

1　送信局は，その属する国の政府が適当な様式で，かつ，**無線通信規則に従って発給する**許可書がなければ，個人又はいかなる団体においても，**設置し，又は運用**することができない．(無線通信規則に定める例外の場合を除く．)(無線通信規則18.1)

2　許可書を有する者は，**国際電気通信連合憲章及び国際電気通信連合条約の関連規定**に従い，**電気通信の秘密**を守ることを要する．更に許可書には，局が受信機を有する場合には，受信することを許可された無線通信以外の通信の傍受を禁止すること及びこのような通信を偶然に受信した場合には，これを再生し，**第三者**に通知し，又はいかなる目的にも使用してはならず，その**存在**さえも漏らしてはならないことを明示又は参照の方法により記載していなければならない．(無線通信規則18.4)

8　局の識別

1　すべての伝送は，識別信号その他の手段によって識別され得るものでなければならない．しかしながら，技術の現状では，一部の無線方式については，識別信号の伝送が必ずしも可能でないことを認める．(無線通信規則19.1)

2　虚偽の又は紛らわしい識別表示を使用する伝送は，すべて禁止する．(無線通信規則19.2)

③ アマチュア業務においては，**すべての伝送**は，識別信号を伴うものとする．（無線通信規則19.4, 19.5）

④ 識別信号を伴う伝送については，局が容易に識別されるため，各局は，その伝送（試験，調整又は実験のために行うものを含む．）中にできる限りしばしばその識別信号を伝送しなければならない．（無線通信規則19.17）

9 アマチュア局の呼出符号

すべてのアマチュア局は，国際電気通信連合憲章に規定する**無線通信規則の付録**（付録第42号）の国際呼出符字列分配表に掲げるとおり主管庁に分配された国際符字列に基づく呼出符号を持たなければならない．（無線通信規則19.29）

10 アマチュア業務

① 異なる国のアマチュア局相互間の無線通信は，関係国の一の主管庁がこの無線通信に反対する旨を**通知しない限り**，**認められる**．（無線通信規則25.1）

② 異なる国のアマチュア局相互間の伝送は，第1.56号に規定されているアマチュア業務の目的及び私的事項に付随する通信に限らなければならない．（無線通信規則25.2）

③ 異なる国のアマチュア局相互間の伝送は，地上コマンド局とアマチュア衛星業務の宇宙局との間で交わされる制御信号を除き，**意味を隠すために暗号化**されたものであってはならない．（無線通信規則25.2A）

④ アマチュア局は，**緊急時及び災害救助時**に限って，**第三者のために国際通信**の伝送を行うことができる．主管庁は，その管轄下にあるアマチュア局への本条項の適用について決定することができる．（無線通信規則25.3）

⑤ 主管庁は，アマチュア局の操作を希望する者の**運用上及び技術上**の資格を検証するために必要と認める措置をとる．（無線通信規則25.6）

⑥ アマチュア局の最大電力は，**関係主管庁**が定める．（無線通信規則25.7）

⑦ 国際電気通信連合憲章，国際電気通信連合条約及び無線通信規則の**すべての一般規定**は，アマチュア局に適用する．（無線通信規則25.8）

⑧ アマチュア局は，その伝送中**短い間隔**で自局の呼出符号を伝送しなければならない．（無線通信規則25.9）

⑨ 主管庁は，**災害救助時**にアマチュア局が準備できるよう，また，通信の必要性を満たせるよう，必要な措置をとることが奨励される．（無線通信規則25.9A）

索　引

【数字】

$\frac{1}{4}$ 波長垂直接地アンテナ ･････････ 266
一次電池 ････････････････････････ 257
一次変調 ････････････････････････ 159
二極管 ･･････････････････････････ 98
2次電子 ････････････････････････ 98
二次電池 ････････････････････････ 258
二次変調 ････････････････････････ 160
二重積分回路 ････････････････････ 326
2乗検波 ････････････････････････ 168
2同調型検波回路 ････････････････ 174
三極管 ･･････････････････････････ 99
3端子レギュレータ ････････････････ 124
四極管 ･･････････････････････････ 99
4層ダイオード ････････････････････ 111
五極管 ･･････････････････････････ 99
8字特性 ････････････････････････ 268

【A】

AB級増幅 ･･････････････････････ 132
AC-DC変換 ････････････････････ 333
A-D変換回路 ･･････････････････ 326
AFC回路 ･･････････････････････ 214
AGC ･･････････････････････････ 223
AGC信号 ･･････････････････････ 223
ALC ･･････････････････････････ 210
AM ････････････････････････････ 158
AM変調回路 ･･････････････････ 162
AND回路 ･･････････････････････ 176
ATV ･･････････････････････････ 194
A級増幅 ･･･････････････････････ 131

【B】

BCI ････････････････････････････ 236
BEF ････････････････････････････ 94
BPF ････････････････････････････ 92
B級増幅 ････････････････････････ 132

【C】

CMOS ･･････････････････････････ 124
CM電力計 ････････････････････ 345
CM結合器 ････････････････････ 345
CR結合増幅回路 ･･････････････ 141

CW ････････････････････････････ 181
C級増幅 ････････････････････････ 132

【D】

DC-ACインバータ ････････････････ 254
　-----自励型 ････････････････････ 255
　-----他励型 ････････････････････ 255
DC-DCコンバータ ･･････････････ 256
　-----アップコンバータ ･･････････ 256
　-----ダウンコンバータ ･･････････ 256
DDモード ･･････････････････････ 198
DPM ･･････････････････････････ 326
DSB ･･････････････････････････ 184
DSB受信機 ････････････････････ 229
DSB送信機 ････････････････････ 212
DSB変調回路 ･･････････････････ 160
DVM ･･････････････････････････ 326
DVモード ･･････････････････････ 187
D層 ･･････････････････････････ 304

【E】

EME ･･････････････････････････ 202
Es層 ･･････････････････････････ 304
E層 ･･････････････････････････ 304

【F】

FB比 ･･････････････････････････ 294
FET ･･････････････････････････ 117
FM ････････････････････････････ 158, 186
FM受信機 ････････････････････ 231
FM送信機 ････････････････････ 214
FM変調回路 ･･････････････････ 164
FOT ･･････････････････････････ 309
FSK ･･････････････････････････ 158
FSTV ･････････････････････････ 194
F層 ･･････････････････････････ 304

【G】

GMSK ･････････････････････････ 159

【H】

HPF ････････････････････････････ 92
h定数 ････････････････････････ 137

【I】

IC ････････････････････････････ 122

407

索　引

IFT ··· 221
I-V 変換 ····································· 332

【K】
K 型フェージング ························ 319

【L】
LC 発振回路 ······························· 149
LPF ·· 91
LSB ·· 185
LUF ·· 307

【M】
MOS 型 FET ······························· 119
MUF ··· 307

【N】
NAND 回路 ································ 178
NOR 回路 ·································· 178
NOT 回路 ·································· 178
NPN トランジスタ ······················· 113
N 型半導体 ································· 104

【O】
OFDM ······································· 159
OR 回路 ···································· 177

【P】
PCM ··· 159
PLL ·· 156
PM ··· 158
PNP トランジスタ ······················· 113
PN 接合 ···································· 105
PSK ··································· 159,192
PSK31 ······································ 192
P 型電子電圧計 ··························· 344
P 型半導体 ································· 105

【Q】
Q ··· 81,88
Q 型変成器 ································· 285
Q マッチング ····························· 285

【R】
RIT ·· 231
RTTY ······································· 188
R-V 変換 ··································· 334

【S】
SEPP ·· 143
SS ·· 159
SSB ·································· 162,185
SSB 受信機 ································ 230

SSB 送信機 ································ 213
SSB トランシーバ ······················· 235
SSB 発生器 ································ 213
SSTV ·· 195
SWR ·· 284
SWR メータ ······························· 345
S メータ ··································· 226

【T】
TTL ·· 124
TVI ·· 236

【U】
USB ·· 185

【V】
VOX ··· 234

【あ】
アクセプタ ································ 105
圧電効果 ···································· 49
アップリンク ······························ 199
アナログ指示計器 ························ 322
アナログ変調 ······························ 158
アナログリピータ ························ 201
アマチュア衛星 ··························· 198
アルカリ乾電池 ··························· 257
アンテナ ··································· 263
　-----実効抵抗 ··························· 269
　-----整合回路 ··························· 284
　-----絶対利得 ··························· 272
　-----相対利得 ··························· 272
　-----放射抵抗 ··························· 269
　-----放射電界強度 ····················· 277
　-----誘起電圧 ··························· 277
アンテナ結合回路 ························ 236
アンペアの周回路の法則 ················· 40
アンペアの右ねじの法則 ················· 40

【い】
位相シフトキーイング ·················· 159
位相比較器 ································ 156
位相変調 ···································· 158
位相変調指数 ······························ 165
イメージ周波数 ··························· 220
インダクタンス ···························· 56
インバータ ································ 178
インパットダイオード ·················· 110
インピーダンス ···························· 76

索　引

【う】

- ウェーブトラップ…………………226,236
- うず電流……………………………46
- 打上げ角……………………………268
- うなり発振器………………………229

【え】

- 衛星通信……………………………198
- 影像周波数…………………………220
- 影像周波数選択度…………………217
- 影像電流……………………………266
- エコー………………………………313
- エサキダイオード…………………109
- エミッタ……………………………113
- エミッタ接地増幅回路……………127
- 演算増幅器…………………………146
- 延長コイル…………………………274
- エンハンスメントモード…………121
- 円偏波………………………………265

【お】

- オーバートーン発振回路…………155
- オームの法則………………………58
- オシロスコープ……………………350
- オペアンプ………………………124,146

【か】

- 化学電池……………………………256
- 角速度………………………………65
- 角度変調……………………………158
- 化合物半導体………………………103
- 過剰電子……………………………103
- 下側波………………………………161
- 下側ヘテロダイン…………………220
- 価電子………………………………102
- 可動コイル型………………………322
- 可動鉄片型…………………………322
- 過変調………………………………161
- 可変容量ダイオード………………107
- 干渉性フェージング………………311
- 緩衝増幅器…………………………206
- 間接FM方式……………………165,214
- ガンダイオード……………………110
- 乾電池………………………………257
- 感度…………………………………216
- 感度抑圧……………………………227

【き】

- キークリック………………………211
- キークリックフィルタ……………212
- 基準アンテナ………………………272
- 基準電圧……………………………247
- 起電力……………………………57,257
- 基本波………………………………67
- 基本波共振…………………………266
- 逆方向電圧…………………………105
- キャパシティバー…………………275
- キャパシティハット………………275
- キャリア……………………………104
- 吸収性フェージング………………311
- 給電線………………………………281
- 給電点………………………………270
- 給電点インピーダンス……………270
- キュビカルクワッドアンテナ……296
- 局部発振器………………………208,219
- 虚数…………………………………68
- キルヒホッフの法則………………60
- 近接周波数選択度…………………217

【く】

- 空乏層……………………………107,118
- クーロンの法則…………………29,36
- 組み合わせ回路……………………179
- クラリファイヤ……………………231
- グランドプレーンアンテナ………291
- グリッド……………………………99

【け】

- 計数回路……………………………326
- ゲート………………………………118
- ゲート接地増幅回路………………138
- 検波…………………………………167
- 検波器………………………………223
- 検波効率……………………………170

【こ】

- コイル………………………………56
- 高域フィルタ………………………92
- 格子…………………………………99
- 高周波増幅器………………………218
- 広帯域増幅器………………………209
- 高調波……………………………67,236
- 高調波共振…………………………266
- 高電力変調方式……………………212

409

索 引

交流 ・・・・・・・・・・・・・・・・・・・・・・・・・・64
交流電流増幅率 ・・・・・・・・・・・・・・・・・115
交流ブリッジ ・・・・・・・・・・・・・・・・・・338
誤差信号 ・・・・・・・・・・・・・・・・・・・・・・247
誤差率 ・・・・・・・・・・・・・・・・・・・・・・・・325
固定バイアス回路 ・・・・・・・・・・・・・・136
固有周波数 ・・・・・・・・・・・・・・・・・・・266
固有波長 ・・・・・・・・・・・・・・・・・・・・・266
コルピッツ発振回路 ・・・・・・・・・・・・150
コレクタ ・・・・・・・・・・・・・・・・・・・・・113
コレクタ接地増幅回路 ・・・・・・・・・・128
コレクタ同調発振回路 ・・・・・・・・・・151
コレクタ変調 ・・・・・・・・・・・・・・・・・162
混成集積回路 ・・・・・・・・・・・・・・・・・123
コンデンサ ・・・・・・・・・・・・・・・・32, 54
コンデンサ入力型 ・・・・・・・・・・・・・244
コントロールグリッド ・・・・・・・・・100
コンプリメンタリ ・・・・・・・・・・・・・143
混変調 ・・・・・・・・・・・・・・・・・・・・・・・226

【さ】

サーミスタ ・・・・・・・・・・・・・・・・・・・112
最高使用周波数 ・・・・・・・・・・・・・・・307
最大値 ・・・・・・・・・・・・・・・・・・・・・・・・65
最低使用周波数 ・・・・・・・・・・・・・・・307
最適使用周波数 ・・・・・・・・・・・・・・・309
サイドローブ ・・・・・・・・・・・・・・・・・294
サイリスタ ・・・・・・・・・・・・・・・・・・・111
雑音指数 ・・・・・・・・・・・・・・・・・・・・・147
サプレッサグリッド ・・・・・・・・・・・100
山岳回折 ・・・・・・・・・・・・・・・・・・・・・319
散乱波 ・・・・・・・・・・・・・・・・・・・・・・・313
残留磁気 ・・・・・・・・・・・・・・・・・・・・・・45

【し】

シールド ・・・・・・・・・・・・・・・・・・・・・236
シェープファクタ ・・・・・・・・・・・・・222
磁界 ・・・・・・・・・・・・・・・・・・・・・37, 264
磁気嵐 ・・・・・・・・・・・・・・・・・・・・・・・313
磁気遮へい ・・・・・・・・・・・・・・・・・・・・39
磁気ジュール現象 ・・・・・・・・・・・・・・46
磁気ひずみ現象 ・・・・・・・・・・・・・・・・46
磁気誘導 ・・・・・・・・・・・・・・・・・・・・・・39
自己インダクタンス ・・・・・・・・・・・・47
指向性アンテナ ・・・・・・・・・・・・・・・293
指向特性 ・・・・・・・・・・・・・・・・・・・・・267

自己バイアス回路 ・・・・・・・・・・・・・139
自己誘導作用 ・・・・・・・・・・・・・・・・・・47
磁性体 ・・・・・・・・・・・・・・・・・・・・・・・・39
磁束 ・・・・・・・・・・・・・・・・・・・・・・・・・・38
磁束密度 ・・・・・・・・・・・・・・・・・・・・・・39
実効高 ・・・・・・・・・・・・・・・・・・・・・・・271
実効値 ・・・・・・・・・・・・・・・・・・・・・・・・66
実効長 ・・・・・・・・・・・・・・・・・・・・・・・271
自動利得制御 ・・・・・・・・・・・・・・・・・223
磁場 ・・・・・・・・・・・・・・・・・・・・・・・・・・37
しゃ断周波数 ・・・・・・・・・・・・・91, 237
周期 ・・・・・・・・・・・・・・・・・・・・・・・・・・64
集積回路 ・・・・・・・・・・・・・・・・・・・・・122
集積度 ・・・・・・・・・・・・・・・・・・・・・・・122
終端型高周波電力計 ・・・・・・・・・・・345
自由電子 ・・・・・・・・・・・・・・・・・27, 103
周波数 ・・・・・・・・・・・・・・・・・・・・・・・・64
周波数カウンタ ・・・・・・・・・・・・・・・348
周波数混合回路 ・・・・・・・・・・・・・・・174
周波数混合器 ・・・・・・・・・・・・208, 219
周波数シフトキーイング ・・・・・・・158
周波数シンセサイザ ・・・・・・・・・・・156
周波数逓倍器 ・・・・・・・・・・・・・・・・・206
周波数逓倍方式 ・・・・・・・・・・・・・・・206
周波数偏移 ・・・・・・・・・・・・・・164, 205
周波数変換部 ・・・・・・・・175, 208, 219
周波数偏差 ・・・・・・・・・・・・・・・・・・・204
周波数変調 ・・・・・・・・・・・・・・・・・・・158
周波数変調指数 ・・・・・・・・・・・・・・・164
周波数弁別器 ・・・・・・・・・・・・・・・・・172
受信機 ・・・・・・・・・・・・・・・・・・・・・・・216
　-----安定度 ・・・・・・・・・・・・・・・・・217
主搬送波 ・・・・・・・・・・・・・・・・・・・・・159
瞬時周波数偏移 ・・・・・・・・・・・・・・・164
瞬時値 ・・・・・・・・・・・・・・・・・・・・・・・・65
順方向電圧 ・・・・・・・・・・・・・・・・・・・105
ショートパス ・・・・・・・・・・・・・・・・・312
焼結半導体 ・・・・・・・・・・・・・・・・・・・103
上側波 ・・・・・・・・・・・・・・・・・・・・・・・161
上側ヘテロダイン ・・・・・・・・・・・・・220
障壁電圧 ・・・・・・・・・・・・・・・・・・・・・106
商用交流 ・・・・・・・・・・・・・・・・・・・・・239
磁力線 ・・・・・・・・・・・・・・・・・・・・・・・・38
自励発振回路 ・・・・・・・・・・・・・・・・・149

索　引

シンギング ……………………227	整流電源 ……………………239
真空管 …………………………97	整流用ダイオード ……………241
信号対雑音比 …………………147	正論理 …………………………176
進行電力 ………………………346	ゼーベック効果 …………………50
進行波 …………………………280	赤道横断伝搬 …………………318
進行波アンテナ ………………287	積分回路 …………………………95
真性半導体 ……………………102	絶縁体 …………………………52
振幅制限器 ……………………232	接合型FET ……………………117
振幅変調 ………………………158	接合面 …………………………105
【す】	接触電位 ………………………52
水晶発振回路 …………………151	絶対値回路 ……………………333
水晶発振子 ……………………151	セミブレークイン方式 ………234
水晶フィルタ …………………222	セラミックフィルタ …………222
垂直偏向板 ……………………101	ゼロオーム調整 ………………342
垂直偏波 ………………………265	ゼロビート ……………………347
垂直面指向特性 ………………268	センタータップ型全波整流回路 …242
スイッチング型定電圧回路 …251	選択性フェージング …………311
水平偏向板 ……………………101	選択度 …………………………217
水平偏波 ………………………265	全波型倍電圧整流回路 ………243
水平面指向特性 ………………268	全波整流回路 …………………242
スーパヘテロダイン方式 ……217	全搬送波 ………………………183
スカラー ………………………68	前方対後方比 …………………294
スキップゾーン ………………310	占有周波数帯幅 ………………204
スクリーングリッド …………100	【そ】
スケルチ回路 …………………232	相互インダクタンス ………48,90
スタック型八木アンテナ ……295	相互コンダクタンス …………121
ストレート方式 ………………218	相互変調 ………………………226
スピーチコンプレッサ ………210	相互誘導作用 …………………48
スプリアス ……………………203	送信機 …………………………201
スペクトラム拡散方式 ………159	-----音声増幅器 …………208
スポラディックE層 …………304	送信出力 ………………………203
スリーブアンテナ ……………291	増幅度 …………………………133
【せ】	双峰特性 ………………………222
正帰還 …………………………148	ソース …………………………118
制御素子 ………………………247	ソース接地増幅回路 …………138
正弦波 …………………………64	測定レンジ ……………………339
正孔 ……………………………103	【た】
静電気 …………………………28	第1局部発振器 ………………230
静電遮へい ……………………29	第1種減衰 ……………………307
静電集束 ………………………101	第2局部発振器 ………………230
静電誘導 ………………………29	第2種減衰 ……………………307
静電容量 ……………………33,54	帯域消去フィルタ ………………94
整流回路 ………………………241	帯域フィルタ ………………93,221
整流器 …………………………324	ダイオード ……………………106

411

索　引

-----アノード ・・・・・・・・・・・・・・・・・・・ 106
-----カソード ・・・・・・・・・・・・・・・・・・・ 106
大気屈折 ・・・・・・・・・・・・・・・・・・・・・・・ 316
対蹠点効果 ・・・・・・・・・・・・・・・・・・・・・ 313
大地反射波 ・・・・・・・・・・・・・・・・・・・・・ 301
ダイポールアンテナ ・・・・・・・・・・・・・ 288
太陽黒点数 ・・・・・・・・・・・・・・・・・・・・・ 303
太陽電池 ・・・・・・・・・・・・・・・・・・・・・・・ 110
対流圏 ・・・・・・・・・・・・・・・・・・・・・・・・・ 302
対流圏屈折波 ・・・・・・・・・・・・・・・・・・・ 302
対流圏散乱波 ・・・・・・・・・・・・・・・ 302,318
ダウンリンク ・・・・・・・・・・・・・・・・・・・ 199
楕円偏波 ・・・・・・・・・・・・・・・・・・・・・・・ 265
多極管 ・・・・・・・・・・・・・・・・・・・・・・・・・・ 99
ダクト型フェージング ・・・・・・・・・・・ 319
多重目盛り ・・・・・・・・・・・・・・・・・・・・・ 340
多段変調 ・・・・・・・・・・・・・・・・・・・・・・・ 159
ダブレットアンテナ ・・・・・・・・・ 266,288
ダミーロード ・・・・・・・・・・・・・・・・・・・ 345
単一指向性 ・・・・・・・・・・・・・・・・・・・・・ 269
単一調整 ・・・・・・・・・・・・・・・・・・・・・・・ 220
短縮ダイポールアンテナ ・・・・・・・・・ 289
短縮率 ・・・・・・・・・・・・・・・・・・・・・・・・・ 271
単側波帯 ・・・・・・・・・・・・・・・・・・・・・・・ 183
単側波帯抑圧搬送波 ・・・・・・・・・・・・・ 162
単峰特性 ・・・・・・・・・・・・・・・・・・・・・・・ 222
単巻変圧器 ・・・・・・・・・・・・・・・・・・・・・ 240

【ち】

蓄電池 ・・・・・・・・・・・・・・・・・・・・・・・・・ 257
地上波 ・・・・・・・・・・・・・・・・・・・・・・・・・ 301
地表波 ・・・・・・・・・・・・・・・・・・・・・・・・・ 300
チャタリング ・・・・・・・・・・・・・・・・・・・ 211
チャネル ・・・・・・・・・・・・・・・・・・・・・・・ 118
中間周波数 ・・・・・・・・・・・・・・・・・・・・・ 220
中間周波増幅器 ・・・・・・・・・・・・・ 208,221
中間周波変成器 ・・・・・・・・・・・・・・・・・ 221
忠実度 ・・・・・・・・・・・・・・・・・・・・・・・・・ 217
跳躍距離 ・・・・・・・・・・・・・・・・・・・・・・・ 310
跳躍性フェージング ・・・・・・・・・・・・・ 311
チョーク入力型 ・・・・・・・・・・・・・・・・・ 245
直接FM方式 ・・・・・・・・・・・・・・・・ 165,214
直接波 ・・・・・・・・・・・・・・・・・・・・・・・・・ 301
直線検波 ・・・・・・・・・・・・・・・・・・・・・・・ 168
直線増幅 ・・・・・・・・・・・・・・・・・・・・・・・ 205
直線偏波 ・・・・・・・・・・・・・・・・・・・・・・・ 265
直熱管 ・・・・・・・・・・・・・・・・・・・・・・・・・・ 98
直流回路 ・・・・・・・・・・・・・・・・・・・・・・・・ 57
直流電流増幅率 ・・・・・・・・・・・・・・・・・ 114
直列共振 ・・・・・・・・・・・・・・・・・・・・・・・・ 80
直列制御型定電圧回路 ・・・・・・・・・・・ 248
直交周波数分割多重方式 ・・・・・・・・・ 159

【つ】

通過型高周波電力計 ・・・・・・・・・・・・・ 345
通過帯域幅 ・・・・・・・・・・・・・・・・・・・・・ 222
通信速度 ・・・・・・・・・・・・・・・・・・・・・・・ 182
ツェナー現象 ・・・・・・・・・・・・・・・・・・・ 107
ツェナーダイオード ・・・・・・・・・・・・・ 108
ツェナー電圧 ・・・・・・・・・・・・・・・・・・・ 108

【て】

低域フィルタ ・・・・・・・・・・・・・・・・・・・・ 91
ディエンファシス回路 ・・・・・・・・・・・ 233
低減搬送波 ・・・・・・・・・・・・・・・・・・・・・ 183
抵抗器 ・・・・・・・・・・・・・・・・・・・・・・・・・・ 53
抵抗率 ・・・・・・・・・・・・・・・・・・・・・・・・・・ 53
定在波 ・・・・・・・・・・・・・・・・・・・・・・・・・ 280
定在波アンテナ ・・・・・・・・・・・・・・・・・ 287
定在波比 ・・・・・・・・・・・・・・・・・・・・・・・ 283
低周波増幅器 ・・・・・・・・・・・・・・・・・・・ 223
ディップメータ ・・・・・・・・・・・・・・・・・ 353
定電圧回路 ・・・・・・・・・・・・・・・・・・・・・ 246
定電圧充電 ・・・・・・・・・・・・・・・・・・・・・ 258
定電圧ダイオード ・・・・・・・・・・・・・・・ 260
定電流充電 ・・・・・・・・・・・・・・・・・・・・・ 260
定電流ダイオード ・・・・・・・・・・・・・・・ 108
低電力変調方式 ・・・・・・・・・・・・・・・・・ 212
逓倍回路 ・・・・・・・・・・・・・・・・・・・・・・・ 147
ディレクタ ・・・・・・・・・・・・・・・・・・・・・ 293
ディジタルIC ・・・・・・・・・・・・・・・・・・・ 123
ディジタル指示計器 ・・・・・・・・・・・・・ 326
ディジタル電圧計 ・・・・・・・・・・・・・・・ 326
ディジタルパネルメータ ・・・・・・・・・ 326
ディジタル変調 ・・・・・・・・・・・・・・・・・ 158
ディジタルリピータ ・・・・・・・・・・・・・ 201
デシベル ・・・・・・・・・・・・・・・・・・・・・・・ 134
テスタ ・・・・・・・・・・・・・・・・・・・・・・・・・ 339
デプレッションモード ・・・・・・・・・・・ 120
デリンジャー現象 ・・・・・・・・・・・・・・・ 313
電圧 ・・・・・・・・・・・・・・・・・・・・・・・・・・・・ 57

索 引

電圧降下	61
電圧制御素子	117
電圧制御発振器	156
電圧変動率	246
電位差	57
電位障壁	105
電荷	28
電界	31,264
電界効果トランジスタ	117
電気影像	266
電気ひずみ現象	50
電気力線	31
電けん操作	211
電源変圧器	240
電子管	97
電子銃	101
電磁集束	101
電磁波	263
電磁ホーンアンテナ	297
電磁誘導	44
電信	181
電信受信機	228
電信送信機	211
電束	32
電束密度	32
電池	256
電波	264,299
------周波数	264
------波長	264
電波障害	236
電離層	301,303
電離層波	301
電流	57
電流帰還バイアス回路	136
電流制御素子	114
電流増幅率	115
電力	58
電力増幅器	209

【と】

同期性フェージング	311
動作点	129
同軸給電線	281
透磁率	37
導体	52

同調給電線	282
同調増幅回路	147
動電気	28
導波管	282
導波器	293
特性インピーダンス	280,282
ドップラー効果	199,320
トップロードアンテナ	292
ドナー	104
トムソン効果	51
トラップ	276
トランジション周波数	116
トランジスタ	112
トランシーバ	233
トランス結合増幅回路	141
トリクル充電	260
ドレイン	118
ドレイン接地増幅回路	138
トンネルダイオード	109

【な】

鉛蓄電池	258

【ね】

熱電型	324
熱電子放射	97
熱電対	50

【の】

ノイズブランカ	224
ノイズリミッタ	224

【は】

ハートレー発振回路	149
バイアス電流	131
倍電圧整流回路	243
ハイパスフィルタ	238
ハイブリッド	123
倍率器	329,331
ハウリング	228
波形率	68
パケット通信	191
波高率	67
発光ダイオード	110
発振回路	148
バラクタダイオード	108
パラボラアンテナ	297
バラン	287

413

索　引

バリキャップ ･････････････････107
バリスタ ････････････････････110
バリスタダイオード ･･･････････111
パルス符号変調 ･･････････････159
反射器 ･････････････････････293
反射電力 ･･･････････････････346
反射波 ･････････････････････280
搬送波発振器 ･･･････････････208
搬送波抑圧比 ･･･････････････205
半値角 ･････････････････････294
半値幅 ･････････････････････294
反転増幅器 ･････････････････146
半導体 ･････････････････････102
半波型倍電圧整流回路 ････････243
半波整流回路 ･･･････････････241
半波長ダイポールアンテナ ･････265

【 ひ 】

ピアースBE回路 ････････････153
ピアースCB回路 ････････････154
ビート周波数 ･･･････････････347
ビームアンテナ ･････････････293
ビーム幅 ･･･････････････････294
ビーム四極管 ･･･････････････101
ピエゾ電気効果 ･･････････････49
ビオ・サバールの法則 ･････････41
比検波器 ･･･････････････････173
微小ループアンテナ ･･････････297
ヒステリシス現象 ････････････45
ひずみ ･････････････････････133
ひずみ波 ････････････････････64
ひずみ率 ･･･････････････････133
皮相電力 ････････････････････89
比透磁率 ････････････････････37
非同調給電線 ･･･････････････282
非反転増幅器 ･･･････････････146
微分回路 ････････････････････95
比誘電率 ････････････････････30
標準信号発生器 ･････････････352
表皮効果 ････････････････････51
ビラリ現象 ･･････････････････46

【 ふ 】

ファクシミリ ･･･････････････196
フィーダ ･･･････････････････281
フーリエ級数 ････････････････67

フェージング ･･･････････････311
フォスターシーレ回路 ･･･････172
負荷線 ･････････････････････130
不感地帯 ･･･････････････････310
負帰還増幅回路 ･････････････144
複素数 ･･････････････････････68
復調 ･･･････････････････････167
復調器 ･････････････････････223
復調用発振器 ･･･････････････230
副搬送波 ･･･････････････････159
複巻変圧器 ･････････････････240
不純物半導体 ･･･････････････104
負性抵抗 ･･･････････････････109
プッシュプル増幅回路 ･･･････142
物理電池 ･･･････････････････256
浮動充電 ･･･････････････････259
不平衡給電線 ･･･････････････281
不要側波帯抑圧比 ･･･････････205
不要輻射 ･･･････････････････203
フライホイールダイオード ･･･251
ブラウンアンテナ ･･･････････291
ブラウン管 ･･･････････101,350
ブリッジ型全波整流回路 ･････242
フルブレークイン方式 ･･･････234
ブレークイン ･･･････････････234
プレート ････････････････････98
フレミングの左手の法則 ･･････42
フレミングの右手の法則 ･･････43
プローブ ･･･････････････････344
負論理 ･････････････････････176
分圧器 ･････････････････････331
分流器 ･････････････････････329

【 へ 】

平滑回路 ･･･････････････････244
平均値 ･･････････････････････66
平均値検波回路 ･････････････169
平衡給電線 ･････････････････281
平行二線給電線 ･････････････281
平衡復調回路 ･･･････････････171
平衡－不平衡変換回路 ･･･････286
平衡変調回路 ･･･････････････163
並列共振 ････････････････････86
並列制御型定電圧回路 ･･･････250
ベース ･････････････････････113

索　引

ベース接地増幅回路 ………… 128	漏れ磁束 …………………… 40
ベクトル ……………………… 68	【や】
ヘテロダイン検波回路 ………… 174	八木アンテナ ……………… 293
ヘテロダイン周波数計 ………… 347	【ゆ】
ヘテロダイン方式 …………… 206	有効電力 …………………… 90
ペルチェ効果 ………………… 51	誘電体 ……………………… 33
変圧器 ……………………… 90	誘電分極 …………………… 49
変成器 ……………………… 90	誘電率 ……………………… 30
変調 ………………………… 157	誘導性リアクタンス ………… 73
変調器 ……………………… 208	ユニポーラトランジスタ …… 118
変調度 ……………………… 161	【よ】
変調波 ……………………… 157	陽極 ………………………… 98
変調率 ……………………… 161	容量環 ……………………… 275
偏波性フェージング ………… 311	容量環付垂直アンテナ ……… 292
偏波面 ……………………… 265	容量性リアクタンス ………… 74
変流器 ……………………… 330	抑圧搬送波 ………………… 183
【ほ】	【ら】
ホイートストンブリッジ …… 62,338	ラジエータ ………………… 293
方形波 ……………………… 64	ラジオダクト ……………… 302,318
放射器 ……………………… 293	【り】
傍熱管 ……………………… 98	リサージュ波形 …………… 351
包絡線検波回路 ……………… 169	利得 ………………………… 133
ホール ……………………… 103	利得帯域幅積 ……………… 116
保磁力 ……………………… 45	リニアIC …………………… 124
ホトダイオード ……………… 110	リピータ …………………… 201
ボルタの列 …………………… 52	リプル含有率 ……………… 245
【ま】	リフレクタ ………………… 293
マイクコンプレッサ ………… 210	両側波帯 …………………… 183
摩擦電気系列 ………………… 28	両波整流回路 ……………… 242
マルチバンド用垂直アンテナ … 292	臨界周波数 ………………… 307
マルチバンド用ダイポールアンテナ … 289	リング復調回路 …………… 171
マンガン乾電池 ……………… 257	リング変調回路 …………… 163
【み】	【る】
見通し距離 …………………… 315	ループアンテナ …………… 297
【む】	【れ】
無効電力 ……………………… 90	励振増幅器 ………………… 209
無指向性 …………………… 268	レシオ検波器 ……………… 173
無調整回路 …………………… 152	レンツの法則 ……………… 44
【め】	【ろ】
メカニカルフィルタ ………… 222	ローディングコイル ………… 274
【も】	ローパスフィルタ ………… 236
モータボーチング …………… 227	ロングパス ………………… 312
モールス符号 ………………… 181	論理回路 …………………… 175
モノリシック ………………… 123	

415

編著者　略　歴

丹羽　一夫(にわ　かずお)

1936年　埼玉県に生まれる
1955年　アマチュア無線局JA1AYO開局
1962年　中央大学工学部卒業
1980年　(社)日本アマチュア無線連盟・理事
1996年　(社)日本アマチュア無線連盟・副会長

●お問い合わせ，ご質問について
　本書についてのお問い合わせ，ご質問などは，必ず往復はがきまたは返信用切手を貼った封筒を同封のうえ，下記までお願いいたします．電話やFAXなどでのお問い合わせには応じられませんので，ご了承ください．

　　　　　　　　　　　　〒112-8619 東京都文京区千石4-29-14　CQ出版社
　　　　　　　　　　　　「新・上級ハムになる本」係

●本書の複製等について──本書のコピー，スキャン，デジタル化等の無断複製は著作権法上での例外を除き禁じられています．本書を代行業者等の第三者に依頼してスキャンやデジタル化することは，たとえ個人や家庭内の利用でも認められておりません．

JCOPY〈出版者著作権管理機構委託出版物〉
本書の全部または一部を無断で複写複製(コピー)することは，著作権法上での例外を除き，禁じられています．本書からの複製を希望される場合は，出版者著作権管理機構(TEL：03-3513-6969)にご連絡ください．

新・上級ハムになる本

2006年2月1日　初版発行
2017年10月1日　第7版発行

Copyright © 2005 by Kazuo Niwa
Copyright © 2005 by Masakazu Otsuka
Copyright © 2005 by Yukio Noguchi

編著者　丹　羽　一　夫
発行人　小　澤　拓　治
発行所　Ｃ Ｑ 出 版 株 式 会 社
　　　　〒112-8619 東京都文京区千石4-29-14
　　　　電　話　編集 03-5395-2149
　　　　　　　　販売 03-5395-2141
　　　　振　替　00100-7-10665

乱丁・落丁本はお取り替えします　　　　　　編集担当　小礒　光信
定価はカバーに表示してあります　　　　　　印刷　三晃印刷(株)
ISBN978-4-7898-1168-2　　　　　　　　　　　Printed in Japan